普通高等教育“十一五”国家级规划教材

科学出版社“十四五”普通高等教育本科规划教材

国家级一流本科课程配套教材

环境生态学导论

（第二版）

李　元　祖艳群　主编

科学出版社

北　京

内 容 简 介

本书在简要阐述了环境生态学概念及特点的基础上，系统讲述了生物与环境的关系、生物种群与群落及生态系统的基本理论，全面分析了环境污染与生态修复、生态破坏与生物的生态关系，系统探讨了全球变化及其对生物的影响，充分强调了生物多样性与生物安全、环境生态与生态环境管理，深入论述了环境生态与生态文明的关系。

本书适合用作高等院校生态学专业、环境科学专业、环境科学与工程专业、农业资源与环境专业、环境生态工程、环境工程专业及其他相关专业"环境生态学"课程的教材，也可供环境科学与工程、生态学、农业资源与环境等学科建设参考，还可作为从事相关专业教学、研究的人员和研究生的参考用书。

图书在版编目（CIP）数据

环境生态学导论/李元，祖艳群主编. —2版. —北京：科学出版社，2023.6

普通高等教育"十一五"国家级规划教材　科学出版社"十四五"普通高等教育本科规划教材　国家级一流本科课程配套教材

ISBN 978-7-03-075231-4

Ⅰ. ①环…　Ⅱ. ①李…　②祖…　Ⅲ. ①环境生态学-高等学校-教材

Ⅳ. ①X171

中国国家版本馆CIP数据核字（2023）第047685号

责任编辑：丛　楠　赵萌萌 / 责任校对：严　娜

责任印制：赵　博 / 封面设计：图阅社

科学出版社 出版

北京东黄城根北街16号

邮政编码：100717

http://www.sciencep.com

三河市春园印刷有限公司印刷

科学出版社发行　各地新华书店经销

*

2009年5月第　一　版　开本：787×1092　1/16

2023年6月第　二　版　印张：19 1/2

2024年8月第 三 次印刷　字数：462 000

定价：78.00元

（如有印装质量问题，我社负责调换）

编委会名单

主　编　李　元　祖艳群

副主编　段昌群　王国祥　岳　明　冯虎元

编　者（按姓氏笔画排序）

王　磊　王国祥　付登高　冯　源　冯虎元

刘嫦娥　李　元　李　博　李祖然　何永美

陈建军　岳　明　段昌群　祖艳群　湛方栋

第二版前言

环境变化与生物之间的生态关系越来越受到广泛的关注，环境科学与生态学不断相互交叉、相互融合，推动了环境生态学的快速发展。环境生态学研究的是在人为干扰的环境条件下生物与环境之间的相互关系。环境生态学以生态系统作为研究对象，通过对环境变化与生物之间相互关系的系统研究，构建保护和改善生态环境的理论基础，用以指导生态系统管理，促进生态系统的可持续发展。

根据教育部 2005 年普通高等教育“十一五”国家级教材规划，我们编写了《环境生态学导论》教材，由科学出版社于 2009 年 5 月首次出版发行，之后多次印刷发行。该教材于 2010 年被评为云南省优秀教材。云南农业大学使用该教材的“环境生态学”课程，自 2009 年以来，一直在多个专业开设，是国家级一流本科课程和云南省精品课程。本书在全国高等院校相关专业的本科生和研究生教学中大量使用，并得到了充分的肯定、广泛的好评和高度的评价。除有关高等院校教学用书外，在零售及图书馆配书方面，也具有较好的市场，受到普遍的欢迎。

由于本学科的快速发展和教学改革的不断推进，我们决定对本教材进行修订。《环境生态学导论》（第二版）由李元提出编写提纲，李元、祖艳群、段昌群、王国祥、岳明和冯虎元共同确定提纲，多位学者共同执笔编写。本教材共包括 10 章。第一章绪论由云南农业大学李元、李博编写；第二章生物与环境由云南大学段昌群、刘嫦娥编写；第三章生物种群与群落由西北大学岳明、云南农业大学李祖然编写；第四章生态系统由云南农业大学李元、大理大学冯源编写；第五章环境污染与生态修复由云南农业大学祖艳群、陈建军编写；第六章生态破坏与生物的生态关系由南京师范大学王国祥、云南农业大学王磊编写；第七章全球变化及其对生物的影响由兰州大学冯虎元编写；第八章生物多样性与生物安全由云南大学段昌群、付登高编写；第九章环境生态与生态环境管理由南京师范大学王国祥、云南农业大学陈建军编写；第十章环境生态与生态文明由云南农业大学湛方栋、何永美编写。各位编者多次进行了全面的修改和完善。最后，由李元和祖艳群定稿。

《环境生态学导论》（第二版）教材在第一版的基础上进行了修订，具有了以下三个特点。

一是结构更加合理。原书的第九章生态监测与评价和第十章生态环境管理与规划，整合为第九章环境生态与生态环境管理，新增加了第十章环境生态与生态文明。此外，

第五章补充了面源污染对生物的影响及微塑料污染的相关内容。第六章补充了水域破坏对水生生物的影响，彰显了本书结构合理性的显著特点。

二是体系更加完善。本书在深入分析了环境污染、生态破坏和全球变化与生物的生态关系的基础上，探讨了生物多样性与生物安全，强调了环境生态与生态环境管理，突出了环境生态与生态文明。从生态文明的角度体现了课程思政，体现了素质教育和创新能力相结合的培养理念，具有显著的时代特点及系统的知识体系。

三是内容更加新颖。本书既采纳了编者近年来的研究成果，又综合了国内外的大量相关文献资料，还参考了近期出版的相关教材，反映了环境生态学研究的最新进展，具有显著的知识新颖性。

本书是在普通高等教育“十一五”国家级规划教材的基础上修订的，作为科学出版社“十四五”普通高等教育本科规划教材出版。由于编者学识有限，书中难免有不足之处，恳请各位专家、学者和读者批评指正，以便改进和完善。

李　元

2022 年 10 月

目　　录

第一章　绪　　论

【内容提要】本章主要介绍环境生态学的概念与特点，阐述环境生态学的研究内容及研究方法，分析环境生态学及其相关学科的关系。在分析环境生态学产生历史背景的前提下，理解环境生态学的科学含义。

20 世纪以来，随着全球人口激增和工农业的快速发展，人类与生态环境之间的矛盾也日益突出。全球生态破坏和环境污染已经威胁到了人类的生存，产生的许多重大的全球性环境问题给人类敲响了警钟。正确处理人类生存、发展与环境保护的关系，是人类可持续发展的关键，这依赖于人类对环境生态学理论的掌握与运用。环境生态学是研究生物与人为干预的环境之间的相互关系的科学，是人类可持续发展的理论依据。改善人类的活动方式并减轻对环境的不利影响，利用生物来保护和改善环境，是环境生态学的任务。

第一节　环境生态学的概念与特点

环境生态学是生态学的应用学科之一，是一门新兴的边缘学科，是伴随着环境问题的出现而产生和发展的交叉科学。环境生态学运用生态学的理论，阐明人与环境的相互作用关系及人类干扰对生态系统结构和功能的影响，并探求解决环境问题的生态途径。

一、环境生态学的概念

环境生态学（environmental ecology）是研究人为干扰下，生态系统结构的变化机制和规律及生态系统功能的响应，寻求因人类活动的影响而受损的生态系统的恢复、重建和保护的生态学对策（盛连喜，2002）。从生态学的发展和环境问题的形成来看，它着重从整体和系统的角度出发，研究在人类活动的影响下，生物与环境之间的相互关系。

在人类干扰自然的过程中，既有生态破坏的问题，又有环境污染的问题。环境生态学的任务就是利用生态学原理来解决这两类问题。环境生态学应用广泛，突出的包括生态破坏的生态恢复对策、生态环境质量评价、环境生态设计及环境生态工程等。目前，环境生态学对保护和合理利用自然资源、治理环境污染、生态恢复起着越来越大的作用。研究、保护、恢复和重建生态环境，对保障生态平衡具有重要意义。

二、环境生态学的产生与发展

环境生态学的产生始于环境问题的出现和严重化。了解环境问题的产生与发展，有利于深刻理解环境生态学的产生与发展。

1. 环境与环境问题 环境（environment）是某一主体周围的一切因素的总和。生态学中所说的环境通常指自然环境，如光、温、水、气、土壤等。人类环境包括自然环境与社会环境，社会环境包括政治、法律、科技、文化等。

环境问题（environmental problem）是指人类在利用和改造自然的过程中，对自然环境的破坏和污染所产生的威胁人类生存的各种负反馈效应，包括生态破坏和环境污染。生态破坏指不合理开发和利用资源造成的对自然环境的破坏，如森林破坏、水土流失、土地沙化等；环境污染则是指人类排放的污染物对环境的危害，如 SO_2 污染、农药污染、重金属污染等。世界八大公害事件就是环境污染事件。由自然力（如火山、海啸、地震、台风等）所引起的环境问题，称为第一环境问题或原生环境问题（primary environmental problem），通常也被称为自然灾害。由人类活动引起的环境问题，称为第二环境问题或次生环境问题（secondary environmental problem）。第二环境问题是环境生态学研究的主要对象。

世界八大公害事件

1.马斯河谷烟雾事件：发生于 1930 年比利时马斯河谷中，谷内工厂排放大量二氧化硫粉尘，又遭遇逆温天气，使得上千人发生胸痛、咳嗽、流泪、呼吸困难等。一周内近 60 人死亡，上千人患呼吸系统疾病。

2.洛杉矶光化学烟雾事件：发生于 1943 年美国洛杉矶市，大量汽车尾气在紫外线照射下产生光化学烟雾，刺激人眼睛，灼伤喉咙和肺部，引起呼吸系统衰竭直至死亡，也使植物大面积受害。

3.多诺拉烟雾事件：发生于 1948 年美国宾夕法尼亚州多诺拉镇，空气中二氧化硫等有毒有害物质严重超标，6000 多人发生眼痛、咽喉痛、流鼻涕、头痛、胸闷等症状，20 人死亡。

4.伦敦烟雾事件：发生于 1952 年英国伦敦，烟尘和二氧化硫在浓雾中积聚不散，先后死亡 4000 多人。

5.日本四日市事件：发生于 1961 年日本四日市，废气严重污染大气，许多居民患上哮喘、支气管炎、肺气肿、肺癌，多人死亡。

6.水俣病事件：发生于 1953～1956 年日本熊本县水俣市，人们食用被汞污染的鱼、贝等水生生物，造成中枢神经中毒，60 多人死亡。

7.富山骨痛病事件：发生于 1955～1972 年日本富山县，人们食用含镉污染的河水和稻米而中毒，一百多人死亡。

8.日本米糠油事件：发生于 1968 年九州、爱知县一带，人们食用含多氯联苯的米糠油后造成中毒，患者超过 5000 人，其中 16 人死亡。

2. 环境问题的产生与发展 随着人类生产力和人类文明的不断发展，环境问题也随之产生和发展，从小范围、低程度的危害发展为大尺度、严重化的危害。环境问题的产生和发展可划分为早期农业环境问题、近代城市环境问题和当代全球环境问题三个阶段。

1）早期农业环境问题阶段涵盖了从人类出现直至产业革命之前这段漫长的历史时期。在原始社会中，生产力水平低下，人类依赖自然环境，农业生产方式主要以狩猎动物和采集野生植物为主，对环境的影响不大。到了新石器时代，由于生产工具的进步和生产力的逐渐提高，出现了烧垦农业，随后是非机械化的固定农业。人类对自然界的干扰越来越大，环境问题也随之产生了。这个阶段的环境问题主要是生态破坏，如砍伐森林和破坏草原。

2）近代城市环境问题阶段是从产业革命到 1984 年首次发现南极臭氧空洞时。在这个阶段，城市环境问题突出，环境公害事件频发。18 世纪末欧洲的一系列发明和技术革新大大地提高了人类社会的生产力，人类开始以空前的规模和速度开采、消耗能源及其他自然资源，从而导致了化石燃料燃烧引起的大气 SO_2 污染、重金属和有机物引起的水和食品污染及汽车尾气引起的光化学烟雾等城市环境问题。

20 世纪 50～70 年代，近地表范围内的环境污染问题剧增，发生了一系列震惊世界的环境公害事件，最典型的就是世界八大公害事件。据统计，1953～1973 年这 20 年中，全世界共发生公害事件 52 起，死亡人数达 14 万之多。

3）当代全球环境问题始于 1984 年英国科学家的发现，并于 1985 年由美国科学家证实在南极上空出现“臭氧层空洞”，由此掀起了关注全球环境问题的热潮。当代全球环境问题主要包括温室效应、臭氧层耗损、酸雨、大气污染、水污染、土地退化、森林破坏、生物多样性锐减等。

3. 环境生态学的产生与发展 20 世纪 50 年代以来，人们开始意识到环境污染所造成的危害是全面的、长期的、严重的，并且逐渐将环境问题提升到生态平衡被破坏、资源浪费的高度来对其进行重新认识，试图寻求一条既能保证经济增长和社会稳步发展，又能够维持生态良性循环的、全新的发展道路。

美国生物学家卡逊（Carson，1962）《寂静的春天》一书的问世，是环境生态学诞生的标志。卡逊在书中以大量的事实指出了农药污染导致动物死亡，产生了春天一片“寂静”的现象，阐述了人与自然环境的正确关系。她指出问题的症结：“不是敌人的活动使这个受损害的世界的生命无法复生，而是人们自己使自己受害。”该书引起了人类社会对农药的争论及对环境问题的关注，标志着人类社会对环境问题的觉醒。

1972 年，联合国人类环境会议在瑞典斯德哥尔摩召开。会议通过了《联合国人类环境宣言》，宣言就有关自然保护、生态平衡、污染防治、城市化、人口、资源等一系列范围广泛的人类环境问题，从道德、环境战略等不同角度，阐明了在保护和改善人类生存环境方面应采用的共同原则。其中，人类社会的发展要与资源的提供能力相适应，要考虑环境问题等限制性因素的作用和人口增长压力等理论，都为环境生态学的理论体系的产生奠定了基础。

世界环境与发展委员会（WCED）于 1987 年向联合国提交了题为《我们共同的未来》的研究报告，系统研究了人类面临的重大经济、社会和环境的问题，以“可持续发展”为基本纲领，提出了一系列政策目标和行动建议。报告把环境与发展这两个紧密相关的问题作为一个整体讨论，认为资源、环境是人类可持续发展的基础，实现了人类有关环境与发展思想的重要飞跃。事实上，这就是用生态学理论来分析和解决环境问题，是对环境生态学学科的推动和深化。

1992 年，联合国环境与发展大会的召开及大会所达成的共识，标志着国际社会对环境与发展问题认识的深化。大会一致通过的《里约热内卢环境与发展宣言》的 27 条原则，成为国际环境与发展合作、在全球范围内推动可持续发展的指导方针。大会正式确立可持续发展是当代人类发展的主题。这标志着全球开始探索协调环境与发展的途径及人类可持续发展的理论与方法。在此背景下，环境生态学得到了快速发展。

三、环境生态学的特点

环境生态学不仅涉及生态学领域的各个学科，而且涉及环境科学领域的各个学科。因此，环境生态学不同于以研究生物与环境之间相互关系为主的经典生态学，也不同于以研究人类环境质量及保护与改善为主的环境科学。

环境生态学的研究内容兼有生态学和环境科学这两大学科的研究重点，在生态与环境领域内有其特定的生态思想及环保理念，形成一套独有的研究和解决环境问题的理论与方法。在研究尺度上，环境生态学向微观和宏观两个方向发展。研究尺度包括分子、细胞、个体、种群、群体、生态系统、生物圈，并以生态系统为主要的研究尺度。

此外，环境生态学的研究需要发展国际合作。例如，对于全球性的人口、粮食、能源、资源和环境五大问题，联合国教育、科学及文化组织于 1970 年制订了“人与生物圈计划”。

环境生态学的研究方法与系统分析、工程技术相结合，并应用了现代技术新方法，如分子生物学技术、地理信息系统、自动电子仪器、同位素、3S 技术、生态建模和计算机技术等，越来越广泛地应用到环境生态学中。

环境生态学的理论研究与应用研究的全面发展与环境重大问题密切结合，在许多领域广泛应用，如绿色技术、清洁生产、生态设计、生态工业园、生态农业、生态保护及生态恢复等方面。

第二节 环境生态学的研究内容及研究方法

运用生态学理论，保护和合理利用自然资源，治理环境污染，恢复和重建被破坏的生态系统，满足人类的生存发展需要是环境生态学的主要研究任务。近几十年，随着科学技术的发展，环境生态学的研究领域不断扩展，内容更加充实，更与当今世界最前沿的科技接轨，取得了大量突破性的成果。

一、环境生态学的研究内容

随着科学技术的发展和大规模的人类生产活动的增加，人类干预生物和环境的过程不论从规模还是速度上都远远超过自然过程。因此，作为一门综合性的边缘学科，环境生态学着重研究在人类活动影响下生物与环境的相互关系，以避免人类生产和生活对环境造成不利影响，并保护和改善人类的生存环境。这是环境生态学研究的主要内容和未来的主要研究方向。

1. 人为干扰下生态系统内在变化机理和规律 自然生态系统受到人为的外界因素干扰后，将会产生一系列的反应和变化。研究人为干扰对生态系统的生态作用、系统对干扰的生态效应及其机理和规律是十分重要的。研究主要包括各种污染物在各类生态系统中的行为、变化规律、危害方式、人为干扰的方式和强度及污染物的生态效应等问题。

2. 生态系统受损程度及危害程度的判断 生态系统受损程度的判断是研究生态学的重要任务之一，而生态学判断所需的大量信息来自生态监测。生态监测就是利用生态系统中生物群落各组分对干扰效应的应答来分析环境变化的效应程度和范围，包括人为干扰下生物所产生的生理反应、种群动态和群落演替过程等生态要素的动态变化，是环境生态学研究的基础和必要手段。

3. 生态系统保护的理论与方法 各类生态学系统在生物圈中执行着不同的功能，被破坏后所产生的生态后果亦有所不同，如水土流失、土地沙漠化、土地盐碱化等。环境生态学就是利用生态学的基本原理，人为地改变和切断生态系统退化的主导因子或过程，调整、配置和优化系统内部及其与外界的物质、能量、信息的流动过程，使生态系统的结构、功能和生态潜力能够尽快地、成功地恢复到一定的或原有的乃至更高的水平。

4. 环境污染防治的生态学对策的研究 环境污染防治主要是解决从污染发生、发展直至消除的全过程中存在的有关问题和采取防治的各种措施，其最终目的是保护和改善人类生存发展的生态环境。根据生态学的理论，结合环境问题的特点，采取适当的生态学对策并辅以其他方法手段或工程技术来改善和恢复恶化的环境，是环境生态学的研究内容之一。

5. 受损生态系统的恢复与重建技术 受损生态系统的恢复与重建是将环境生态学理论应用于生态环境建设的一个重要方面。恢复与重建要求在遵循自然规律的基础上，通过人类的作用，根据技术上适当、经济上可行、社会能够接受的原则，使受损的生态系统重新获得有益于人类生存与发展的功能。

6. 生态规划与区域生态环境建设 生态规划主要是以生态学原理为理论依据，对某地区的社会、经济、技术和生态环境进行全面综合规划，调控区域社会、经济与自然生态系统及其各组分的生态关系，以便充分、有效、科学地利用各种资源条件，促进生态系统的良性循环，使社会、经济持续稳定地发展。生态规划是区域生态环境建设的重要基础和实施依据。区域生态环境建设是根据生态规划来解决人类当前面临的生态环境问题，建设更适合人类生存和发展的生态环境的合理模式。

7. 生态风险评价 生态风险评价主要是利用定量的方法来评估各种环境污染物对生态系统可能产生的风险并评估该风险可接受的程度，为生态环境的保护与管理提供科学依据。

8. 生物多样性与生态安全 生物多样性是生物和其与环境形成的生态复合体及与此相关的各种生态过程的总和，它包括数以千百万计的动物、植物、微生物和它们所拥有的基因及它们与生存环境形成的复杂的生态系统。生物多样性是维持基本生态过程和生命系统的物质基础。所谓生态安全，是指生物个体或生态系统不受侵害和破坏的状态。生态安全取决于人与生物之间、不同生物之间的平衡状况。生物多样性是生态安全的重要组成，生物多样性的丧失，特别是基因和物种的丧失，对生态安全的破坏将是致命和无法挽回的，其潜在的经济损失是无法计算的。

二、环境生态学的研究方法

环境生态学是现代生态学的重要内容，又是环境科学的组成部分，理解人为干扰与生态系统内在的变化机制、规律之间的相互关系，是搞好环境生态学研究的关键所在。因此，环境生态学研究应以解决实际环境问题的生态学研究方法为主，其又有着自身学科特色的研究手段。

1．调查统计分析 调查统计是环境生态学研究的主要方法之一。早期的生态学研究多数是生物生活史和博物学行为的野外调查。濒危生物种群数量变化、矿物资源现存量变化、污染区域生物数量变化、草地荒漠化发展趋势等问题的解决，首先是通过调查统计获得第一手资料数据，再分析其规律，然后设计出解决方案。

调查统计分析有多种方法，如不定期普查、抽样调查、定点调查、问卷调查、航空调查、遥感调查、地理信息系统调查等。

2．进行科学实验 进行科学实验是环境生态学重要的研究方法。环境问题的解决需要通过科学实验研究其机理，再提出相应的生态措施。

科学实验分为野外实验和室内实验，有的则是两者结合，依所研究的生物水平和环境问题而定。野外实验可建立定位实验站，其主要针对生物种群、群落、生态系统和生物圈与环境的关系及生态过程。室内实验主要是探索生物个体、细胞和分子与环境相互关系的机理和内在规律。

3．采用系统分析方法 系统分析是一种进行科学研究的策略，它以一种系统的、科学的方法找出生态系统内各组分之间的关系和各组分内不同的影响力，这有助于决策人找到一种解决复杂问题的思路。通过系统分析可以建立一系列反映事物发展规律的系统模型，对系统进行模拟和预测，寻找最佳答案。

系统分析中应用最多的方法有多元统计学、多元分析方法、动态方程、多维几何、模糊数学理论、综合评判方法、神经网络理论等一系列相关的数学、物理研究方法。目前，应用比较广泛的系统分析模型有微分方程模型（动力模型）、矩阵模型、突变量模型及对策论模型等。

4．通过历史资料分析 有一些环境问题涉及历史变迁，需要从历史资料中得到启示。例如，区域生态环境变迁及其影响因素、自然灾害的发展及其变化趋势、人均资源利用量的变化与发展、可持续发展思想的形成等这些问题，都需要查阅大量的历史资料。历史资料包括文献资料、考古结果、孢粉分析资料、底层分析资料、年轮分析资料等。通过历史资料分析对于阐述较大时间尺度的环境变化是十分重要的。

对于沙漠生态环境的研究来说，大量的科研历史资料是一种宝贵的可利用资源。对这些常年积累的资料进行研究和分析，能使其更好地为沙漠化的监测和预测、治沙技术措施的采取、沙漠自然资源的持续利用和生存环境的优化提供科学依据。

第三节 环境生态学及其相关学科的关系

环境生态学与其他学科领域的交叉研究十分活跃，特别是生态学与环境科学。这两大类学科对发展环境生态学理论与方法体系具有重要意义。

一、环境生态学与生态学的关系

1．生态学 生态学（ecology）一词最早由德国的海克尔（Haeckel）于 1866 年在他所著的《有机体普通形态学》一书中提出，他认为生态学是研究生物与环境相互关系的科学。也就是说，生态学探索了有机体与其环境之间相互作用的规律及其机理，是研究生物的生存条件及生物与其环境之间相互关系的科学。生态学的理论基础是进化论物种起源的“自然选择”和“最适者生存”两项基本原则。

1895 年，丹麦哥本哈根大学的瓦尔明（E. Warming）的《以植物生态地理为基础的植物分布学》（后改名为《植物生态学》）和 1898 年德国辛柏尔（Schimper）的《以生理学为基础的植物地理分布》两本专著的问世，标志着生态学这门学科正式诞生。继德国的海克尔之后，著名的美国生态学家 E. Odum 于 1956 年把生态学重新定义为“研究生态系统结构和功能的科学”。到 19 世纪后期，生态学与其他学科交叉，产生了许多分支学科，其中包括环境生态学。

现代生态学与许多经典学科结合在一起，相互渗透而形成许多边缘性学科。生态系统成为生态学研究的重点对象，同时生态学发展呈两极化趋势，即宏观扩展到生物圈的功能研究，微观向分子领域深入。现代生态学已经成为一门融自然科学和社会科学于一体的综合性科学，并成为环境科学、农业科学的理论基础。

2．环境生态学与生态学 环境生态学是生态学学科体系的组成部分，是依据生态学理论和方法研究环境问题而产生的新兴分支学科。在诸多的相关学科中，环境生态学与生态学的联系最为密切。

生态学是环境生态学的理论基础。环境生态学偏重研究生物与人为干扰的环境条件之间的关系。环境生态学重视研究人类活动影响下的生物与环境的关系，以求避免环境对人类和人类生活造成不利影响，并向着有利于人类的方向变化。

环境生态学任务的重点在于运用生态学的原理，阐明人类活动对环境的影响及解决环境问题的生态学途径，保护、恢复和重建各类生态系统，以满足人类生存与发展的需要。

环境生态学与生态学的分支学科，如恢复生态学、污染生态学、人类生态学、资源生态学息息相关。它们在研究范畴上有很多交叉之处，它们之间存在着相辅相成和相互促进的关系。恢复生态学和污染生态学的研究和发展可为环境生态学提供丰富的素材，促进其发展，环境生态学的效应机制研究也可丰富前两者的理论基础。人类生态学研究人类生态系统及人类与自然生态环境之间的相互作用与相互关系，而这些正是环境生态学研究的出发点和立足点。资源生态学的研究对象是资源生态系统，这个庞大而复杂的生态系统及其各种组分均按生态学原理相互联系、相互制约，而生态学原理正是环境生态学理论基础的重要组成部分。

二、环境生态学与环境科学的关系

1. 环境科学 环境科学（environment science）是 1950 年以后，由于环境问题的出现而诞生和发展的新兴学科。环境科学是研究人类环境质量及对其进行保护和改善的科学。环境科学的产生既是社会的需要，也是 1970 年后自然科学、技术科学、社会科学相互渗透并向广度和深度发展的一个重要标志。

环境科学的研究内容可概括为以下内容：研究人类社会经济行为引起的环境污染和生态破坏、研究生态环境系统在人类干扰下的变化机理及规律、确定环境质量及环境恶化的程度、研究保护和改善环境的理论和方法、研究环境规划与管理的理论与方法。环境科学是一门融自然科学、社会科学和技术科学于一体的交叉学科，其具有许多分支学科，如环境生态学、环境监测与评价、环境工程、环境治理与修复、环境化学、环境生物学、环境地学、环境经济学、环境物理学及环境规划与管理等。

2. 环境生态学与环境科学 环境生态学是环境科学的分支学科之一。在环境科学研究中，人们提出了生态学理论，这促使了环境生态学的产生。环境科学和生态学为环境生态学奠定了理论基础。

环境科学在研究人类环境质量、保护自然环境和改善受损环境的过程中，以生态学为基础，并以生态系统平衡为原则和目标。环境生态学理论丰富和发展了环境科学。环境科学研究的是人与环境，生态学研究的是生物与环境，而环境生态学把二者的研究范畴包含在内，研究人、生物与整个自然界之间的关系。环境生态学采纳了生态学、环境科学的理论和技术，隶属基础环境学。

环境生态学一方面关注环境背景下生态系统自身发生、演化和发展的动态变化及受扰后生态系统的治理与修复；另一方面致力于自然-社会-经济复合生态系统的规划、管理与调控研究。在环境科学体系中，环境生态学与环境监测与评价、环境工程、环境治理与修复及环境规划与管理的关系尤为密切。环境化学、环境生物学和环境物理学是环境生态学中关于人为干扰效应及机制分析的基础和科学依据。生态监测能反映监测结果的长期性和系统性，弥补物理和化学监测的不足，完善环境监测的内容和效果。环境生态学还可为环境工程、环境治理与修复和环境规划与管理提供理论依据，提高污染治理的生态效果、环境决策的科学性及环境保护的效益。

三、环境生态学的相邻学科

环境生态学与生态学的其他分支学科、环境科学的其他分支学科均有密切的关系。在生态学和环境科学领域，与环境生态学相邻的主要学科有污染生态学、恢复生态学、资源生态学、环境生物学、环境工程学。

1. 污染生态学 污染生态学是研究环境污染条件下，生物与环境之间相互关系的科学。它把生态系统作为一个整体进行系统分析、生态模拟和建立生态系统模型，以便阐明污染物进入生态系统后引起的生态效应及生态系统对污染物的净化功能。在污染的生物防治上，主要通过系统分析，既要考虑人工防治措施，又要考虑生态系统的净化能力，以便确定区域生物防治的最佳方案。

2．恢复生态学 恢复生态学是研究生态系统退化原因、退化生态系统恢复与重建的技术与方法及生态学过程与机理的科学。恢复生态学要求在遵循自然规律的基础上，根据技术上可行、经济上适当、社会能够接受的原则，使受害生态系统重新获得恢复并有益于人类生存与生活。

3．资源生态学 资源生态学是研究资源综合开发及生态环境变化规律的一门科学。研究对象是资源生态系统，也就是研究资源开发、利用、保护和管理的生态过程，以使资源发挥其更大的效用。

资源生态学把生态学规律作为基础理论，以生态学方法为基本研究方法，重点进行资源生态系统的结构与功能分析，试图寻求系统中不同层次的组织原理，以求结构与功能的协调，人为控制资源系统向有利于人类的方向平衡发展。这对资源系统的开发和人工系统的调控都具有重要的指导意义。

4．环境生物学 环境生物学是研究生物与环境之间的相互作用机理和规律的科学。它有两个研究方向：一个是针对环境污染问题的污染生态，另一个是针对生态破坏问题的自然保护。

环境生物学以研究生态系统为核心，向两个方向发展：从宏观上研究环境中污染物在生态系统中的迁移、转化、富集和归宿，以及对生态系统结构和功能的影响；从微观上研究污染物对生物的毒理作用和遗传变异影响的机理及规律。

5．环境工程学 环境工程学主要运用工程技术的原理和方法，防治环境污染，合理利用自然资源，保护和改善环境质量。主要研究内容有大气污染防治工程、水污染防治工程、固体废物的处理和利用、噪声控制等，并研究环境污染综合防治及运用系统分析和系统工程的方法，从区域环境的整体上寻求解决环境问题的最佳方案。

思考题

1．什么是环境生态学？

2．环境生态学与生态学、环境科学有什么关系？

3．环境问题是如何产生的？

4．简述环境生态学的发展趋势。

推荐读物

程胜高，罗泽娇，曾克峰．2003．环境生态学．北京：化学工业出版社．

李元．2008．农业环境学．北京：中国农业出版社．

柳劲松．2003．环境生态学基础知识．北京：化学工业出版社．

盛连喜．2002．环境生态学导论．北京：高等教育出版社．

张合平．2002．环境生态学．北京：中国林业出版社．

主要参考文献

蔡晓明．2000．生态系统生态学．北京：科学出版社．

陈立民，吴人坚，戴星翼．2003．环境学原理．北京：科学出版社．

程胜高，罗泽娇，曾克峰. 2003. 环境生态学. 北京：化学工业出版社.
国家环保总局行政人事司. 2004. 环境保护基础教程. 北京：中国环境科学出版社.
胡小飞，谢宝平，陈伏生. 2002. 生物多样性与生物安全. 常熟高专学报，16（4）：51-55.
鞠美庭. 2004. 环境学基础. 北京：化学工业出版社.
李元. 2008. 农业环境学. 北京：中国农业出版社.
李振基，陈晓麟，郑海雷，等. 2000. 生态学. 北京：科学出版社.
柳劲松. 2003. 环境生态学基础知识. 北京：化学工业出版社.
钱易，唐孝炎. 2000. 环境保护与可持续发展. 北京：高等教育出版社.
盛连喜. 2020. 环境生态学导论. 3版. 北京：高等教育出版社.
乌云娜，龙春林. 2020. 环境生态学. 北京：科学出版社.
张合平. 2002. 环境生态学. 北京：中国林业出版社.
张金屯. 2003. 应用生态学. 北京：科学出版社.

第二章　生物与环境

【内容提要】生物的生存环境多种多样，生物受环境的制约，其生命活动又不断影响和改变着环境。生物和环境在相互作用、相互依存中形成统一的整体。本章主要阐述了环境与生态因子和主要生态因子的作用及生物的适应等内容。

生物时刻不能脱离它所在的环境。一方面，环境给生物提供必需的生存条件，如大气给生物提供了呼吸用的 O_2，也提供植物光合作用必需的 CO_2，太阳光给所有生物直接或间接提供了能量等；另一方面，生物又能影响环境而使环境发生变化，如大面积的森林可以保持水土，调节气候，当它们被破坏后将导致水土流失、气候变化等。生物与环境的关系就是各类生物与环境中有机和无机因子的相互依赖、相互制约和相互协调的关系。

第一节　环境与生态因子

地球表面有深邃的海洋、广袤的陆地、高耸的山脉、干旱的沙漠、宽广的平原和盆地，有大大小小的河流湖泊等，这些为地球上的所有生物提供了多种多样的生存环境。所谓环境（environment）是指生物有机体赖以生存的所有因素和条件的综合。或者说，环境是指某一特定生物群体外的空间，是直接或间接影响该生物群体生存的一切事物的总和，是由自然界的光、热、空气、水分及各种有机和无机元素相互作用所共同构成的空间，同时还包括对该生物产生直接或间接影响的其他生物。环境是一个相对的概念，可以认为环境是相对于特定的生物而言的，或者说是相对于特定生物而存在的。

环境由各种各样的因素（因子）和条件组成。环境因素（environment factor）是指直接参加生物有机体物质和能量循环的组成部分。例如，绿色植物的生存需要一定的光、二氧化碳、水、氧及氮、磷、钾、钙、镁、铁等营养元素，这些都可以称为绿色植物的环境因素。环境条件（environment condition）是指为环境因素提供物质和能量基质的组成部分。例如，为绿色植物提供物质和能量的一定的地质、地貌、水文、土壤、气候等，称为绿色植物的环境条件。环境因素和环境条件是相对的，有时是可以相互转化的。

地球上所有生物都依赖这个星球提供的环境支持，这种关系主要受地球表层构造的影响。地球的表层构造是指地球岩石圈、大气圈、水圈和生物圈，它们共同构成了生物生存的自然环境。地球表面各圈层是互相渗透甚至互相重叠的。

一、自然环境

自然环境（natural environment）是由水土、地域、气候等自然事物所形成的环境，也是环绕生物周围的各种自然因素的总和，如大气、水、其他物种、土壤、岩石矿物、太阳辐射等，是生物赖以生存的物质基础。通常将自然环境划分为大气圈、水圈、岩石圈、土壤圈、生物圈等5个自然圈。

（一）大气圈

大气的存在与人类、生命有机体息息相关，是自然环境的重要组成部分和最活跃的因素。大气圈（atmosphere）是地球外圈中最外部的气体圈层，它包围着海洋和陆地。大气是连续包围地球的气态物质，其下界是地面，1200 km 的高度为其物理上界。世界气象组织根据气温的垂直分布，将大气分为对流层、平流层、中间层、暖层和散逸层。对流层的温度垂直变化明显，水平分布不均，愈近地面气温愈高，纬度愈高气温愈低。这种状况有利于空气的垂直对流和水平运动。空气的对流运动，使高低层空气得到交换，近地面的热量、水汽和杂质通过对流向上空输送，导致一系列天气现象的形成。

地球大气的主要成分为氮（78%）和氧（21%），其次为氩（0.93%）、二氧化碳（0.03%）和水蒸气等，此外还有微量的氖、氦、氪、氙、臭氧、氡、氨和氢。地球大气富含氧气是生命活动的结果，而氧气对于生命的进一步发展有着重要的意义。

大气运动在全球水、热平衡中起着独特的作用，其水热状况的对比与分布，对地表自然景观的形成和地域分异有着深刻的影响。

从大气与地表自然环境之间的关系来说，对流层具有特别重要的意义。对流层的下界是地面，上界因纬度和季节而不同。根据观测，对流层的平均厚度在低纬度为17～18 km，中纬度为10～12 km，高纬度为8～9 km，夏季对流层的厚度大于冬季。例如，南京夏季对流层厚度可达17 km，冬季只有11 km。对流层集中了整个大气质量的3/4和几乎全部水汽，它具有以下三个基本特征：①在一般情况下，对流层中气温随高度的增加而降低；②空气对流运动显著；③天气现象复杂多变。

在对流层和平流层之间，还存在一个厚度数百米至 2 km 的过渡层，称为对流层顶。其气温随高度的增加变化很小，甚至没有变化，它抑制着对流层内的对流作用进一步发展。

对流层顶以上到 50～55 km 范围是平流层。平流层气温基本上不受地面影响；至30 km 高度以上时，由于臭氧含量多，吸收了大量的紫外线，平流层水汽含量极少，因而没有对流层内出现的那些天气现象，只在底部偶尔出现一些分散的贝云。平流层气流运动相当平稳，并以水平运动为主。

（二）水圈

水圈（hydrosphere）是地球表层水体的总称，是由地球上的海洋、河流、湖泊、沼泽、冰川、积雪、地下水和大气中水等水体构成的一个环绕地球表层的不连续的圈层。水圈的总质量只占地球的很小部分（0.024%），它是地球外壳的基本自然圈层。海洋是水圈中最大的连续水体，平均深度为3700 m，面积为地表面积的70.8%。海水的主要成分是O和H，此外还有Cl、Na、Mg、S、Ca、K、C、B等。河流和大气中的水是水圈中水分交换最活跃、更新最快的水体。水与大气及地表岩石中的各种物质相互作用，产生各种沉积物、矿物及可溶性盐。水还作为最活跃的营力促进地貌的发育。

水圈是地球外圈中最为活跃的一个圈层，它与大气圈、生物圈和地球内圈的相互作用，直接关系到地球表层系统的演化。水圈也是外动力地质作用的主要介质，是塑造地球表面最重要的角色。

（三）岩石圈

岩石圈（lithosphere）是Barrell Joseph于1914年根据板块理论提出的地球圈层概念，其范围是从上地幔软流层向上至地表的由岩石组成的空间，包括地壳。岩石圈厚度不均一，大洋部分在洋中脊的最新部分只有6～8 km，在最老部分则有100 km；大陆岩石圈厚度大都为100～400 km。地壳是地球表面的构造层，只占地球体积的0.8%，据其性质可分为大陆地壳和大洋地壳。大陆地壳一般厚度为33～35 km。我国青藏高原是世界上地壳厚度最大的地区之一，平均厚度达70 km。岩石表面经物理风化、化学风化和生物风化作用形成风化壳，其中已经发现90多种化学元素。岩石圈六大板块之间相互碰撞、错动与张裂，形成了地球上各种各样的山脉、峡谷、断层和海沟，喜马拉雅山脉就是印度板块向亚洲板块冲撞挤压后隆起的巨大褶皱。

（四）土壤圈

风化壳经过气候、生物、地形长时间的作用形成土壤。土壤是陆生植物生存的场所，更是植物生长所必需的矿质养料的储备地。土壤也是一个独立的圈层——土壤圈（pedosphere）。土壤是地球陆地生态系统的基础，在陆地生态系统中起着以下几点作用：①保持生物活性、多样性和生产性；②调节水体和溶质流动；③储存并循环营养元素；④稳定和缓冲环境变化等。

土壤是植物生长繁育和生物生产的基地。在陆地上生长的植物基本都要依靠土壤提供机械支撑、养分及水分供应等。通常把土壤供应和协调植物对水、肥、气、热要求的能力称为土壤肥力。土壤肥力的状态影响着植物是否可以生存及生长发育的好坏。肥沃的土壤能同时满足植物对水、肥、气、热的要求。土壤是农业发展的物质基础，没有土壤就没有农业，也就没有人们赖以生存的衣、食等基本原料。

以上四个自然圈，是生物圈的物质基础，是地球环境最基本的组成要素。

（五）生物圈

生物圈（biosphere）一词是由Edward Suess（1875）提出的，他认为生物圈是指地球上有生命活动的领域及其居住环境的整体。1934年俄罗斯科学家В.И. Вернадский给生物圈的定义是生物圈是由对流层（大气圈的下层）、水圈和风化壳（岩石圈的表层）

等三个地理圈的总和所组成，是地壳的一部分。生物圈主要由生命物质、生物生成性物质和生物惰性物质三部分组成。生命物质又称活质，是生物有机体的总和；生物生成性物质是由生命物质所组成的有机矿物质相互作用的生成物，如煤、石油、泥炭和土壤腐殖质等；生物惰性物质是指大气低层的气体、沉积岩、黏土矿物和水。

根据生物分布的幅度，生物圈的上限可达到海平面大致 23 km 的高度，在地面以下延伸至 12 km 的深处，其中包括平流层的下层、整个对流层、岩石圈的上层、整个水圈和土壤圈全部。但绝大多数生物通常生存于地球陆地之上和海洋表面之下各约 100 m 厚的范围内。在这一广阔的范围内，最活跃的是绿色植物，它能截取太阳的辐射能量，吸收大气中的 CO_2 和 O_2 及土壤中的水分和养分，使地球各个自然圈之间以生物为枢纽，发生各种物质和能量的转化和循环，形成了无机界和有机界之间的物质与能量运动。生物的生命活动促进了能量流动和物质循环，并引起了生物的生命活动发生变化。生物要从环境中取得必需的能量和物质，就得适应环境，环境发生了变化，又反过来推动生物的适应性，这种反作用促进了整个生物界持续不断的变化。目前，生物圈中已经记录在册的生物约有 240 万种。可以说大气圈、水圈、生物圈和表生地质作用等构成了复杂的地球表生系统（图 2-1），每个环节的变化是受多重因素影响的。

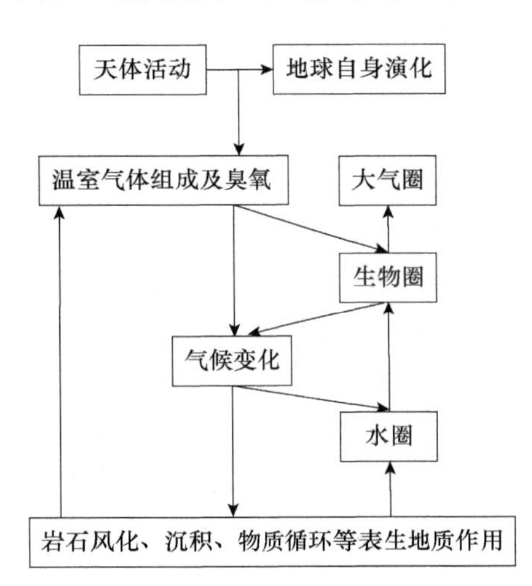

图 2-1 大气圈、水圈、生物圈和表生地质作用的耦合示意图

二、生态因子及其作用特征

在对纷繁复杂的环境进行生态学分析时，经常通过测定生态因子（ecological factor）变化来评价。

（一）生态因子的概念

生态因子是指环境中对生物的生长、发育、生殖、行为和分布等有着直接或间接影响的环境要素，如光照、温度、水分、食物和其他相关生物等。生态因子中生物生存所不可缺少的环境要素也称生物的生存因子。

所有生态因子构成生物的生态环境。具体的生物个体和群体生活地段上的生态环境称为生境，其中包括生物本身对环境的影响。生态因子和环境因子是两个既有联系，又有区别的概念。

生态因子的作用是多方面的，生态因子影响着生物的生长、发育、生殖和行为，改变生物的繁殖力和死亡率，并且引起生物迁移，最终导致种群的数量发生改变。当环境中的一些生态因子对某一种生物不适合时，这种生物就很少甚至不可能分布在该区域，因此，生态因子还能够限制生物物种的分布区域。但是，生物对自然环境的反应并不是消极被动的，生物能够对自然环境产生适应。由此可见，生物和环境之间的相互关系是相互的和辩证的。

（二）生态因子的分类

在任何一种生物的生存环境中都存在着很多生态因子，这些生态因子在其性质、特性和强度方面各不相同，它们彼此之间相互制约，相互组合，构成了多种多样的生存环境，为各类不相同生物的生存进化创造了无数的生境类型。各种各样的生态因子，可以分成两类，6 个基本类型。下面着重讲述非生物因子、生物因子和人为因子。

1．非生物因子

1）气候因子包括光照、温度、大气、降水（湿度）等。气候因子往往被称为地理因子，因为它们依地理位置（经纬度及海拔）为转移。在气候因子里面，太阳辐射是主要的能量因子，又被称为宇宙因子。根据各因子的特点和性质，还可再细分为若干因子，如光因子可分为光强、光质和光周期等，温度因子可分为平均温度、积温、节律性变温和非节律性变温等。

2）土壤因子是气候因子和生物因子共同作用的产物，包括土壤结构、土壤的理化性质、土壤肥力和土壤生物等。土壤是营养元素转化的重要场地。

3）地形因子指地面沿水平方向的起伏状况，包括山脉、河流、海洋、平原等和由它们所形成的丘陵、山地、河谷、溪流、河岸、海岸及各种地貌类型。地形因子并不是植物生活所必需的，而是通过影响气候和土壤，间接地影响植物的生长和分布，因而被认为是一种间接起作用的因子。

2．生物因子　生物因子包括动物因子、植物因子、微生物因子及其各种相互关系，如捕食、寄生、竞争和互惠共生等。生物之间的相互关系，或者是由于争夺资源和生存空间，或者是通过改变环境而相互影响。植物为动物和微生物提供食料与栖息地，由此而引起的相互关系也是十分复杂的，包括和它们所形成的生物联系等。

3．人为因子　包括耕作因子和人为（直接的和间接的）对于各种生态因子的改变（有意的和无意的）所产生的生态效应。人类活动对自然界的影响越来越大且越来越带有全球性，分布在地球各地的生物都直接或间接受到人类活动的巨大影响。

除上述的分类方法外，Smith（1935）根据环境因子的作用大小与生物数量的相互关系，将生态因子分为密度制约因子和非密度制约因子。

（三）生态因子作用的基本特征

1．生态因子的综合作用　各种各样的生态因子综合作用于生物，不存在孤立的某一个生态因子单独作用。每一个生态因子都是在与其他因子的相互影响、相互制约中起作用的，任何因子的变化都会在不同程度上引起其他因子的变化。例如，光照强度的变化必然会引起大气和土壤温度及湿度的改变，这就是生态因子的综合作用。

生态因子会随时间、空间变化而变化，这构成了生态环境的多样性和复杂性。即使是同一地点不同时间的生态因子也不完全相同。同时，生物本身对生态因子的需求也在变化着。

2．主导因子　由于对生物起作用的诸多因子是非等价的，常常会有 1～2 个因子为主导，成为主导因子。主导因子的改变常会引起其他生态因子发生明显变化或使生物的生长发育发生明显变化，如光周期现象中的日照时间和植物春化阶段的低温因子就是主导因子。一般说来，植物生活所必需的条件——光照、温度、水分、土壤等，常常会在一定条件下成为主导因子。对生物而言，主导因子不是绝对的，而是可变的，它随时间、空间及生物有机体的不同发育时期而发生变化。

3．生态因子间的不可代替性和部分补偿性　生态因子中植物生活所必需的各种条件（生活条件），对植物的作用虽不是等价的，但都是同等重要而不可缺少的，一个因子的缺失不能由另一个因子来代替。如果缺少其中任何一种，就会使生物的生长受到阻碍，甚至死亡。这就是植物生态因子的不可代替性和同等重要性定律。

但是，在一定条件下，某一因子在量上的不足，可以由相关因子的增强而得到部分补偿，并有可能得到相近的生态效果。例如，增加二氧化碳的浓度，可以补偿由于光照减弱所引起的光合强度降低的效应。然而因子之间的补偿作用，也并非经常的和普遍的。

4．限制因子　各个生态因子都存在量的变化，大于或小于生物所能忍受量的限度，超过因子间的补偿调节作用，就会影响生物的生长和分布，甚至导致死亡。对生物的生长、发育、繁殖、数量和分布起限制作用的关键性因子叫限制因子（limiting factor）。限制因子和主导因子在某些情况下是一致的，但在概念上，主导因子着重于植物的适应方向与生存状况，而限制因子则着重于植物对环境适应的生理机制。关于限制因子的研究，著名的是该的最小因子定律和 Shelford 的耐受性定律。

1）最小因子定律（law of minimum）。19 世纪，德国化学家 Liebig 在研究谷物的产量时发现，谷物产量常常不是被大量的营养物质限制，而是取决于那些在土壤中极为稀少且为植物所必需的元素（如硼、镁、铁等）。如果环境中缺乏其中的某一种，植物就会发育不良，如果这种物质处于最少量状态，植物的生长量就最少，后来人们将这一发现称为最小因子定律，而影响植物生长发育的这个最小因子，就是限制因子。植物的生长取决于那些最少量因素的营养元素，后人称为 Liebig 最小因子定律。在实践中应用最小因子定律，还要注意该定律只能严格地适用于稳定状态，即能量和物质的流入和流出是处于平衡的情况下才适用，且要考虑因子间的替代作用。

2）耐受性定律（law of tolerance）。1913 年，美国生态学家 Shelford 提出了耐受性定律。他指出，一种生物能不能存在与繁殖，要依赖于一种综合环境的全部因子的存在，但只要其中一项因子的量或质不足或超过了某种生物的耐性限度，则会使该物种不能生存，甚至灭绝。与最小因子定律不同的是，在这一定律中把因子最小量和最大量并提，把任何接近或超过耐性下限或上限的因子都称为限制因子。

生物对每一种生态因子都有其耐受的上限和下限，上下限之间就是生物对这种生态因子的耐受范围，也称为生态幅（ecological amplitude）或生态价（ecological valence）。对同一生态因子，不同种类的生物耐受范围是很不相同的，即使在同一个种的不同个体中，耐受性也会因年龄、季节、分布地区的不同而有所不同。生态幅广的生物称为广生性生物，反之就是狭生性生物。耐受性定律允许考虑生态因子之间的相互作用，如因子的补偿作用。当一种生物对某一生态因子处于非最适状态时，它对其他生态因子的耐受性限度可能下降。一般说来，如果一种生物对所有生态因子的耐受范围都比较宽，那么这种生物在自然界的分布也一定很广，反之亦然。

5. 生态因子作用的阶段性 生物生长发育有阶段性，这种阶段性的形成是生态因子规律变化的结果，如季节性物候、昼夜温差等生态因子的规律性变化，导致了植物生长发育的阶段性。每一个生态因子，或彼此有关联的因子结合，对同一生物的各个不同发育阶段所起的生态作用是不相同的，如短日照是导致落叶树木秋季落叶的主导因子；低温对冬小麦的春化阶段是必不可少的，但在其后的生长阶段则是有害的。同时，生态因子一旦对生物产生影响，其作用就不可逆转。

6. 生态因子作用的直接性和间接性 直接参与生物生理过程或参与新陈代谢的因子属于直接因子，如光、温、水、土壤养分等，如光可以促进需光种子的萌发、幼叶的展开、叶芽与花芽的分化。而那些通过影响直接因子而对生物作用的因子，属于间接因子，如海拔、坡向、坡度、经纬度等就是间接因子，它们对生物的作用不亚于直接因子，如四川二郎山的东坡湿润多雨，分布类型为常绿阔叶林；而西坡空气干热、缺水，只能分布耐旱的灌草丛，同一山体由于坡向不同，植被类型各异。

第二节 主要生态因子的作用及生物的适应

在自然界，生物对环境的适应及其生态分化随时都在发生，适应的方向和分化的途径主要由生物及其所面临的环境条件而定。生物在与环境长期的相互作用中，形成了一些具有生态意义的特征。依靠这些特征，生物能免受各种环境因素的不利影响和伤害，同时还能有效地从其生境中获取所需的物质、能量，以确保个体发育的正常进行。自然界的这种现象称为“生态适应”。生态适应是生物界中极为普遍的现象，一般区分为趋同适应和趋异适应两类。

趋同适应是指不同种类的生物，由于长期生活在相同或相似的环境条件下，通过变异、选择和适应，在形态、生理、发育及适应方式和途径等方面表现出相似性的现象。趋同适应的结果是使不同分类地位的生物在适应方式和生态功能上相同或相近，因此可以把各种各样的植物归纳为几类不同的生活型。趋异适应是指同种生物的不同个体群长期生活在不同的环境条件下，形成了不同的形态结构、生理特性、适应方式和途径等。趋异适应的结果是使同一类群的生物多样化，形成不同的生态型。它们占据和适应不同的空间，减少竞争，充分利用环境资源。

一、光的生态作用及生物的适应

光是一个十分复杂而重要的生态因子，包括光强、光质和光照长度。光因子的变化对生物有着深刻的影响。

（一）太阳光到达地球的分配和变化

地球上的光主要来自太阳辐射，来自其他星体的光仅占极少部分。光是生命极为重要的生态因子之一。地球上所有的生命都是直接或间接依靠进入生物圈的太阳辐射能来维持的。太阳辐射不仅给地球表面和水体带来光照，还可直接产生热效应。到达地面的直接太阳辐射和散射太阳辐射的和称为总辐射。全球地表的年辐射总量基本上呈带状分布，只有在低纬度地区分布的规律性受到影响。在赤道地区，由于多云，年辐射总量并不是最高的。

光能影响有机体的理化变化，从而产生各种各样的生态学效应。光是由电磁波组成的，包括红外光、紫外光、可见光。其中可见光的波长为 380～760 nm；波长小于 380 nm 的是紫外光，波长大于 760 nm 的是红外光。在全部太阳辐射中，红外光占 50%～60%，紫外光约占1%，其余的是可见光。由于波长越长，增热效应越大，因此红外光可以产生大量的热。紫外光对生物和人有杀伤和致癌的作用，但它在穿过大气层时大部分将被臭氧层中的臭氧吸收。人类的干扰破坏导致臭氧层减薄，从而引起地球上短波紫外辐射增加，并产生了一系列的不良生态效应。不仅如此，光最大的生态学意义还在于可见光是植物光合作用的能量源泉，而地球上所有的生物都是直接或间接依靠这种活动获得能量维持生命活动的。

光质就是指光谱成分，它的空间变化规律是短波光随纬度的增加而减少，随海拔升高而增加，长波光则与其相反。太阳辐射是一个连续光谱，植物的生长发育是在全光谱下进行的。生物圈接受的太阳辐射波长为 290～3000 nm，其中，各光谱成分对植物的影响和作用不同，可见光中的绿光在光合作用中很少被吸收利用而被叶片透射或反射，所以绿光被称为生理无效光。可见光以外的部分对植物也具有重要的生态作用，尤其是紫外光和红外光。

（二）光照强度对生物的影响与生物的适应

光照强度在地球表面有空间和时间的变化规律，通常以勒克斯（lx）表示。植物光合器官中的叶绿素必须在一定光强条件下才能形成，许多其他器官的形成也有赖于一定的光强。在黑暗条件下，植物就会出现“黄化现象”。在植物完成光周期诱导和花芽开始分化的基础上，光照时间越长，强度越大，形成的有机物越多，有利于花的发育。光强还有利于果实的成熟，对果实的品质也有良好作用。

1. 光照强度对生物的影响　光照强度对植物细胞的增长和分化、体积的增长和重量的增加有重要影响；光还促进组织和器官的分化，制约着器官的生长发育速度，使植物各器官和组织保持发育上的正常比例。

黄化现象（eitiolation）是光与形态建成的各种关系中最极端的典型例子，黄化是植物对黑暗环境的特殊适应。植物叶肉细胞中的叶绿体必须在一定的光强条件下才能形成。在种子植物、裸类植物、蕨类植物和苔藓植物中都可以产生黄化现象。不过，光对植物形态建成的影响还受光敏色素等因子的调节。光的强度对植物光合作用的速度有着显著的作用。在其他因素相对稳定和光照强度不很强的条件下，光合作用的速率随光照强度的增强而加快；但到达一定强度时，同化作用即停止增强，趋于稳定的水平，这种现象称为光饱和现象，此时的光强度就是光饱和点（light saturation point）。若光强度继续增强并超越某个限度时，光合作用速率又会下降，这称为光合作用的“午休现象”。这是强光引起光氧化作用造成损伤的结果。当光合作用合成的有机物刚好与呼吸作用的消耗相等时的光照强度称为光补偿点（light compensation point）。同种的不同个体、同一个体的不同发育阶段和处于不同位置的光合器官及不同生境下生长的个体，光合补偿点、光合饱和点等光合生理特征会有很大差异。强光抑制细胞分裂和伸长，对植物的纵向生长有抑制作用，但促进了枝叶和根系的生长。光照强度对叶片的排列方式、形态构造和生理性状有明显的影响，还影响光合产物在植物体内的分配、果实中糖分的形成和积累及花青素的含量。在强光条件下，果实中糖分积累丰富，花青素含量高。因此，在光照充足的条件下生长的苹果、梨和桃等，果实甘甜、色彩艳丽，品质好。

蛙卵、鲑鱼卵在有光情况下孵化快，发育也快；而贻贝（*Mytilus edulis*）和生活在海洋深处的浮游生物则在黑暗情况下长得较快。在连续有光的条件下，蚜虫（*Aphidoidea*）产生后代的多为无翅个体；但在光暗交替条件下，则产生较多的有翅个体。光强度主要影响昆虫昼夜的活动和行为，光强度与昆虫活动的关系不仅因种类而异，而且在同种昆虫的不同发育阶段也有所不同，如家蚕成虫主要在白天交配，但在暗光下产卵最多，强光有抑制产卵的作用，其幼虫则昼夜均可取食。

2．植物对光强变化的适应　光强在地球表面的分布是不均匀的。同样，植物对不同相对光强会做出不同的反应（图 2-2），光照强度在一定范围内时，紫茎泽兰和兰花菊三七总生物量随光强升高而增加，但光强再高总生物量反而下降（图 2-2A）；而两种植物的株高均随着光强的升高而降低（图 2-2B）。强光环境下植物的适应对策是提高对光能的接受和转换能力，并防止或减弱强光引起的植物体升温和失水。光照强时，为了提高单位面积固定 CO_2 的能力，植物将增加叶肉细胞，尤其是栅栏组织细胞的数量，使叶片变厚、叶面积变小、气孔数量增加，同时叶片具有较高的光合饱和点。强光条件下蒸腾作用强烈，植物为补偿水分的损失，其根系也比较发达。

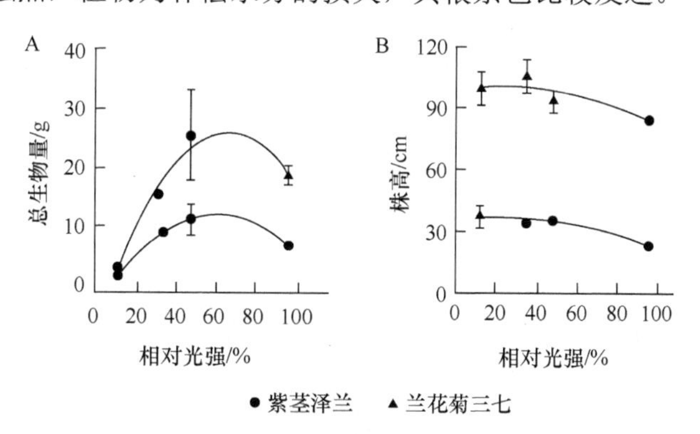

图 2-2　不同相对光强下生长的紫茎泽兰和兰花菊三七的总生物量（A）和株高（B）（王俊峰和冯玉龙，2004）

而弱光环境下，植物则以捕获更多的光能和降低消耗为对策。为了捕获更多的光量子，植物首先会扩大叶片面积，同时减少叶片内细胞层数，使叶片变薄，从而降低单位面积的呼吸消耗和光合补偿点；其次，植物也会减少根的生长和茎的增粗生长，增强地上部纵向生长以尽快摆脱光照强度不足的状况。此外，叶片数目减少、叶柄伸长、避免自我遮阴也是适应弱光条件的对策。

不同植物对光强的反应是不一样的，根据植物对光强适应的生态类型可分为阳性植物（heliophyte）、阴性植物（sciophyte）和中性植物或耐阴植物（shade-enduring plant）。阳性植物对光的要求比较迫切，只有在足够的光照条件下才能正常生长，其光饱和点、光补偿点都较高。阴性植物对光的需求远较阳性植物小，光饱和点和光补偿点都较低。中性植物对光照具有较强的适应能力，对光的需要介于上述两者之间，但最适宜在完全的光照下生长。阳性植物、阴性植物长期生长在不同光强环境下，在形态结构和生理等方面产生了明显的分异，尤其是叶片有明显的区别。同一株植物不同位置叶片也会表现出对光照的适应特征，植物冠层的南向外层的叶片常表现出一些阳性植物叶片的特征，而植物冠层内部和北向的叶片常表现出一些阴性植物叶片的特征（表 2-1）。

表 2-1　阳性植物、阴性植物形态结构和生理特征的比较

项目		阳性植物	阴性植物
形态结构	叶片厚度	厚	薄
	叶肉细胞层数	多	少
	叶绿体	小	大
	气孔/面积	较大	较小
	叶柄维管形成	增加	减少
	叶表面角质层	厚	薄
生理特征	光补偿点	高	低
	光饱和点	高	低
	光抑制	无	有
	暗呼吸	高	低
生化特征	叶绿素/干重	大	小
	叶绿素 a/b	大	小
	RuBP 羧化酶	多	少

不同植物长期适应不同光照及温度和水分条件，在应用光能、固定和还原二氧化碳的形式方面形成了不同的适应方式，主要分为以下三种。

1）C_3 途径，又称为戊糖磷酸途径，或卡尔文-本森循环。二氧化碳进入叶绿体以后首先与一个五碳糖化合物 RuBP（1,5-二磷酸核酮糖）结合，在酶的作用下形成两个三碳化合物，再以产生的三碳化合物为原料形成碳水化合物。由于这个过程中有三碳化合物的参与，故称为 C_3 途径。

2）C_4 途径，又称为二羧酸途径。二氧化碳进入叶绿体后，最初形成的固定产物不是三碳分子，而是 4 个碳原子的二羧酸，即 C_4 化合物。形成的 C_4 化合物再通过 C_3 途径完成碳水化合物的合成。这种途径本质上是增加了一个俘获二氧化碳的过程，从而使暗反应中有充足的二氧化碳供应。因此，C_4 途径的光合效率经常高于 C_3 途径。

3）CAM 途径，又称景天酸代谢途径。在夜晚，植物把二氧化碳吸收后形成有机酸贮藏到白天，有光照时，再释放出来通过 C_3 途径完成对二氧化碳的固定。这种途径光反应和暗反应不能同步进行，从而光合作用效率很低。

把二氧化碳以 C_3 途径的形式固定和还原的植物称为 C_3 植物，其他相应地称为 C_4

植物、CAM 植物。植物在二氧化碳固定方式上的差异，是同它所在环境的水热条件密切联系在一起的。C_4 植物在热量条件好、水分相对比较充足时，光合效率高于 C_3 植物。CAM 更适合在干旱环境中，避免在高温条件下开放气孔吸收二氧化碳，对保存水分特别有利。对水分的保持和对二氧化碳的吸收是植物生存中必须解决的两大难题，因此，这些不同应对措施的植物在形态结构上都具有较大的差异（表 2-2）。

表 2-2　具有不同二氧化碳固定方式的植物的特征

特征	C_3 植物	C_4 植物	CAM 植物
叶结构	片状叶肉，薄壁组织维管束鞘	叶肉呈辐射状排列在绿色薄壁组织维管束鞘周围	大液泡
叶绿体	颗粒状	叶肉：颗粒状；维管束鞘细胞：颗粒状或非颗粒状	颗粒状
叶绿素 a/b	约为 3	约为 4	<3
CO_2 最初受体	RuBP	PEP	在光下：RuBP 在暗中：PEP
光合作用最初产物	C_3 酸（PGA）	C_4 酸（草酰乙酸、苹果酸、天冬氨酸）	在光下：PGA 在暗中：苹果酸
光合产物中碳与同位素的比例（$\delta^{13}C$）	−40%～−20%	−20%～−10%	−35%～−10%
光合作用的氧抑制	有	无	有
在光下 CO_2 的释放（表观光呼吸）	有	无	无
最适温度下 CO_2 补偿浓度	30～50 μL/L	<10 μL/L	在光下：0～200 μL/L 在暗中：<5 μL/L
叶肉阻力与最小气孔阻力的比率	4～5	0.5～1	
净光合能力	微小至高	高至非常高	在光下：微小 在暗中：中等
光合作用的光饱和	在中等强度时	无饱和，甚至在最强光时	在中等至高强度
同化产物再分配	慢	快	不定
干物质生产	中等	高	低

绝大多数植物都属于 C_3 植物。C_4 植物多为一年生植物，尤其在夏季一年生植物和地面芽植物中 C_4 植物最多，而在冬季一年生植物和地下芽植物中很少有 C_4 植物，高大灌木和乔木几乎没有 C_4 植物。目前，已发现的 C_4 植物仅存在于被子植物的 18 个科、约 2000 个种中。另外，少数藻类也是 C_4 植物。在大戟科、菊科中有很多植物处于 C_3 和 C_4 的过渡类型，表明有些植物正在由 C_3 植物向 C_4 植物进化。CAM 植物多为热带、亚热带沙漠植物，所有仙人掌属植物、热带地区的萝藦科、大戟科和生长在岩石缝隙中的景天科植物都是 CAM 植物；在附生植物中，凤梨科和兰科的 50%～60%都属于 CAM 植物。目前已知有 25 个科 20 000 多种植物属于 CAM 植物，有部分植物在不同组织器官中采用不同的二氧化碳固定方式，如萝藦科植物在叶片中采用 C_3 途径，而在肉质茎中采用 C_4 途径。

不同的二氧化碳固定途径的植物，光合效率差异很大。在正常大气条件下，光合作用效率由高到低依次为C_4植物、C_3植物、CAM植物，参见表2-3。

表2-3 不同植物光合作用效率比较

植物类群	CO_2吸收	
	单位叶表面积光合速率/[μmol/（m^2·s）][a]	单位叶干重光合速率/[mg/（g干物质·h）][b]
C_4植物	30～60（70）	60～140
C_3植物		
冬性一年生荒漠植物	20～40（60）	
作物	20～40	30～60
向阳生境的中性植物	20～30（40）	30～60
沙丘和滨海植物	20～30	
春性地下芽植物	15～20	25～40
山地植物	15～30	25～60
高秆阔叶草本	10～20	30～40
阴性植物	（2）5～10	10～30
干燥生境的植物	15～30	15～40
北极植物	8～20	
禾草和薹草（禾谷类和薹草类）	5～15（20）	8～35
根半寄生植物	（1）4～7	
茎半寄生植物	2～8	
CAM植物		
在光照下	（2）5～12	0.3～2
在黑暗下	6～10（20）	1～1.5
木本植物		
热带作物	10～15	
演替第一阶段的热带种	12～20（25）	
热带藤本植物（阳叶）	15～20	
热带雨林树木		
阳叶	10～16	10～25
阴叶	5～7	5～8
苗木（极端阴性）	1.5～3（5）	
亚热带和暖温带地区阔叶常绿树		
阳叶	6～12（20）	
阴叶	2～4	
落叶树		
阳叶	10～15（25）	

续表

植物类群	CO_2吸收	
	单位叶表面积光合速率/(μmol/m²·s)[a]	单位叶干重光合速率/(mg/g 干物质·h)[b]
阴叶	3～6	
针叶树		
落叶	8～10	10～20
常绿	3～6（15）	3～18
红树林	4～8（12）	
周期性干旱地区硬叶植物	4～10（16）	3～10（18）
棕榈	4～10（20）	
竹林	4～6	
荒漠灌木（小）	（3）10～15（30）	（4）8～15（35）
荒地和冻原的矮生灌木		
落叶	6～15	15～30
常绿	3～6（10）	4～10
隐花植物		
蕨类植物		
在开阔生境	8～10	
在遮阴处	2～5	
苔藓植物	2～3	0.6～3.5
地衣类	0.3～2（5）	0.3～2.5（4）
水生植物		
沼泽植物，浮生植物	12～25（30）	
淡水大型植物	（5）7～10（25）	
潮汐区海草	2～6	5～30（50）
浮游藻类	（2）10～30	2～3

资料来源：Larcher，1997

a. 为了比较不同植物类型的光合能力，光合速率被标准化为每单位表面积光合速率。表面积为能够接受辐射的叶面积，而不是上下表面积的总面积。b. 每单位叶干重光合速率，这个数值可用来计算获得形成一定重量的另一片叶所需的碳而要求的时间长度。因此，CO_2的吸收也以重量单位表示

C_4植物主要存在于热带、亚热带半湿润地区。在C_4植物丰富的地区，随着海拔高度增加，C_4植物的比例不断降低（图 2-3）。CAM 植物分布十分广泛，尤其是在周期性的干旱环境和贫瘠的生境中，很多植物都是 CAM 植物，它们对生存环境没有特殊的要求，这样就能够生存在极端干旱和贫瘠的土地上。

3．动物对光强变化的适应　光照强度与很多动物的行为有着密切的关系。有些动物适于在白天的强光下活动，如灵长类、有蹄类和蝴蝶等，称为昼行性动物；另一些动物则适于在夜晚或早晨黄昏的弱光下活动，如蝙蝠、家鼠和蛾类等，称为夜行性动物或晨昏性动物；还有一些动物既能适应弱光也能适应强光，白天黑夜都能活动，如田鼠

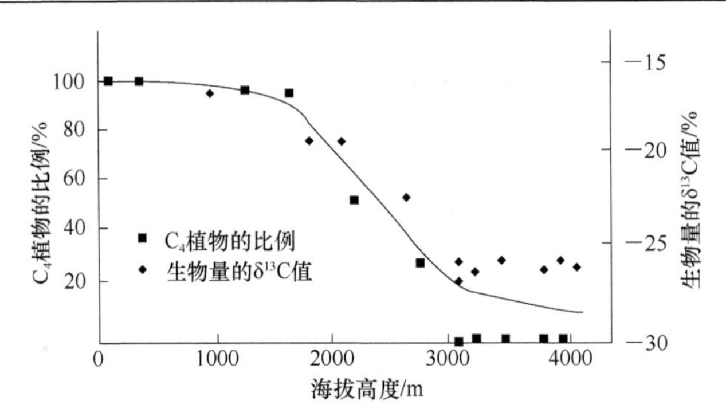

图 2-3 不同海拔条件下 C_4 植物的比例和生物量的 $\delta^{13}C$ 值（Larcher，1997）

等。昼行性动物（夜行性动物）只有当光照强度上升到一定水平（下降到一定水平）时才开始一天的活动，有些浮游动物在夜间游到水表层，白天则下沉到 50～60 m 深的水层中，表现出负趋光性，这些都是适应于一定光照强度下生活的反应。因此，这些动物将随着每天日出日落时间的季节性变化而改变其开始活动的时间。

生活在弱光环境中的动物，在形态结构上也常有相适应的特征，如夜间活动的壁虎和猫头鹰有大的眼睛，且对红外光敏感；在海洋的微光层，鱼的眼睛加大，体呈红色。这些特化均有利于它们的活动与生存。海洋动物的体色，因所在水层的光质和光强度的不同而有很大差别。海洋表面的动物常常是背面蓝色、绿色或棕色，而侧面与腹面呈银白色。

昆虫在行为方面也表现出对光的适应性，如趋光性是对光刺激所表现的趋向或回避运动。在适宜的光强度内，眼虫表现正趋光性，在强光下它就回避而改变运动方向。绿头蝇有向光飞行的习性。马铃薯叶甲和七星瓢虫有正趋光性，地中海粉螟和红头绿蝇的幼虫则表现出负趋光性，即移向黑暗。夜间活动的动物在光亮达某阈值时即回巢穴。

（三）光质对生物的影响与生物的适应

光质就是不同波长光的组合，与光照强度一起对生物产生重要影响。

1．光质对植物的影响与植物的适应 光质对植物形态建成的作用是低能耗效应，与光照强度关系不大。一般情况下，只有红光（650～680 nm）、远红光（710～740 nm）、蓝光（400～500 nm）和紫外光（390～400 nm）与植物的形态建成有关。通常把只需低能的光控制植物形态建成的作用称为光形态建成（photomorphogenesis），也称为光控发育。光的调节作用几乎存在于从分子到个体水平和从种子萌发到种子形成的生长发育过程。其作用机理与多种光敏受体（photoreceptor）有关，如光敏色素、隐花色素、紫外光-B 受体等。不同光质触发不同光受体，进而影响植物的光合特性、生理代谢、生长发育、结构特征、抗逆和衰老等。

2．光质与植物的生态适应 在紫外线辐射强的地区，植物通过类黄酮等次生代谢物质的合成产生相应的保护反应；在形态解剖结构上，植物用于防御的资源会增加，如增加表皮厚度、表皮腔中的单宁含量、外表皮酚醛树脂含量。

自然界的阴生环境多存在于森林内部，光谱中的蓝色成分较多，阴性植物的叶片为了提高细胞捕捉光量子的效率，不仅增加细胞中叶绿素的数量，而且叶绿素中吸收蓝光能力强的叶绿素 b 数量更多。

红光能抑制茎的伸长，促进分蘖，破除需光种子的休眠；远红光促进茎伸长、抑制分枝，使种子保持休眠状态。森林中一些种子细小的先锋植物，当种子落到森林枯落物层或土壤中后，林内丰富的远红光迫使它们保持休眠，一旦森林遭到破坏或秋天落叶出现林窗，它们就迅速萌发。种子需光萌发的特性，确保因光照条件不适造成种子萌发幼苗死亡而降低种子浪费的现象。

蓝光和紫外光对植物的生长有显著抑制作用。高山植物比较矮小，与紫外线丰富有关。紫外线 UV-B（280～315 nm）对植物细胞有一定的伤害作用。太阳辐射中的 UV-B 能被臭氧层有效地吸收，从而减弱到达地面的辐射强度。不同波长的光能够促进光合产物以不同的方式转化储藏，因而对不同波长下生长的植株产量也有很大的影响（图 2-4）。

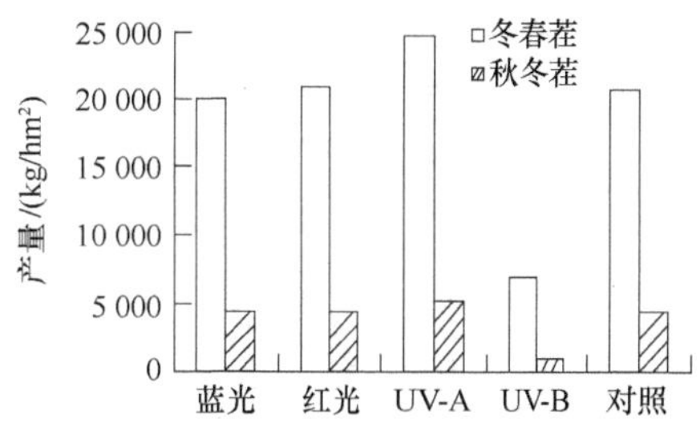

图 2-4　不同光质对黄瓜初瓜期产量的影响（王绍辉等，2006）

3．光质对动物和微生物的影响及适应　昆虫的趋光性与光的波长关系密切。许多昆虫都具有不同程度的趋光性，并对光的波长具有选择性。一些夜间活动的昆虫对紫外光最敏感，如棉铃虫和烟青虫分别对光波 330 μm 和 365 μm 趋性较强。测报上使用的黑光灯波长为 360～400 μm，比白炽灯诱集昆虫的数量多、范围广。黑光灯结合白炽灯或高压萤火灯（高压汞灯）诱集昆虫的效果更好。此外，光质对动物生殖、体色变化、迁徙、毛羽更换、生长发育有影响。

蚜虫对粉红色有正趋性，对银白色、黑色有负趋性，故可利用银灰色塑料薄膜等隔行铺于烟苗、蔬菜等行间，以防治蚜虫为害。黄色对蚜虫的飞行活动有突然抑制作用，类似某些物理刺激而引起昆虫的假死性，据此可利用“黄皿诱蚜”进行测报和“黄板诱蚜”进行防治。紫外光与动物维生素 D 的产生关系密切，过强有致死作用，波长 360 nm 即开始有杀菌作用，波长 200～300 nm 的紫外辐射杀菌力强，能杀灭空气中、水面和各种物体表面的微生物，这对于抑制自然界中传染病病原体是极为重要的。

（四）光的周期性变化对生物的生态作用与生物的适应

1．光周期与生物的光周期现象　地球的公转与自转，带来了地球上日照长短的周期性变化。在各种气象因子中，昼夜长度变化是最可靠的信号，不同纬度地区昼夜长度的季节性变化是很准确的（图 2-5）。长期生活在这种昼夜变化环境中的动植物，借助于自然选择和进化形成了各类生物所特有的对日照长度变化的反应方式，这就是生物的光周期现象（photoperiodism）。

许多植物的开花与昼夜的相对长度即光周期有关，这些植物必须经过一定时间的适宜光周期后才能开花，否则就一直处于营养生长状态。光周期调节着植物的发育过程，尤其是对成花诱导起着重要的作用。

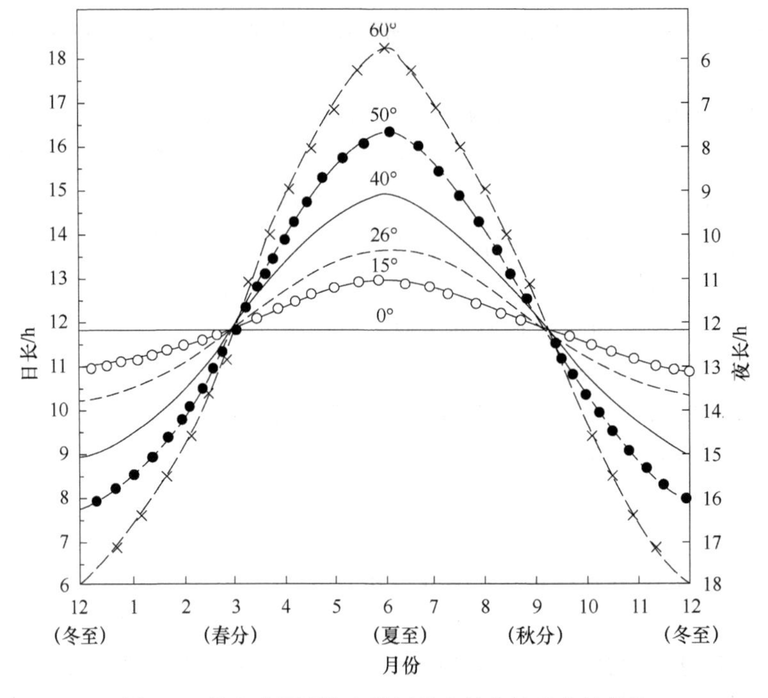

图 2-5　北半球不同纬度地区昼夜长度的季节性变化

植物光周期现象对日照长度的特殊要求，常常限制物种的自然迁移和扩展，也是有些物种在异地引种时的主要障碍。因此，在同纬度地区间引种容易成功，但是在不同纬度地区间引种时，如果没有考虑品种的光周期特性，则可能会因提早或延迟开花而造成减产，甚至颗粒无收。对此，在引种时首先要了解被引品种的光周期特性；同时要了解作物原产地与引种地生长季节日照条件的差异；还要根据被引进作物的经济利用价值来确定所引品种。在中国，将短日照植物从北方引种到南方会提前开花，如果所引品种是为了收获果实或种子，则应选择晚熟品种。而从南方引种到北方，则应选择早熟品种，如将长日照植物从北方引种到南方，会延迟开花，宜选择早熟品种；而从南方引种到北方时，应选择晚熟品种。

许多昆虫的地理分布、形态特征、年生活史、滞育特性、行为及蚜虫的季节性多型现象等，都与光周期的变化有着密切的关系。光周期的变化是诱导昆虫的主要环境因素，对昆虫体内色素的变化也产生影响，如菜粉蝶蛹在长日照下呈绿色，在短日照下则呈褐色。光周期对一些迁飞性昆虫行为有影响，如夏季长日照和高温引起稻纵卷叶螟向北迁飞，秋季短日照和低温引起其向南迁飞。光周期对蚜虫季节性多型起着重要作用，如豌豆蚜虫在短日照（每日 8 h 日照）、20℃时，产生有性蚜繁殖后代；在长日照（每日 16 h 日照）、25～26℃或 29～30℃时，产生无性蚜繁殖后代。棉蚜在短日照结合低温、食物不适宜的条件下，不仅可产生有翅型，还可产生有性蚜，交配产卵越冬。

与生物光周期相关的另外一个现象是生物钟。所谓生物钟（biological clock）是生物由于长期受地球自转和公转引起的昼夜和季节变化的影响，海洋生物受月球运动引起的潮汐和月周期性的影响而发展出的能适应这些环境周期变化的时间节律。不难看出，光周期是导致生物钟产生的一个因素。

2．植物对光周期的适应　许多植物成花有明确的极限日照长度，即临界日长（critical day length）。根据对日照长度的反应可把植物分为长日照植物、短日照植物、中日照植物和中间型植物。

1）长日照植物是指在日照时间长于一定数值（一般 14 h 以上）才能开花的植物，如冬小麦、大麦、油菜和甜菜等，而且光照时间越长，开花越早。

2）短日照植物则是日照时间短于一定数值（一般 14 h 以上的黑暗）才能开花的植物，如水稻、棉花、大豆和烟草等。

3）中日照植物的开花要求昼夜长短比例接近 1∶1（日照时间为 12 h 左右），如甘蔗等。

4）中间型植物是任何日照条件下都能开花的植物，如番茄、黄瓜和辣椒等。

短日照植物和长日照植物开花需要一定的临界日长，但这并不就是它们一生中所必需的日照长度，而只是在发育的某一时期经一定数量的光周期诱导后才能开花。长日照植物的临界日长不一定都长于短日照植物，而短日照植物的临界日长也不一定短于长日照植物，重要的不是它们所受光照时数的绝对值，而是在于超过还是短于其临界日长。同种植物的不同品种对日照的要求可以不同，如烟草中有些品种为短日照性的，有些为长日照性的，还有些为中日照性的。通常早熟品种为长日照或中日照植物，晚熟品种为短日照植物。

光周期对植物的地理分布有较大影响。不同植物生长、发育中光周期现象对日照长度的要求不同，主要与其原产地生长、发育季节的自然日照长度密切相关。短日照植物多起源于中、低纬度地区，长日照植物多起源于高纬度地区。此外，有些植物光周期现象的日长特征还反映出地球陆地的变迁。光是植物调控其生长与发育的重要环境信号之一，植物通过整合外源信号与内源信号，继而调控准确的开花时间，确保植物在特定环境下的最佳时机开花以保证产量，因此，开花期成了决定品种地区适应性和季节适应性的关键因素，对作物的产量形成有着十分重要的作用。如果把长日照植物栽培在热带，由于光照不足，就不会开花，而短日照植物栽培在温带和寒带也会因光照时间过长而不开花。总之，植物适应特性对植物的引种、育种工作极为重要。

3．动物对光周期的适应　许多动物的行为对日照长短也表现出周期性。鸟、兽、鱼、昆虫等的繁殖及鸟、鱼的迁移活动，都受光照长短的影响。鸟类的光周期现象最为明显，它的迁徙是由日照长短变化所引起的。鸟类及某些兽类的生殖也与日照长短有关，如雪貂、野兔和刺猬等都是随着春天日照长度的增加而开始生殖（称为长日照兽类）的；绵羊、山羊和鹿等随着秋天短日照的到来而进入生殖期（称为短日照兽类）。昆虫的生命活动如趋光性、体色的变化、迁移、取食、孵化、羽化、交配等，也都表现出一定的时间节律，并构成种的生物学特性，称为昆虫钟（insect clock）。昆虫钟是一个复杂的生理过程，它控制着昆虫的生理机制的节律，并与光周期节律的信号密切关联，使昆虫的活动和行为表现出时间上的节律反应。

二、温度的生态作用及生物的适应

生物体内物质和能量代谢的生理生化过程是生长发育的基础，而生理生化过程都受温度的影响。温度是一种随时在起作用的重要生态因子，任何生物都是生活在具有一定温度的外界环境中并受温度变化的影响。地球表面的温度在空间和时间上总是在不断变化的，它随纬度、海拔高度、季节等条件的变化而变化。温度的这些变化都能给生物带来多方面和深刻的影响。

（一）地球上温度的分布与周期性变化

太阳通过辐射源源不断地将能量输送到地球表面。太阳辐射经大气削弱后，到达地面的有两部分：一是从太阳直接发射到地面的部分，称为直接辐射；二是经大气散射后到达地面的部分，称为散射辐射，二者之和就是到达地面的太阳辐射总量，称为总辐射。尽管到达地面的总辐射相同，但地表吸收的并不相等，这是近地面温度分布不均匀的原因之一。

太阳辐射的分布规律尽管受到各种因素的干扰，但从全球范围来看，热量分布总趋势仍然与纬度大致平行，由低纬向高纬呈带状排列，形成地球上的热量带。在低纬度地区接收到的热量要比高纬度地区多，结果使赤道地区和极地地区形成显著的温度差别。赤道地区和极地地区的温度差异为大气环流提供了能量。但是，温度的带状分布模式又受到地球表面特征的影响。冬季陆地上的等温线明显地向赤道方向弯曲，夏季则向极地方向弯曲。全年中大洋上的温度变化较缓和，陆地上的情况却与此相反，温度随季节有显著的变化，在夏季温度很高，而冬季温度却很低。陆地和海洋之间在温度上之所以存在着季节性的差异，是由于陆地和水体接收太阳辐射的方式不同。

地球自转和公转导致到达地面的太阳辐射总量出现周期性变化，气温有明显的日变化和年变化。太阳东升西落，气温也相应变化，通常一天之内有一个最高值和一个最低值。一天之内，气温的最高值与最低值之差，称为气温日较差。日较差的大小与地理纬度、季节、地表性质、天气状况有关。一般说来，高纬度地区气温日较差比低纬度地区小，热带气温日较差平均为 12℃，温带为 8～9℃，极地只有 3～4℃。在中纬度地区太阳辐射强度的日变化夏季比冬季大，所以气温的日变化夏季也高于冬季北半球的气温，以 7～8 月最高，1～2 月最低。海洋性气候条件下年变幅较小，大陆性气候条件下变幅较大。

太阳辐射强度的季节变化使气温发生相应的变化。一般来说，在北半球，一年的气温最高值在大陆上出现在 7 月，在海洋上出现在 8 月；气温最低值在大陆上和海洋上分别出现在 1 月和 2 月。一年中月平均气温的最高值与最低值之差，称为气温年较差。气温年较差大小与地理纬度、地表性质、地形等因素有关。由于太阳辐射的年变化高纬比低纬大，因此，纬度越高，年较差越大。海洋对热能具有显著的调节作用，故最热月与最冷月比大陆延后一个月。

气温分布有地区变化。在地表均一状况下的气温受太阳辐射的影响一般呈纬向分布。气温在赤道带最高，随纬度的增高而降低，到两极最低。但由于海陆、地势、地貌、大气环流等的影响，气温的实际分布极为复杂。气温还随海拔高度的改变而变化，在对流层中气温一般随高度的上升而递减，每升高 100 m，气温下降 0.5～0.6℃。但在一定的天气和地形条件下，可能出现气温随高度上升而递增的逆温现象，这样的气层称为逆温层。

热量条件与生物的生长发育及其分布关系密切，热量带又是形成地球气候带的基础。因为地表特征、大气环流、洋流等因素对太阳辐射起着重新分配的作用，热量带并不与纬度带完全一致。实际上热量带的划分多以年平均温度、最热月温度和积温等为指标。温度是生物有机体生命活动的重要因子，其变化对生物的生长发育影响很大。生物适应了各地气温的年日变化，形成了各自的感温特性和发育规律。温度的非周期性变化往往造成农业气象灾害。春、秋两季，温度升降不稳，冷空气入侵，常形成霜冻及低温冷害。夏季不适时的高温常使中国北方小麦遭受干热风侵袭，使长江流域的水稻高温逼熟。

（二）温度对生物的影响与生物适应

1．温度与生物的生长发育　温度的变化直接影响着植物的光合作用、呼吸作用、蒸腾作用等生理作用。温度主要通过影响暗反应中的酶和气孔开张度从而影响光合作用。植物的光合作用只能在一定的温度范围内进行，高温和低温都降低光合作用，表现出光合作用也具有温度“三基点”，即光合作用的最适、最高和最低温度。一般把达到最大净光合速率值的90%以上的温度范围称为光合作用的最适温度范围。光合作用的温度三基点和最适温度范围因植物种类的不同而有很大差异（表2-4），这种差异反映出各自生境或起源地的温度特点。

表 2-4　在自然 CO_2 浓度和光饱和条件下不同植物光合作用的温度三基点（℃）

植物种类		最低温度	最适温度	最高温度
草本植物	热带 C_4 植物	5～7	35～45	50～60
	C_3 植物	−2～0	20～30	40～50
	温带阳性植物	−2～0	20～30	40～50
	阴性植物	−2～0	10～20	约 40
	CAM 植物夜间固定 CO_2	−2～0	5～15	25～30
木本植物	春天开花植物和高山植物	−7～2	10～20	30～40
	热带和亚热带常绿乔木	0～5	25～30	45～50
	干旱地区硬叶乔木和灌木	−5～1	15～35	42～55
	温带冬季落叶乔木	−3～1	15～25	40～45
	常绿针叶乔木	−5～3	10～25	35～42

资料来源：李合生等，2004

任何生理过程对温度的反应都存在三基点，研究三基点对掌握生命活动对温度的反应具有重要意义。

生物不仅需要适应一定的温度幅度，还需要有一定的温度量，极端温度常常成为限制生物分布的重要因素。例如，由于高温的限制，白桦、云杉在自然条件下不能在华北平原生长，苹果、梨、桃不能在热带地区栽培。低温对生物分布的限制作用更为明显。按照动物保持其温度的方式，从生理上将动物分为恒温动物（homeotherm）、变温动物（poikilotherm）和异温动物（heterotherm）。温度对恒温动物分布的直接限制作用较小，但也常通过影响其他生态因子（如食物）而间接影响其分布。有一些龟鳖类和所有的鳄鱼的性别发育与某个时期内卵的温度有密切关系，稍稍改变温度，就会使性别比例发生急剧变化。只在很小的温度范围内同一批卵才会孵化出雌性和雄性两种个体。

温度直接影响植物和变温动物（特别是昆虫）的发育速率。无论是植物还是变温动物，其发育都是从某一温度开始的，而不是从物理学零度开始的，因而这个温度就称为发育阈温度或生物学零度（biological zero）。1735 年法国的 R. A. F. de Reaumur 首次发现植物完成其生命周期，要求一定的积温，即植物从播种到成熟，要求一定量的日平均温度的累积。积温（heat sum）指某一时段内逐日平均温度累加之和，是研究温度与生物有机体发育速度之间关系的一种指标，从强度和作用时间两个方面表示温度对生物有机体生长发育的影响。积温可分为有效积温和活动积温两种。

有效积温是指在生物生长发育期或某一发育阶段内，扣除生物学下限温度（有时同时扣除生物学上限温度），对生物生长发育有效的那部分温度的总和。即

$$A=N(T-C) \tag{2-1}$$

式中，N 为生长发育所需时间；T 为发育期间的平均温度；C 为生物学零度；A 为有效积温。

在积温的实际计算中，一般温带地区以 5℃或 6℃为植物的生物学零度，亚热带地区以 10℃为生物学零度，热带地区以 18℃为生物学零度来计算有效积温。

活动积温是指大于某一临界温度值的日平均气温的总和，如日平均气温≥0℃的活动积温和日平均气温≥10℃的活动积温等。即

$$K=\sum_{i=1}^{n}T_i \qquad (T_i>C，当 T_i\leqslant C 时，T_i 以 0 计) \tag{2-2}$$

式中，T_i 为该时期的平均温度；n 为天数；K 为活动积温；C 为生物学零度。

一种植物的整个生长发育期或某一发育阶段要求一定的积温量，而且植物整个生长发育期或某一发育阶段需要的积温量是一个常数（积温法则）。也就是说，对于某一植物式（2-1）中的 K 是一常数，式（2-1）可变形为

$$K=N(T-T_0) \tag{2-3}$$

式中，K 为活动积温（常数）；N 为生长发育所需时间；T 为发育期间的平均温度；T_0 为生物发育起点温度（生物学零度）。

式（2-3）表示温度与植物的发育速度相关。在植物生长发育适宜的温度范围内，温度升高，生长发育加快，完成生长发育的时间缩短；温度降低，生长发育减慢，完成生长发育的时间延长。

2. 温度与种子萌发 种子的萌发是由一系列酶催化的生化反应引起的，因而受温度的影响。在最低温度时，种子能萌发，但所需时间长，发芽不整齐，易烂种；种子萌发的最适温度是在最短的时间范围内萌发率最高的温度。高于最适温度，虽然萌发速率较快，但发芽率低；低于最低温度或高于最高温度时，种子就不能萌发。有些种皮较厚

的种子在变温条件下萌发率会得到提高。另外，有些需光萌发的种子受到变温处理后，在黑暗中也能萌发，还有的种子需要在低温下经过后熟才能萌发，如蔷薇科植物中的苹果、桃、梨、樱桃等种子经过低温（5℃左右）处理1～3个月，萌发率可达90%以上。

3．春化作用 低温是诱导植物进行花芽分化的重要环境因素。冬性一年生植物必须经历一定的低温，才能形成花原基，进行花芽分化。低温诱导花原基形成的作用称为春化作用（vernalization）。除冬性一年生植物外，有些二年生植物和多年生植物在花芽形成开花时也有低温要求，如甜菜、白菜、芹菜。植物感受低温的部位，是能够进行细胞分裂的部位。

不同植物在完成春化时对低温的程度和持续时间有不同的要求。通常春化作用的温度为 0～15℃，并需要持续一定时间。冬性、半冬性和春性三种类型的小麦，春化作用需要的低温和持续时间明显不同，这种差异与其原产地的温度特点有关。一般来讲，植物春化作用需要的温度越低，需求的时间也越长。

在一些情况下，延长春化时间或适当降低春化温度可缩短植物达到开花的天数或提高开花率。植物在春化过程结束之前，如果遇到较高的温度，则低温的效果会被减弱或消除。这种由于高温消除春化作用的现象称为脱春化作用或去春化作用（devernalization）。而且，解除了春化作用的植物，还可以重新通过春化作用。

4．变温与植物生长发育 节律性变温就是指温度的昼夜变化和季节变化两个方面。昼夜变温能提高植物种子的萌发率，对植物生长有明显的促进作用，昼夜温差大则对植物的开花结实有利，并能提高产品品质。此外，昼夜变温能影响植物的分布，如在大陆性气候地区，树线分布高，是昼夜变温大的缘故。植物适应于温度的昼夜变化称为温周期，温周期对植物有利，原因是白天高温有利于光合作用，夜间适当低温使呼吸作用减弱，光合产物消耗减少，净积累增多。

温度的季节变化和水分变化的综合作用使植物产生了物候这一适应方式。例如，大多数植物在春季温度开始升高时发芽、生长，继而出现花蕾；夏秋季高温下开花、结实和果实成熟；秋末低温条件下落叶，随即进入休眠。这种发芽、生长、现蕾、开花、结实、果实成熟、落叶休眠等生长发育阶段，称为物候期。物候期是对各年综合气候条件（特别是温度）如实、准确的反映，用它来预报农时、害虫出现时期等，比平均温度、积温和节令要准确。

植物对温度周期性变化的适应体现在生长的不均匀和阶段性。植物的发芽、生长、开花、结果、落叶、休眠等生长发育阶段都是在每年相同的季节中开始、进行、完成的，形成有规律的季节生长发育节律，即为植物的物候。

5．温度与生物的分布 温度影响植物分布的最明显的表现是，从赤道到两极和由低海拔到高海拔的植被类型带状分布格局，即植被分布的纬度地带性和垂直地带性。不同的植物，限制其分布的温度也不同，有的受冬季低温的制约，有的受夏季高温的制约。这些差异造成了不同种类植物的分布区相互重叠的复杂格局，也导致了在相同温度条件下各地同类植被在总体特征上会有差异。一定时间内的温度总量也是限制植物分布的重要因素。根据植物与温度的关系，从植物分布的角度上可分为两种生态类型，即广温植物和窄温植物：①广温植物指能在较宽的温度范围内生活的植物，如松、桦、栎等能在－5～55℃内生活；②窄温植物指只生活在很窄的温度范围内，不能适应温度较大变动的植物，如雪球藻、雪衣藻只能在冰点温度范围发育繁殖，而椰子、可可等只分布在热带高温地区。

低温是决定生物水平分布北界（南界）和垂直分布上限的主要因素，如椰子为北纬 24°30′（厦门）和海拔 640 m（海南岛）。苹果蚜分布的北界是 1 月等温线为 3～4℃的地区；东亚飞蝗分布的北界是年等温线为 13.6℃的地方。同时，温度常常通过影响其他生态因子（如食物）而间接影响恒温动物分布。例如，很多鸟类秋冬季节不能在高纬地区生活，不是因为温度太低而是因为食物不足和白昼取食时间缩短。

温度和降水是影响生物在地球表面分布的两个最重要的生态因子，两者的共同作用决定着地球上生物群系分布的总格局。

（三）极端温度对生物的影响与生物的适应

当环境温度超过生物耐受的限度时，生物体内的酶活性就会受到很大抑制，并表现出伤害特征。多数高等植物的营养体当处于低于 0℃或高于 45℃时，将受到伤害直至死亡。植物极端温度（高温和低温）的伤害一方面取决于温度下降的程度、速度及低温持续的时间；另一方面取决于该种类（品种）抗温的能力。对同一种植物而言，不同生长发育阶段、不同器官组织的抗低温能力也不同。

1．高温对生物的影响与生物适应　温度超过生物适宜温区的上限后就会对生物产生有害影响，温度越高对生物的伤害作用越大。高温导致植物受害主要是由于高温损伤细胞膜系统和蛋白质的热稳定性。高温下蛋白质的氢键断裂，结构被破坏，其生物学功能丧失，致使生理代谢停止，有害物质积累。此外，高温会使细胞膜上产生一些孔隙，破坏膜的选择透性，引起离子渗透，蛋白质和膜系统的破坏必然导致生理代谢的紊乱。同时，在高温下，植物的光合作用和呼吸作用均受到抑制，由于光合作用对高温特别敏感，因此最适温度比呼吸作用的低。温度升高时，光合速率比呼吸速率下降得更早、更快，在一定的高温时，呼吸作用超过光合作用，长期处于这种状态，植株将饥饿而死。高温还促进蒸腾作用，破坏水分平衡，使植物萎蔫枯死。高温对动物的有害影响主要是破坏酶的活性，使蛋白质凝固变性，造成缺氧、排泄功能失调和神经系统麻痹等。

植物对高温生态的适应方式主要体现在形态和生理两个方面。有些植物生有密绒毛和鳞片，能过滤一部分阳光；有些植物呈白色、银白色，叶片革质发光，能反射一大部分阳光，使植物体免受热伤害；还有些植物的树干和根茎生有很厚的木栓层，具有绝热和保护作用。生理方面主要有降低细胞含水量，增加糖或盐的浓度，以利于减缓代谢速率和增加原生质的抗凝能力；蒸腾作用旺盛，避免体内过热而受害；一些植物具有反射红外线的能力，且夏季反射的红外线比冬季多。对于沙漠啮齿动物来说，昼伏夜出和穴居是躲避高温的有效行为，因为夜晚湿度大温度低，可大大减少蒸发散热失水，特别是在地下巢穴中，这就是所谓夜出加穴居的适应对策。

从沙漠植物中可发现植物对高温的典型适应对策。沙漠植物避免体温过热主要有三种途径：①降低热传导；②增加空气对流降温；③减少辐射热能。

与沙漠植物不同，其他生境中的植物只是有时短暂地遇到高温胁迫。这种情况下，植物一般会加速蒸腾，以散热来降低体温。高温强光下具有旺盛蒸腾作用的叶片，其温度比气温要低，但当植物缺水时，就容易受高温的伤害了。

高温生境中，植物在面对高温胁迫的同时，还要面对水分胁迫。因此，沙漠植物具有避免体温过热的形态结构和生理适应，同时也具有减少水分丢失、维持水分平衡的功能。

2．低温对生物的影响与生物适应　　在低温状态下，生物膜的脂类会出现相分离（图 2-6）和相变，使液晶态变为凝胶态，液晶相和凝胶相间出现了裂缝；植物叶绿素合成受阻，结构破坏，光合作用下降；形成层受损，物质运输受阻；根系吸水能力下降，水分平衡失调，地上部分干枯死亡；物质代谢的分解大于合成，蛋白质、糖类物质分解，并形成有毒中间产物；呼吸作用异常等。通常热带植物对寒冷很敏感，也就是说植物在结冰以上的低温下会受损伤或死亡。

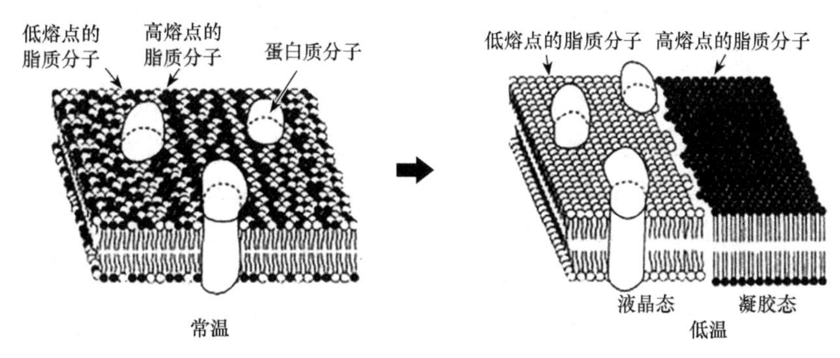

图 2-6　由低温引起的相分离（王忠，2000）

低温对植物的危害可以分为冷害和冻害。冷害是指零度以上的低温对植物造成的危害，中、低纬度地区易发生冷害。植物遭遇冷害后，叶片变色，出现病斑及坏死，植株出现萎蔫，或自上而下枯萎。造成冷害的低温几乎可以影响到所有的生理过程，目前普遍认为低温主要引起细胞膜系统损坏。冷害是喜温植物北移的主要障碍，是喜温作物稳产高产的主要限制因子。

冻害指零下低温对植物造成的伤害，是植物体内形成冰晶、造成细胞膜破裂和蛋白质变性，或出现生理干旱而引起的植物受害。植物体内结冰有两种情况，一是细胞外结冰，二是细胞内结冰（图 2-7）。

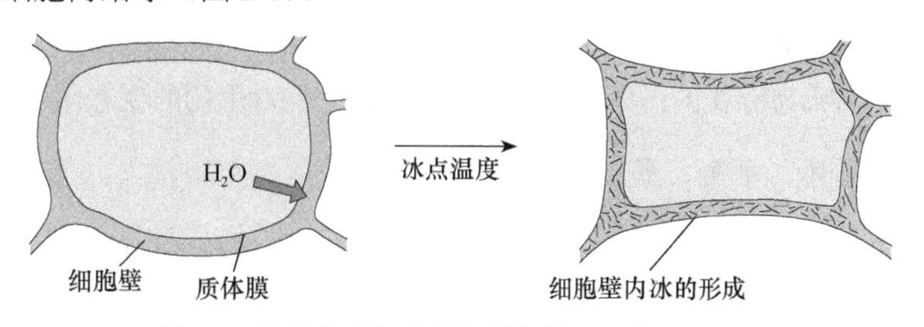

图 2-7　冰晶体对细胞的机械损伤（王忠，2000）

当温度逐渐下降至零下低温时，在细胞间隙里首先结冰，引起细胞间隙水势下降，而从水势高的细胞内吸水，细胞间隙冰晶不断增大，细胞不断失水，从而出现生理干旱。我国西北地区果树冬季出现“抽条”现象就是冻害脱水的例子。温度回升时，细胞间隙的冰晶融化，一些抗寒植物的细胞能及时吸回失去的水分恢复其生理代谢功能，细胞外结冰并不会伤害细胞；而冻害敏感的植物在细胞间隙的冰晶融化时，细胞不能及时吸回失去的水分，就会因长期处于生理干旱而死亡。

当外界温度突然降低或冬天温度发生波动而使植物体出现冻融交替时，会造成细胞内结冰。细胞内快速结冰时，一般先在原生质层形成冰，然后扩展到液泡。细胞内结冰破坏了原生质的精细结构，直接造成细胞致死性的损伤。

长期生活在极端温度环境中的生物常会表现出很多明显的适应特征，如北极和高山植物的芽和叶片常受到油脂类物质的保护，芽具鳞片，植物体表面生有蜡粉和密毛，植株矮小并常呈匍匐状、垫状或莲座状等。这些形态有利于保持较高的温度，减轻严寒的影响，同时在生理上主要通过原生质特性的改变，如细胞水分减少、淀粉水解等降低冰点。在光谱中的吸收带更宽、低温季节来临时休眠，也是有效的生态适应方式，有的树木木质部组织和休眠芽中的水分，当温度下降到－40℃以下才结冰。植物体内水分在零下温度才结冰的现象称为过冷现象（supercooling）。植物具有过冷现象是植物抗御寒冻的特性之一，绝大多数的植物靠外界的热量提高体温，但也有的植物可通过生理发热来提高体温，如天南星科的臭松（*Symplocarpus foetidus*），这是因为臭松贮藏有大量淀粉的根系在开花期把淀粉运输到地上部分，这些强烈的代谢活动伴有热量产生，提高植物温度，避免花受冻害。许多农业措施也能在一定程度上提高作物的抗寒性，如在生产上已用氯化氯胆碱（CCC）处理小麦、水稻和油菜等，提高了它们的抗寒性能。

生活在高纬度地区的恒温动物，其身体往往比生活在低纬度地区的同类个体大，因为个体大的动物，其单位体重散热量相对较少，这就是贝格曼（Bergman）规律。另外，恒温动物身体突出部分如四肢、尾巴和外耳等在低温环境中有变小变短的趋势，这也是减少散热的一种形态适应，这一适应常被称为阿伦（Allen）规律。例如，北极狐的外耳明显短于温带的赤狐，赤狐的外耳又明显短于热带的大耳狐。恒温动物的另一形态适应是寒冷地区和寒冷季节增加毛和羽毛的数量及质量或增加皮下脂肪的厚度，从而提高身体的隔热性能。

三、水的生态作用及生物的适应

水是生物最重要的物质，水的存在状态与数量影响着生物的生存与分布。在自然界中，水分是以三种形态存在的：固态、液态和气态，它们对生物的生态作用是不同的。

（一）水的循环、平衡、形态及变化规律

地球上的水圈是一个永不停息的动态系统。海洋、大气和陆地的水，随时随地都通过相变和运动进行着连续的大规模的交换，这种交换过程就是水分循环（图 2-8）。由于太阳辐射，海洋和陆地每年约有 488 000 km^3 水分蒸发到大气中。自海洋表面蒸发的水分，直接降落到海洋中，就形成海洋水分的内循环。当海洋上蒸发的水分，被气流带到陆地上空以雨雪形式降落到地面时，一部分通过蒸发和蒸腾返回大气，一部分渗入地下

形成土壤水或潜水，还有一部分形成径流汇入河流，最终仍注入海洋，这就是水分的海陆循环。内流区的水不能通过河流直接流入海洋，它和海洋的水分交换比较少。因此，内流区的水分循环具有某种程度的独立性，但它和地球上总的水分循环仍然有联系。从内流区地表蒸发和蒸腾的水分，可被气流携带到海洋或外流区上空降落，来自海洋或外流区的气流，也可在内流区形成降水。水在循环中不断进行着自然更新，海洋和陆地之间水的往复运动过程称为水的大循环。仅在局部地区（陆地或海洋）进行的水循环称为水的小循环。环境中水的循环是大、小循环交织在一起的，并在全球范围内和在地球上各个地区内不停地进行着。水循环的主要作用表现在三个方面：①水是所有营养物质的介质，营养物质的循环和水循环不可分割地联系在一起；②水是物质很好的溶剂，在生态系统中起着能量传递和利用的作用；③水是地质变化的动因之一，一个地方矿质元素的流失与另一个地方矿质元素的沉积往往要通过水循环来完成。影响水循环的因素有很多，自然因素主要有气象条件（大气环流、风向、风速、温度、湿度等）和地理条件（地形、地质、土壤、植被等），人为因素对水循环也有直接或间接的影响。

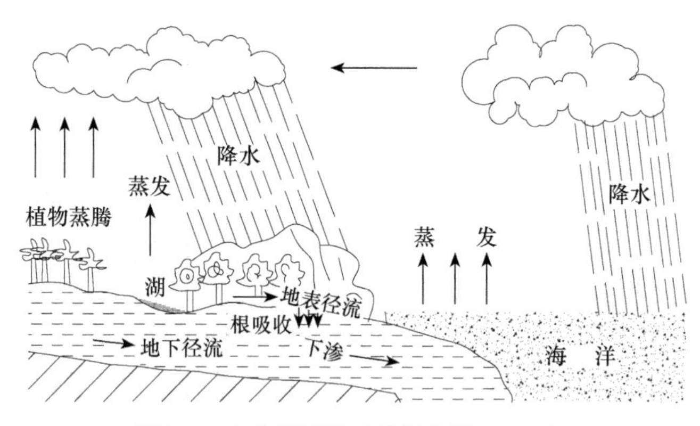

图 2-8　水分循环图（姜汉侨等，2004）

降水、蒸发和径流是水循环过程的三个最主要的环节，这三者构成的水循环途径决定着全球的水量平衡，也决定着一个地区的水资源总量。水量平衡是指在一个足够长的时期里，全球范围的总蒸发量等于总降水量。从全球水量平衡中可以看出：①海陆降水量之和等于海陆蒸发量之和，说明全球水量保持平衡，基本上长期不变；②海洋蒸发量提供了海洋降水量的85%和陆地降水量的89%，海洋是大气水分和陆地水的主要来源；③陆地降水量中只有 11%来源于陆地蒸发。

（二）水的生态作用及生物的适应

1. 水与生命活动　水和水的循环对于生态系统具有特别重要的意义，不仅生物体的大部分（约70%）是由水构成的，而且各种生命活动都离不开水。地球上大量的热能用于将冰融化为水、使水温升高和将水化为水汽。因此，水对稳定环境温度有重要意义。水的热容量很大，吸热和放热过程缓慢，因此水体温度不像大气温度那样出现剧烈变化。水中携带着大量的多种化学物质周而复始地循环，极大地影响着各类营养物质在地球上的分布。

水是任何生物体都不可缺少的重要组成成分，各种生物的含水量有很大的不同。生物体的含水量一般为 60%～80%，有些水生生物可达 90%以上，而在干旱环境中生长的地衣、卷柏和有些苔藓植物仅含 6%左右。

水是生命活动的基础，生物的新陈代谢是以水为介质进行的。生物体内营养物质的运输、废物的排除、激素的传递及生命赖以存在的各种生物化学过程，都必须在水溶液中才能进行，而所有物质也都必须以溶解状态才能进出细胞。水是植物体温的主要调节器之一，生境中水分的多少是影响植物生态分化方向的重要因素。水能使植物保持固有的姿态，对植物的散布和基因交流也具有很大作用。植物自身无运动能力，许多植物通过水的流动将繁殖体散布出去。种子萌发需要丰富的水分，水分是决定种子萌发的主要因素之一。土壤水分不仅影响光合速率的高低，还影响合成的物质在根与茎之间的分配。不同的土壤水分条件下，植株形成不同的根冠比。

动物按栖息地划分可以分为水生动物和陆生动物两大类。水生动物的生存介质主要是水，而陆生动物的媒质主要是大气。因此，它们的主要适应特征也有所不同。

水生动物的分布、种群形成和数量变动都与水体中含盐量的情况与动态特点密切相关。例如，淡水动物体液的浓度对环境是高渗透的，体内的部分盐类既能通过体表组织弥散，又能随粪便、尿液排出体外，当体内盐类有降低的危险时，它们会将排出体外的盐分降低到最低限度，并通过食物和鳃，从水中主动吸收盐类。海洋生活的大多数生物体内的盐量和海水是等渗的，有些比海水低渗，低渗使动物易于脱水，于是在喝水的同时又将盐吸入，它们将吸入多余的盐类排出的办法是将其尿液量减少到最低限度，同时鱼的鳃可以逆浓度梯度向外分泌盐类。

陆生动物不论是低等的无脊椎动物还是高等的脊椎动物，它们各自以不同的形态结构来适应环境湿度，保持生物体的水分平衡。昆虫具有几丁质的体壁，防止水分的过量蒸发；两栖类动物体表分泌黏液以保持湿润；爬行动物具有很厚的角质层；鸟类具有羽毛和尾脂腺；哺乳动物有皮脂腺和毛，都能防止体内水分过分蒸发，以保持体内水分平衡、行为的适应。沙漠地区夏季昼夜地表温度相差很大，因此，地面和地下的相对湿度和蒸发力相差也很大。一般沙漠动物如昆虫、爬行类、啮齿类等，白天躲在洞内，夜里出来活动，这表现了动物的行为适应。许多动物在干旱的情况下具有生理上的适应特点。例如，澳洲鹦鹉遇到干旱年份就停止繁殖；骆驼可以 17 天不喝水，身体脱水达体重的27%仍然照常行走，它不仅具有贮水的胃，驼峰中还储藏有丰富的脂肪，在消耗过程中产生大量水分，血液中含有特殊的脂肪和蛋白质，不易脱水。

2．以水为主导因子的植物生态类型　以水分为主导因子的植物生态类型包括水生植物和陆生植物。

（1）水生植物　植物体的全部或部分适宜生长在自由水中的植物称为水生植物（hydrophyte）。水环境中氧含量低，大多数水生植物具有特别的内腔和特殊的细胞排列构成叶、茎和根相通的通气系统，使茎叶中的氧分子能向根部运动，改善在缺氧环境中根部的含氧量。水生植物体内的通气系统有 2 种：开放式通气系统和封闭式通气系统。开放式通气系统通过叶片气孔与大气直接相通。生长在水下的水生植物，体表没有气孔结构，体内通气系统为封闭式。封闭式通气系统既可储存呼吸作用释放出的 CO_2 提供给光合作用，又可储存光合作用释放出的 O_2 提供给呼吸作用。淡水水生植物生活在低渗的环境中，植物还具有调节渗透压的能力。海水中的水生植物生活在等渗的环境中，不具调节渗透压的能力。这类植物的分布受水深、透明度的影响极大，同时受纬度、光照、水质、底质、其他生物等的影响也是很大的。水生维管束植物的地理分布，主要是由气候和底质两方面决定的，同一水体中的地区分布主要是由底质来决定的。

按植物体沉没在水下的多少，又将水生植物分为沉水植物、浮水植物和挺水植物三类（图 2-9）。

图 2-9　水生植物

1）沉水植物在大部分生活周期中，植物体全部沉没在水下，根生水下底基中。沉水植物的根茎叶由于适应水环境而退化，叶片柔软且薄，通常呈线形、带状或丝状，无性繁殖比有性繁殖发达，有性繁殖以水媒为主。沉水植物缺乏栅状组织和海绵组织，受透明度影响较大，透明度愈高，分布也就愈深。有些种类在开花时可以挺出水面，或漂浮于水面，如聚草、菹草、苦草等。典型的沉水植物为眼子菜属（*Potamogeton* L.）和茨藻属（*Najas* L.）的种类，此外，聚草、轮叶黑藻等也是常见种类。

2）浮水植物叶片漂浮在水面，可分为漂浮植物和浮叶植物。漂浮植物的根多退化或完全没有根，整个植物体漂浮于水面。植物体的细胞间隙非常发达或者具有气囊，以增加浮力，如槐叶萍、凤眼莲和浮萍等。浮叶植物的根能扎到水下底基，如睡莲属和萍蓬草属的植物的根状茎都比较发达，细胞间隙较大，其中充满气体。叶面上有蜡膜，气孔位于叶片上面，有发育良好的通气组织。维管束和机械组织比沉水植物的发达，常见的浮叶植物有菱、睡莲、莼菜等。

3）挺水植物的根着生于水下底基中，茎直立，光合作用部分处于水面上。这类植物在空气中的部分具有陆生植物的特征。生长在水中的部分（根或地下茎），具有水生植物的特征，常见的有芦、蒲草、荸荠、水芹。

（2）陆生植物　　陆生植物生长的水分状况十分多样，可按植物的适应特征，分为湿生、中生和旱生植物三种类型。

1）湿生植物（hygrophyte）是适宜生活在水分饱和或周期性水淹的地段，具有抗水淹能力，不能忍受长时间缺水且抗旱能力弱的陆生植物。根据其环境特点，还可以再分为阴性湿生植物和阳性湿生植物两个亚类。阴性湿生植物主要分布在阴湿的森林下层，如热带雨林中的大海芋（*Alocasia macrorhiza*）及各种附生植物等。阳性湿生植物主要生活在阳光充沛、土壤潮湿的生境中，最典型的代表有水稻、灯心草。湿生植物的根系由发达的通气组织和地上部的通气组织相连通，抗涝性很强。

2）中生植物（mesophytes）是适宜生长在水湿条件适中的生境，种类和数量最多，分布最广的陆生植物。由于环境中的水分减少，该类植物具有一套完整的保持水分平衡的结构和功能。中生植物的根系和输导组织均比湿生植物发达，叶片表面有角质层，栅栏组织整齐，有较强的防蒸腾的能力。

3）旱生植物（xerophyte）是能忍受较长时间干旱而能维持体内水分平衡并保持正常发育，具多种适应干旱的形态结构特征和生理生化特性的陆生植物，可分为少浆液植物和多浆液植物。

少浆液植物常含有较少量的水分，在丧失50%的水分时仍能生存。其叶片缩小，气孔小而数量多，下陷于叶面，叶面密被柔毛或卷叶，以减少太阳辐射，降低蒸腾强度，细胞原生质渗透压高，含水量少，这类植物的根系特别发达。生长在北美的蜿蜒牧豆（*Prosopis flexuosa*），根系深53 m。一丛4年生的沙柳（*Salix cheilophylla*），其水平根幅可达 20 m 左右（0～5 cm 土层），须根也极为发达，根系的吸收面积约为700 m^2。

多浆液植物，则根、茎、叶的薄壁组织转变为发达的肉质储水组织，储藏能力很强。储水能力愈强，储水量愈多，就越能适应干旱的环境。北美洲高大的仙人掌树体内储水量可达数吨。多数多浆液植物的叶片退化而由绿色的茎代行光合作用，而碳代谢途径为景天酸代谢途径，同时，其比表面积很小，气孔大而数量少，体表有厚的角质层，蒸腾速率可比中生植物小99.9%以上。

3．极端水分条件对生物的影响与适应

（1）植物的抗旱性能　　由土壤缺水或大气相对湿度过低对植物造成的伤害称为旱害，包括脱水伤害和高温伤害。植物的抗旱性能主要取决于植物的避旱性和耐旱性。避旱型植物有一系列防止水分散失的结构和代谢功能，或具有膨大的根系用来维持正常的吸水。景天酸代谢植物如仙人掌夜间气孔开放，固定 CO_2，白天则气孔关闭，这样就防止了较大的蒸腾失水。一些沙漠植物具有很强的吸水器官，它们的根冠比为（30～50）：1，一株小灌木的根系就可伸展到 850 m^3 的土壤。植物的耐旱能力主要表现在其对细胞渗透势的调节能力上，耐旱型植物具有细胞体积小、渗透势低和束缚水含量高等特点，可忍耐干旱逆境。在干旱时，细胞可通过增加可溶性物质来改变其渗透势，从而避免脱水。耐旱型植物还具有较低的水合补偿点（hydration compensation point），即净光合作用为零时植物的含水量。

大多数维管束植物的耐旱性能是有限的，因此，植物的抗旱性能主要取决于它们逃避干旱的机制效率，有三种方式：①缩短生长发育期，逃避干旱季节；②改善吸水性能，储存水分并增加输水能力；③减少水分丢失，提高水分利用效率。植物对干旱的形态结构和生理适应特征见表2-5。

表2-5　植物对干旱的形态结构和生理适应特征

形态结构适应特征	生理适应特征
茎体积变小	细胞糖分增加
根系伸展范围增大	细胞液浓度增大，渗透势降低
叶面积变小，叶片变厚	细胞含水量减少
叶片细胞变小，细胞壁增厚	单位面积的光合作用加快
气孔变小，数目增加，气孔下陷	单位面积的蒸腾速率提高

续表

形态结构适应特征	生理适应特征
叶片被毛	原生质的渗透性增加，亲水性高
叶表面角质层加厚，且脂类物质含量增加	气孔开闭对光照、水分变化敏感
细胞变小	短寿命或长寿命
木质化程度增加	脱落酸增加，气孔关闭

（2）植物抗涝性能　土壤水分过多对植物产生的伤害称为涝害，植物对积水或土壤过湿的适应力和抵抗力称为植物的抗涝性。但是，水分过多对植物的危害并不在于水分本身，而是其造成的缺氧进而产生的一系列危害。植物的抗涝性能大小取决于其形态和生理过程及对缺氧的适应能力。

发达的通气系统是强抗涝性植物最明显的结构特征。很多植物可以通过胞间空隙把地上部吸收的 O_2 输入根部或缺 O_2 部位，发达的通气系统可增强植物对缺氧的耐力，如水稻幼根的皮层细胞间隙要比小麦的大得多，且成长以后根皮层内细胞大多崩溃，形成特殊的通气组织，水稻通过通气组织能把 O_2 顺利地运输到根部。通过发达的通气系统可将地上部分从空气中吸收的 O_2 输送到缺氧部位。

淹水可引起植物体内乙烯水平的显著增加。乙烯在体内的大量积累可刺激通气组织的发生和发展，还可刺激不定根的生成。某些植物（如甜茅属）淹水时刺激糖酵解途径，以后即以磷酸戊糖途径占优势，这样消除了有毒物质的积累。耐涝的大麦品种比不耐涝的大麦品种受涝后根内的乙醇脱氢酶的活性高。

四、空气的生态作用及生物的适应

大气的存在与生物息息相关。例如，大气中的氧是生物呼吸所不可缺少的；二氧化碳是植物生长所必需的；大气中的某些成分能吸收和放射长波辐射，使大气温度适宜于生物生存。大气又可阻挡太阳紫外线大量进入地表，对地球上的生命起着保护作用。大气是自然环境的重要组成部分和最活跃的因素。例如，大气中氧的化学性质非常活跃，在生命有机过程与无机过程中起着重要的作用。大气在地表物质交换与能量转化中是一个十分重要的环节。

（一）空气的组成及其平衡

大气圈中的空气是混合物，它主要是由氮气（78.08%）、氧气（20.95%）、氩（0.29%）、二氧化碳（0.032%）及其他稀有气体如氢、氖、氦、臭氧等组成的。除上述物质外，大气中还有水汽、灰尘和花粉等。大气的运动变化是由大气中热能的交换所引起的，热能主要来源于太阳，热能交换使得空气的温度有升有降。空气的运动和气压系统的变化活动，使地球上海陆之间、南北之间、地面和高空之间的能量和物质不断交换，生成复杂的气象变化和气候变化。

在大气组成成分中，跟生物关系最为密切的是氧气和二氧化碳。大气中的氧主要源于植物的光合作用，少部分源于大气层的光解作用，即紫外线分解大气外层的水汽而放出氧。高层大气中的氧分子在紫外线作用下，与高度活性的原子氧结合生成非活性的臭氧（O_3），从而保护了地面生物免遭短波光的伤害。二氧化碳是植物光合作用的主要原料，植物在太阳光的作用下，把二氧化碳和水合成为碳水化合物，构成各种复杂的有机物质。其次，大气中的 CO_2 浓度对于维持地表的相对稳定有极为重要的意义。大气中 CO_2 每增加 10%，地表平均温度就要升高 0.3℃，这是因为 CO_2 能吸收从地面辐射的长波辐射，即所谓的“温室效应”。

大气中的氧气与二氧化碳的平衡关系到生物的生存。动植物的呼吸作用需要消耗氧气，产生二氧化碳，但植物的光合作用却大量吸收二氧化碳，释放氧气，如此构成了生物圈的氧循环和碳循环。据估计，全世界所有生物通过呼吸作用消耗的氧和燃烧各种燃料所消耗的氧的平均速度为 10 000 t/s。以这样的消耗氧的速度计算，大气中的氧大约只需 2000 年就会用完，然而这种情况并没有发生。这是因为绿色植物广泛地分布在地球上，不断地通过光合作用吸收二氧化碳和释放氧，从而使大气中的氧和二氧化碳的含量保持着相对的稳定。绿色植物通过光合作用将太阳能转化成化学能，并储存在光合作用制造的有机物中。地球上几乎所有的生物，都是直接或间接利用这些能量作为生命活动的能源的。煤炭、石油、天然气等燃料中所含有的能量，归根到底都是古代绿色植物通过光合作用储存起来的（图 2-10）。

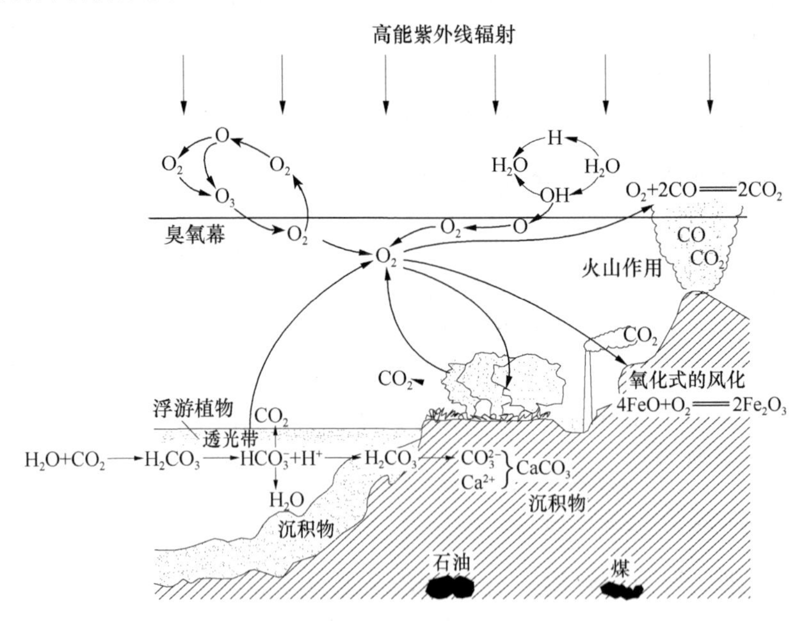

图 2-10　大气层中碳和氧的循环（姜汉侨等，2004）

（二）空气的生态作用与生物的适应

1. 空气与生物的生长发育　　大气成分中对植物生长影响最大的是氧、CO_2 和水汽。氧是一切需氧生物生长所必需的，大气中含氧量相当稳定，所以植物的地上部分通常无缺氧之虑，但土壤在过分板结或含水量过多时，常因空气中氧不能向根系扩散而使根部生长不良，甚至坏死。大气中的 CO_2 含量很低，常成为光合作用的限制因子，田间空气的流通及人为提高空气中 CO_2 的浓度常能促进植物生长；大气中水汽含量变动很大，水汽含量（相对湿度）会通过影响蒸腾作用而改变植株的水分状况，从而影响植物生长。空气中还常含有植物分泌的挥发性物质，其中有些能影响其他植物的生长，如铃兰花朵的芳香能使丁香萎蔫；洋艾的分泌物能抑制圆叶当归、石竹、大丽菊、亚麻等的生长。

（1）CO_2 与光合作用　大气中的 CO_2 浓度对植物影响很大，它不仅是植物有机物质生产的碳源，而且对于维持地表的相对稳定有极为重要的意义。CO_2 是光合作用的原料之一，主要靠叶片从空气中吸收。但是，空气中的 CO_2 浓度很低，只有 330 mg/kg，即每升空气约含 0.65 mg，每合成 1 g 光合产物（葡萄糖），叶片约需从 2250 L 空气中才能吸收到足量的 CO_2，从而在光照充足而通风不良时，CO_2 往往成为光合作用的限制因素。植物光合速率在一定范围内随 CO_2 浓度的增加而加快，但 CO_2 达到一定浓度时，光合速率不再增加。温室中 CO_2 不易散失，可以增施 CO_2 以提高产量。根据实验，将温室空气中的二氧化碳浓度提高 3～5 倍，番茄、萝卜与黄瓜等可增产 25%～49%；大田条件下可以使用大量的有机肥料，增加土壤微生物的呼吸。但是，当植物周围的二氧化碳浓度过高时，光合作用强度也会受到抑制。例如，当 CO_2 浓度增至 0.12% 时，小麦的光合作用就会受到抑制，甚至叶片还会出现中毒症状。各种植物利用 CO_2 的效率是有差异的。C_3 植物 CO_2 利用效率比 C_4 植物低，因此，CO_2 浓度仍是 C_3 植物高产的限制因素。

（2）O_2 与呼吸　O_2 是生物呼吸的必需物质，呼吸作用能生成 ATP 和 NADPH，为生命活动提供能量来源。植物在缺氧时会出现无氧呼吸，产生乙醇，从而导致植物出现中毒现象。由于水中溶解氧少，氧成为水生动物存活的限制因子，其代谢率随环境氧分压而改变。在陆地上，低氧分压也是限制内温动物分布与生存的重要因子。O_2 对微生物也有特殊意义，土壤中分两种微生物，一种是好气性微生物，另一种是嫌气性微生物。在林内，接近土壤表面的 O_2 很少，对好气性微生物活动不利。如果微生物不活跃，分解缓慢，则不利于养分循环。

2．风对植物的生态作用与生物的适应　空气的流动形成风，风对植物的生态作用为帮助授粉和传播种子。银杏、松、云杉等的花粉都靠风传播，其花被不明显，花粉光滑、轻、数量多。兰科和杜鹃花科的种子细小，重量不超过 0.002 mg。杨柳科、菊科、萝藦科、铁线莲属、柳叶菜属植物有的种子带毛；榆属、槭属、白蜡属、枫杨、松属某些植物的种子或果实带翅；铁木属（*Ostrya*）的种子带气囊，这些都借助风来传播。草原上，风滚草卷缩成一个个球形，随风在草原上滚动，同时传播种子。

风的有害生态作用有风折、风倒和风拔，如台风能使榕树连根拔起；在金沙江干热河谷、云南河口等地，焚风会导致植物落叶甚至死亡；海潮风常把海中的盐分带到植物体上，导致不耐盐的植物死亡。

强风还能使植物形成畸形树冠，如旗形树等。大风经常性地吹袭，使直立乔木的迎风面的芽和枝条干枯、侵蚀、折断，只保留背风面的树冠，如一面大旗。为了适应多风、大风的高山生态环境，很多植物生长低矮、贴地，株形变成与风摩擦力最小的流线型，成为垫状植物。

风对植物水分的平衡有重要作用，在很大程度上调节叶面的蒸腾。它能使叶肉细胞间的水分泄出，加强蒸腾作用，从而影响植物体的水分平衡，致使植物旱化矮化。植物适应强风的形态结构与适应干旱的形态结构相似，在强风影响下，植物的蒸腾加快，从而导致水分缺失，因此常形成树皮厚、叶小而坚硬等减少水分蒸腾的旱生结构。此外，植物一般具有强大的根系，特别是在背风方向处能形成强大的根系，就如支架似的起支撑作用，增加植物的抗风力。

风对许多动物也有重要影响，如许多淡水无脊椎动物的分布非常广，有的甚至遍布全世界，这主要因为风是其重要的传播工具。许多昆虫的迁移取决于风和天气特征，草地螟成虫的大量起飞发生于气旋的缓区中，其飞行方向与风的方向一致，风速的大小则决定其迁移距离的远近；很多哺乳动物依靠风带来的化学信息作为区别方向的手段，并决定自己的移动方向。风对于飞行的动物昆虫、鸟类和蝙蝠等的生物学特性和地理分布影响较大。在经常刮强风的地区，飞行的类群可停留在那里，如借助风力飞行的军舰鸟、信天翁和画眉等。在风力很强的海洋沿岸和岛屿，草原、荒漠、苔原地带及南极大陆，有翅昆虫很少，无翅昆虫较多。

五、土壤的生态作用及生物的适应

（一）土壤的形成、组成及性质

土壤是母岩、生物、气候、地形和陆地年龄的综合作用而形成的，其形成的基本规律是物质的地质大循环过程与生物小循环过程的统一。在土壤形成过程中，这两个循环过程是同时并存、互相联系、相互作用着推动土壤不停地运动和发展。气候、生物植被在地球表面表现出一定的规律性，使土壤资源在地面的空间分布表现出相应的规律性。在不同的生物气候带内分布着不同的地带性土壤，同时，土壤的空间分布还受到区域性地形、水文、地质等条件的影响。

土壤是由矿物质和有机质（固相）、土壤水分（液相）和土壤空气（气相）组成的三相系统（图 2-11），这决定了土壤具有孔隙结构特性。土壤中各相物质所占据的容积是经常变化的，空气容积和水分容积是相互消长的关系。

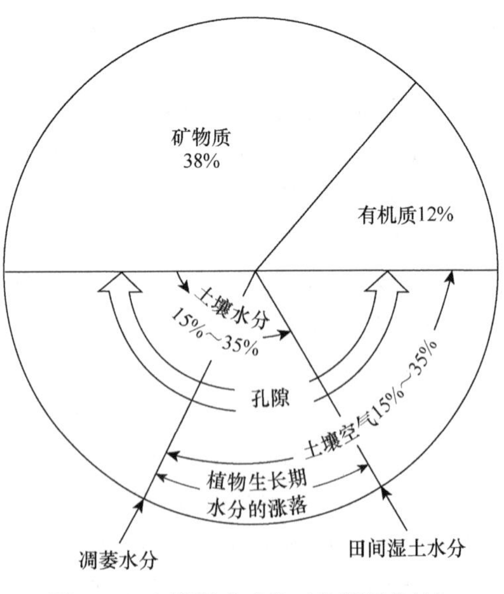

图 2-11　土壤组成成分（容积百分比）

1. 土壤物理性质

（1）土壤质地与结构　质地表示土壤颗粒的相对大小，反映土壤的细度或粗度，是土壤的一种十分稳定的自然属性。在植物生长中许多重要的物理和化学反应的程度和速度都受到质地的制约。固体土粒是组成土壤的物质基础，土粒按其直径分为石砾（＞2 mm）、粗砂粒（0.2～2 mm）、细砂粒

（0.02～0.2 mm）、粉砂（0.002～0.02 mm）和黏粒（＜0.002 mm）等不同的粒级（国际制）。土壤的机械组成表示各粒级的相对含量，根据机械组成划分的土壤类型称为土壤质地。土壤质地一般分为砂质土、壤质土和黏质土三大类，它们的基本性质不同，因而在对生物的影响上有很大差别。

土壤结构是指基本颗粒（砂、粉砂、黏粒）团聚而成的复合土粒。土壤的结构体按形状分为片状结构、柱状结构、块状结构和球状（团粒）结构。土壤结构的形成与质地类型和胶结物质特性有密切关系。土壤结构体的种类、数量对土壤孔隙状况有明显的影响。

（2）土壤水分　土壤水分主要来自大气降水和地下水，是植物吸水最主要的来源，也是自然界水循环的一个重要环节。水进入土壤后，重力、分子引力和毛管力等均对其发生作用。通常根据土壤水分所受的作用力把土壤水分划分为吸附水（包括吸湿水、膜状水）、毛管水和重力水。各种水分类型彼此密切交错联结，在不同的土壤中，其存在状态也有差异。水分是土壤向植物供给养分的载体，其移动可以大大增加植物的养分供应。

（3）土壤空气　土壤空气存在于土体内未被水分占据的孔隙中，因此土壤空气的含量随土壤含水量的变化而变化。一般愈接近地表的土壤空气与大气组成愈接近，土壤深度越大，土壤空气组成与大气的差异也越大。由于受土壤生物生命活动的影响，土壤空气中的 O_2 低于大气，CO_2、水汽含量高于大气，另外还含有甲烷、硫化氢等还原性气体。土壤空气中的 CO_2 含量是大气中的几十到几百倍，而 O_2 含量则较少。

（4）土壤温度　土壤热量最基本的来源是太阳辐射能。土壤温度是太阳辐射平衡、土壤热量平衡和土壤热性质共同作用的结果。不同地区、时间和土壤的不同组成、性质及利用状况，都会影响土壤热量的收支平衡。因此，土壤温度具有明显的时空变化特点。土壤表层的温度昼夜变化很大，甚至超过气温的变化，但愈往土壤深层则温度变幅愈小，在地面向下 1 m 深处，昼夜温差几乎没有差异。土壤温度的年际变化幅度也呈现出表层大于深层的特征。

2. 土壤化学性质　土壤的基本化学性质包括土壤酸碱性、氧化还原反应、土壤矿质元素和土壤有机质。

（1）土壤酸碱性　土壤酸碱性是指土壤溶液的反应，它反映了土壤溶液中 H^+浓度和 OH^-浓度的比例，同时也取决于土壤胶体上致酸离子（H^+或 Al^{3+}）或碱性离子（Na^+）的数量及土壤中酸性盐和碱性盐类的存在数量。土壤的酸碱性是土壤重要的化学性质，是成土条件、理化性质、肥力特征的综合反映，也是划分土壤类型、评价土壤肥力的重要指标。自然条件下土壤的酸碱性主要受土壤盐基状况所支配，而土壤的盐基状况取决于淋溶过程和复盐基过程的相对强度。因此，土壤的酸碱性实际上是由母质、生物、气候及人为作用等多种因子控制的。

（2）土壤氧化还原反应　土壤氧化还原反应是指土壤中存在的氧化态物质与还原态物质之间的土壤反应。众所周知，土壤中存在许多微粒，微粒间发生电子得失过程的化学反应叫作氧化还原反应。失电子的微粒统称为还原剂，得电子的微粒统称为氧化剂。因此，土壤是一个复杂的氧化还原体系，存在着多种有机、无机的氧化、还原态物质。衡量土壤氧化还原反应状况的指标是氧化还原反应电位（Eh）。在我国自然条件下，一般认为 Eh 低于 300 mV 时为还原状态，高于 300 mV 时为氧化状态。一般土壤氧化还原电位在 200～700 mV 时，养分供应正常。土壤中某些变价的重金属污染物（价态变化、迁移能力和生物毒性等）、季节变化和人为措施等影响土壤氧化还原反应电位。

（3）土壤矿质元素　土壤中的矿物质主要由岩石中的矿物质变化而来。因此，土壤矿物质的化学组成一方面继承了地壳化学组成的遗传特点；另一方面成土过程也影响了元素的分散、富集和生物积聚。O、Si、Al、Fe、Ca、K、Na 和 Mg 等元素在土壤中普遍存在，数量占据 98%左右，其他元素总共不到 2%。

（4）土壤有机质　在土壤固相组成中，除矿物质外，就是土壤有机质，它是促进土壤发育、提高土壤功能的最原始且最核心的驱动者，因此认识土壤有机质是土壤学的基础和核心理论范畴之一。土壤有机质是指土壤中的各种含碳有机化合物，包括动植物残体、微生物体及其分解和合成的各类有机物质。土壤腐殖质是除未分解和半分解动植物残体及微生物体以外的有机物质的总称，由腐殖物质和非腐殖物质组成。关于土壤有机质的组成结构详见图 2-12。

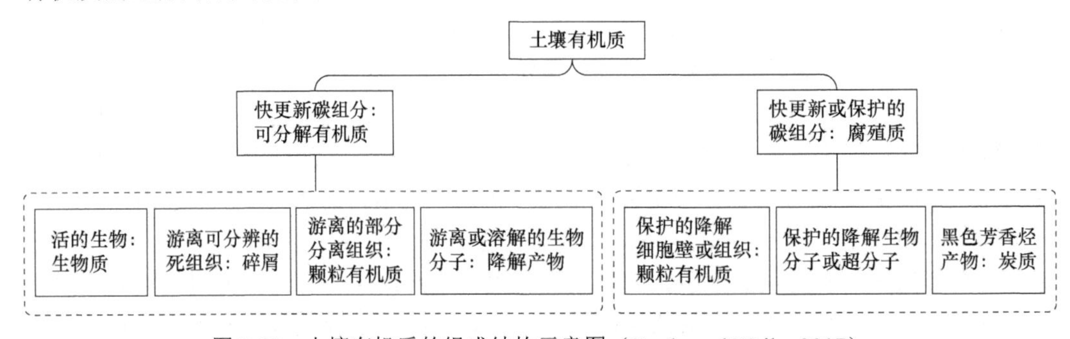

图 2-12　土壤有机质的组成结构示意图（Brady and Weil，2017）

此外，土壤有机质含量因土壤类型的不同而差异很大，高的可达20%以上，低的不足0.5%；不同区域土壤有机质含量也不同，中国主要地区有机质数量趋势为西南地区＞东北地区＞东南地区＞华北地区＞西北地区＞中部地区。

3．土壤生物性质　土壤生物是土壤中具有生命力物质的主要成分。土壤生物包括土居性的后生动物、原生动物及微生物，显著影响植物群落演替和多样性维持等方面。土壤是微生物的大本营，也是所有未利用的初级产品和动物生活废料的堆集场，而土壤微生物则扮演着分解者的主要角色。

（二）土壤的生态作用及生物的适应

1．土壤与生物生长发育　土壤处于大气圈、水圈、岩石圈及生物圈的交界面，是地球表面各种物理、化学及生物化学过程，物质迁移与能量交换等复杂且频繁的地带。这种特殊的空间位置为地上、地下生物的生长繁衍提供了一个相对稳定的环境。

土壤是植物生长繁育和生物生产的基地，植物生长发育所需的养分和水分是通过其根系从土壤中吸取的。同时，土壤对植物有机械支撑的作用，能使其立足于自然环境中。植物需要的营养元素除 CO_2 外，其他必需的营养元素主要是通过土壤供给的。在生物的参与下，来自土壤的元素通常可以反复地再循环利用。另外，土壤中还有一些元素仅为某些植物所必需，如豆科植物需 Co，藜科植物需 Na，蕨类植物需 Al 和 Si 等。

植物根系通过以下的途径从土壤中摄取养分（图 2-13）：①从土壤溶液中吸收养分离子；②根系呼吸的 CO_2 溶于水中释放出 H^+ 和 HCO_3^-，促进根系交换被吸附在黏土颗粒和腐殖质胶体上的养分离子；③通过根系排放 H^+ 使固定在化合物中的养分元素活化释放出来，与有机酸形成络合物溶于水分，随水分吸入根系。

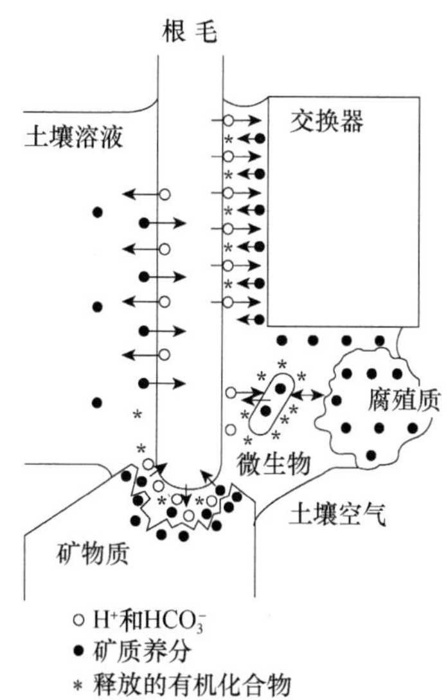

图 2-13 土壤中矿物元素的移动和根对元素的吸收示意图（姜汉侨等，2004）

土壤水分过多或过少都会影响植物的生长。水分过少时，植物会受到干旱的威胁；水分过多会使土壤中空气流通不畅，阻碍根系呼吸和吸收，使根系腐烂，还会使有机质分解不完全而产生一些对植物有害的还原性物质。土壤含水量与土栖昆虫的活动有密切关系，在土壤过冬的昆虫，其出土的数量和时间受土壤含水量的影响十分明显，如小麦红吸浆虫幼虫在三四月遇到土壤水分不足时，就停止化蛹，继续滞育，若土壤长期干燥，甚至可滞育几年。土壤水分还能调节土壤温度。

土壤的通气性程度还影响土壤微生物的种类、数量和活动情况，从而影响土壤肥力和植物的生长发育。在土壤通气性不良时，O_2 浓度降低，好气微生物的活动受到抑制，会减慢有机物的分解与养分的释放速度，同时还会产生一些对植物有毒害的物质。土壤过分通气，好气微生物过于活跃，有机质分解迅速，导致土壤有机质含量下降，影响土壤长期的肥力供应。

土壤有机质不仅提供大量的养分供植物吸收利用，同时还有很强的缓冲环境变化的能力。另外，土壤有机质中有一些物质对植物的生长发育起到类似生长调节剂的作用。

土壤微生物在养分循环中起着极其重要的作用。植物的根系会分泌有机物质，于是就在接近根的区域产生了一个有生物强烈活动的带，称为根际或根圈。大多数根际土壤微生物与植物根都形成一种互相有利的共生关系。植物寄主提供给微生物以养料，而微生物可以增加有效根的表面积，提高吸收养分和水分的有效性，提高根系的耐逆境能力，并使土壤养分更加有效；又如，菌根真菌多样性能促进植物多样性，主要是因为不同菌根真菌之间的功能互补可以促进不同植物更有效地利用不同的土壤磷源。另外，根际微生物生命活动中产生的生长素和维生素类物质，也直接影响植物生长，如维生素 B_1、维生素 B_6 能促进根系发育，生长素（如赤霉素）能促进植物生长发育，抗生素能增强植物的抗病性等。土壤动物也对植物的生长造成影响，如蚯蚓和白蚁等地下生物可以作为土壤的“生物犁”和养分的提供者。当然，土壤中时常含有大量的能引起植物或动物病害的生物，这些生物有的仅暂时生活在土壤中，有的则长时间定居于土壤中。土壤中的细菌、真菌、放线菌及线虫能引起植物的各种病害，如 1845～1846 年爱尔兰的马铃薯大减产就是由一种真菌引起的马铃薯晚疫病造成的。

土壤酸碱性对土壤的肥力性质有深刻的影响，它决定着矿质元素的溶解度和分解速度。图 2-14 表示了各种养分的有效性随 pH 而变化的关系，土壤 pH 在 6～7 时，养分的有效性最高，对植物生长最适合。在强碱性土壤中容易发生 Fe、B、Cu、Mn 和 Zn 等的缺乏，在酸性土壤中容易发生 P、K、Ca 和 Mg 的缺乏。

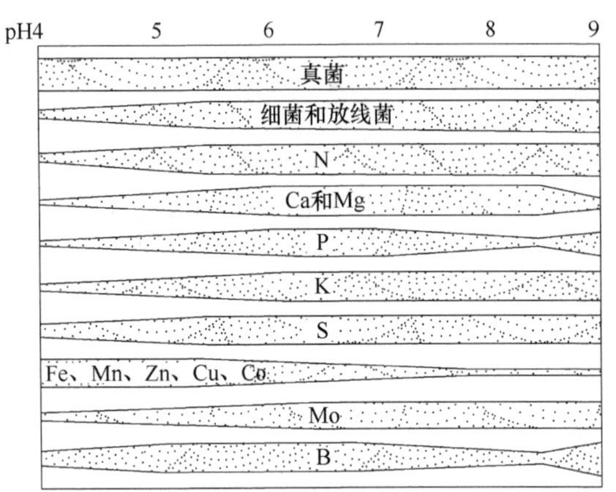

图 2-14　养分有效性与 pH 大小的关系
（黄昌勇，2000）

2．以土壤为主导因子的生物生态类型　在不同的土壤上长期生长的生物，对该种土壤产生了一定的适应特性，形成了各种以土壤为主导因子的生物生态类型。例如，根据植物对土壤酸度的反应，可以把植物划分为酸性土植物、中性土植物和盐碱土植物；根据植物对土壤中矿质盐类（如钙盐）的需求，可把植物划分为钙质土植物和嫌钙质土植物。

（1）酸性土植物和中性土植物　酸性土植物只能生长在酸性土壤上（pH＜6.5），而在碱性土或钙质土上生长不良或不能生长。典型的酸性土植物有水藓属（*Sphagnum*）、铁芒萁（*Dicranopteris linearis*）、石松（*Lycopodium clavatum*）、狗脊（*Woodwardia japonica*）、野茶树（*Camellia sinensis*）等。这些植物具有耐酸性，甚至可生活在 pH 为 3～4 的强酸性土上。水藓属植物喜欢强酸性环境，对 OH^-很敏感，即使在中性范围中也会死亡。

中性土植物只能生活在 pH 为 6.5～7.5 的中性土壤中，在酸性土壤或碱性土壤中生长不良。实际上大多数维管束植物对土壤的酸碱性有较宽的适应范围，在 pH 为 3.5～8.5 的土壤上都能生长。

（2）盐碱土植物　盐碱土是盐土和碱土及各类盐化、碱化土壤的统称。土壤中可溶性盐过多对植物的不利影响叫盐害（salt injury），盐害对植物的危害表现在其伤害了植物组织。植物对盐分过多的适应能力称为抗盐性（salt resistance）。过多盐积累会引起植物代谢紊乱，同时，土壤溶液浓度升高产生渗透胁迫，导致植物生理干旱。另外，由于离子之间的拮抗作用，过多盐积累还会影响植物的营养状况。例如，小麦如果生长在 Na^+过多的土壤中，则影响对 K^+的吸收，植物出现 K 缺乏症。

盐生植物是盐渍生境中的天然植物类群，这类植物在形态上常表现为植物体干而硬，叶子不发达，气孔下陷，叶表皮细胞有厚的外壁，并常具灰色绒毛，如盐角草；另一些种类则是茎叶肉质，茎叶中有特殊的贮水组织，如碱蓬，吸收的盐分主要积累在叶肉细胞的液泡中，通过在细胞质中合成有机溶质来维持与液泡的渗透平衡。

植物回避盐胁迫的抗盐方式称为避盐，植物可通过被动拒盐、主动排盐和稀释盐分来达到避盐的目的。通过生理或代谢过程来适应细胞内高盐环境的植物称为耐盐植物，其主要机理是盐分在细胞内合理的区域化分配，有的植物将吸收的盐分离子积累在液泡里。植物也可通过合成可溶性糖、甜菜碱、脯氨酸等渗透物质来降低细胞渗透势和水势，从而防止细胞脱水。在较高盐浓度中某些植物仍能保持酶活性的稳定，从而维持正常的代谢。例如，菜豆的光合磷酸化作用受高浓度 NaCl 抑制，而玉米、向日葵、欧洲海蓬子等在高浓度 NaCl 下反而刺激光合磷酸化作用。有些植物在盐渍时能增加对 K^+的吸收，有的蓝绿藻能随 Na^+供应的增加而加大对 N 的吸收，所以它们在盐胁迫下能较好地保持营养元素的平衡。有些抗盐植物，如柽柳和叶匙草，茎叶表面有盐腺可以主动分泌盐分，防止 K^+、Na^+、Cl^-等离子在体内积累。还有一些抗盐植物将吸收的盐分在体内稀释，使体内不会因盐分过高而造成危害。植物耐盐能力常随生育时期的不同而异，且对盐分的抵抗力有一个适应锻炼过程。

（3）钙质土植物和嫌钙质土植物　有一些植物仅生长在石灰性土壤上，称为钙质土植物；而有些植物却只能生长在缺钙的硅质和砂质土壤上，称为嫌钙质土植物。钙质土植物一般都具有耐旱性，并能从石灰性土壤中吸收 P 和其他微量元素，典型的钙质土植物有黄连木等。嫌钙质土植物对 Ca^{2+}和 HCO_3^-高度敏感，如果 Ca^{2+}和 HCO_3^-浓度过高会抑制植物生长并使其根系受害，如水藓属植物在 Ca^{2+}和 HCO_3^-浓度高的土壤中时，根会产生大量的苹果酸从而抑制生长，毒害根系。

（4）沙生植物　生活在沙区（以沙粒为基质）生境的植物称为沙生植物（psammophyte）。它们在长期适应自然的过程中，形成了抗风蚀、耐沙埋、抗日灼、耐干旱贫瘠等一系列生态适应特性。

沙基质的干旱性使沙生植物具有强烈的旱生或超旱生的形态结构与生理特性。植物体比表面积小，栅栏组织与海绵组织大；茎叶常具白色表皮毛或较厚角质层；叶片极端缩小，有的植物叶子完全退化以减少蒸腾，由绿色的细枝进行光合作用。仙人掌的叶片退化成针状，梭梭、柽柳和木麻黄的叶片呈鳞片状，也有的沙生植物叶片呈肉质状，如盐爪爪和霸王。沙生植物对干旱适应性的获得是以光合能力的消减为代价的，净光合速率较低，而且有较强的光呼吸。

有一些沙生植物，如分布在沙砾质戈壁上的木本猪毛菜（*Salsola arbuscula*）、松叶猪毛菜（*S. larisifolia*），在特别干旱的时候就停止生长，进行休眠。还有一类短命植物，它们生长发育的速度极快，能利用短暂的雨水期完成其生活周期，如一种短命菊，只活几个星期，其种子只要稍有一点儿雨水就萌发，然后生长、迅速开花结实，在沙中水分损失完之前完成其生活周期。

大部分沙生植物具有靠风力传播繁殖体的能力，其种子和果实能随着流动的沙子一起移动而传播。一些沙生植物的种子在干沙层中可保持休眠若干年，遇水后仍具有萌发能力，此外，沙生植物也具有多种无性繁殖的方式，具有被沙埋没的茎干上长出不定芽和不定根的能力。有的沙生植物还具有耐风蚀的特点，在风蚀露根时，能在暴露根系上长出不定芽。

思 考 题

1. 如何理解在生物与环境的相互关系中环境是主导的而生物是主动的？
2. 如何认识生态因子的作用特点？
3. 简述光对生物的生态作用及生物对光的生态适应。

4. 导致南方植物移植到北方不能正常生长或生存的生态因子可能有哪些？
5. 水具有哪些生态作用？生物对极端水环境具有哪些适应性？
6. 为什么说土壤是介于生物和非生物之间的一个特殊生态因子？如何保护和利用土壤？
7. 试分析生物适应环境有哪些主要途径。

推 荐 读 物

段昌群. 2012. 环境生物学. 2版. 北京：科学出版社.
段昌群，苏文华，杨树华，等. 2020. 植物生态学. 3版. 北京：高等教育出版社.
任美锷. 1982. 中国自然地理纲要（修订版）. 北京：商务印书馆.
伍光和，田连恕. 2000. 自然地理学. 3版. 北京：高等教育出版社.

主要参考文献

段昌群，苏文华，杨树华，等. 2020. 植物生态学. 3版. 北京：高等教育出版社.
郝操，Chen T W，吴东辉. 2022. 土壤动物肠道微生物多样性研究进展. 生态学报，42（8）：3093-3105.
黄昌勇. 土壤学. 2000. 北京：中国农业出版社.
姜汉侨，段昌群，杨树华，等. 2004. 植物生态学. 2版. 北京：高等教育出版社.
李合生，孟庆伟，夏凯，等. 2004. 现代植物生理学. 北京：高等教育出版社.
牛翠娟，李庆芬，娄安如，等. 2000. 基础生态学. 3版. 北京：高等教育出版社.
潘根兴，丁元君，陈硕桐，等. 2019. 从土壤腐殖质分组到分子有机质组学认识土壤有机质本质. 地球科学进展，34（5）：451-470.
盛明，韩晓增，龙静泓，等. 2019. 中国不同地区土壤有机质特征比较研究. 土壤与作物，8（3）：320-330.
王俊峰，冯玉龙. 2004. 光强对两种入侵植物生物量分配、叶片形态和相对生长速率的影响.植物生态学报，28（6）：781-786.
王绍辉，孔云，陈青君，等. 2006. 不同光质补光对日光温室黄瓜产量与品质的影响. 中国生态农业学报，14（4）：119-121.
王忠. 2000. 植物生理学. 北京：中国农业出版社.
伍光和，田连恕，胡双熙，等. 2000. 自然地理学. 3版. 北京：高等教育出版社.
熊毅，李庆逵. 1987. 中国土壤. 2版. 北京：科学出版社.
徐汉卿. 1995. 植物学. 北京：中国农业出版社.
杨宗渠，尹钧，周冉，等. 2006. 黄淮麦区不同小麦基因型的春化发育特性研究. 麦类作物学报，26（2）：82-85.
俞月凤，何铁光，曾成城，等. 2022. 喀斯特区不同退化程度植被群落植物-凋落物-土壤-微生物生态化学计量特征. 生态学报，42（3）：936-946.
Enger E D, Smith B F. 2017. Environmental Science: A Study of Interrelationship（影印版）. 14th ed. 北京：清华大学出版社.
Larcher W. 1997. 植物生理生态学. 瞿志席，等译. 北京：中国农业大学出版社.
Brady N C, Weil R R. 2017. The Nature and Properties of Soils. 15th ed. New Jersey: Pearson Education Inc., Pearson Prentice Hall, Upper Saddle River.
White I D, Monttershead D N, Harrison S J. 1984. Environmental Systems. London: George Allen and Unwin.

第三章　生物种群与群落

【内容提要】本章在种群与群落水平上介绍生物与环境的关系，主要包括种群概述、种群的动态；正相互作用、负相互作用；生物群落的概念、生物群落的结构、生物群落的分布、生物群落的动态等。重点关注种内关系和种群的进化与生态对策，特别强调竞争在物种进化及群落形成中的作用，同时还重点介绍了群落分布与动态演替的规律，以及运用演替规律进行生态恢复的理念。

种群是生态学各层次中最核心的层次，既是物种适应与存在的基本单位，也是生物群落的基本组成单位。生物群体具有许多不同于个体的特征，群体水平对环境的响应也有别于个体水平。种群生态学和群落生态学是农业、林业、畜牧业及环境保护事业发展的重要基础，特别是在生态恢复、生态工程、自然保护等诸多领域得到了广泛的应用。

第一节　生 物 种 群

生物种群是生物群落的基本组成单位，也是生态系统研究的基础，其基本特征是数量特征、空间特征和遗传特征。

一、种群概述

（一）种群的概念

种群（population）是指在特定时间内，分布在一定空间中同种生物个体的集合。该术语广泛应用于与生态学相关的学科中，如遗传学、生物地理学和进化生物学等。种群内个体并不是孤立存在的，而是相互间构成具有一定组织结构和遗传特征的有机整体，从而具有个体所没有的一些“群体特征”，如种群密度、年龄组成、遗传结构、出生率、死亡率等。因此，在有些学者的定义中，强调种群应具有共同的基因库，经历相同的进化历史，并且其内部个体之间能够进行自然交配并繁衍后代。从这个意义上说，种群是物种（species）的存在单位、繁殖单位和进化单位，任何物种的个体都不可能脱离其具有一定大小的种群而单一生存。

种群生态学主要研究种群数量在时间和空间的变化规律、变化原因及调节机制。因此，种群生态学一直被生态学家视为生态学研究的核心，有些学者甚至将生态学定义为研究种群分布与多度的科学（Krebs，2001）。

（二）种群分布特征

种群的空间特征指种群具有一定的分布区域和分布形式，一般把在大的地理范围的分布称为地理分布，这一范围和边界本质上由该物种相应的生态耐受性及其与其他种群之间的生态关系所决定，同时还取决于生态条件、种群的移动性、历史的气候因素及人为破坏、干扰与利用等因素，可以说种群分布区的形成是在进化尺度上的种群适应过程。

种群中小范围内个体与个体之间的空间排布方式或相对位置称为分布格局，一般可以分为均匀分布、随机分布及集群分布三种格局类型（图 3-1）。

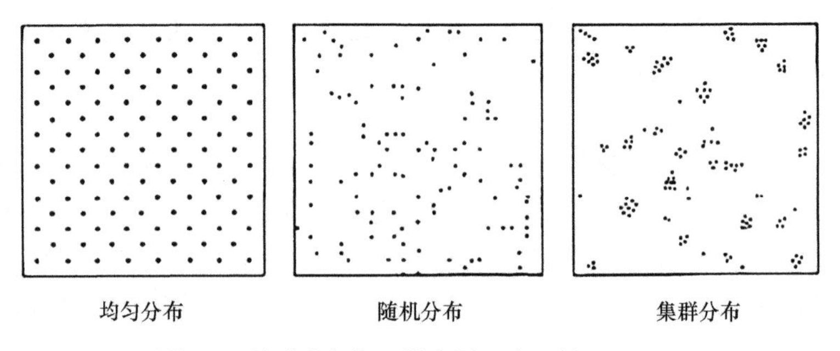

图 3-1　种群分布格局模式图（尚玉昌，2002）

1．均匀分布　个体之间保持一致的距离，这种分布格局一般仅出现在资源均匀分布或非常有限的情况下，由种内竞争所引起，如荒漠地区极端旱生群落的优势物种常常表现为均匀分布格局。另外，人工群落中种群也多为均匀分布。

2．随机分布　每一个体在种群领域中各个点上出现的机会是相等的，并且某一个体的存在不影响其他个体的分布。随机分布比较少见，如森林底层的某些无脊椎动物。

3．集群分布　这是最常见的分布格局，既可能由种群个体有结群倾向而引起，也可能由资源分布和种子散布的限制或营养繁殖而留在亲体周围而引起。动物的集群分布则反映了种群成员间有一定程度的相互关系，如利于求偶或保证成员的安全等，鱼群、鸟群、兽群都是集群分布的实例。

（三）种内关系

种内关系（intraspecific relationship）指的是存在于生物种群内部的个体与个体之间的关系。生物的种内关系除在食物、资源和空间上的竞争关系外，还包括其他多种作用类型，从而能进一步认识生物群落的结构和功能。

生物的种内关系包括密度效应、动植物性行为（动物的婚配制度和植物的性别系统）、领域性及社会等级等，这里主要介绍密度效应。密度效应又称邻接效应，指的是在一定时间内，当种群的个体数目增加时，所产生的相邻个体间的相互影响。凡是影响出生率、死亡率和迁移的生物因子、理化因子都对种群密度起着调节作用，所以根据影响因素的种类，将其作用类型划分为密度制约（density dependent）和非密度制约

（density independent）。密度制约因素包括生物种间的捕食、寄生、竞争等关系；而非密度制约因素则包括气候等一些随机性因素。植物的密度效应一般具有两个基本的规律。

1．终产量恒值法则　某一特定范围中，当所有条件相同时，种群的最终产量几乎都是一样的，与该种群的密度无关。这一法则最早是由澳大利亚学者 Donald（1951）在对地车轴草（*Trifolium subterraneum*）的密度与产量的关系研究中所证实的。

终产量法则可以用下式表示：

$$Y=\overline{W}\cdot d=K_{\mathrm{i}}$$

式中，$\overline{W}$ 为植物个体平均重量；d 为密度；Y 为单位面积产量；K_{i} 为常数。

该法则的根本原因是在种群密度较大的情况下，有限的资源导致植株的生长能力受抑制，个体相对变小，重量减轻。

2．−3/2 法则　−3/2 法则又叫−3/2 自疏法则。自疏现象（self-thinning）是指随着播种密度的提高，种内对资源的竞争不仅影响到了个体的生长发育速度，还影响到了个体的存活率，于是在这样高密度的样方中，出现了部分个体死亡的现象，也就是意味着种群开始了“自疏现象”。

1963 年日本学者 Yoda 等发现自疏过程中存活个体的平均株干重（W）与种群存活密度（d）之间存在以下的关系：

$$\overline{W}=C\cdot d^{-a}$$

式中，C 为常数。1981 年英国学者 Harper 等在对黑麦草（*Lolium perenne*）的大量研究中发现上式中$-a$ 接近一个恒定的常数 3/2。自此，自疏过程中存活个体的平均株干重（W）与种群密度（d）之间的关系被称为−3/2 自疏法则。20 世纪 80 年代开始 White 等学者对 80 多种植物的自疏现象进行了定量观测，结果发现包括藓类、草本和木本植物等都具有−3/2 自疏现象。

（四）种群的进化与选择

所有生物始终都处在进化与选择的压力之下，选择压力将使生物能够最有效地占据它们的特定生态位，这种压力来源于种间竞争、种内变异个体的竞争、捕食关系或者寄生关系等与其他生物的相互作用。只有在环境发生某些根本性的变化时，选择才能促进生态系统产生实质性的改变。

1．生态对策　生物的生长和繁殖的生活方式称为生活史（life history），主要包括生物的生长率、大小、繁殖及寿命。在自然界中，不同物种之间生活史方式差异极大，如在鸟类中身形笨重的鸵鸟和形如蜜蜂的蜂鸟。生物在进化过程中，为了适应生长的特定环境而形成的其自身所特有的生物学特性，称为生态对策（ecological strategy）或生活史对策（life history strategy）。因此，生态对策是生物通过激烈的生存竞争所获得的，是自然选择和进化的结果。

2．进化过程中的变异和选择　种群内出现个体的变异是一种普遍现象，这构成了生物进化的基础。发生的这种变异，部分是由于生理调节，部分则是由遗传引起的，其中有些变异可能是不利的，还有些变异是有利的或是中性的。通过自然选择，物种的不利变异遭到淘汰，有利变异得到保留，随着时间的推移和隔离机制的产生，最终形成了新的物种。导致物种发生变异的原因很多：种群中个体发生变异过程中部分基因缺失；迁入和迁出可能会带来新的基因，也会导致部分基因缺失；种群中各随机交配的个体基因的增加；当种群数量较少时，常常会发生基因缺失或是遗传漂变现象等。因此，物种通过自然选择得以进化。

如果从生态位的角度考虑，选择可能向不同的方向发展。第一，定向选择，当选择迫使种群数量呈正态分布时，其中一侧的受胁迫个体适应环境，使种群的平均值偏向这一侧，这种选择属于定向型。第二，稳定选择，当环境条件对种群数量正态分布中间的个体有利，两侧受到胁迫的个体遭到淘汰时，这种选择属于稳定型。第三，分裂选择，选择对种群数量正态分布中间的个体不利，但对两侧个体有利，从而使种群分成两部分，这种选择属于分裂选择（图 3-2）。

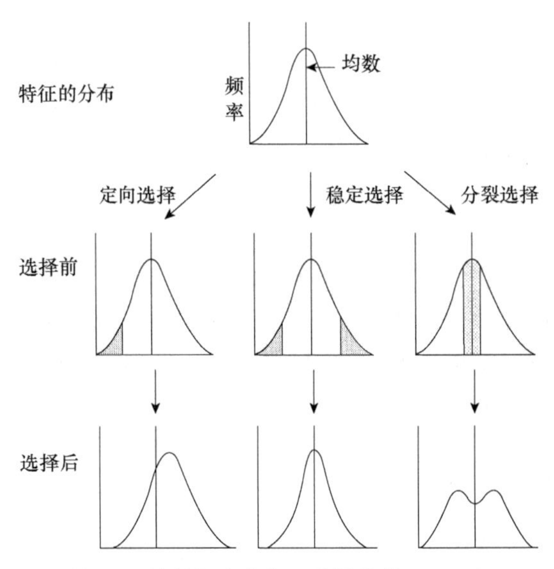

图 3-2 选择与生态位（孙儒泳等，2019）

3．生活史对策类型 生物通过长期的协同进化，自身逐渐形成了对环境适应的生态对策。根据生物栖息的环境和生态对策把生物划分为 r 对策和 K 对策两大类（表 3-1）。r 对策适应于不可预测的多变环境（如干旱地区和寒带），具有能将种群生长最大化的各种生物学特性。而 K 对策适应于可预测的稳定环境（如热带雨林），因而竞争较为激烈。

在生存竞争中，K 对策是以“质”取胜，而 r 对策是以“量”取胜；K 对策能将大部分能量用于提高存活率，而 r 对策则是将大部分能量用于繁殖。在大分类单元中，大部分昆虫和一年生植物可以看作是 r 对策，大部分脊椎动物和乔木可以看作是 K 对策。在同一分类单元中，同样可作生态对策比较，如哺乳动物中的啮齿类大部分是 r 对策，而大象、虎、熊猫则是 K 对策。

表 3-1　r 对策和 K 对策的特征比较

特征	r 对策的特征	K 对策的特征
气候	多变，不确定	稳定，可预测
死亡	无规律，非密度制约	较有规律，密度制约
存活	幼体存活率低	幼体存活率高
数量	时间上变化大，不稳定，远低于环境承载力	时间上稳定，通常接近环境容纳量
种内、种间竞争	多变，通常不紧张	经常保持紧张
选择倾向	1．发育快；2．增长力强；3．加快生育；4．体型小；5．繁殖一次	1．发育缓慢；2．竞争力高；3．延缓生育；4．体型大；5．多次繁殖
寿命	较短，通常少于一年	较长，通常大于一年
最终结果	高生育力	高存活力

资料来源：李博等，2000

Grime（1977）提出，环境变化导致植物生活史对策的发展，其中影响植物选择压力的最大最重要的因素是干扰强度和胁迫强度，据此提出了植物生活史对策的 CSR 三途径划分，这比 r-K 连续统（r-K continuum）更能全面地表达植物生活史对策的复杂性（图 3-3）。竞争型对策者（C）在低干扰、低胁迫生境易成优势种，如森林演替早期阶段出现的杨、桦等，这类植物在有利条件下生长迅速、种子产量大，能迅速占据新的生境，在不利条件下又可通过营养器官的调节来适应生境的变化；在营养及光资源成为限制因子但干扰较少的生境，胁迫忍耐型对策则成为优势，如演替后期的顶极种山毛榉和栎类等，与 K 对策相当；而在资源丰富，条件不严酷，但干扰频繁的生境，则易形成杂草型对策（R），它与 r 对策相当。

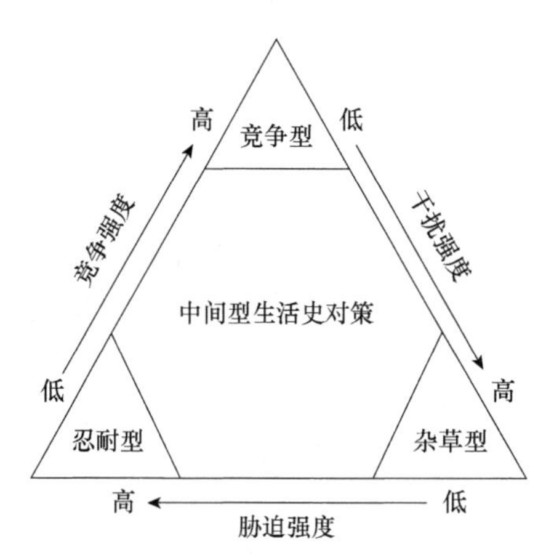

图 3-3　植物生活史对策分类——CSR 三角形（Molles and Sher，2018）

二、种群动态

种群动态主要研究种群数量在时间与空间上的变化规律和最终发展趋势，包括种群的数量特征、种群增长的规律及种群的调节。种群动态是种群生态学的核心问题之一。

（一）种群统计学

种群统计学是对种群发生动态变化时各个参数的具体变化的统计学研究。这些参数大致分为：①种群的大小和密度；②初级种群参数，包括出生率、死亡率、迁入率和迁出率；③次级种群参数，包括年龄分布、性别比例和种群增长率。

1．种群的大小和密度　　种群大小（population size）指的是种群全部个体数目的多少。如果采用单位面积或单位容积内某种群的个体数目来表示种群大小，则称为种群密度（density）。但在很多情况下，种群实有个体数，即种群绝对密度很难统计，因而常采用相对密度的统计方式来表示种群数量的相对丰富程度。

在多数情况下种群密度的高低取决于环境中可利用的物质和能量的多少、种群对物质和能量利用效率的高低、生物种群营养级的高低及种群本身的生物学特性（如同化能力的高低等）。种群密度也有一个最低限度，当种群密度过低时，种群不能正常有性繁殖，会引起种群灭亡。

2．出生率和死亡率 出生率（natality）是指单位时间内种群产生新个体数占总个体数的比例。这里的出生是一个广义的概念，包括分裂、出芽（低等植物、微生物）、结籽、孵化、产仔等多种方式。出生率分为生理出生率（physiological natality）和生态出生率（ecological natality），前者是指种群在理想条件下的最高出生率，理想条件指的是种群没有任何生态因子的制约，只受物种自身生理状况的影响；后者指的是在特定生态条件下种群的实际出生率。

死亡率（mortality）代表一个种群的个体死亡情况。死亡率同出生率一样，也可以用生理死亡率（physiological mortality）和生态死亡率（ecological mortality）表示：生理死亡率也叫最低死亡率，是指在最适条件下所有个体都因衰老而死亡。由于饥饿、疾病、竞争、被捕食、被寄生、恶劣的气候或意外事故等原因，实际死亡率（即生态死亡率）远远大于理想死亡率。

3．年龄结构 种群的年龄结构（age structure）又称为年龄分布（age distribution），是种群的重要特征之一，指的是种群内个体的年龄分布状况，即各年龄或年龄组的个体数占整个种群个体总数的百分比结构，一般用年龄金字塔来表示种群的年龄结构。可以分为三种类型：增长型种群、稳定型种群和衰退型种群。

增长型种群的年龄结构含有大量的幼年个体和较少的老年个体，幼中年个体数除补充死亡的老年个体外还有剩余，所以这类种群的数量呈上升趋势。增长型反映出该种群有高出生率和低死亡率。

稳定型种群中各个年龄级的个体比例适中，在每个年龄级上，死亡数与新生个体数接近相等，种群的出生率和死亡率基本平衡，所以种群的大小趋于稳定。

衰退型种群中幼体数目少，且含有大量的老年个体，种群的死亡率大于出生率，种群数量趋于减少。

近年来，我国人口出生率及自然增长率呈下降趋势，2021 年人口出生率仅为 7.52‰，而人口自然增长率仅为 0.34‰。由于医疗、营养等条件的不断改善，死亡率近 20 年都呈现非常稳定的低水平状态。很明显，中国人口正在走向老龄化，未来几年还有可能会出现人口负增长的情况。因此，国家推行“全面三孩”政策，鼓励生育、推迟退休及发展老龄产业来解决我国人口老龄化的问题。

4．性别比例 性别比例（sex ratio）是种群雌性个体与雄性个体的比例。种群的性别比例同样关系到种群当前的生育力、死亡率和繁殖特征。在高等动物中性别比例多为 1∶1，但某些动物和社会昆虫雌性较多。植物中虽然多数种是雌雄同株，没有性别比例问题，但某些雌雄异株植物，其性别比例可能变化较大。在野生种群中，性别比例的变化有时也会引起配偶关系和交配行为的变动，从而影响繁殖力和种群的发展。与性别比例相关联的因素还有个体性成熟的年龄，其也是影响种群繁殖力的内在因素。

5. 生命表特征与分析　生命表（life table）概括了一群个体从接近同时出生到生活史结束的命运。生命表中列出种群中不同生命阶段或不同年龄阶段存在的个体数量，经计算可得到每个年龄阶段的具体年龄存活率和具体年龄死亡率。

Conell（1970）在对某岛屿固着在岩石上的所有藤壶（*Balanus glandula*）进行了多年连续的存活观察的基础上编制了藤壶生命表（表 3-2）。表中各种符号的含义如下：x 为年龄、年龄组或发育阶段；n_x 为各年龄阶段开始时的存活数；l_x 为年龄组开始时的存活率；d_x 为从 x 阶段到 $x+1$ 阶段的死亡数；q_x 为从 x 阶段到 $x+1$ 阶段的死亡率；L_x 为从 x 阶段到 $x+1$ 阶段的平均存活数；T_x 为进入 x 龄期的全部个体在进入 x 期以后的存活个体年龄总和，即剩余寿命之和；e_x 为 x 龄期开始时的平均期望寿命。

表 3-2　藤壶生命表

年龄（x）	存活数（n_x）	存活率（l_x）	死亡数（d_x）	死亡率（q_x）	平均存活数（L_x）	剩余寿命之和（T_x）	平均期望寿命（e_x）
0	142	1.000	80	0.563	102	224	1.58
1	62	0.437	28	0.452	48	122	1.97
2	34	0.239	14	0.412	27	74	2.18
3	20	0.141	4.5	0.225	17.75	47	2.35
4	15.5	0.109	4.5	0.290	13.25	29.25	1.89
5	11	0.077	4.5	0.409	8.75	16	1.45
6	6.5	0.046	4.5	0.692	4.25	7.25	1.12
7	2	0.014	0	0.000	2	3	1.50
8	2	1.014	2	1.000	1	1	0.50
9	0	0	—	—	0	0	—

资料来源：Krebs，2001

从该生命表可以得到以下信息。

第一，存活曲线（survivorship curve），以 $\lg n_x$ 栏对 x 栏作图可得到存活曲线。该曲线直观地表达了该同生群（cohort）种群数量的减少过程，可划分为以下三种类型（图 3-4）。

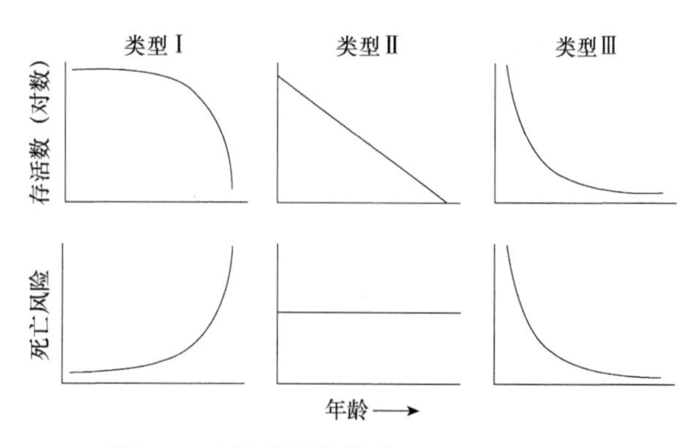

图 3-4　存活曲线的类型（Odum，1971）

Ⅰ型：曲线凸型，说明只有少数个体没有活到生理寿命。藤壶的存活曲线符合该型。Ⅱ型：曲线呈对角线，各年龄段个体死亡率相等。Ⅲ型：曲线凹型，幼年期个体死亡率高。

第二，死亡率曲线，以 q_x 栏对 x 栏作图得到该曲线。藤壶在第一年死亡率很高，随后逐渐下降，接近生理寿命时，死亡率迅速上升。

第三，生命期望，e_x 表示 x 期开始时的平均期望寿命。

6．种群增长率（*r*）和内禀增长率（*rm*） 种群增长率的计算公式为

$$r=\ln R_0/T$$

式中，R_0 为世代净增殖率；T 为世代时间，指的是种群中子代从出生到产子这一过程的平均时间。

内禀增长率是指在环境条件（食物、领地和邻近的其他有机体）没有限制性影响时，由种群内在因素决定的、稳定的最大相对增殖速度。内禀增长率反映的是一种理想状态，可以用来与实际条件下的增长率进行比较，其差值可视为环境阻力的量度。

（二）种群增长模型

种群数量动态随时间的变化有多种形式，但基本上是由指数增长和逻辑斯谛增长两个基本增长模型所构成。

1．种群的指数增长 在无限环境（环境中的空间、食物等资源是无限的）或近似无限环境条件下，一些种群的数量按指数增长，其增长曲线像“J”形，所以也叫J型增长。但世代分离的种群（如一年生植物）和世代重叠的种群（一年繁殖数代或一年繁殖一代，而寿命在一年以上的种群）的指数增长模型有所差异。

2．种群的逻辑斯谛增长 在自然界中，种群增长都是有限的，因为种群的数量总会受到食物、空间和其他资源的限制（或受到其他生物的制约）。由环境资源所决定的种群限度就称为环境容纳量（carrying capacity），将环境容纳量引入种群增长方程，可以描述随着种群数量的增加，其种群增长率下降的过程。

Verhurst（1838）首次提出了Logistic（逻辑斯谛）方程，其微分方程为

$$\frac{dN}{dt}=rN\left(\frac{K-N}{K}\right)$$

式中，dN/dt 为种群的瞬时增长量；r 为种群的内禀增长率；N 为种群大小；K 为环境容纳量。逻辑斯谛方程和无限环境中种群的指数增长微分方程相比，种群增长由“J”形变成了“S”形曲线，该曲线渐近于 K 值，并且曲线上升是平滑的。

逻辑斯谛曲线常划分为5个时期：①开始期，也可称为潜伏期，由于种群个体数很少，密度增长缓慢；②加速期，随个体数增加，密度增长逐渐加快；③转折期，当个体数达到饱和密度的一半（即 $K/2$）时，密度增长最快；④减速期，个体数超过 $K/2$ 以后，密度增长逐渐变慢；⑤饱和期，种群个体数达到 K 值而饱和（图3-5）。

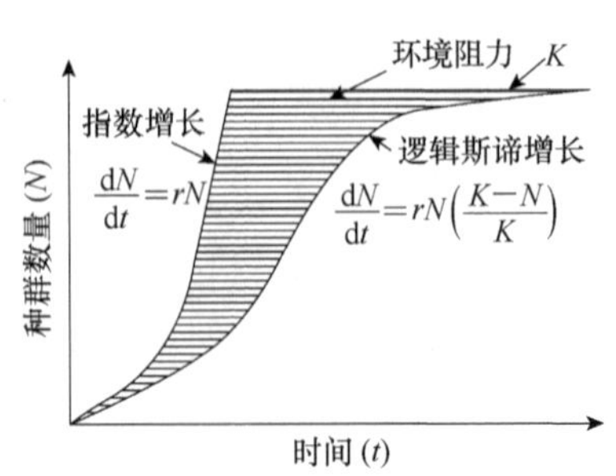

图3-5 种群增长模型
（李振基等，2004）

逻辑斯谛方程对生物学的发展起着重要意义，主要体现在几个方面：①它是许多两个相互作用种群增长模型的基础；②它也是农业、林业、渔业等生产领域中，确定最大持续产量（maximum sustained yield）的主要模型；③模型中两个参数 r（物种的潜在增殖能力）、K（环境容纳量），已成为生物进化对策理论中的重要概念。

（三）种群调节

当种群数量偏离平衡水平上升或下降时，有一种使种群数量返回平衡水平的作用，称为种群调节。种群调节使种群具有一定的稳定性，能够减少波动，保持在一个稳定的数量上。在自然界中，种群密度的极端值是很少达到的，因为有一系列的机制限制着种群的增长。种群调节以种群密度为基础，但有时种群数量的变动与密度无关，而是受外界因素的影响。所以，通常把影响种群调节的因素分为两大类：密度制约因素和非密度制约因素，对种群的调节作用分别为密度制约作用和非密度制约作用。

（1）密度制约作用　　密度制约因素的作用与种群密度相关。例如，随着种群密度的上升，死亡率增高，或生殖力下降，或迁出率升高。密度制约因素包括生物间的各种生物相互作用，如捕食、竞争及动物社会行为等。这种调节作用不改变环境容纳量，通常随密度逐渐接近上限而加强。

（2）非密度制约作用　　非密度制约因素是指那些影响作用与种群本身密度大小无关的因素。对于陆域环境来说，这些因素包括温度、光照、风、降雨等非生物性的气候因素。对于水域环境则是水的物理、化学特性的一系列因素。这种调节作用是通过环境的变动而影响环境容纳量，从而达到调节作用。

第二节　种间关系

同域分布的不同物种之间通过各种各样复杂的相互作用产生相应的与食物、资源及空间有关的生态联系，即种间关系（interspecific interaction）。从理论上讲，种间关系有许多种，但最主要的有 7 种相互作用类型，可以概括为两大类，即正相互作用（positive interaction）和负相互作用（negative interaction）。在生态系统的发育与进化中，正相互作用趋向于促进或增加，从而加强两个作用物种的存活；而负相互作用则恰恰相反，趋向于抑制或减少；中性作用则表示两物种彼此无影响。

一、正相互作用

正相互作用（positive interaction）趋向于促进或增加，从而加强两个作用种的存活，这种关系越来越受到生态学家的关注。按其作用程度分为偏利共生、互利共生和原始合作。

偏利共生（commensalism）现象在自然界中较为常见，其主要特征是种间关系的作用双方中，一方得利，而对另一方无害，如干旱区群落中灌木形成的局部小环境为其下的草本植物提供了适宜的生境，或林间的一些动物在植物上筑巢或以植物为掩蔽所等，均属于此类作用。

互利共生（mutualism）指两个生物种群生活在一起，相互依赖，相互得益。共生使得两个种群都发展得更好，互利共生常出现在生活需要极不相同的生物之间，如异养生物完全依赖自养生物获得食物，而自养生物又依赖异养生物得到矿质营养或生命需要的其他功能。又如有花植物和传粉动物的互利共生、动物与其消化道中的微生物的互利共生、高等植物与真菌的互利共生（菌根）及生活在动物组织或细胞内的共生体等。互利共生关系的出现是双方协同进化的结果。

原始合作（protocooperation）指两个生物种群生活在一起，彼此都有所得，但二者之间不存在依赖关系，分离后，双方仍能独立存活，如蟹与腔肠动物的结合：腔肠动物覆盖于蟹背上，蟹利用腔肠动物的刺细胞作为自己的武器和掩蔽的伪装，腔肠动物利用蟹为运载工具，借以到处活动得到更多的食物。

二、负相互作用

负相互作用（negative interaction）包括竞争、偏害、捕食和寄生等。负相互作用使受影响的种群的增长率降低，但并不意味着有害。从长期存活和进化论的观点来看，负相互作用能增加自然选择的作用，产生新的适应。捕食与寄生作用对于缺乏自我调节能力的种群常常是有利的，它能防止种群密度过大，使种群免遭自我毁灭。

（一）竞争

1．竞争的类型　两个或两个以上的物种共同利用相同资源时而相互发生干扰或抑制的作用，称为种间竞争。竞争的对象可能是食物、空间、光、矿质营养等。竞争的结果可能是两个种群形成协调的平衡状态，或者一个种群取代另一个种群，或者一个种群将另一个种群赶到别的空间中去，从而改变原生态系统的生物种群结构。一般可把竞争区分为干扰型竞争和资源利用型竞争两种类型。此外，不同营养层之间的物种还存在着似然竞争。

干扰型竞争（interference competition）指一种生物借助行为排斥另一种生物，从而损害其他个体。干扰竞争的例子很多，如动物的斗殴等。资源利用型竞争（exploitation competition）指两种生物同时竞争利用同一种资源，由于资源发生短缺而引起的竞争。例如，在很多生境中，蚂蚁、啮齿类动物和鸟类都以植物种子为食。似然竞争（apparent competition）是指当一个捕食者同时捕食两个物种，也就是说这两个物种有着相同的捕食者时，其中一个物种个体数量的增加将会导致捕食者种群个体数量的增加，从而加重了对另一物种的捕食作用，这种两个物种通过有共同捕食者而产生的竞争，与两个物种通过对资源利用所产生的利用竞争在性质上存在相似的方面，所以称为似然竞争。

2．生态位与竞争排斥原理

（1）生态位　生态位（niche）是生态学的一个重要概念，指的是在自然生态系统中一个物种的时间、空间上的位置及其与相关种间的机能关系。很多学者对生态位的概念进行了阐述，主要可以归纳为以下三类：生境生态位（habitat niche）、功能生态位（functional niche）和超体积生态位（hypervolume niche）。在生物群落中，能够被生物利用的最大资源空间称为该生物的基础生态位（fundamental niche）。由于存在着竞争，很少有物种能够全部占领基础生态位。物种实际占有的生态位称为实际生态位（realized niche）。

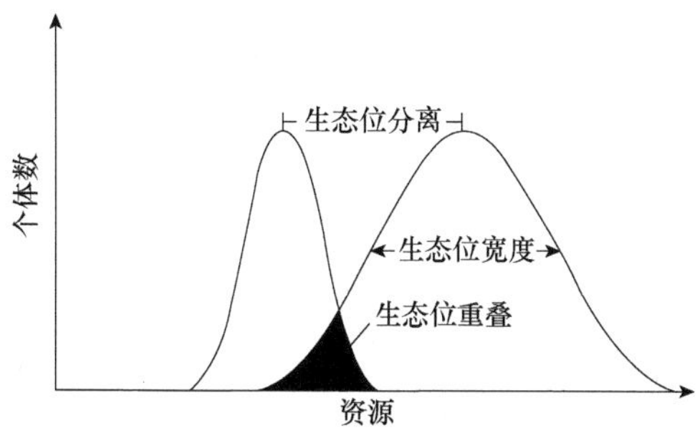

图 3-6　有关生态位的重要参数（每条曲线代表一个物种在一维资源轴上的生态位）（Krebs，2001）

生态位的大小可以用生态位宽度（niche breadth）来衡量，即在环境的现有资源谱当中，生物物种能够利用的程度（包括种类、数量及其均匀度）。生态位宽度与物种的耐受性有关。如果某种生物对食物、栖息地、资源的耐受范围较广，那么它的生态位宽度也就较宽（图 3-6）。

（2）竞争排斥原理　俄罗斯生态学家 Gause 选择两种在分类上和生态习性上很接近的草履虫——双小核草履虫（*Paramecium aurelia*）和大草履虫（*Paramecium caudatum*）进行了竞争实验（图 3-7），并据此提出了竞争排斥原理。即如果两个物种的生态位相似，那么在进化过程中必然会发生激烈的种间竞争，竞争的结果从理论上讲可以向两个方向发展：其一是一个物种完全排挤掉另一个物种；其二就是竞争使两个物种分别占有不同的空间（地理上分隔），或吃不同食物（食性上的特化），或其他生态习性上的分隔（如运动时间的分隔）。

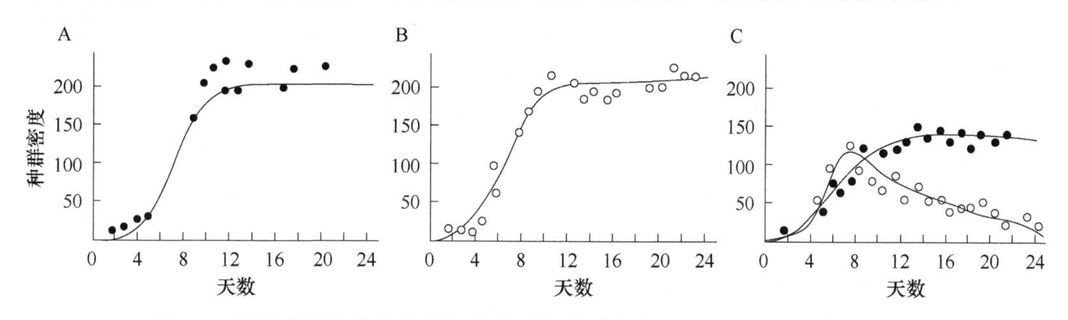

图 3-7　两种草履虫单独和混合培养时的种群动态（Mackenzie et al.，1999）

A．双小核草履虫单独培养；B．大草履虫单独培养；C．两种草履虫混合培养

（3）竞争的理论模型　美国学者 Lotka（1925）和意大利学者 Volterra（1926）分别独立地提出了描述种间竞争的模型，该模型是在逻辑斯谛方程的基础上建立起来的。假定有两个物种，当它们单独生长时其增长形式符合逻辑斯谛模型，考虑到其竞争作用的相互影响，将这种影响作为修正项加入逻辑斯谛方程增长方程，可表达为

$$物种\ 1：\frac{dN_1}{dt}=r_1N_1\left(1-\frac{N_1}{K_1}-\alpha\cdot\frac{N_2}{K_1}\right)$$

$$物种\ 2：\frac{dN_2}{dt}=r_2N_2\left(1-\frac{N_2}{K_2}-\beta\cdot\frac{N_1}{K_2}\right)$$

式中，N_1、N_2 分别为两个物种的种群数量；K_1、K_2 分别为两个物种种群的环境容纳

量；r_1、r_2分别为两个物种种群增长率；α 为物种 2 对物种 1 的竞争系数，即每个物种 2 的个体所占用的空间或资源相当于 α 个物种 1 的个体所占用空间或资源；β 为物种 1 对物种 2 的竞争系数，即每个物种 1 的个体所占用的空间或资源相当于 β 个物种 2 的个体所占用空间或资源。

（二）偏害

在自然界中，偏害作用（amensalism）很常见，其主要特征为当两个物种在一起时，一个物种的存在可以对另一个物种产生抑制作用，而该物种自身不受影响。异种抑制作用（又称为它感作用）和抗生素作用都属于偏害作用的类型，如胡桃树（*Juglans nigra*）会分泌一种叫胡桃醌（juglone）的物质抑制周围其他植物的正常生长；抗生素作用是一种微生物产生某种化学物质来抑制另一种微生物的过程，如青霉素就是点青霉菌所产生的一种细菌抑制剂，也就是通常所说的抗生素。

（三）捕食

1．捕食的概念与类型 捕食（predation）是指某种生物通过消耗其他生物活体的全部或部分身体，直接获得营养以维持自身生命的现象。前者称为捕食者（predator），后者称为猎物（prey）。捕食是一个种群对另一个种群的生长与存活产生负效应的相互作用。广义的捕食包括：①传统捕食，指食肉动物吃食草动物或其他食肉动物，狭义的捕食关系就是指这种类型；②同类相食（cannibalism），这是捕食的一种特殊形式，即捕食者和猎物均属同一物种；③植食（herbivory），指动物取食绿色植物营养体、种子和果实；④昆虫拟寄生者（parasitoid），是指昆虫界的寄生现象，寄生昆虫常常把卵产在其他昆虫（宿主）体内，待卵孵化为幼虫以后便以宿主的组织为食以获得营养，直到宿主死亡为止。

2．捕食者和猎物的数量动态特征及模型 从理论上说，捕食者和猎物的种群数量变动是相关的。当捕食者密度增大时，猎物种群数量将被压少；而当猎物数量降低到一定水平后，必然又会影响到捕食者的数量，随着捕食者密度的下降，捕食压力的减少，猎物种群又会再次增加，这样就形成了一个双波动的种间数量动态。北美雪兔与捕食者猞猁数量变化是一个经典的例子（图 3-8）。

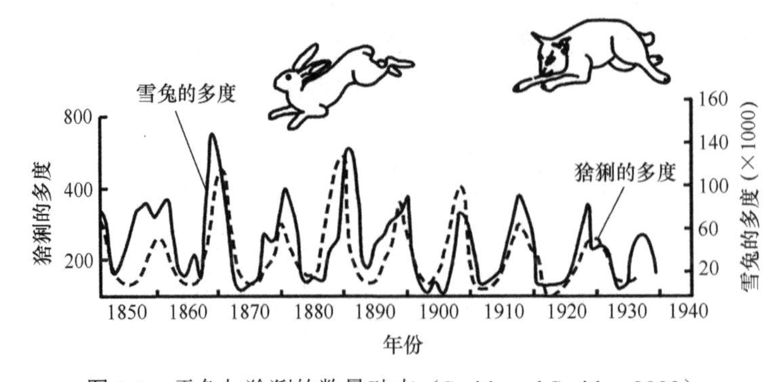

图 3-8 雪兔与猞猁的数量动态（Smith and Smith，2009）

在一个生态系统中，捕食者与猎物一般保持着平衡，否则生态系统就不能稳定存在。如果忽视生物间的控制关系，滥用农药，会使某些有益的负相互作用机制严重削弱或失去，使害虫数量严重增长，给防治害虫工作带来更大的困难。

（四）寄生

寄生（parasitism）是指一个物种（寄生者）寄居于另一个物种（寄主）的体内或体表，从而摄取寄主养分以维持自身生活的现象。根据寄生者在寄主身体位置的不同，寄生可以分为体外寄生和体内寄生两类。由于寄生具有一定专性，因此，寄生者和寄主常常是协同进化的。寄生者为适应它们的宿主表现出极大的多样性，如 2020 年开始肆虐全球的新冠病毒在与其寄主（人类）的关系中，就曾多次发生变异，导致其传播能力快速增强而对寄主的毒性降低。另外，寄主可以是植物、动物，也可以是其他寄生物。例如，在致病细菌中生活的病毒或噬菌体，在这种场合可称为超寄生（super-parasitism）。在植物界，寄生性种子植物还可分出全寄生与半寄生两类。全寄生植物从寄主那里摄取全部营养，而半寄生植物仅仅是从寄主那里摄取无机盐类，它自身能进行光合作用制造养分。全寄生的高等植物主要有大花草（*Rafflesia alnoldii*）、列当属（*Orobanche*）和菟丝子属（*Cuscuta*），半寄生的植物有小米草（*Euphrasia pectinata*）、槲寄生（*Viscum coloratum*）等。

生物进化

地球上有超过 1000 万种生物，对如此丰富的生物种类，唯一合理的解释就是生物多样性是对应于地球上环境的多样性进化而来的，进化的过程倾向于填充一切可利用的生态空间。

1859 年 11 月，英国学者达尔文出版了《物种起源》，在这部巨著中提出了生物进化的自然选择学说，进化论从此取代神创论，成为生物学研究的基石。1865 年孟德尔发现了基因的分离与自由组合规律，但这一伟大的发现在 1900 年被重新发现之时，却被很多遗传学家用来攻击达尔文主义。直到 20 多年后，英国人费希尔（Fisher）、霍尔丹（Haldane）和美国人莱特（Wright）等一大批学者在野外观察和理论推演的基础上证明了达尔文主义和孟德尔主义并不互相冲突。在孟德尔遗传学的基础上，自然选择可以解释生物的适应性进化，根本不需要拉马克学说。选择对群体等位基因频率的影响，要比突变有效得多。这一理论成果很快为许多实验遗传学家所接受而修正了摩尔根的突变——自然选择学说。1937 年，杜布赞斯基发表了《遗传学和物种起源》。在这部继《物种起源》之后最为重要的进化论论著中，杜布赞斯基在理论上和实验上统一了自然选择学说和孟德尔遗传学，并在此后形成了综合进化学说。

分子生物学的进步又为生物进化这一科学事实补充了更多的新证据，它揭示了生物界在分子水平上的一致性，证明了进化论关于“所有的生物由同一祖先进化而来”的命题。同时，分子生物学为研究生物进化的过程和机理提供了强有力的工具。

例如，在重建物种或基因的进化历程，即重建分子系统发育树及研究生物大分子（如 DNA 和蛋白质）的进化机制方面，分子生物学显示了无与伦比的优势。随着今后对分子进化和表型进化关系的深入研究，可能会在更高一级的认识水平上统一起来，如同生物物种一直处在其进化历程当中一样，进化理论也在不断的进化之中。

第三节　生 物 群 落

生物群落是生态系统中的生命部分的总称，是生态系统中所有生物种群的有机组合。生物群落主要讨论生物群体与环境的关系，主要包括生物群落的概念、结构、分布及动态。

一、生物群落的概念

（一）群落的定义

生物群落（biotic community）是指在特定时间下聚集在一定空间内的所有生物种群的集合，简称群落。生物群落的概念最早是由德国生物学家 Möbius 于 1880 年提出的。美国生态学家 Odum（1971）提出群落除物种组成与外貌一致之外，还是生态系统中具生命的部分，是一个结构单元，具有一定的营养结构和代谢格局，并指出群落的概念是生态学中最重要的概念之一，它强调了各种不同的生物在有规律的方式下共处，而不是随机散布在地球上。

（二）群落的基本特征

群落的特征是组成群落的各个种群所不具有的，这些特征只有在群落的水平上才有意义。群落主要有下面几个基本特征。

1．具有一定的种类组成　每个群落都是由一定的植物、动物和微生物种类组成的。群落的物种组成是区分不同群落的首要特征。一个群落中物种的多少和每个种群的数量是度量群落多样性的基础。

2．具有一定的群落结构　生物群落是生态系统的一个结构单元，它本身具有一定的形态结构和营养结构，如生活型组成、种的分布格局、成层性、季相（即群落外貌的季节性变化）、捕食者和被食者的关系等。

3．具有一定的动态特征　生物群落是生态系统中有生命的部分，生命的特征就是不断运动，群落也是如此。其运动形式包括季节变化、年际变化、演替与演化。

4．不同物种之间存在相互作用　生物群落是不同生物物种的集合体，其中的物种以有规律的形式共处，一个群落的形成和发展必须经过生物对环境的适应和生物种群的相互适应与相互作用。

5．具有一定的分布范围　任何一个群落只能分布在特定的地段和生境中，不同群落的生境和分布范围不同。无论从全球范围看还是从区域角度讲，不同生物群落都是按一定的规律分布的。

6．形成一定的群落环境　生物群落对其居住环境产生重大影响，如森林中都形成特定的群落环境，与周围的农田或裸地大不相同，是因为光照、温度、湿度与土壤等因子都经过了生物群落的改造。

7．具有特定的群落边界特征　在自然条件下，有的群落有明显的边界，有的边界不明显。前者见于环境梯度变化较大或者环境梯度突然中断的情形，如陆地和水环境的交界处（湖泊、岛屿等），后者见于环境梯度连续缓慢变化的情形。大范围的变化如森林与草原的过渡带等，小范围的变化如沿缓坡而渐次出现的群落替代等。自然界大多数情况下，不同群落之间都存在过渡带，这称为群落交错区，并导致明显的边缘效应。

（三）群落的物种组成

物种组成是决定群落性质最重要的因素，也是鉴别不同群落类型的基本特征。一般来讲，组成群落的物种越丰富，单位面积的物种也越多。群落学研究一般都从分析物种组成开始。对组成群落的物种进行调查并逐一登记，编制出所研究群落的生物物种名录。群落的物种组成情况在一定程度上能反映出群落的性质。以我国暖温带落叶阔叶林为例，群落乔木层的优势种类是由壳斗科、槭树科、榆科、桦木科、椴树科等植物组成，在下层则由蔷薇科、忍冬科、豆科等植物构成；又比如分布在高山上的植物群落，主要由虎耳草科、石竹科、龙胆科、十字花科、景天科的某些种类构成。可以根据各个种在群落中的作用而划分群落成员型。下面是植物群落等研究中常见的群落成员型分类。

1．优势种和建群种　组成群落的各个物种在群落中的作用是不同的。对群落的结构和群落环境的形成起主要作用的植物称为优势种（dominant species），它们通常是那些个体数量多、投影盖度大、生物量高、体积较大、生活能力较强，即优势度较高的种。群落的不同层次可以有各自的优势种。以广布于华北等地的油松（*Pinus tabuliformis*）林为例，其乔木层以油松占优势，灌木层以蔷薇属、胡枝子属、忍冬属占优势，草本层以莎草科、禾本科植物占优势。各层有各自的优势种，其中优势层的优势种起着构建群落的作用，常称为建群种（constructive species）。通常情况下，在热带森林，往往由多个物种共同形成建群作用，而在北方森林和草原中，则多由单一物种起建群作用。在复层群落中，有些物种个体数量与作用都次于优势种，但在决定群落性质和控制群落环境方面也起着一定作用的物种，称为亚优势种，它们通常居于较低的亚层，如南亚热带雨林中的红鳞蒲桃（*Syzygium hancei*）和大针茅（*Stipa grandis*）草原中的小半灌木冷蒿（*Artemisia frigida*）在有些情况下成为亚优势种。

2．伴生种与偶见种　伴生种（companion species）为群落的常见物种，它与优势种相伴存在，但在决定群落性质和控制群落环境方面不起主要作用。

偶见种（rare species）指那些在群落中出现频率很低的物种，如常绿阔叶林或南亚热带雨林中分布的观光木（*Michelia odora*），这些物种随着生境的缩小濒临灭绝，应加强保护。偶见种也可能偶然地由人们带入或随着某种条件的改变而侵入群落，也可能是衰退中的残遗种。有些偶见种的出现具有生态指示意义，有的可以作为地方性特征种来看待。

二、生物群落的结构

（一）生活型谱

不同气候和土壤条件下的植物群落，它们的生活型组成不同。类似的气候和土壤条件下的植物群落，虽地域上相隔很远，但却有着相似的生活型组成，并表现出相似的外貌，故群落的生活型组成具有指示外界环境的作用。

生活型谱是分析一定地区或某一群落内各类生活型的数量对比关系，其计算公式如下：

$$\text{某一生活型的百分率}=\frac{\text{该群落内该生活型的植物种数}}{\text{该群落内所有植物种数}}\times 100\%$$

分析群落的生活型谱，在一定程度上可以反映一个地区和另一个地区在气候上的差异，以及同一气候区域内各植物群落内环境的差异。

（二）物种组成的数量特征

1．多度与密度 多度（abundance）是对物种个体数目多少的一种测度指标，而密度（density）指单位面积或单位空间内的绝对多度。一般对乔木、灌木和丛生草本以植株或株丛计数，根茎植物以地上枝条计数。样地内某一物种的个体数占全部物种个体数之和的百分比称作相对密度或相对多度。

2．盖度 盖度（coverage）指的是植物地上部分垂直投影面积占样地面积的百分比，即投影盖度。后来又出现了“基盖度”的概念，即植物基部的覆盖面积。乔木的基盖度又特称为显著度。林业上常用郁闭度来表示林木层的盖度。群落中某一物种的盖度或显著度占所有物种盖度或显著度之和的百分比，即为相对盖度或相对显著度。

3．频度 频度（frequency）即某个物种在调查范围内出现的频率，指包含该种个体的样方占全部样方数的百分比。群落中某一物种的频度占所有物种频度之和的百分比，即为相对频度。

4．高度与重量 高度（height）常作为测量植物体的一个指标，测量时取其自然高度或绝对高度，藤本植物则测其长度。根据高度可以确定物种在群落中所处的垂直高度，从而了解群落的垂直结构。重量（weight）是用来衡量种群生物量（biomass）或现存量（standing crop）多少的指标，可分为干重与鲜重，在生态系统的能量流动与物质循环研究中，这一指标特别重要。

（三）种间关联

种的相互作用在群落生态学中占有重要位置，在一个特定群落里，有些种经常生长在一起，有些种则互相排斥。如果两个种一起出现的次数比期望的更频繁，它们就呈正关联；如果它们共同出现的次数少于期望值，则它们呈负关联。正关联可能是一个种因依赖另一个种而存在，或两者受生物的和非生物的环境因子影响而生长在一起；负关联则是由于空间排挤、竞争、它感作用及不同的环境要求而产生的。

表示种之间是否关联，常采用关联系数（association coefficient），计算前需要先列出 2×2 列关联表（表 3-3）。表中 a 是两个种均出现的样方数，b 和 c 是仅出现一个种的样方数，d 是两个种均不出现的样方数。如果两物种是正关联，那么绝大多数样方为 a 和 d 型；如果两物种是负关联，那么绝大多数样方则为 b 和 c 型；如果两物种是没有关联的，则 a、b、c、d 各型出现的概率相等，也就是说完全是随机的。

表 3-3　2×2 列关联表

		种 A		
		+	−	
种 B	+	a	b	$a+b$
	−	c	d	$c+d$
		$a+c$	$b+d$	n

资料来源：段昌群等，2020

关联系数 V 常用下列公式计算：

$$V=\frac{ad-bc}{\sqrt{(a+b)(b+c)(a+c)(b+d)}}$$

其数值变化范围是从−1 到+1，数值越大，表明种间关联性越强，反之则越弱。然后按统计学的 χ^2 检验法测定所求得的关联系数的显著性。

（四）群落的垂直结构与水平结构

群落的垂直结构主要指群落成层现象。群落的垂直结构与光的利用有关，如森林群落的林冠层吸收了大部分光辐射，往下光照强度渐减，并依次发展为林冠层、下木层、灌木层、草本层和地被层等层次。

群落不仅地上部分成层，地下也具有成层性。植物群落的地下成层性是由不同植物的根系在土壤中达到的深度不同而形成的，最大的根系生物量集中在表层，土层越深，根量越少，这与土壤的物理、化学特性有关。群落层次的分化主要取决于植物的生活型，由生活型决定了该种处于地面以上不同的高度和地面以下不同的深度；换句话说，陆生群落的成层结构是不同高度的植物或不同生活型的植物在空间上的垂直排列。成层结构是自然选择的结果，它显著提高了植物利用环境资源的能力，如在发育成熟的森林中，上层乔木可以充分利用阳光，而林冠下被那些能有效地利用弱光的林下木所占据。穿过乔木层的光，有时仅占到树冠全光照的 1/10，但林下灌木层却能利用这些微弱且光谱组成已被改变了的光。在灌木层下的草本层能够利用更微弱的光，草本层往下还有更耐阴的苔藓层。

群落的水平结构是指群落在水平方向上的配置状况或水平格局，生物种群在水平上的镶嵌性，也称作群落的二维结构。陆地群落（人工群落除外）的水平结构一般很少呈现均匀型分布，在多数情况下群落内各物种常常形成局部范围高密度的片状分布或斑块状镶嵌。自然界中群落的镶嵌性是绝对的，而均匀性是相对的。导致水平结构的复杂性有三方面的原因：亲代的扩散分布习性、生境异质性和种间相互作用。

（五）群落的物种多样性特征

群落物种多样性是一个群落结构和功能复杂性的度量，对物种多样性的研究可以更好地认识群落的组成、变化和发展，同时对植物群落物种多样性的测定也可以反映群落及其环境的保护状况，这对预防和控制珍稀濒危物种的丧失是很有意义的。作为群落结构的一个指标，植物群落各生长型（growth form）的物种多样性特征也可以深刻反映群落的组织化水平。表征群落物种多样性的指数有很多，最常用的为

Shannon 指数 $H=-\sum_{i=1}^{S} P_i \ln P_i$

Simpson 指数 $D=N(N-1)/\sum_{i=1}^{S} n_i(n_i-1)$

Pielou 均匀度指数 $J_H=H/\ln S$

$$J_D=\left(1-\sum_{i=1}^{S} P_i^2\right)\bigg/(1-1/S)$$

式中，P_i 为种 i 的相对多度，即 $P_i=n_i/N$，n_i 为种 i 的多度；N 为种 i 所在样地的各个种的多度之和；S 为种 i 所在样地的物种种类总数，即物种丰富度指数。

（六）群落的时间格局

很多环境因子如光、温度和水分等有明显的时间节律（如昼夜节律、季节节律），受这些因子的影响，群落的组成和结构也随时间序列发生有规律的变化。群落的周期性变动是一种极普遍的自然现象，气候四季分明的温带、亚热带地区，植被的季节变化是时间结构最明显的反应，这种随气候季节交替，群落呈现的不同外貌称为群落的季相。群落中动物的季节性变化也十分明显，研究昆虫群落的季节变化规律，可以看出每一时段昆虫群落物种组成及数量变化特点，从而为害虫综合治理或益虫繁殖利用提供依据。

在不同的年度之间，生物群落常有明显的变动。这种变动如果在同类群落内部变化，不产生群落的更替，一般称波动。群落的波动多数是由群落所在的地区气候的不规则变动所引起的，其特点是群落区系成分相对稳定、群落数量特征变化具有不定性及变化具可逆性。

（七）群落交错区和边缘效应

两个不同群落交界的区域称为群落交错区（ecotone）。在群落交错区往往包含两个或多个重叠群落中的一些种及其交错区本身所特有的物种，这是由于交错区环境条件比较复杂，能使不同类型的植物定居，从而为更多的动物提供食物、营巢和隐蔽条件。

群落交错区生境条件的特殊性、异质性和不稳定性，使得毗邻群落的生物可能聚集在这一生境重叠的交错区域中，不但增加了交错区中物种的多样性和种群密度，而且增加了某些生物种的活动强度和生产力，这一现象称为边缘效应（edge effect）。例

如，自然界中在森林和草原的交接处所形成的林缘条件，不仅能容纳那些只适应森林或只适应草原的物种，还能容纳那些既需要森林又需要草原，或只能在过渡地带生活的物种。

三、生物群落的分布

陆地生物群落的分布受多种因素的影响，其中起主导作用的是海陆分布、大气环流和各地太阳高度角的差异所导致的太阳辐射量的多少及其季节分配，即与此相联系的热量、水分及其配合情况。因为水热条件随纬度、经度与海拔高度的变化而变化，生物群落也在这三个方向上有规律地变化。群落分布在纬度与经度上的地带性规律称为水平地带性，而群落沿海拔高度变化所表现出的有规律的分布特性则称为垂直地带性，二者合称为三向地带性（图 3-9）。

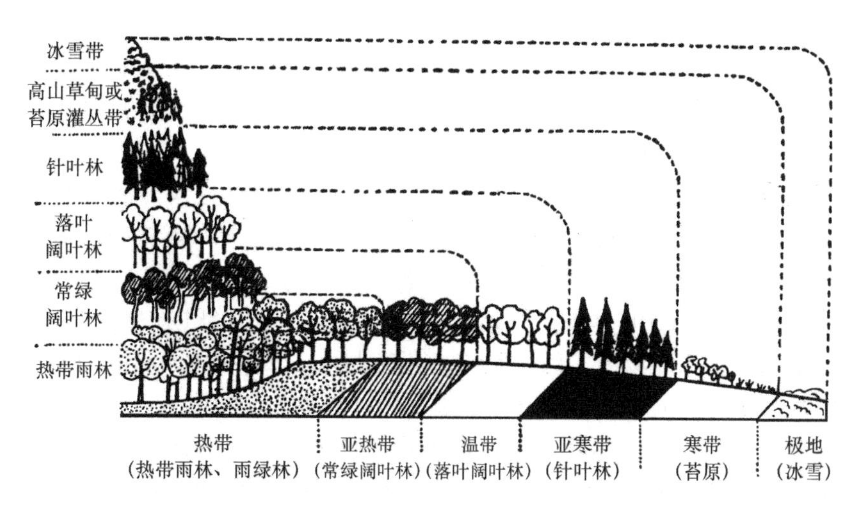

图 3-9 垂直地带性与水平地带性的关系（Smith and Smith，2009）

（一）群落分布的水平地带性

1．纬度地带性 由赤道向两极，因为热量差异可分为热带、亚热带、温带、亚寒带和寒带这 5 个不同的气候区域。由于热量沿纬度的变化，出现生物群落类型有规律的更替，如从赤道向北极依次出现热带雨林—常绿阔叶林—落叶阔叶林—针叶林—苔原—冰雪带，即所谓纬向地带性（图 3-9）。在非洲大陆赤道两侧，群落分布的纬度地带性规律非常明显。赤道附近广布热带雨林，其南北方向依次大致对称分布着热带季雨林—热带稀树干草原—热带荒漠—半荒漠和硬叶常绿林等群落。

2．经度地带性 陆地上降水的主要来源是海洋上蒸散的水汽，在同一热量带范围内，特别是大陆东岸，陆地降水量从沿海到内陆逐渐减少，水分梯度的经向变化会导致群落类型的经向分异，即由沿海湿润区的森林，经半干旱的草原到干旱区的荒漠。纬度地带性只是在局部大陆上的一种自然地理现象，而在其他大陆如澳大利亚，这种经向变化就大不相同。北美大陆中部群落经度地带性表现最为明显，其东临太平洋，西接大西洋，从大西洋沿岸向西直到太平洋沿岸，依次出现南北向延伸的森林—草原—荒漠—草原—森林。在这里，纬度地带性仅处于从属地位。

3．中国植物群落分布的地带性 我国地处亚洲大陆东南部，东部和南部面临太平洋，西北则深入大陆内部，远离海洋。最南端接近赤道（北纬 4°），北部则是亚寒带（接近北纬 54°），热量状况由南向北递减，而我国降水主要来源于太平洋夏季风，因此水分状况自东南向西北递减。在我国东部，因为降水量较大，热量状况对群落分布的影响更大一些，由南向北依次分布着热带雨林—亚热带常绿阔叶林—温带落叶阔叶林—寒温带针叶林，表现出明显的纬度地带性。而自东向西，由于水分递减，则依次分布有森林—草原—荒漠。二者的综合作用使得我国植物群落呈现东北—西南有规律的分布。

Ⅰ．寒温带针叶林区域 该区位于大兴安岭北部山区，是我国最北的林区，以落叶松（*Larix gmelinii*）为主，林下草本灌木不发达。

Ⅱ．温带针阔叶混交林区域 包括东北松嫩平原以东，松辽平原以北的广大山地，本区受日本海影响，具有海洋型温带季风气候特征，冬季 5 个月以上，年均温较低，典型植被为以红松（*Pinus koraiensis*）为主的针阔叶混交林。

Ⅲ．暖温带落叶阔叶林区域 北与温带针阔叶混交林接壤，南以秦岭、淮河为界，本区主要的建群种有栎属、桦属、杨属、柳属、榆属、槭属等，该区域曾经历数代的破坏和垦殖，自 1999 年全面实行天然林保护工程后得到了很好的恢复。

Ⅳ．亚热带常绿阔叶林区域 北起秦岭、淮河，南达北回归线南缘，本区包括我国华中、华南和长江流域的大部分地区，以壳斗科、樟科、山茶科等的树种为优势成分，本区也是我国重要的木材生产基地和珍稀树种集中的分布区。

Ⅴ．热带季雨林、雨林区域 我国最南端的植被区，该区湿热多雨，没有真正的冬季，年降水量高，土壤为砖红壤。热带雨林没有明显的优势树种，种类成分多样，结构复杂。

Ⅵ．温带草原区域 松辽平原、内蒙古高原、黄土高原、阿尔泰山山区等，以针茅属植物为主的植被类型，气候特点是半干旱、少雨、多风、冬季寒冷。

Ⅶ．温带荒漠区域 包括新疆准噶尔盆地、塔里木盆地，青海的柴达木盆地，甘肃与宁夏北部的阿拉山高原等。本区气候极端干燥，冷热变化剧烈，风大沙多，年降水量低于 200 mm。只能生长旱生和超旱生的植物。

Ⅷ．青藏高原高寒植被区域 我国西南海拔最高的地区，气候寒冷干燥，多灌丛草甸、草原和荒漠植被。

（二）群落分布的垂直地带性

海拔高度每升高 100 m，气温下降 0.5～0.6℃。在一定范围内，降水量往往随高度的增加而增加，达一定界线后，降水量又开始降低。另外，随海拔高度的增加，风速和紫外线辐射也相应增加。与气候要素的规律性变化相伴随，生物群落沿海拔梯度也呈现规律性的变化，这称为群落分布的垂直地带性。

山地生物群落的带状排列是按一定秩序出现的，沿山地形成一定的植被系列，被称为山地垂直带谱。不同自然地带的山地，其垂直带谱是不同的，取决于山地所处的水平地带。最理想的山地垂直带谱是热带高山，这里可以看到从赤道至两极的所有生物群落类型（图 3-9）。由此可以看出，该模式与自赤道向北植被分布的纬度地带性是极相似的，如同竖立起来的水平带谱。

四、生物群落的动态

（一）演替的概念与类型

在一定区域内一个群落被另一个群落所替代的过程，称为群落的演替（succession）。演替是群落长期变化累积的结果，主要标志是群落在物种组成上发生质的变化，即优势种或全部物种的变化。演替过程可分为若干不同阶段，也就是演替系列群落，发展到最后的稳定系统称为顶极群落。生物群落的演替是群落内部关系（包括种内和种间关系）与外界环境中各种生态因子综合作用的结果。

根据起始条件不同可划分为原生演替和次生演替。原生演替是在未被生物占领过的区域开始的演替，又叫初级演替，如在岩石、沙丘、湖底、海底、河底阶地上的演替。从岩石或裸地开始的原生演替又叫旱生原生演替；从河湾、湖底开始的原生演替又叫水生原生演替。次生演替是指在原有生物群落被破坏后的地段上进行的演替，如皆伐后的森林迹地、弃耕后的农田都会发生次生演替，还有火烧演替和放牧演替等，都属次生演替。

（二）原生演替系列

在特定区域内，群落演替的各个阶段由一种群落类型转变成另一种群落类型的整个取代顺序，称为演替系列。虽然演替的方向和结果是可预知的，但不同演替类型的演替系列不同。

1．旱生演替系列　从裸露岩石表面开始的旱生原生演替系列大致依次经历以下4个阶段。

（1）地衣群落阶段　裸露的岩石表面，生态环境异常恶劣，没有土壤，光照强，温差大，十分干燥。最先出现的是地衣植物，由假根分泌的有机酸腐蚀岩表，加上风化作用及壳状地衣的一些残体，在岩石表面就逐渐形成极少量的剥离层，地衣的长期作用使土壤形成加快。地衣群落是演替系列的先锋群落，是整个系列中持续时间最长的过程。在地衣群落发展的后期，苔藓植物逐渐出现。

（2）苔藓植物阶段　生长在岩石表面的苔藓植物，与地衣相似，可以在干旱状况下停止生长进入休眠，等到温和多雨时又大量生长。这类植物能积累的土壤更多，为以后生长的植物创造了更有利的条件。上述群落演替的两个最初阶段与环境的关系主要表现在土壤的形成和积累上。

（3）草本植物阶段　苔藓群落的后期，一些蕨类和一些被子植物中一年生或二年生的草本植物会逐渐出现。这些草本大多是矮小耐旱的种类，开始是个别植株出现，之后大量增加而取代了苔藓植物。由于土壤继续增加，小气候开始形成，所以多年生草本就出现了。草本群落阶段岩面的环境条件有了明显的改变，由于郁闭度增加，土壤增厚，蒸发减少，调节了温度、湿度。不仅土壤微生物和小型土壤动物的活动大为增强，土表动物也大量出现。

（4）木本植物阶段　草本植物群落形成的过程中，为木本植物创造了适宜的生活环境。首先是一些喜光的阳性灌木出现，它们常与高草混生形成高草灌木群落。在此以后灌木大量增加，成为优势的灌木群落。在灌木逐渐成为优势的演替发展中，阳性的乔木树种开始出现，继而会不断排挤无力争夺阳光的矮小灌木。至此，林下形成荫蔽环境，使耐阴的树种得以定居。林下那些阳性的草本和灌木物种同时消失，仅留下一些耐阴的种类，于是形成乔、灌、草相结合的多层次的、复杂的、稳定的顶极群落。

2. 水生演替系列　典型的水生演替系列依次是自由漂浮植物阶段、沉水植物阶段、浮叶根生植物阶段、直立水生植物阶段、湿生草本植物阶段和木本植物阶段。在水很深时，植物只能漂浮生长，为自由漂浮植物阶段；随着水底抬升，逐步发展到沉水植物阶段；沉水植物中的轮藻属植物和其他藻类植物相继生长，生物残体和沉积物的积累使演替进入浮叶根生植物阶段；浮叶根生植物是一些叶片长在水面或水面以上的植物，如睡莲科和水鳖科物种，它们占主要地位后，水体光线减弱，沉水植物数量减少，并使有机物累积速度加快，水底抬升加速，演替逐步进入直立水生植物阶段；直立水生植物以芦苇为主，在群落中占重要地位，这类植物地上部生长旺盛，根部纵横交错，使水底很快被填满，从而进入湿生草本植物阶段，这时主要是莎草科和禾本科一些湿生种类组成群落。随着蒸腾加剧，地面沉积物增加，水位下降，群落的旱生种类增加，并最终过渡到木本植物阶段。

（三）次生演替

原生植被是指不受人类或外界因素干扰，在自然条件下形成的各类植物群落的统称。原生植被遭外力破坏会发生次生演替。引起次生演替的外力有火灾、病虫害、严寒、干旱、冰雹等自然因素和人类的经济活动，其中人类的破坏是主要的，如森林砍伐、放牧、垦荒、开矿等。各类原生群落，如热带雨林、亚热带常绿林、温带针叶林、草原等遭破坏后，破坏程度及迹地环境条件的差异使次生演替的方式和趋向也是多种多样的。下面以位于我国中部的秦岭中山落叶阔叶林（主要是栎林）采伐后，从采伐迹地开始的次生演替为例介绍森林采伐演替（图 3-10）。

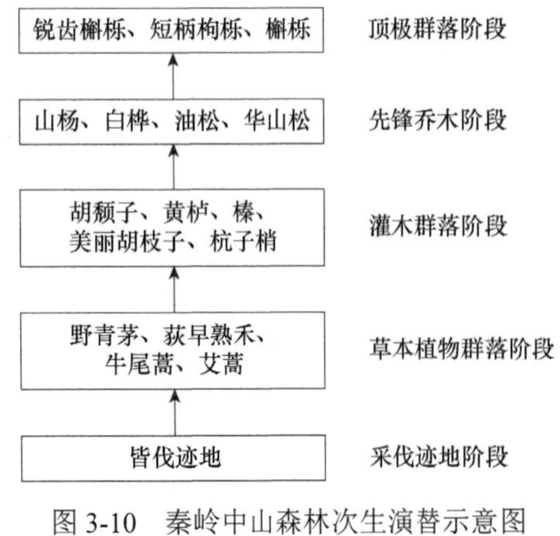

图 3-10　秦岭中山森林次生演替示意图（改自岳明，1998）

首先是采伐迹地阶段。采伐迹地阶段即森林采伐后的消退期，这时产生了较大面积的采伐迹地。原来森林中的小气候完全改变，地面受到直接的光照，昼夜温差大，因此不能忍受日灼或霜冻的植物就不能在这里生活，原先林下的耐阴或阴性植物消失了。

此后，喜光植物，尤其是一二年生禾草

和杂类草繁盛，形成杂草群落，从而进入草本植物群落阶段。

其后为灌木群落阶段，先期为美丽胡枝子（*Lespedeza thunbergii* subsp. *formosa*）、杭子梢（*Campylotropis macrocarpa*）等为优势的群落，后期为胡颓子（*Elaeagnus pungens*）、榛（*Corylus heterophylla*）等为优势的灌木群落。

然后是先锋乔木阶段（小叶树种阶段）。喜光阔叶树种山杨（*Populus davidiana*）、白桦（*Betula platyphylla*）、油松及华山松（*Pinus armandii*）等，其幼苗不怕日灼和霜冻，能够适应新环境。由于原有栎林所形成的优越土壤条件，它们很快地生长起来，形成以桦树和山杨为主的阔叶林群落。同时，郁闭的林冠也抑制和排挤其他喜光植物，包括小叶树幼树同样受排挤，这使它们开始衰弱，直至完全死亡。

最后是顶极群落阶段。由于先锋树种既缓和了林下小气候条件的剧烈变动，又改善了土壤环境，因此，林下已经能够生长耐阴性的栎类幼苗。最初这种生长是缓慢的，但一般到 30 年左右，栎树就在林中形成第二层。通常到了 80～100 年，栎树终于又高居上层，造成严密的遮阴，在林内形成紧密的酸性落叶层。先锋树种则根本不能更新，这样又形成了该地区的顶极群落——栎林。

如果森林采伐面积过大而又缺乏种源，或者采伐后遭狂风，或洪水使水土流失严重，或者是采伐后连年开垦农耕使水土流失，那么次生演替的速度和过程就不会与上述相同，很可能变得与原生演替相似（图 3-10）。

（四）群落演替的理论与实践

1．演替顶极理论 随着群落的演替最终会出现一个稳定的顶极群落，这个事实已由合理的理论和深入的研究证实并获得了普遍认可。但是，在顶极群落的性质和发展趋势方面，却存在不同的理论。

单元顶极理论是美国生态学家 Clements（1916）首先提出的。他认为在同一气候区内，只能有一个顶极群落，而这个顶极群落的特征是由当地的气候条件决定的，这个顶极称气候顶极（climatic climax）。无论是水生型，还是旱生型的生境，最终都趋向于中生型的生境，均会发展成为一个相对稳定的气候顶极。

英国学者 Tansley（1954）认为，如果一个群落在某种生境中基本稳定，能自行繁殖并结束它的演替过程，就可看作顶极群落。在一个气候区域内，群落演替的最终结果，不一定都汇集于一个共同的气候顶极终点。除气候顶极之外，还有土壤顶极、地形顶极、动物顶极等形式。这样一来，一个植物群落只要在某一种或几种环境因子的作用下在较长时间内保持稳定状态，都可认为是顶极群落。

美国学者 Whittaker（1953）根据多元顶极学说提出另一种假说——顶极-格局假说。他认为随着环境梯度的变化，各种类型的顶极群落也会随之变化，彼此之间难以彻底划分开来，形成顶极群落连续变化的格局。这一理论与单元顶极论和多元顶极论有着重大的区别，核心是认为植物群落从整体上看是一个相互交织的连续体，每个组分种以各自的方式对环境梯度进行独立的响应，并参与构成不同的群落。在任何一个区域内，环境因子都是连续不断变化的。随着环境梯度的变化，各种类型的顶极群落，如气候顶极、土壤顶极、地形顶极、火烧顶极等，不是截然呈离散状态，而是连续变化的，因而形成连续的顶极类型，构成一个顶极群落连续变化的格局。这个格局中，分布最广泛的且通常位于格局中心的顶极群落，叫作优势顶极，相当于单元顶极论中的气候顶极。

如何判定一个群落是否达到或者接近顶极群落？其主要的依据有以下几点：①群落优势植物种群结构及其动态，在森林群落中，乔木对群落结构和内环境产生最主要的影响和作用，因此，与森林群落演替系列进展和稳定有关的一些推论性解释，可以从乔木年龄结构的研究中得出。②群落优势植物生态生物学特性，这些特性包括优势种繁殖能力（种子产量、扩散及萌生能力）、幼苗幼树对群落内环境的适应性、物种竞争能力、种群寿命及其对现实分布区生境条件的适应性等，这些特征对群落动态有很强的指示作用。③群落结构特征和物种组成特征，进展演替常常伴随着群落结构的复杂化和种类组成的多样化，群落种类组成的生态类型、区系地理特征及其与顶极群落的相似性常常能反映群落在演替系列中所处的位置。④群落土壤特征，一般情况下进展演替将导致土壤结构、水分状况、有机质含量及矿质养分条件的改善，而逆行演替则相反。⑤达到演替趋向的最大值，即群落总呼吸量与总第一性生产量的比值接近 1。⑥在一个气候区内最占优势，在同一区域内生境具有最大的中生性，即与生境的协同性高。⑦不同干扰形式和不同干扰时间所导致的不同演替系列都向类似的顶极群落会聚。

2．群落演替的机制　一般认为植物群落自然演替的根本原因在于植物种群间、植物与动物微生物间、植物与环境间的相互作用，外部环境条件需通过群落内部因素而起作用。迄今为止，已发展出很多的理论和学说试图解释演替的机制，如接力植物区系学说、初始植物区系学说、三重机制学说、生活史对策演替学说、资源比率学说、变化镶嵌体稳态学说等，但依然没有一种理论能完整地解释植物群落的演替机制。很明显，干扰强度是植物群落发生变化的主要因素之一。在没有耕作的皆伐迹地上，初始植物区系组成可能是决定生态演替类型的主导因子。而在反复扰动破坏形成的裸地上，条件尚不适于历史上曾经生存过的植物生长，必须经过一个先锋乔木阶段，因而三重机制学说可以解释演替过程中的物种更替，当然种的适应对策或竞争在不同阶段也是决定演替进程的重要因素。

三重机制学说包括促进模型、抑制模型和忍耐模型。促进模型认为物种替代是前序物种改变了环境条件，使它不利于自身的生存，而促进了后来物种的繁荣，因此物种替代有顺序性、可预测性和方向性。抑制模型则认为演替通常是由个体较小、生长较快、寿命较短的种发展为个体较大、生长较慢、寿命较长的种。替代过程是种间的，而不是群落间的，演替系列是连续的而不是离散的。在忍耐模型中，任何种都可以作为先锋种开始演替，演替依靠物种的侵入和原来定居物种的逐渐减少而进行，主要取决于初始条件（图 3-11）。

3．植物群落演替的应用实践　人类在改造和利用自然的过程中，对自然环境产生了许多负面的影响。长期的采伐、垦殖和工业污染形成了以生物多样性较低、系统结构简单和功能下降为特征的退化生态系统。进行生态恢复和重建是保证经济可持续发展的需要，也是人类生存的需要，由此诞生了恢复生态学，并成为生态学界和政府部门关注的焦点。对演替规律的研究是合理经营和利用一切自然资源特别是植被资源的理论基础，与农、林、牧和人类经济活动紧密相连，有助于对自然生态系统和人工生态系统进行有效的控制和管理，并且可指导退化生态系统的恢复和重建。

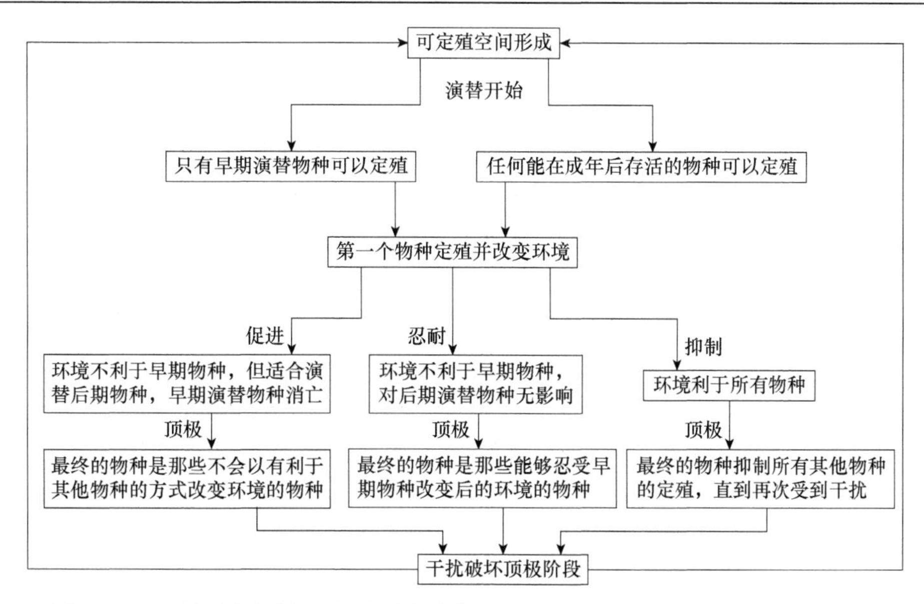

图 3-11　三重机制学说解释植物群落演替机制的框架图（Molles and Sher，2018）

群落构建

群落构建（community assembly），即物种共存和生物多样性的维持一直是生态学研究的中心论题。Diamond（1975）首次正式提出了群落构建规则，认为群落构建是大区域物种库中物种经过多层环境过滤和生物作用选入局域群落的筛选过程。之后，Wilson 和 Gitay（1995）将群落构建规则定义为在特定生境中一系列限制物种（或一组物种）出现或增多的潜在规则。这些规则就是指群落中物种间的相互作用。

基于物种的生态位理论（niche theory）和中性理论（neutral theory）是群落构建的两个主要理论，但是中性理论对传统生态位理论的严重挑战，导致了群落构建研究经历了反对、争辩和整合群落中性理论的蓬勃发展的十年。传统的生态位理论认为，在群落构建和多样性维持中生态位相同的物种不可能长期共存，共存物种间的生态位分化等确定性因素占主导地位。但是，该理论在解释热带雨林高的物种多样性时遇到了困难。中性理论则认为物种的生态位是等价的，生态位相同的物种是可以共存的，而且扩散和随机作用是群落构建的主要决定因子。但是，其理论假设由于与大量实验研究结果相悖，而且其预测能力有限，同样也受到了质疑。

支持生态位理论的科学家除关注生境中的可利用资源外，也开始关注时间、空间、干扰、环境因子等其他因素对生态位分化及物种共存的影响。随之，环境过滤和相似性限制两个相反的作用力被认为是局域植物群落组成的基本驱动力。许多研究已经通过构建零模型证明了环境过滤和相似限制的存在。但是仍有一些研究发现随机作用也可能是群落构建的决定性因子。2010 年之后，以群落生态学的概念框架为标志性转折点，群落构建的研究进入了以中性群落构建为基点，探究群落构建中多种随机和生态位过程的新阶段。

近年来由于一系列基于功能性状、系统发育和尺度效应分析研究的快速发展，群落构建研究也取得了一些新的研究进展，为整合中性理论和生态位理论奠定了很好的基础。群落构建规则的提出使物种共存和生物多样性维持的机理框架更为清晰，对生态位的定义和理解也更加量化与成熟。综合考虑多种方法和影响因素探讨植物群落的构建机制，对于预测和解释植被对干扰的响应，理解生物多样性减少、气候变化、入侵物种对群落动态的影响有重要的科学意义。

按照美国生态恢复学会（Society for Ecological Restoration）的详细定义，生态恢复是帮助生态整体（ecological integrity）恢复和管理的过程，生态整体包括生物多样性、生态过程和结构、区域和历史的环境及可持续的耕作实践等的临界变异范围。“生态恢复”是相对于“生态破坏”而言，生态破坏可以理解为生态系统结构、功能和关系的破坏，生态恢复则是恢复系统的合理结构、高效的功能和协调的关系，包括以下3方面：①从生态和社会需求出发，确定生态重建所期望达到的生态-社会-经济效益；②确定能够达到上述效益的生态系统的结构和功能；③通过对系统物理、化学、生物甚至社会文化要素的控制，带动生态系统恢复，达到系统自我维持状态。目前许多学者都将生态恢复当成是生态学的最终实验，由于它的目标是将受到破坏的生态系统恢复到有生产价值的和有社会服务功能的状态，它强调的是实际应用，看中的是最终结果，需要生态学理论，特别是演替理论的指导。

我国政府高度重视生态保护和修复工作，开展了一系列重点生态工程，不断加大生态修复力度，使得我国生态恶化趋势基本得到遏制，自然生态系统总体稳定向好，服务功能逐步增强，国家生态安全屏障骨架基本构筑。总体上，生态恢复的理想目标不仅仅是生产力的恢复，更重要的是生物区系地理成分的恢复，是生物多样性水平的恢复。只要遵循客观规律，制订出生态恢复方案的决策框架及方便实施的技术路线和切实可行的生态工程技术，并能对生态恢复结果做出比较准确的预测和评价，生态恢复的目标是可以实现的。

思 考 题

1. 尺度如何影响种群分布格局？
2. 种间关系有哪些基本的类型？自然选择更倾向于哪一种关系？
3. 如何理解生态位？
4. 从种群统计学角度如何理解放开三胎的人口政策？
5. 自疏现象出现的本质是什么？
6. 种群数量发生变化的主要形式有哪些？结合自身理解说明其在生态学上的意义包括哪些？
7. 为何说陆地上生物多样性丰富的区域大多在山区？
8. 为什么群落的物种多样性特征能表征群落的组织化水平？

9．山地条件为什么会导致植被分布的垂直差异？

10．什么是边缘效应？群落交错区的生态学意义何在？

11．什么是演替？演替的主要驱动力是什么？

12．几种演替顶极理论的主要分歧是什么？

推 荐 读 物

段昌群，苏文华，杨树华，等．2020．植物生态学．3版．北京：高等教育出版社．

孙儒泳，王德华，牛翠娟，等．2019．动物生态学原理．北京：北京师范大学出版社．

Molles M C, Sher A A．2018. Ecology: Concepts and Applications. 6th ed. Singapore: McGraw-Hill Book Co.

主要参考文献

柴永福，岳明．2016．植物群落构建机制的研究进展．生态学报，36（15）：4557-4572．

段昌群，苏文华，杨树华，等．2020．植物生态学．3版．北京：高等教育出版社．

方精云，宋永昌，刘鸿雁，等．2002．植被气候关系与我国的植被分区．植物学报，44（9）：1105-1122．

李博，杨持，林鹏．2000．生态学．北京：高等教育出版社．

李振基，陈小麟，郑海雷．2004．生态学．2版．北京：科学出版社．

尚玉昌．2022．普通生态学．北京：北京大学出版社．

宋永昌．2017．植被生态学．北京：高等教育出版社．

孙儒泳，王德华，牛翠娟，等．2019．动物生态学原理．北京：北京师范大学出版社．

岳明．1998．秦岭大熊猫栖息地植物．西安：陕西科学技术出版社．

中国植被编辑委员会．1980．中国植被．北京：科学出版社．

Clements F E. 1916. Plant succession: analysis of the development of vegetation. Carnegie Institution of Washington Publication Sciences, 242: 1-512.

Donald C. 1951. Competition among pasture plants. Ⅰ. Intraspecific competition amongannual pasture plants. Australian Journal of Agricultural Research, 2: 355-380.

Grime J P. 1977. Evidence for the existence of three primary strategies in plants and its relevance to ecological and evolutionary theory. American Naturist, 111:116-994.

Krebs C J．2001．生态学（影印版）．5版．北京：科学出版社．

Mackenzie A, Ball A S, Virdee S R．1999．生态学（影印版）．北京：科学出版社．

Molles M C, Sher A A. 2018. Ecology: Concepts and Applications. 8th ed. Singapore: McGraw-Hill Book Co.

Odum E P. 1971. Fundamentals of Ecology. 3rd ed. New York: Saunders.

Smith T M, Smith R L. 2009. Elements of Ecology. 7th ed. San Francisco: Pearson Education, Inc.

第四章 生 态 系 统

【内容提要】本章主要介绍生态系统的概念、研究对象与研究方法；生态系统的组成成分，食物链与食物网，生态金字塔；陆地生态系统，水生生态系统；生物生产，物质循环，能量流动，信息传递；生态平衡的概念与规律及生态破坏等。

生态系统是自然界独立的功能单元，是在个体生态学、种群生态学和群落生态学的基础上，利用系统的观点和理论，把生命成分与非生命成分融为一个整体，并发展起来的一个新兴研究领域。生态系统是现代生态学发展的焦点。20 世纪 40 年代以来，生态系统的研究得到了快速的发展，逐步成为大家普遍接受的理论。

第一节 基 本 概 念

生态系统是生态学的功能单位，其研究的对象主要是自然界的一部分。

一、生态系统的概念

生态系统（ecosystem）是在一定时间和空间内，生物与非生物的成分之间，通过不断的物质循环和能量流动而互相作用、互相依存的统一整体。生态系统是生态学的功能单位。这个概念不仅强调了生物和环境是不可分割的整体，还强调了生态系统内生物成分和非生物成分在功能上的统一。

1935 年，英国植物学家坦斯利（Tansley）首先提出了生态系统的概念。20 世纪 40 年代以后，生态系统概念趋于完善，并进入实验研究阶段。美国生态学家林德曼（Lindeman）于 1942 年在美国明尼苏达州一个泥炭湖进行的生物量、生物群落、营养关系、食物链及能流过程的研究，是对生物与环境之间的联系、生物间相互关系的具体实验研究的典范。20 世纪后期，对生态系统贡献卓著的生态学家，应首推 E. P. Odum 和 H. T. Odum 两兄弟，他们创造性地提出了生态系统发展中结构和功能特征的变化规律，并在营养动态和能量流动方面提出了许多新思想和新方法。

生态学家对生态系统的种种看法，表明生态系统的概念正处于活跃发展阶段，并且不断被理解和重视。生态系统概念的优越之处就在于它全面包括了生物有机体的全部物理的、化学的和生物的要素，构成了一个统一的整体。

二、生态系统的研究对象与研究方法

（一）生态系统的研究对象

生态系统的研究对象可以是自然界的任何一部分，自然界的每一部分，如森林、

草地、冻原、湖泊、河流、海洋、河口、农田等，都是不同的生态系统，甚至包括城市、工矿在内，都是生态系统的研究对象。

不论是从陆地到海洋，还是从田野到实验室，生态系统都有一定的结构和功能，生态系统研究的中心就是结构和功能。

（二）生态系统的研究方法

科学家对生态系统的研究主要包括野外考察和调查、定位观测、模拟实验法和系统分析这几个方面。

1．野外考察和调查 野外考察是考察特定种群或群落与自然地理环境的空间分布关系。首先有一个划定生境边境的问题，然后在确定的种群或群落生存活动空间范围内，进行种群行为或群落结构与生境各种条件相互作用的观察记录。考察动物种群活动往往要用遥感或卫星标记追踪技术。收集和记录生物与环境因子的数据，是野外考察和调查的重要内容。

在生态系统研究中，收集生物与环境因子的数据是生态系统最基本的研究手段之一。例如，温度、湿度对林木生长的影响，水分对草地分布的影响，鸟类分布与食物关系等问题的解决，都需要利用调查取样的方法收集相关数据来进行研究分析。

2．定位观测 定位观测是考察某个个体或某种群落结构功能与其生境关系的时态变化。定位观测先要设立一块可供长期观测的固定样地，样地必须能反映所研究的种群或群落及其生境的整体特征。建立定位观测点是研究生态系统动态和演替的重要方面。遥感和卫星定位系统都是定位观测的重要途径。

原地实验是在自然条件下采取某些措施来获得有关某个因素的变化对种群或群落及其他诸因素的影响，如牧场进行围栏实验，水域的围隔实验，补食、施肥、灌溉、遮光等实验。原地或田间对比实验是野外考察和定位观测的一个重要补充，不仅有助于阐明某些因素的作用机制，还可为设计生态系统受控实验或生态模拟提供参考或依据。

3．模拟实验法 模拟实验包括了受控实验及室内实验等一系列应用于生态系统研究的实验方法。

受控实验是在模拟自然生态系统的受控实验系统中研究单项或多项因子相互作用及其对种群或群落影响的方法，如在人工气候室或人工水族箱中建立自然生态系统的模拟系统——“微宇宙”模拟系统。

生态系统的许多研究需要在室内实验条件下进行，如研究生态系统中某一生态因子对生物代谢过程的影响，有毒物质在食物链富集的影响因子、生物防治等，这些研究都可在室内进行一系列的生化实验。

4．系统分析 系统分析来源于工程系统学，它把数学、控制论及电子计算机的原理引入生态学中，成为一个新的学科——系统生态学，即在任何特定时间内，一个生态系统的状态能够被定量地表示，同时，系统中的变化可以用数学表达式描述。系统分析的目的是建立模型，模型能够帮助我们对系统进行预测、控制和最优设计。

第二节 生态系统的结构

在自然界中多种多样的生态系统类型有着共同的组成成分和组成结构。本节主要介绍生态系统的组成成分、食物链与食物网和生态金字塔。

一、生态系统的组成成分

生态系统由生命成分和非生命成分组成（图4-1）。

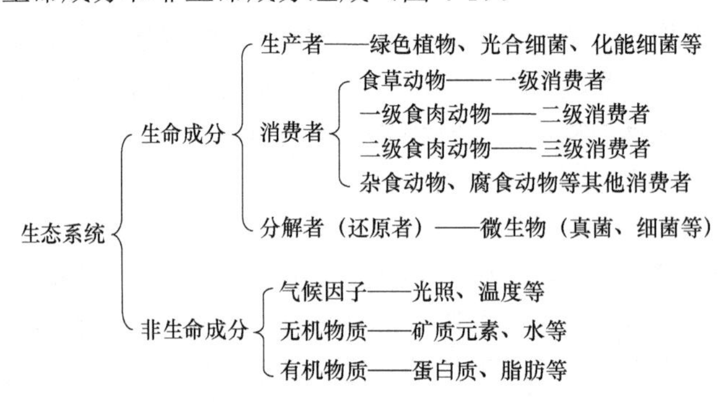

图4-1 生态系统的基本组成成分（尚玉昌，2010）

（一）生命成分

多种多样的生物在生态系统中扮演着重要的角色。根据生物在生态系统中发挥的作用和地位而划分为生产者、消费者、分解者三大类群。

1．生产者 生产者（producer）是能用简单的无机物制造有机物的自养生物，主要指绿色植物，包括单细胞的藻类，也包括一些光合细菌，是生态系统中最基础、最稳定的成分。

生产者在生态系统中的作用是进行初级生产，合成有机物并固定能量，不仅可供自身生长发育的需要，也是消费者和分解者的食物和能量来源。生产者决定着生态系统中生产力的高低，所以在生态系统中，生产者居于最重要的地位。

2．消费者 消费者（consumer）是不能用无机物质制造有机物质的生物，它们直接或间接地依赖于生产者所制造的有机物质，从中得到能量。消费者属于异养生物，由动物组成。根据食性可分为以下几类。

（1）食草动物 食草动物指直接以植物为食物的动物，是初级消费者或称为第一级消费者，如牛、羊、兔等。

（2）食肉动物 食肉动物是以动物为食的动物。又可分为以下几类。

第一级食肉动物，又称第二级消费者，指以食草动物为食物的动物，如鸟、蜘蛛、蝙蝠等。

第二级食肉动物，又称第三级消费者，指以第一级食肉动物为食物的动物，如狐狸、狼、蛇等。

第三级食肉动物，又称第四级消费者，指以第二级食肉动物为食物的动物，如狮、虎、豹、鹰等凶禽猛兽，又称“顶级食肉动物”。

（3）寄生动物　寄生动物是特殊的消费者，根据食性可看成是食草动物或食肉动物，但寄生植物属于初级生产者。

（4）食腐动物　食腐动物是以腐烂的动植物残体为食的动物，如蛆、秃鹰等。根据食性可看成是食草动物或食肉动物。

（5）杂食动物　杂食动物介于食草动物和食肉动物之间，既吃植物，又吃动物，如麻雀、熊、鲤鱼等。

消费者虽不是有机物的最初生产者，但它们不仅对初级生产物起着加工再生产的作用，而且对其他生物的生存、繁衍起着积极作用。所以消费者在生态系统的物质和能量转化过程中，也是一个极为重要的部分。

3．分解者　分解者（decomposer）又称还原者，属于异养生物，是指各种具有分解能力的微生物，主要是细菌和真菌，也包括一些土壤原生动物和食腐动物，如土壤线虫、白蚁和蚯蚓等。分解者把复杂的动植物有机残体逐步分解为简单的化合物，最终分解为无机物质，归还到环境中，被生产者再利用。这种作用保证了生态系统的物质循环和能量流动。

大约90%的陆地初级生产者都需经过分解者的分解归还大地，再经过传递作用输送给绿色植物，尤其是各类微生物，正是它们的分解作用才使物质循环得以进行，否则，生产者将因得不到营养而难以生存和保证种族的延续，地球表面也将因没有分解过程而使动植物尸体堆积如山。整个生物圈就是依靠这些体型微小、数量惊人的分解者和转化者消除生物残体。生态系统基本组分之间的相互关系是复杂的，如图4-2所示。

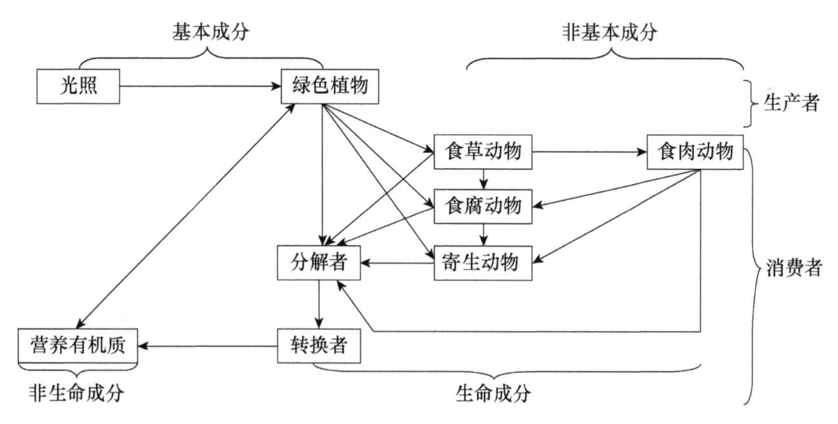

图4-2　生态系统基本组分之间的相互关系（曲仲湘等，1983）

（二）非生命成分

非生命成分主要包括：①气候因子，如太阳光辐射能、温度及其他物理因素；②无机物质，如碳、氮、水、二氧化碳及矿质盐类等；③有机物质，如蛋白质、碳水化合物、脂类及腐殖质等。非生命成分为各种生物有机体提供了必要的生存条件。

自然生态系统都具有非生命成分、生产者、消费者、分解者这 4 个基本成分。一个独立发生功能的生态系统至少包括非生命成分、生产者、分解者这 3 个组成部分。食草动物、食肉动物和食腐动物等是非基本的成分，它们不会影响到生态系统的根本性质。非生命成分、生产者、消费者、分解者在能量流动和物质循环中各以其特有的作用而相互影响，互为依存，通过复杂的营养关系紧密结合为一个统一整体，共同组成了生态系统这个功能单元（图 4-2）。生态系统中生物要素与非生物要素相互制约、相互促进，通过一定反馈机制的调控构成了自然生态系统进化与发展的基本动力。

二、食物链与食物网

生态系统中各种生物成分之间或各生态功能群——生产者、消费者、分解者之间是通过吃与被吃的食物关系以营养为纽带依次连接而成的食物链（网）结构。生态系统中各生物成分之间的相互关系是生物在生态系统演化过程中长期适应与进化的结果。在演化过程中，生态系统中的各生物不仅形成了各自独特的生活习性，而且彼此间建立了特定的食物联系，这使得它们在生态系统中各自占据一定的生态位，彼此间既相互联系、制约，又相对独立，各有分工地利用自然界提供的各类自然资源与环境。

（一）食物链

1．食物链的概念 植物所固定的太阳能，通过一系列的取食和被取食的过程在生态系统内不同生物之间的传递关系称为食物链，这是林德曼于 1942 年在研究 Cedar Bog 湖能量流动时首先提出来的。在陆地生态系统中，绿色植物被食草动物所采食，食草动物成为食肉动物的捕获物，弱小的食肉动物又被凶猛的大型食肉动物捕食。“大鱼吃小鱼，小鱼吃虾米”就是食物链的一种简单而形象的说明。在生态系统中，通过食物链把生物与非生物、生产者与消费者、消费者与消费者连成一个整体。

2．食物链的类型 根据能流发端、各种生物之间的食性及取食方式的不同，可以将生态系统中的食物链分成 4 种类型，即捕食食物链、碎屑食物链、腐生性食物链和寄生性食物链。

（1）捕食食物链 又称牧食食物链，是以生产者为基础，构成方式为植物→植食性动物→肉食性动物。

（2）碎屑食物链 碎屑食物链以碎屑食物为基础。碎屑是高等植物的枯枝落叶等被其他生物利用分解而成的，然后再被多种动物所食。据调查，森林中大约有 90% 的净生产是以食物碎食的方式完成的，如池塘中的藻类死亡残体→真菌（微生物）→浮游动物（甲壳类、底栖昆虫）→鱼类→鸟类。

这种食物链的构成方式为：碎屑食物→碎屑食物消费者→小型肉食性动物→大型肉食性动物。

（3）腐生性食物链 这种食物链以动植物的遗体为基础，腐烂的动植物遗体被土壤、水体中的微生物或食腐动物分解利用，构成腐生性关系，如动物或植物遗体→微生物或丽蝇。

（4）寄生性食物链 寄生性食物链是由宿主和寄生生物构成的。它有两种情况：一种是以大型动物为基础，继之以小型动物、微型动物、细菌和病毒，后一级生物寄生在前一级生物身上，构成寄生关系。例如，哺乳动物或鸟类→跳蚤→原生动物→细菌→病毒；另一种情况比较简单，以植物为基础，继之以细菌或真菌或病毒，后一级生物与前一级生物构成寄生关系，如草本或木本食物→细菌或真菌、病毒。

在自然生态系统中，食物链主要以捕食食物链和碎屑食物链两大类型为主，这两类食物链往往是同时存在、相互联系的。例如，森林的树叶、草、池塘中的藻类，当其活体被取食时，它们是捕食食物链的起点；当树叶、草枯死落在土地上，藻类死亡后沉入水底时，则很快被微生物分解，形成碎屑，这时又成为碎屑食物链的起点。

3．食物链的特点 在生态系统中，各类食物链具有以下特征。

1）在同一个食物链中，常常包含食性和生活习性极不相同的多种生物。同一种生物在食物链中往往可以占据多个不同的营养级位，如杂食动物，它们既食植物，也食动物，可以占据多个营养级。

2）在同一个生态系统中，存在多条食物链，它们的长短不同，营养级数目不等。在一系列取食与被取食的过程中，能量在沿着食物链的营养级流动时，并以热能的形式消散。因此，自然生态系统中营养级的数目是有限的。一般来说，食物链的环节不会多于5个。

3）在不同的生态系统中，各类食物链所占的比例不同。因为每一个生态系统都有其特有的能量流动、物质传递方式，虽然包含多种食物链，但必有一种或几种是占主要地位的。

4）在任一生态系统中，各类食物链总是相互联系、相互制约和协同作用的。当生态系统中某一食物链发生障碍时，可以通过其他食物链来进行调节和补偿。

5）食物链不是固定不变的，它不仅在进化历史上有所改变，在短时间内也会变化。动物在个体发育的不同阶段里，食物的改变也会引起食物链的变化。例如，青蛙由蝌蚪变化到成熟体青蛙，它的食物种类也随之发生改变，它所在的食物链自然也发生变化。食物链往往具有暂时性，只有在生物群落组成中成为核心的、数量占优势的种类，食物关系才比较稳定。

（二）食物网

在生态系统中，各种不同的食物链之间，各种生物通过彼此间错综复杂的取食与被取食的食物关系，使得各食物链之间纵横交织，紧密地联结成极其复杂的网络式结构，即食物网。食物网形象地反映了生态系统内各生物有机体之间的营养级位和组配情况（图4-3）。

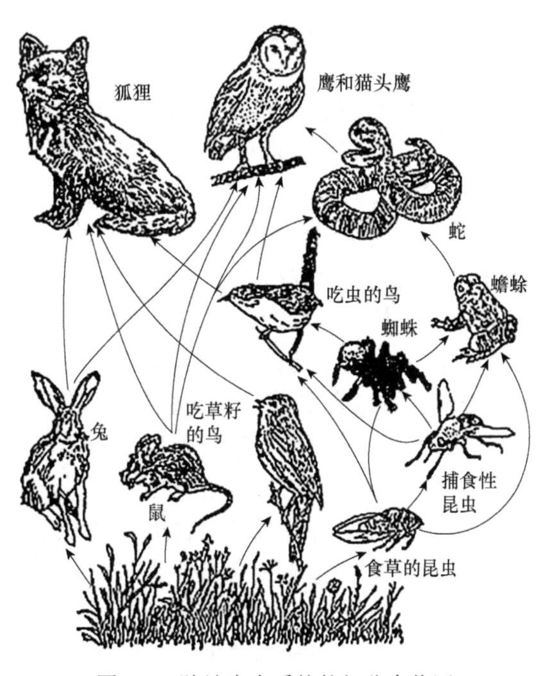

图4-3 陆地生态系统的部分食物网
（魏振枢，2019）

自然生态系统中的食物网组成非常复杂，常常是一种生物以多种生物为食，一种生物同时占有几个营养层次。生态系统中的各生物成分之间通过食物网发生直接或间接的联系，保持着生态系统结构和功能的相对稳定性。不论生产者还是消费者，若其中某一个种群数量发生变化，必然牵动整个食物网，其影响会波及整个生态系统。一般来说，食物网结构越复杂，生态系统就越稳定。若因为食物网中某个环节缺失，会有其他多种具有相应功能的环节起到补偿作用。

食物链（网）不仅是生态系统中物质循环、能量流动、信息传递的主要途径，也是生态系统中各项功能得以实现的重要基础。食物链（网）结构中各营养级生物种类的多样性及其食物营养关系的复杂性，是维护生态系统稳定性和保持生态系统相对平衡与可持续性的基础。

三、生态金字塔

（一）营养级

把具有相同营养方式和食性的生物归为同一营养层次，并把食物链中的每一个营养层次称为营养级。营养级就是处于食物链某一环节上的所有生物的总和，可以反映处于某一营养层次上的一类生物和另一营养层次上的另一类生物之间的关系。

生产者即绿色植物和自养生物均处于食物链的第一环节，构成第一营养级；所有以生产者为食的动物处于第二营养级，称为植食性动物营养级；以植食性动物为食的食肉动物称为第三营养级。以此类推，在第三营养级之上还可存在第四营养级、第五营养级等。生态系统中的物质和能量就是这样沿着营养级向上传递的。

（二）生态金字塔

如果把通过各营养级的能量画成图，就成为一个底部宽、上部窄的塔形，称为生态金字塔。生态金字塔可分为三类：数量金字塔、生物量金字塔和能量金字塔。

1．数量金字塔　数量金字塔是由各个营养级的生物个体数量构成的。数量金字塔越高，表明这一食物链所包括的营养级数目越多。数量金字塔中每个营养级包括的生物个体数目是沿食物链向上递减的（图 4-4A）。金字塔最底部的生产者的个体数量往往最多，大于植食性动物数量，植食性动物数量又大于食肉动物数量，而顶级食肉动物的数量在所有种群里通常是最小的。

2．生物量金字塔　数量金字塔旨在表明在每一营养级所包含的有机体的相对多度。然而，在同一营养级及不同营养级中，有机体体积的大小因种类的不同而差异悬殊，生物数目金字塔有时会发生塔形颠倒。为了弥补这一点，通常会使用生物量金字塔。生物量金字塔就是以生物的生物量来表示每一营养级中生物的总量。一般来说，绿色植物即生产者的生物量要大于它们所支持的植食性动物的生物量，植食性动物的生物量要大于食肉动物的生物量（图 4-4B）。在陆地生态系统和浅水水域生态系统中，生物量金字塔最为典型，这两者的生产者为绿色植物，它们的生活周期很长，有机物质的积累较多。

3．能量金字塔 能量金字塔又称生产力金字塔，表示生物间的能量关系，通过把生物量换成能量单位，计算营养级之间的比值来反映能量传递、转化的有效程度。能量金字塔中，每一等级的宽度代表一定时期内通过该营养级的能量值（图 4-4C）。

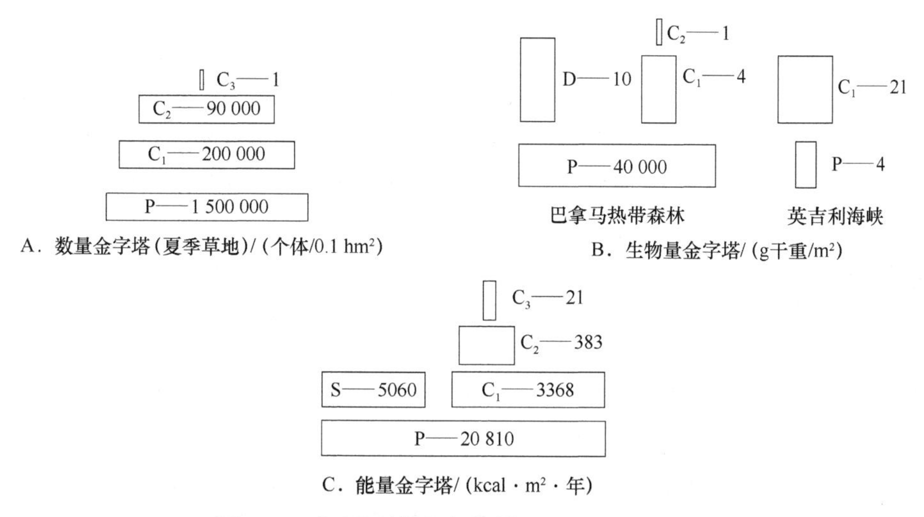

图 4-4 不同类型的生态金字塔（Odum，2009）

P. 生产者；C_1. 初级消费者；C_2. 次级消费者；C_3. 三级消费者；D. 分解者；S. 腐食者

生态金字塔直观地解释了生态系统中生物的种类、数量的多少及其比例关系。研究生态金字塔，对提高生态系统每一级的能量转化效率、改善食物链上的营养结构、获得更多的生物产品具有重要的指导意义。

第三节 生态系统的类型

地球表面由于气候、土壤、动植物区系不同，形成了多种多样的生态系统。根据生态系统的环境性质和形态特征，生态系统可分为陆地生态系统和水生生态系统两大类。陆地生态系统根据植被类型和地貌的不同，又分为森林、草原、荒漠、湿地、冻原等类型。水生生态系统根据水体的理化性质不同，又分为海洋生态系统和淡水生态系统。其中每类生态系统还可分为若干类型。

一、陆地生态系统

全球陆地面积约为 1.49 亿 km^2，约占地球表面总面积的 1/3。陆地生态系统主要以大气和土壤为介质，生态环境极为复杂，从炎热的赤道到严寒的两极，从温润的近海到干旱的内陆，形成了各种各样的陆地生态环境。

陆地生态系统分为森林生态系统、草原生态系统、湿地生态系统、荒漠生态系统、冻原生态系统等，在此主要介绍森林、草原及湿地生态系统。每个生态系统之下，又可以细分为许多生态系统，如森林生态系统，按气候带可以分为热带雨林生态系统、阔叶林生态系统、针叶林生态系统等不同的生态系统。在同一地区常有许多不同种类的生物（如乔木、灌木、草本植物）共生在一起，它们相互制约、相互影响。

（一）森林生态系统

世界森林面积约 33 000 万 km^2，占陆地面积的 22%。森林生态系统的生产者包括乔木、灌木及和它们相适应的草本、苔藓、地衣，其中木本植物是主要建群种，同时也是主要生产者。森林生态系统主要分布在湿润和半湿润气候地区，按地带性的气候特点和相适应的森林类型，可以将其分为热带雨林、阔叶林、针叶林等。我国森林生态系统面积约为 192.02 万 km^2，主要分布在东北、西南这样交通不便的深山区和边疆地区及东南部山地。

森林生态系统是地球陆地生态系统的主体，具有很高的生物生产力、生物量及丰富的生物多样性，其碳储量占整个陆地植被碳储量的 80% 以上，每年碳固定量约占整个陆地生物碳固定量的 2/3，因此它对于维护全球碳平衡具有重大作用。森林与气候之间的关系密切，大气中 CO_2 平均每 7 年通过光合作用与陆地生物圈交换一次，其中 70%是由森林进行的。

森林生态系统具有最复杂的营养级和食物网关系，也是生产力最大的生态系统。它以巨大的生产力维持着各种类型的消费者。在森林中，各类野生动物、植物和微生物种类繁多，其中营树栖和攀缘生活的种类特别多，如犀鸟、松鼠、眼镜猴等。

森林生态系统的光能利用率高，每年固定的总能量约为 1.3×10^{18} kJ，占陆地生态系统每年固定的总能量 2.05×10^{18} kJ 的 63%。森林生态系统每年每公顷的干物质生产量为 6～8 t，是农田或草原的 20～100 倍。森林生态系统物质和能量的流动速率与生产效果因森林类型和地区条件而有显著的差异，一般是热带雨林＞热带季雨林＞亚热带常绿阔叶林＞温带落叶阔叶林＞寒带、亚寒带针叶林。

1．热带雨林生态系统 热带雨林生态系统分布于赤道两侧的热带地区，是目前地球上面积最大、对维持人类生存环境起最大作用的森林生态系统。

分布区的气候特点是高温、高湿、长夏无冬，年降水量超过 2000 mm，且分配均匀，无明显旱季。热带雨林的优异生态环境，使其具有极为丰富的物种。其中植被种类极为丰富，群落结构非常复杂，可分为乔木层、灌木层和草本层三个部分。藤本植物及附生植物非常发达。消费者有各种大型珍贵动物，如长颈鹿、貘、象、猴、蟒等，鸟类和昆虫的种类也非常丰富。

2．阔叶林生态系统

（1）常绿阔叶林生态系统 常绿阔叶林生态系统主要处于欧亚大陆东岸北纬 22°～40°。此外，非洲东南部、美国东南部也有少量分布。常绿阔叶林广泛分布于我国南方热带、亚热带，东部沿海至青藏高原东部地区。

常绿阔叶林生态系统处于明显的亚热带季风气候区。夏季炎热多雨，冬季稍寒冷，春秋温和，四季分明。常绿阔叶林生态系统终年常绿，物种甚为丰富。植物群落主要由常绿双子叶植物构成，热带雨林较简单，乔木一般分为两层，高度为 16～20 m，很少超出 25 m。这里也生长着藤本植物和附生植物，主要是一些草质和木质小藤本。消费者有野雉、蛇类、两栖类、昆虫、鸟类等，物种丰富，层次比较复杂。

（2）落叶阔叶林生态系统　落叶阔叶林生态系统的植物群落为落叶阔叶林，又称夏绿林或夏绿木本群落，主要分布于中纬度湿润地区，在世界范围内主要分布在三个区域：北美大西洋沿岸、西欧和中欧海洋性气候的温暖区和亚洲中部。

该生态系统气候四季分明，夏季炎热多雨，冬季寒冷。年平均气温为 8～14℃，年降水量一般为 500～1000 mm。由于冬季寒冷，整个植物群落中的植物都处于休眠状态，树木仅在温暖季节生长，入冬前树木叶片枯死并脱落。落叶阔叶林生态系统的垂直结构简单而清晰，为乔木层、灌木层、草本层和地被层。林内木质藤本植物和附生植物均不多见，以草质和半木质藤本为主。消费者主要有哺乳动物鹿、獾、棕熊、野猪、松鼠等，鸟类有野鸡、莺等，还有各种各样的昆虫。

3. 针叶林生态系统　针叶林生态系统主要分布在北半球高纬度地区和高海拔地带。在欧亚大陆上构成了一条连续广阔的环绕地球的林带。我国东北地区的森林资源主要集中在大兴安岭、小兴安岭和长白山等地区。东北林区是我国最大的天然林区，横跨温带和寒温带两个气候带，属于针阔混交林与北方针叶林的过渡区域，形成了温带落叶阔叶林、温带针阔混交林和寒温带针叶林 3 个基本林区。

针叶林生态系统分布区域的气候特点是夏季凉爽而冬季严寒，植物生长期短。该区域气温低，年均气温多在 0℃以下，年降水量一般为 300～600 mm，在季风所及范围或山区可达 1000 mm。土壤主要为棕色针叶林土，土层浅薄。有永冻层，不适合耕作。

针叶林生态系统生物成分较贫乏，初级生产者多为云杉、冷杉、松树等。林下常有耐阴的灌木层和适于冷湿生境的苔藓层。林下落叶层很厚，分解缓慢，常与藓类一起形成毡状层。消费者有驼鹿、马鹿、驯鹿、貂、猞猁、雪兔、松鸡和榛鸡等及大量的土壤动物。许多动物有季节性迁徙的现象，多数有休眠现象。

此外，在各类森林的过渡地带，还有针叶阔叶混交林、落叶阔叶混交林、常绿阔叶混交林等。

（二）草原生态系统

1. 草原生态系统概况　草原生态系统是以各种多年生草本占优势的生物群落与其环境构成的功能综合体，是最重要的陆地生态系统之一。世界草原总面积达 5000 万 km^2，占陆地总面积的 33.5%，仅次于森林生态系统。我国草原总面积为 120 万 km^2，占世界草原总面积的 13%。

草原可分为温带、热带及亚热带草原生态系统。温带草原生态系统处于南北两半球的中纬度地带，主要分布在亚欧大陆草原、北美和南美。温带草原夏季温和，冬季寒冷，春季或晚夏有明显的干旱期。热带、亚热带草原生态系统主要分布在非洲、南美洲和澳洲的半干旱区域。

草原气候的主要标志是水分和温度。草原生态系统所处地区的气候大陆性较强，降雨较少，日温差和年温差变化很大。热带草原年降水量为 800～1000 mm，温带为 200～450 mm，而高寒带草原则为 100～300 mm。我国草原生态系统主要分布在年降水量为 400 mm 以下的干旱、半干旱地区，南方和东部湿润、半湿润地区的山地。

2．草原生态系统的结构与功能　草原生态系统中，生产者的主体是禾本科、豆科和菊科等草本植物。禾本科植物数量最多，现有4500多种，建群植物有45～50种。

草原植物绝大部分有耐旱的形态特征。草原植物群落的结构一般分三层：高草层、中草层、矮草层。温度对植物的群落结构有明显的影响，如温带草原以耐寒、耐旱多年生草本植物（如针茅属、羊茅属）占优势。我国草原生态系统中主要包含羊草、大针茅、绢蒿、座花针茅等建群种。

草原上有大量的食草动物，如热带稀树草原上的长颈鹿、斑马、瞪羚等；温带草原上有野驴、黄羊、野骆驼等。啮齿类动物也很多，如仓鼠、野兔等。草原食肉动物以狼、狐狸、獾、鼬、鹰等占优势，它们调节食草动物的种群数量，维持草原生态系统的稳定。草原猛禽以苍鹰、雀鹰、草原雕等最为常见，它们以小型食草动物为食，高寒草原分布的动物主要有藏羚、野牦牛、雪豹等。它们都是草原生态系统食物链的主要组成部分，在维持草原生态系统平衡上起着重要的作用。

草原植物在生长季的光能利用率为 0.1%～1.4%。在所有陆地生态系统中，草原生态系统的初级生产量处于中等或偏下水平，其生产力水平主要受水分条件的限制。因此，从草甸草原到荒漠草原，随降水量的减少，初级生产力有规律地下降。

（三）湿地生态系统

1．湿地生态系统概况　湿地生态系统主要是指地表过湿或常年积水，生长着湿生植物的地区。湿地是开放水域与陆地之间的过渡性生态系统，它兼有水域和陆地生态系统的特点，还有其独特的结构与功能。湿地在北半球的分布多于南半球，多分布在北半球的亚欧大陆和北美洲的亚北极带、寒带和温带地区。我国湿地生态系统主要分布在东北三江平原、长江中下游平原、云贵高原、青藏高原及沿海地区，面积为35.38万km^2，占全国陆地面积的3.69%，虽然面积较小，但在维持区域生态系统稳定中发挥着重要作用。南半球湿地面积小，主要分布于热带和部分温带地区。

湿地生态系统分布广，形成不同的类型，有的以其优势植物命名，如芦苇沼泽、薹草沼泽、红树林沼泽等。湿地还可分为富养（低位）沼泽、中养（中位）沼泽和贫养（高位）沼泽。

2．湿地生态系统的结构与功能　湿地生态系统位于水路交错的界面，具有显著的边际效应（或边缘效应）。

所谓边际效应是指两类（水、陆）生态系统的过渡带或两种环境的结合地，因远离系统中心，经常出现一些特殊适应的物种，构成这类地带独特的物种现象。

红树林是生活在热带、亚热带海岸的生物群落，是一种典型的湿地生态系统。红树林适于在淤泥沉积的热带、亚热带海岸和海湾，或河流出口处的冲积盐土或含盐砂壤土上生长和发展，红树林的成分以红树科植物为主。我国有白骨壤林、红树林、秋茄林、木榄林、桐花树林、海桑林等群丛，主要分布于东海沿海地区。在红树林边缘还有一些草本和小灌木。红树林里的动物主要是海生的贝类，在红树林水域有多种浮游生物。还有一些浅海鱼群在红树林带洄游和出没。红树林里栖息着多种鸟类，多半是水鸟和海鸥，也有一部分陆栖鸟类出没于红树林带。在发育良好的红树林中还偶有狸类、鼠类等小型哺乳动物出没其间。

湿地生态系统是一种具有独特功能的系统，主要体现在生物多样性的保护、蓄水和调节气候等方面。湿地独特的生态环境不仅为多种植物提供了基地，而且它还是许多粮食作物的重要生境。湿地生态系统对污染物还有吸收修复的功能。

二、水生生态系统

水生生态系统包括海洋生态系统和淡水生态系统。淡水生态系统又分为流水生态系统和静水生态系统。

（一）海洋生态系统

1．海洋生态系统概况 海洋的面积约为3.61亿km^2，占地球表面的71%，平均深度是3751 m，现在已知的最大深度是11 036 m（太平洋），含盐量平均在3%，但含盐量随地形和深度会有所变化。中国海域地跨温带、亚热带、热带3个气候带，包括渤海、黄海、东海、南海、台湾以东太平洋地区五大海域，海岸线总长度为32 000 km，岛屿7600余个，海域面积达470万km^2。

海洋中生活条件特殊，生物种类的成分与陆地生物截然不同。海洋生态系统中的植物以孢子植物为主，主要是各种藻类。由于水生环境的均一性，海洋植物的生态类型比较简单，群落结构也较单一。多数海洋植物是浮游或漂浮的，但也有一些是固着于水底，或附生在其他生物上的。就数量而言，海洋中的动物以浮游动物为主，个体小（2～25 mm），数量巨大；消费者活动空间大；生产者与初级消费者之间物质循环效率高。

海洋鱼类是人类的一项重要资源，目前全世界年捕获量约为7.6×10^7 t。但海洋生物的生产力大大低于陆地生态系统，海洋的平均生产力约为陆地的1/5。

2．海洋生态系统分类 海洋生态系统从海岸到远洋，从表层到深层，随着水层的深度、温度、光照和营养物质状况不同，生物的种类、活动能力和生产力水平等差异很大，从而形成不同区域的亚系统（图4-5），不同亚系统中的生物群落各异。

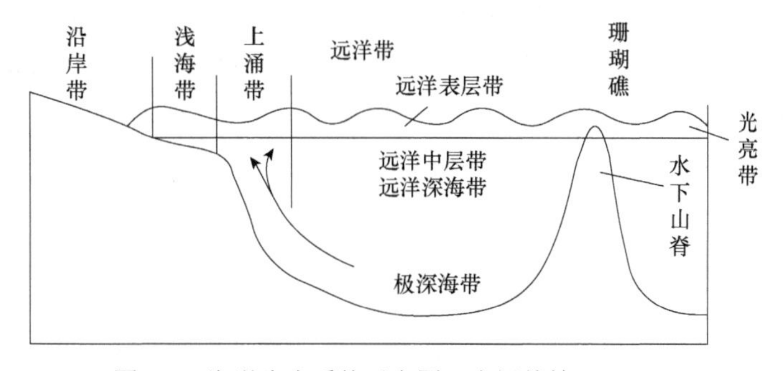

图4-5 海洋生态系统示意图（李振基等，2014）

沿岸带（或潮间带）就是与陆地相连的区域，是海陆之间的群落交错区，水深一般不超过100 m，面积约是海洋总面积的2.5%，其特点是有周期性的潮汐。这个地带接受陆地输入的大量营养物质，故养分丰富，生产力高，但也是最易受陆地污染物污染的地带。水体的光照条件比较好，水温和盐度变化大，地形、地质复杂多样。主要生产者是许多固着生长的大型多细胞藻类植物，如大叶红藻、绿藻、棕藻等。消费者是取食固着生长的大型植物的海洋动物和滤食性动物，如滨螺、牡蛎、蟹等。该区域也是迁徙水鸟的重要栖息地。

浅海带位于水深 200 m 以内的大陆架部分，这里接受河流带来的大量有机物，光线充足，温度适宜，栖息着大量生物，是海洋生命最活跃的地带。浅海带的主要生产者是大量藻类植物，包括马尾藻、石莼、鼠尾藻、裙带菜、羊栖菜等群丛。初级消费者为摄食浮游植物的浮游动物，它与浮游植物一起，为大量的海洋动物如虾、海鸥等提供食物。

远洋带是指水深在 200 m 以上的远洋海区，它是海洋生态系统的主体，约占海洋总面积的 90%。这一带按深度不同可分为远洋表层带、中层带和深海带，还包括上涌带和珊瑚礁。上涌带可以将许多矿物质带到浅海带或远洋表层，常见的是群生硅藻形成大的胶团和长丝状体，许多滤食性鱼类直接取食这些浮游植物。区域内营养物质丰富，为渔场的形成提供了基础，这些在我国主要分布于台湾浅滩和东岸、浙江沿海、粤东沿海、海南岛东岸等地区。远洋表层带光照充足，水温较高，生活着很多小型的、单细胞的浮游藻类和浮游动物，许多鱼类（如金枪鱼、飞鱼、鳖鱼等）都生活在这一带。随着深度的增加，光线减弱，水层压力加大，生产者不能生存，消费者依靠大量碎屑食物和上层生物为生，多为肉食者。典型的食物链是：极小浮游生物→小浮游动物→大浮游动物→鱼→大型食肉类。

珊瑚礁是热带、亚热带海域出现的石灰质岩礁，由珊瑚分泌的石灰物质和遗骸组成，有数万种动植物以此为栖息地，形成了复杂的生态系统。我国的珊瑚礁主要包括鹿角珊瑚、蔷薇珊瑚、滨珊瑚、角孔珊瑚、牡丹珊瑚、蜂巢珊瑚等类型，分布于我国东海南部和南海诸岛地区。

海洋和大气不断进行热量和气体的交换。气候系统在不同的时间尺度上自然变动，而人类活动则会干扰自然变动，导致海洋生态系统发生一系列物理、化学和生物的连锁反应，使海洋生态系统的平衡遭到破坏。例如，全球变暖导致的海水暖化会改变海洋环流，减少海冰面积，加剧海水层化，影响海洋生物的生长与代谢等；海洋酸化会影响光合作用、固氮作用及钙化生物的钙化作用等关键的生物生理过程，引起物种间相互作用的时空变化，改变群落组成的结构等；富营养化会导致藻华暴发与缺氧区扩增，继而导致海洋生物群落发生演替，某些底栖生物种类减少等。这些变化将综合影响海洋生态系统的初级生产力，改变海洋生态系统对气候的调节能力，最终将对人类的发展产生影响。

（二）淡水生态系统

地球表面淡水生态系统包括江河、溪流、泉、湖泊、池塘和水库等陆地水体，总面积为 4.5×10^7 km^2。水的来源主要靠降水补给，盐度低。根据水的流速不同，可分为流水生态系统与静水生态系统两类，它们之间还有过渡类型，如水库等。

1．流水生态系统　流水生态系统包括江、河、溪、泉、水渠等。流速是流水生态系统中根本的调节因子，随着水的流速不同，还可分为急流和缓流。一般来说，水系的上游落差较大，水的流速大于 50 cm/s，河床多石砾，为急流。在急流中，初级生产者多为由藻类等构成并附着于石砾上的植物类群，初级消费者多为具有特殊附着器官的昆虫，次级消费者为体型较小的鱼类。水系的下游河床比较宽阔，水的流速低于 50 cm/s，河床多为泥沙和淤泥构成，为缓流。在缓流中，初级生产者除藻类外，还有高等植物，消费者多为穴居动物幼虫和鱼类，它们的食物来源，除水生植物外，还有陆地输入的各种有机腐屑。

2. 静水生态系统 静水生态系统一般指湖泊、池塘、沼泽、水库等不流动的水体所形成的生态系统。静水并非绝对静止，而是相对的，任何一个湖泊、沼泽、池塘和水库的水，都有一定的流动性，只不过这种流动和水的更换非常缓慢。

在静水生态系统中，水的流动由滨岸向中心，由表层至深层，又可分为沿岸带、亚沿岸带和深水带（湖心区）。随着水体深度和水环境的变化，自沿岸带向湖心带依次呈环带状分布着各种不同的水生生物群落，有湿生树种（如柳树、水松等）、挺水植物（如香浦、莲等）、浮水植物（如睡莲等）、沉水植物（如苦草、狐尾草等），消费者为浮游动物（虾、鱼、蛙、蛇和水鸟等），形成静水生态系统的水平结构。

第四节 生态系统的功能

自然生态系统都会发生生物生产、物质循环、能量流动和信息传递，这 4 个方面构成了生态系统整体的基本功能。

一、生物生产

生物生产是指太阳能通过绿色植物的光合作用转换为化学能，再经过动物生命活动利用转变为动物能的过程。生物生产包括初级生产和次级生产两个过程。在生态系统中，这两个生产过程彼此联系，但又分别独立地进行物质和能量的交换。

（一）初级生产

1. 初级生产的有关概念 初级生产（primary production）又称植物性生产或第一性生产，是指生产者（绿色植物）通过光合作用源源不断地把太阳能转化为化学能的过程。

初级生产积累能量的速率称为初级生产力，通常以单位时间单位面积内积累的能量或生产的干物质来表示［g/（m^2·年）或 kg/（km^2·年）］。一般用初级生产力来衡量整个生态系统生产力的高低。

生态系统初级生产过程的结果是太阳能转变成化学能、简单无机物转变为复杂的有机物。可见，生态系统的初级生产实质上是一个能量的转化和物质的累积过程，是绿色植物的光合作用的过程。可以表示为

$$6CO_2 + 12H_2O + \text{太阳光} \longrightarrow C_6H_{12}O_6\text{（碳水化合物）} + 6O_2 + 6H_2O$$

植物光合作用积累的能量是进入生态系统的基本能量，被植物积累的有机物质称作生产量，有机物质积累的速率称作生产力。绿色植物光合作用的生产量是能量储存的

最基本形式，因此绿色植物的生产量称作初级生产量。

地表单位面积、单位时间内植物光合作用生产有机物质的数量称作总初级生产量，单位为 g/（m^2·年）或者 kJ/（m^2·年）。在进行光合作用生产有机物的同时，绿色植物为了维持自身的生存而进行的呼吸作用，要消耗一部分光合作用过程中产生的有机物质，因此，除去呼吸作用消耗的生产量，剩下的有机物质称为净初级生产量。生态系统的净初级生产量反映了生态系统中植物群落在自然条件下的生产能力，它是估算生态系统承载力和评价生态系统可持续发展的一个重要生态指标。

净初级生产量是生态系统生物生产的主要环节，用下面的公式表示：

$$\mathrm{NP}=\mathrm{GP}-R$$

式中，NP 为净初级生产量，J/（m^2·年）；GP 为总初级生产量，J/（m^2·年）；R 为呼吸消耗的能量，J/（m^2·年）。

净初级生产量用于植物的生长与生殖，因此随着植物的生长，构成植物体的有机质也增多。这些逐渐累积下来的净初级生产量，一部分可能随季节的变化而被分解，另一部分以生活有机质的形式参与生态系统的物质循环与能量流动过程。

在某一特定时刻调查时，生态系统单位面积内所积存的生活有机质叫生物量，单位是干重 g/m^2（干重）或 J/m^2。生物量与生产量是两个截然不同的概念，生产量含有速率的概念，是单位时间单位面积上的有机物质生产量。在生态系统中，总生物量不仅因生物的呼吸作用而损耗，还常常随着更高营养级动物的取食和生物死亡而减少。这种变化关系可由下式表示：

$$\mathrm{d}B/\mathrm{d}t=\mathrm{NP}-R-H-D$$

式中，$\mathrm{d}B/\mathrm{d}t$ 为某一时期内生物量的变化；H 为被较高营养级动物取食的生物量；D 为因死亡而损失的生物量。

初级生产在空间和时间上的分配是不均匀的。光照、温度、水分、矿物养分的多少、绿色植物生长期的长短和动物采食摄取等因素，都可影响一个生态系统初级生产量的高低。

2. 全球生态系统初级生产力及其分布 全球净初级生产总量（干重）为 1.72×10^{11} t，其中陆地为 1.15×10^{11} t，海洋为 5.5×10^{10} t，海洋约占全球净初级生产量的 1/3。

不同生态系统类型的生产量和生物量差别显著。全球陆地生态系统中，热带雨林的净初级生产量最高，达 3.75×10^{10} t，其次为热带草原、热带季雨林。全球海洋生态系统的净初级生产量主要集中在大洋，共计 4.15×10^{10} t，其次为大陆架，达 9.6×10^{9} t，其余很少。

在全球陆地生态系统中，净初级生产力最高的为木本与草本沼泽（湿地），其次为热带雨林，最低者为荒漠灌丛，总体呈现出由热带雨林→温带长绿林→温带落叶林→北方针叶林→稀树草原→温带草原→冻原和高山冻原→荒漠灌丛净初级生产力依次减少的趋势；在海洋生态系统中，则呈现出由河口湾→湖泊和河流→大陆架→大洋净初级生产力依次减少的趋势。

总体来说，地球上初级生产力的分布是不均匀的。全球范围内不同类型的生态系统，其初级生产量主要表现为几个方面的不同：陆地生态系统比水域生态系统初级生产量大；初级生产量随纬度增加而逐渐降低；海洋中初级生产量由河口湾向大陆架和大洋区逐渐降低。我国草原面积很大，约占国土面积的 40%，但草原生态系统初级生产力很低，主要原因是气候干旱和土壤贫瘠。我国森林生态系统生产力水平比世界低10%左右。

（二）次级生产

次级生产（secondary production）又称第二性生产，是指除初级生产以外的其他有机体的生产，即消费者和分解者利用初级生产物质进行同化作用建造自身和繁衍后代的过程，表现为动物和微生物的生长、繁殖和营养物质的储存等其他生命活动的过程。

绿色植物的净初级生产量不能被该生态系统中的次级生产者（消费者和分解者）全部利用，只有部分转化为次级生产量，其余部分耗散于环境中。

生态系统中各级消费者的次级生产过程可以概括为下式：

$$C=A+\mathrm{Fu} \tag{4-1}$$

式中，C 为摄入能量，J；A 为被同化能量，J；Fu 为排泄物、分泌物、粪便及未同化的食物中的能量，J。

A 又可进一步分解为

$$A=P+R \tag{4-2}$$

式中，P 为净初级生产量，J；R 为呼吸的能量，J。

综合式（4-1）、式（4-2），得到次级生产量表达式为

$$P=C-\mathrm{Fu}-R$$

一般来说，只有 10%的净初级生产量被消费者转化为次级生产量，其余90%被分解者分解。阔叶林只有1.5%～2.5%的净初级生产量被昆虫和其他消费者进行转化，其余大部分都留给了分解者。深水生态系统正好相反，大部分的净初级生产量被消费者转化为次级生产量，只有一小部分留给分解者分解。次级生产以初级生产为基础，合理的次级生产对初级生产起促进作用，但不合理的次级生产也会影响初级生产。例如，过度放牧导致草地退化，在城郊局部地区密布的集约化养殖，也可能带来畜禽粪便污染等一系列环境问题。

二、物质循环

（一）物质循环的概念

物质循环（material cycle）就是生物地球化学循环（简称生物地化循环）。各种无机物从环境中被生产者吸收，再进入消费者，各种有机物最终经过分解成无机物返回环境中，无机物被生产者重新利用吸收又变成有机物，周而复始，无穷无尽的过程，称为物质循环。

生态系统中的物质主要是指生物为维持生命所需的各种营养元素。参与有机体生命过程的营养元素有 30～40 种，根据它们在生命过程中的作用可以分为三类：能量元素，包括碳（C）、氢（H）、氧（O）、氮（N），它们是构成蛋白质的基本元素和生命过

程必需的元素；大量元素，包括钙（Ca）、镁（Mg）、磷（P）、钾（K）等，它们是生命过程大量需要的元素；微量元素，包括铜（Cu）、锌（Zn）、硼（B）、锰（Mn）等，尽管它们含量甚微，但却是生命过程中不可缺少的元素。

几乎所有有机体代谢活动的产物终将进入系统之间的生物地球化学循环。其营养动力交换主要在大气、土壤和生物之间进行。生态系统外部的物质循环主要由地质、气象和生物能引起。

生物地球化学循环在受人类干扰之前，一般处于一种相对稳定的平衡状态，物质输入与输出达到相对平衡。生态系统的物质循环受稳态机制的控制，有一定的自我调节能力。循环中的每一个库和流，对外来干扰，都会引起其有关生物的相应变化，产生反馈调节使变化趋向减缓并恢复稳态。

目前，人类活动对生物圈的影响已扩展到生命系统主要组成成分的碳、氧、氮、磷及水的生物地球化学循环，这些物质的自然循环过程只要稍受干扰就会影响到人类的生存与发展。

（二）物质循环的类型

生态系统中的物质循环可以分为水循环（water cycle）、气体型循环（gaseous cycle）和沉积型循环（sedimentary cycle）。水循环是生态系统中物质运动的介质，生态系统中所有的物质都是在水循环的推动下完成的。在气体型循环中，物质的主要存储库是大气和海洋，这类循环是全球尺度的。凡属于气体型循环的物质，其分子或某些化合物常以气体的形式参与循环过程。例如，氮、氧、氢、二氧化碳等，物质来源充沛，不会枯竭。参与沉积型循环的物质主要存在于岩石圈和土壤圈中，包含磷、钾、钙、镁、铜、锌、硼、锰等元素。由于岩石的风化作用和沉积物的溶解逐渐转变为可被生物利用的营养物质，进而参与了生态系统循环。各种元素在生态系统中有各自不同的循环，构成了自然界的物质循环。

1．水循环　水是地球上一切生命有机体的最主要的组成成分，水还是生态系统中能量流动和物质循环的主要介质，对调节气候、净化环境都起到十分重要的作用。

（1）水的分布及主要存在形式　地球上的液态水、固态水和气态水共约15亿km^3，其中海洋咸水占97%，淡水只占3%；淡水的3/4又是固态水，分布在极地；而气态水所占的比例最小，这些水在地球表面的分布是不均匀的。地球上95%的水被结合在岩石圈中，这部分水不参与全球水循环。地球表面积大气圈中的水只有大约5%是处于自由可循环状态的。

（2）水循环的主要途径　水循环是地面与大气通过降雨与蒸发之间的相互变化。在太阳能和地球表面热能的作用下，地球上的水不断被蒸发成水蒸气，进入大气，水蒸气遇冷又凝聚成水，在重力作用下，以降水的形式落到地面，这个周而复始的过程称为水循环，包括海洋与陆地之间进行的大循环和仅在局部地区进行的小循环（图4-6）。太阳是推动水在全球循环的主要动力。水的循环是稳定状态，总降雨量与总的蒸发量是保持动态平衡的。

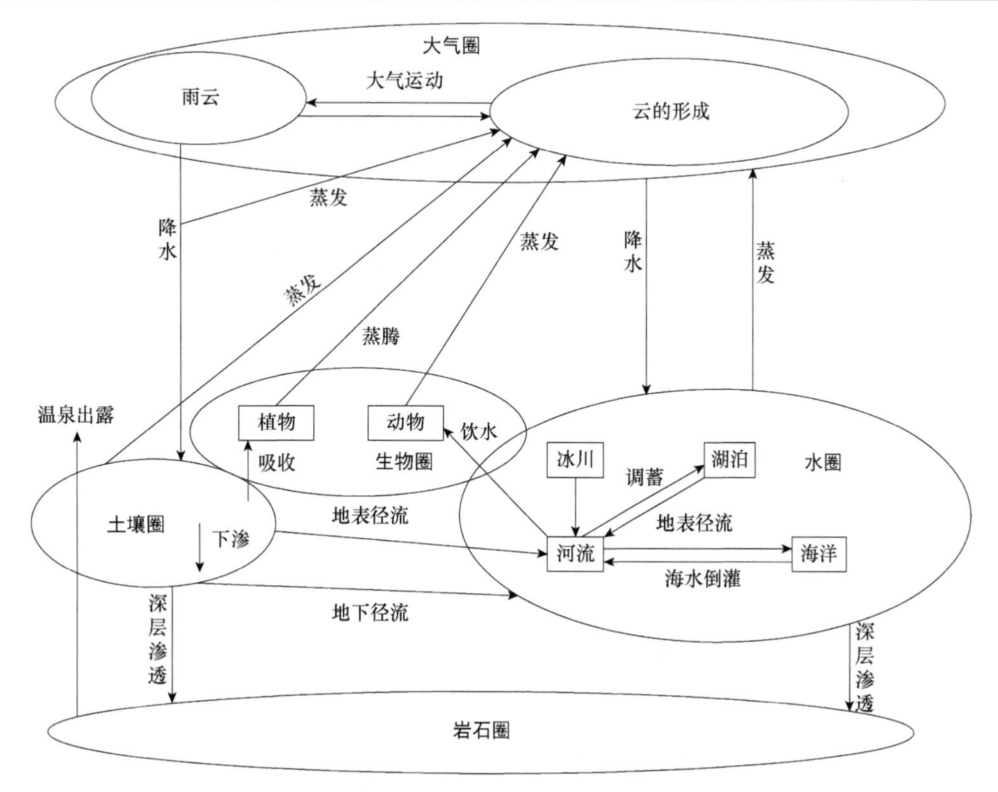

图 4-6 地球上的水循环（孙振钧等，2019）

（3）水循环的影响因素　影响水循环的因素很多，自然因素主要有气象条件（大气环流、风向、风速、温度、湿度等）和地理条件（地形、地质、土壤、植物等）；人为因素对水循环也有直接或间接的影响。由于人类活动不断地改变自然环境，如修筑水库、开凿运河、渠道、河网及大量开发利用地下水等，改变了水的原来径流路线，引起了水的分布和运动状况的变化。农业的发展、森林的破坏等也引起了水的蒸发、径流、下渗等过程的变化。人类也已经强烈参与到水循环中来，致使自然界可利用的水资源减少，水质量下降。

2. 碳循环　碳是构成生物原生质的基本元素，虽然它在自然界中的蕴藏量极为丰富，但绿色植物能够直接利用的仅限于空气中的 CO_2。

（1）碳的分布及主要存在形式　岩石圈固结有最大量的碳，其次是化石燃料（石油和煤等）中，这是地球上两个最大的碳储存库，约占碳总量的 99.9%。

地球上还有三个碳库——大气圈库、水圈库和生物圈库。这三个库中的碳在生物和无机环境之间迅速交换，容量小而活跃。岩石圈中的碳也可以重返大气圈和水圈，主要是借助于岩石的风化和溶解、化石燃料的燃烧和火山爆发等，实际上起着交换库作用的物质的化学形式常随所在库的不同而不同。在大气中，CO_2 是碳参与物质循环的主要形式；碳在岩石圈中主要以碳酸盐的形式存在，总量为 2.7×10^{16} t；在水圈中以多种形式存在。

（2）碳循环的主要途径　碳循环的基本路线是从大气储存库到植物和动物，再从动植物通向分解者，最后又回到大气中去。它以 CO_2 的形式储存于大气中，植物借光合作用吸收空气中 CO_2，生成糖类等有机物质从而放出氧气，供动物所需（图 4-7）。同时，植物和动物又通过呼吸作用吸收氧气而放出 CO_2 使其重返空气中。此外，它们死亡后的遗体经微生物分解，最后也被氧化成 CO_2、水和其他无机盐类。矿物燃料，如煤、石油、天然气等也是地质史上生物遗体形成的，当它们被燃烧时，耗去空气中的氧而释放出 CO_2。

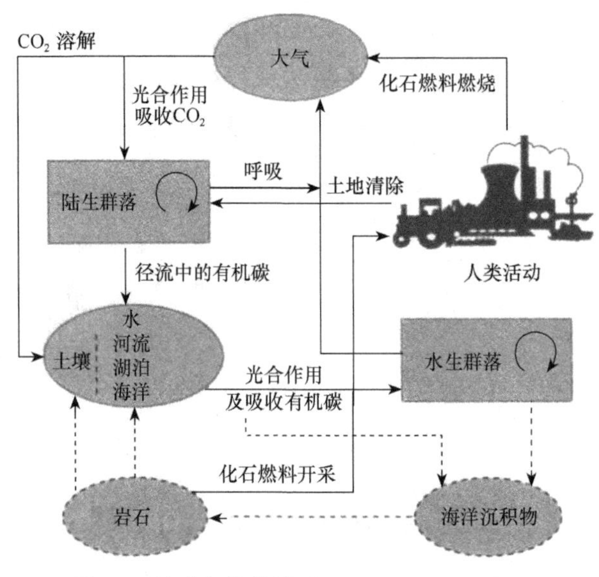

图 4-7 地球上的碳循环（Begon et al., 2016）

大气圈是碳（以 CO_2 的形式）的储存库。空气中的 CO_2 有很大一部分被海水所吸收，逐渐转变为碳酸盐沉积海底，形成新岩石，或者通过水生生物的贝壳和骨骼转移到陆地，这些碳酸盐又从空气中吸收 CO_2 转化为碳酸氢盐而溶于水中，最后也归于海洋。其他如火山爆发和森林火灾等自然现象也会使碳元素变成 CO_2 回到大气中。

（3）*碳循环的影响因素* 随着近代工业的发展和人口的剧增，人类消耗的矿物质燃料在迅速增加，一方面燃烧产生的 CO_2 被大量排放到大气中，使大气中 CO_2 的浓度升高；另一方面大片的森林被毁坏，使森林吸收 CO_2 的能力大大减弱，烧毁森林时又产生大量 CO_2，这些种种的人为因素都加速了 CO_2 在大气中含量的上升。

目前，因 CO_2 排放量的剧增所引起的温室效应将造成整个地球难以预料的变化。大气中 CO_2、CH_4 等温室气体含量的增加导致全球气候变暖、降水量增加、冰川融化、海平面上升等一系列生态与环境的变化。

3. 氮循环 氮是空气中最多的元素，在自然界中的存在十分广泛，在生物体内也有极大作用，是组成氨基酸的基本元素之一。

（1）*氮的分布及主要存在形式* 在自然界中，氮元素以分子态（氮气）、无机结合氮和有机结合氮三种形式存在。氮在地壳中的含量很少，自然界中绝大部分的氮以单质分子氮气的形式存在于大气中，氮气占空气体积的 78%，但是绝大部分生物都不能直接利用氮气。一小部分细菌和藻类能够利用空气中的氮气，并且能够将其转变为硝基氮或氨基氮。

（2）氮循环的主要途径　构成陆地生态系统氮循环的主要途径有：①生物固氮，即动物直接或间接以植物为食物，将植物体内的有机氮同化成动物体内的有机氮，这一过程为生物体内有机氮的合成；②硝化作用，即在有氧的条件下，土壤中的氨或铵盐在硝化细菌的作用下最终氧化成硝酸盐；③反硝化作用，即在氧气不足的条件下，土壤中的硝酸盐被反硝化细菌等多种微生物还原成亚硝酸盐，并且进一步还原成分子态氮，分子态氮则返回到大气中；④氨化作用，即动植物的遗体、排出物和残落物中的有机氮化合物被微生物分解后形成氨；⑤固氮作用，即分子态氮被还原成氨和其他含氮化合物的过程等（图 4-8）。

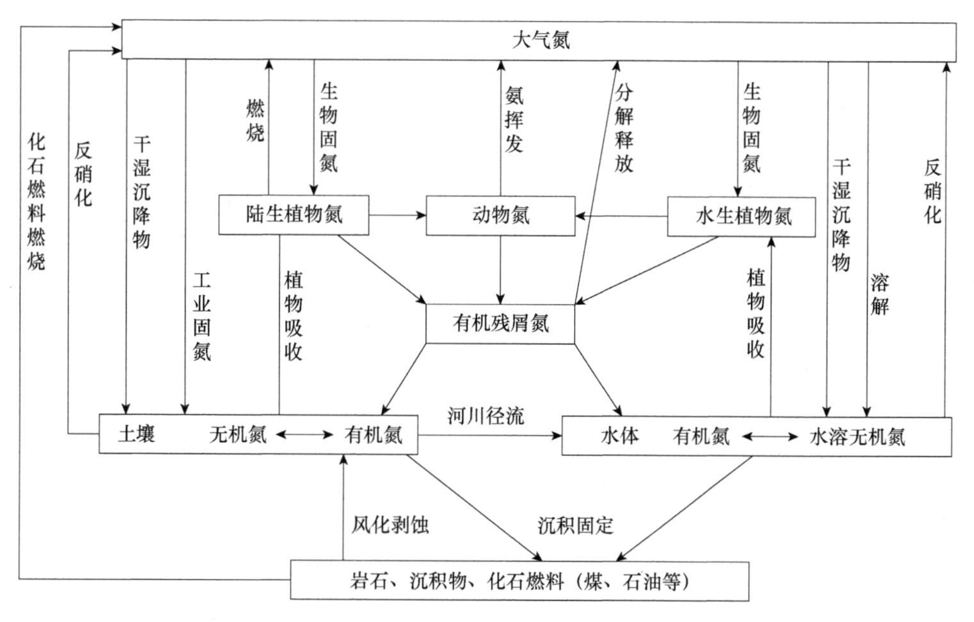

图 4-8　地球上的氮循环（孙振钧和周东兴，2019）

植物吸收土壤中的铵盐和硝酸盐，进而将这些无机氮同化成植物体内的蛋白质等有机氮。自然界氮（N_2）的固定有两种方式：一种是非生物固氮，即通过闪电、高温放电等固氮，这样形成的氮化物很少；另一种是生物固氮，即分子态氮在生物体内还原为氨的过程。大气中 90%以上的分子态氮都是通过固氮微生物的作用被还原为氨的。由此可见，全球氮循环的主体存在于土壤与植物之间。据 Rosswall 在 1975 年的估计，在全球陆地生态系统中，氮素总流量的 95%在“植物-微生物-土壤”系统进行，只有5%在该系统与大气圈和水圈之间流动。

（3）氮循环的影响因素　人类活动强烈影响了全球的氮循环，主要表现在：含氮有机物的燃烧产生大量氮氧化物（NO_x）污染大气；过度耕垦使土壤氮素肥力下降；发展工业固氮，忽视或抑制生物固氮，造成氮的局部富集和氮循环失调；城市化和集约化农牧业使人畜废弃物的自然再循环受阻。

大气中的氮元素以 NH_x（包括 NH_3、RNH_2 和 NH_4^+）和 NO_x 的形式降落到陆地和水体中。全球大气氮沉降在过去一个世纪增加了 3～5 倍，并且预计至 21 世纪末还将继续增加 2～3 倍，这将不可避免地影响自然生态系统的氮循环过程。我国的大气氮沉降在过去 40 年也在不断增加，且由以往的以 NH_4^+沉降为主逐渐转变为 NH_4^+和 NO^{3-}沉降并重的新模式。氮沉降增加虽然能够提高生产力，增加土壤氮有效性，但却降低了物种的丰富度和地下净初级生产力。

4. 磷循环　磷是所有生物细胞都必不可少的。磷存在于一切核苷酸结构中，三磷酸腺苷（ATP）与生物体内的能量转化密切相关。虽然生物有机体的磷含量仅占体重的1%左右，但是磷是构成核酸、细胞膜、能量传递系统和骨骼的重要成分。磷也是许多生态系统中的主要限制元素，磷元素的缺乏会限制生态系统净初级生产力、氮固定和碳储存。

（1）*磷的分布及主要存在形式*　磷的主要储存库是岩石，以天然的磷酸盐沉积岩形式存在。岩石通过风化、侵蚀、淋洗而释放出磷。在生物圈内，磷主要以三种状态存在，即以可溶解状态存在于水溶液中、在生物体内与大分子结合、不溶解的磷酸盐大部分存在于沉积物内。

（2）*磷的主要循环途径*　磷循环是典型的沉积循环。它随水的流动，从陆地来到海洋。但是，它从海洋回到陆地的周期较长。磷的循环有内循环和全球性地质循环（外循环）两种途径。

在内循环中，含磷的有机物质经腐烂分解，成为可被植物直接吸收的磷，并再组合成有机物质，通过食物链在生态系统中传递，然后通过排泄物和尸体的分解再回到环境中去。这种循环基本上是闭合的；磷的全球性地质循环（外循环）与其他循环不同，磷不能形成挥发性化合物。因此，它不能从海洋到达大气，然后返回陆地。一旦流入海中，一种是经过海鸟的食物链获得磷，再将含磷的排泄物堆积在岛上；另一种是鱼类、贝类和其他生物从海洋中被直接捕捞，使部分磷再回到陆地。据统计，全世界每年由大陆流入海洋中的磷酸盐有 1400 万 t，通过鸟类、贝类等回到陆地的只有约 10 万 t，绝大部分沉积为磷酸盐矿石。

（3）*磷循环的影响因素*　人类的活动已经改变了磷的循环过程。在农村，人们不断向农田施加磷肥，磷肥主要来自磷矿、鱼粉和鸟粪。由于土壤中含有许多钙、铁和铵离子，大部分用作肥料的磷酸盐都变成了不溶性的盐被固结在土壤中或池塘、湖泊及海洋的沉积物中。在大量使用含磷洗涤剂后，城市生活污水含有较多的磷，某些工业废水也含有丰富的磷，这些废水排入河流、湖泊或海湾，使水中的含磷量增高，这也正是湖泊发生富营养化和海湾出现赤潮的主要原因。

全球变化是由大气氮沉降、CO_2 浓度升高、温度升高、降水变化等因子共同作用的结果，且各个变化因子间存在复杂的交互作用。研究表明，全球变化因子及其复杂的交互作用会加剧草地磷限制，并通过调节地上植物群落、土壤环境和微生物活性，改变土壤有效磷含量，进而加快土壤磷循环（图 4-9）。因此，研究磷元素的动态变化对预测草地生态系统对全球气候变化的响应至关重要。

三、能量流动

植物和动物需要能量与物质的供应。生态系统中的能量来自太阳，而所有能量必

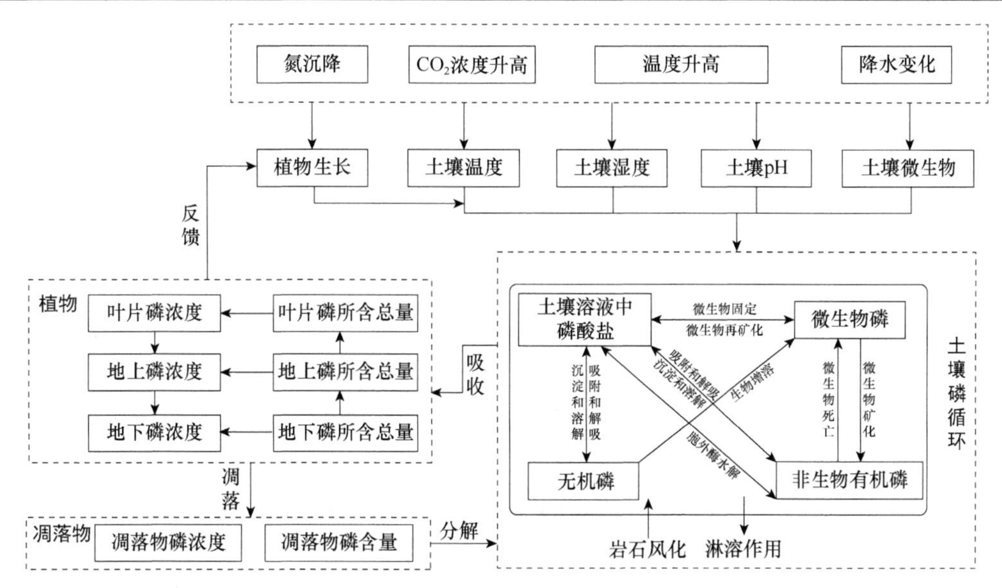

图 4-9 全球变化对土壤磷循环的作用机制（吴金凤等，2021）

须通过绿色植物的光合作用获取。绿色植物吸收太阳光，借助光合作用，把太阳能转化为化学能储存在体内，成为生态系统中能量流动的基础，是一切生命活动之源。

（一）能量流动及其途径

通过食物链之间的相互关系，能量从一个营养级转向下一个营养级，使能量在生物间发生转移的过程，即能量从非生物环境经有机体，再到外界环境所进行的一系列转换过程，称为能量流动（energy flow）。这种能量的流动是单方向的、逐级流动的，能量可转化为其他形式的能量，也可被消耗。

绿色植物（初级生产者）将太阳能转化为化学能，此后由一级消费者——食草动物取食消化；二级生产者又由二级消费者——食肉动物取食和消化等。能量沿营养级进行再分配，每一营养级将上一级转换来的能量分为固定（构成各级动物有机体组织）、损耗（生活代谢过程中呼吸所消耗的能量）和还原（各营养级残体、排泄物等由分解、还原、释放的能量）三大部分。在此过程中能量逐级损失，最终能量全部消散归还于环境，这构成能量流动的第一条途径，称为补充草牧链。

能量流动的第二条途径是腐化过程，如死亡的生物有机体、排泄物和遗弃不能利用的部分等，由其营养关系复杂的腐生食物链进行分解，最后将有机物还原为二氧化碳、水和无机物质，能量随之消散。

能量流动的第三条途径是储存和矿化的过程。由初级生产者转化过来的物质和能量在草牧链和腐化过程中只能消耗一部分，大部分物质和能量转入储存过程和矿化过程。

（二）能量流动的生态效率

生态系统中的能量从一个营养级到另一个营养级。在各个营养级上，能量的利用率称为生态效率，如能量产投比。在不同营养级层次上，上一级的生产力与下一级生产力的比值，就是生态效率，如植食性动物的生产力与植物的生产力的比值。

不同食物链中营养级之间的生态效率是不同的，同一食物链的不同营养级或同一营养级的不同点上的生态效率也时常不同。生态效率的表示方法很多，主要有以下 4 类。

（1）同化效率（A_n/I_n）　同化效率是衡量生态系统中有机体或营养级利用能量和食物的效率。A 为同化量，I 为摄取量，n 为营养级数。对植物来说，

$$A_n/I_n=\text{固定的太阳能/吸收的太阳能}$$

对动物来说，

$$A_n/I_n=\text{同化的食物能/吸收的食物能}$$

（2）生长效率（P_n/A_n）　生长效率是同一个营养级的净生产量与同化量的比值，P_n 为净生产量。

$$P_n/A_n=n\ \text{营养级的净生产量}/n\ \text{营养级的同化量}$$

（3）消费或利用效率（I_{n+1}/P_n）　消费或利用效率是一个营养级对前一个营养级的相对摄取量。对生产者来说，指的是被绿色植物吸收的光能量与总光能量之比。

$$I_{n+1}/P_n=(n+1)\ \text{营养级的摄食量}/n\ \text{营养级的净生产量}$$

一般来说，大型动物的同化效率低于小型动物，老年动物的同化效率低于幼年动物，食肉动物的同化效率高于植食性动物。食物链越长，损失的能量越多。

（4）林德曼效率（I_{n+1}/I_n）　林德曼效率是由林德曼最早提出来的。它相当于同化效率、生长效率和利用效率的乘积。

$$I_{n+1}/I_n=(A_n/I_n)\cdot(P_n/A_n)\cdot(I_{n+1}/P_n)$$

能量在转化和传递的过程中，由于在营养级内和营养级间均有损耗，因此不可能百分之百地传递下去。一般来说，从一个营养级到另一个营养级的能量转化效率是 5%～20%，平均为 10%，这就是美国生态学家林德曼提出的“百分之十定律”（图 4-10）。即能量在转化的过程中，大致有 10%的能量转变为下一营养级的生物量。

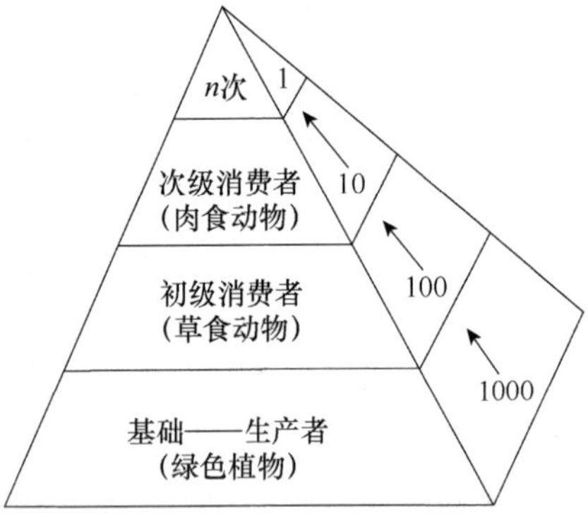

图 4-10　能量传递的“百分之十定律”
（祝廷成和董厚德，1983）

（三）生态系统的能量损耗

一个生态系统的能量损耗，是当能量流动从一个营养级到另一个营养级时通过各种途径进行的，通常能量是以热的形式在呼吸过程中损耗。有机体吸收的能量小于供给有机体的总有效能。因此，只有被吸收能量的一部分才被有机体真正同化，并为自身所应用，剩余的另一部分能量，又返回到环境中。被同化的能量用来修复有机体内部的损伤，或者维持有机体的呼吸作用，生长新的组织去繁衍后代。

生态系统的能量损耗主要存在于无效能、未消耗的多余能、吃剩或遗留下的能、维持能等，都是有机体不能利用的能量。所谓无效能是指那些单一食物链上，不能被下

一营养级的有机体直接利用的能量；未消耗的多余能是指生态系统所产生的，超过有机体利用速度的那部分多余的能量，这种多余的能量依赖于营养级能源的比例、消费者种群的大小及饲料的比例；吃剩或遗留下的能是指有机体被吃后剩下的物质，包括被捕食的有机体过多的、未能吃完而留下的物质，以及没有全部被有机体吸收而抛弃的无用物质；维持能也是生态系统中能量损耗的一种，这种能量只用于维持有机体，而不用于有机体的生长。生物有机体获得的总能量用于呼吸作用和生长作用，而呼吸作用大量地消耗能量来维持有机体在环境中的完整性。例如，温度的调节、组织损耗的补偿、体内平衡的调节，以及有机体之间的相互作用和繁殖等。

四、信息传递

生态系统中各种成分存在着广泛的联系，这种联系依靠的是生态系统中的信息传递（information transfer）。生态系统的功能除体现在生物生产、物质循环和能量流动外，还表现在系统中各生命成分之间的信息传递。它在维持系统平衡，促进系统进化与发育，调节、控制系统内物质的循环、能流等方面起着重要的作用。生态系统中通过信息的传递使各组成部分构成统一的整体。

信息传递是指信息在生态系统中沿着一定的途径由一个生物传递给另一个生物的过程。可以说生态系统既产生信息，又传递和接受信息，是一个复杂的信息系统。生态系统中包含多种多样的信息，大致可分为物理信息、化学信息、营养信息和行为信息。

（一）物理信息

物理信息（physical information）指由物理因素引起的生物之间或生物与非生物之间相互作用的信息。其特点是存在范围广，作用大，直观而易捕获。声、光、色、电、磁等都是生态系统的物理信息。

物理信息有两种作用：一是起着组分内与组分间及各种行为的调节作用，如鸟类的鸣叫、蝴蝶的飞舞、植物的颜色、某些动物的颜色和形态（有吸引异性、种间识别、威吓和警告的作用）等；二是起着限制生命有机体行为的作用，如光强度、温度、湿度等物理信息，这些都对生态系统中生物的生存产生或大或小的影响。

（二）化学信息

化学信息（chemical information）是生态系统信息流的重要组成部分，在生物的种群内或种群间都广泛存在。生态系统的各个层次都有生物代谢产生的化学物质参与传递信息、协调各种功能。如生物代谢中分泌的维生素、生长素、抗生素和性激素等，这种传递信息的化学物质统称为信息素。

化学信息传递主要包括植物间、动物间及植物与动物之间的化学信息传递。例如，植物群落中，一些植物通过某些化学物质的分泌和排泄来影响另一种植物的生长甚至生存。动物通过外分泌腺体向体外分泌某种信息素，通过气流或水流的运载，被种内其他个体嗅到或接触到，接收者便会产生某些行为反应，改变某种生理。

一些植物体内含有的某种激素是抵御害虫的有力武器。某些裸子植物具有昆虫的蜕皮激素及其类似物；有些金丝桃属的植物，能分泌一种引起光敏性和刺激皮肤的化合物——海棠素，使误食的动物变盲或死亡。

（三）营养信息

营养信息（nutritional information）是由外界营养物质数量的变化而导致生理代谢发生变化的一类信息。在生态系统中，食物链（网）就是一个生物营养信息系统，各种生物之间通过营养信息关系形成一个相互依存和相互制约的整体。营养信息通过食物链传递，并通过生物体营养状况及生物种群繁殖等表现出来。

营养信息直接或间接地影响着生物的生长、发育、繁殖及迁徙，具有一定的调控作用。动物和植物不能直接对营养信息进行反应，通常需要借助其他的信号手段。例如，当生产者的数量减少时，动物就会离开原生活地，去其他食物充足的地方生活，以此来减轻同种群的食物竞争压力。

（四）行为信息

同一物种或不同物种个体相遇时，产生的异常行为或表现传递了某种信息，可统称为行为信息（behavioral information）。这些行为信息可能是识别、报警、甚至是挑战的信号。

行为信息在鸟类、猿猴等动物中，体现在领域性行为较为明显。蜜蜂发现蜜源时就会有舞蹈动作的表现，以此来通知同伴去采蜜，而且蜂舞有不同的形态与动作来表示蜜源的远近和方向，其他工蜂则根据触觉来感觉舞蹈的步伐，判断出正确的方向与信息。草原上生活的鸟类发现天敌后，雄鸟会急速起飞，扇动翅膀给正在孵卵的雌鸟发出逃避的信号。

生态系统中许多植物的异常表现和许多动物的异常行为所包含的行为信息，常常预示着自然灾害或反映着环境的变化。

生态系统的服务价值

生态系统为人类提供了许多社会、经济和文化生活必不可少的物质资源和良好的生存条件。这些由生态系统的物种、群体、群落、生境及其生态过程所生产的物质及其所维持的良好的生活环境对人类与环境的服务性能就是生态系统服务（ecosystem service）。

生态系统服务项目主要包括：生态系统的生产，生物多样性维护，传粉、传播种子，生物防治，保护和改善环境质量，土壤的形成与改良，减缓干旱和洪涝灾害，净化空气和调节气候，休闲、娱乐，文化、艺术素养——生态美的感受等。

生态系统服务是经济社会可持续发展的基础。如果离开了生态系统这种生命支持系统的服务，那么全人类的生存就会受到严重威胁，全球经济的运行将停滞。生态系统的许多服务是永远无法替代的，所以保护生态系统、提高生态系统质量、确保生态系统服务的可持续供给是推动可持续发展进程的重要保障。

第五节 生 态 平 衡

生态平衡（ecological balance）是现代生态学发展理论上提出的新概念。当前，生物多样性减少、草原退化、自然资源过度开发、森林面积严重减少等诸如此类的全球性环境问题的成因及其危害性都与生态平衡破坏有极大的关系。调控、恢复生态平衡是环境生态学主要的研究任务。

一、生态平衡的概念与规律

（一）生态平衡的概念

在任何一个正常的生态系统中，物质循环和能量流动总是不断地进行着，但在一定时期内，生产者、消费者、分解者及环境之间保持着一种相对的平衡状态，这种平衡状态就叫作生态平衡。在平衡的生态系统中，平衡还表现为生物的种类和数量的相对稳定，系统的物质循环和能量流动在较长时间里保持稳定。

生态系统的平衡是动态的平衡，不是静止的平衡。所谓动态平衡是指可以在平均数周围的一定范围内波动，而不是要求绝对等于某一数值。这个变化的范围有一个界线，称为阈值。变化超过了阈值，就会改变、伤害以致破坏生态平衡。系统内部的因素和外界因素的变化，尤其是人为的因素，都可能对系统产生影响，引起系统的改变，甚至破坏系统的平衡。因此，平衡是暂时的、相对的，不平衡是永久的、绝对的。为了保护生态系统的平衡，必须以阈值作为标准，根据生态系统的原理，应用系统分析手段进行模型和模拟实验，能够得出阈值或预测预报系统的负载能力，这样就能够合理地开发、利用资源，并防止环境污染。

生态平衡的三个基本要素是系统结构的优化与稳定性、能流和物流的收支平衡及自我修复和自我调节能力的保持。

衡量一个生态系统是否处于生态平衡状态，其具体内容为以下几点：①时空结构上的有序性。表现在空间上的有序性是指结构有规则地排列组合，小至生物个体中各器官的排列，大至整个宏观生物圈内各级生态系统的排列，以及生态系统内部各种成分的排列都是有序的。时间上的有序性就是生命过程和生态系统演替发展的阶段性、功能的延续性和节奏性等。②能流、物流的收支平衡。系统既不能入不敷出，造成系统亏空，又不能入多出少，导致资源浪费。③系统自我修复、调节功能的保持。越是复杂的生态系统，其抗逆、抗干扰、缓冲能力越强。

（二）生态平衡的调节机制

生态系统是一个动态系统，使其稳定与平衡的上述种种因素也常常发生变化。然而，当生态系统达到动态平衡的最稳定状态时，它能够自我调节和维持自身的正常功能，并在极大程度上克服和消除外界干扰，保持自身的相对稳定性。生态平衡的调节主要是通过生态系统的反馈机制、自我调节能力实现的。

1．反馈机制 当生态系统中某一成分发生变化时，必然会引起其他成分出现一系列相应的变化，这些变化反过来影响起初发生变化的成分。生态系统这种作用过程称为反馈。

生态系统的反馈机制可分为正反馈（positive feedback）与负反馈（negative feedback）。负反馈是指生态系统中某一成分变化所引起的其他一系列变化，反过来抑制最初引发变化的那种成分发生变化的作用过程。其作用结果是促使生态系统达到或保持稳态；正反馈的作用与负反馈相反，是指生态系统中的某一成分变化所引起的其他一系列变化，促进或加速最初引发其变化的那种成分进一步发生变化的作用过程。其结果常常使生态系统进一步远离平衡状态或稳态。

在生态系统中，起主要作用的是能够使生态系统达到和保持平衡或稳态的负反馈机制。在自然生态系统中生物常常利用正反馈机制来迅速接近“目标”，如生命的延续、生态位占据等，而负反馈则被用来使系统在“目标”附近获得必要的稳定。生物的生长、种群数量的增加属于正反馈；种群数量调节中，密度制约作用是负反馈的体现。

2．自我调节能力 当生态系统受到外界干扰破坏时，只要不十分严重，一般都可通过自我调节使系统得到修复，维持其稳定与平衡，我们把生态系统这种抵抗变化和保持平衡状态的倾向称为生态系统的稳定性或稳态。生态系统这种抵抗外来干扰的能力就称为自我调节能力，包括抵抗力与恢复力。

抵抗力（resistance）表示生态系统抵抗干扰活动及维持系统结构和功能保持原状的一种能力。抵抗力与系统发育阶段的状况有关，系统发育越成熟，结构越复杂，抵抗外来干扰的能力就越强。

恢复力（resilience）是指生态系统所受的外界压力一旦解除后具有恢复到原状态的能力。生态系统的恢复力是由生命成分的基本属性决定的，恢复力强的生态系统，生物的生活世代短，结构比较简单，如杂草生态系统遭受破坏后恢复速度要比森林生态系统快得多。生物成分生活世代越长，结构越复杂的生态系统，一旦遭到破坏则长期难以恢复。

（三）生态平衡的生态学规律

生态平衡的生态学规律有以下几方面内容。

1．相互制约与相互依赖规律 相互制约与相互依赖是构成生态系统的基础。在生态系统中，各种生物个体的大小和数量之间存在一定的比例关系。生物间的相互制约作用，使生物保持数量的相对稳定，这是生态平衡的一个重要方面，在同一环境中的物种越多，该生态系统也越稳定。例如，混交林发生大规模虫害的概率远远小于单种林，正说明后者较前者脆弱。

2．物质循环转化与再生规律 自然界通过植物、动物、微生物和非生物成分，一方面不断地合成新的物质；另一方面又随时分解为原来的简单物质，重新被植物所吸收，进行着不停顿的新陈代谢。但是，如果人类的社会经济活动过于强化，超过了生态系统的调节限度，就会出现区域性或全球性的物质循环失调现象，给人类造成难以补救的恶果。

3．物质的输入与输出平衡规律 当一个自然生态系统不受人类活动干扰时，生物与环境之间的输入与输出是相互对立的关系。生物进行输入时，环境必然进行输出。生物体一方面从周围环境摄取物质，另一方面又向环境排放物质，以补偿环境的损失。对于一个稳定的生态系统，无论对生物、环境，还是对整个生态系统，物质的输入与输出总是保持相对平衡的。

4．相互适应与协同进化规律 生物与环境之间，存在着作用与反作用的过程，生物影响环境，反过来环境也影响生物。生物从环境中吸收水分与营养物质，同时把排泄物与尸体中相当数量的水分和影响元素归还给环境，最后获得协同进化。但是，如果因某种原因，损害了生物与环境之间的相互补偿与适应的关系，如某种生物过度繁殖，则会因环境物质供应不及时而造成生物的饥饿死亡。

5．环境资源的有效极限规律 自然界中存在的、生物赖以生存的各种环境资源都具有一定的限度，不能无限制地供给，所以人类在利用环境资源时必须合理、科学，如果仅顾眼前利益，掠夺式地开发利用，必将破坏生态平衡。

二、生态破坏

（一）生态阈限

由于生态系统中生物类群不断变化，系统外界环境条件也在不断变化，因此，生态系统的稳定性是动态的。在一定的范围内，生态系统可以忍受一定程度的外界压力，并通过自我调节机制，抵御自然或人类所引起的干扰，恢复其相对平衡，保持相对稳定性。一旦超出一定范围，生态系统的自我调节机制就会被削弱，其稳定性就会受到影响，相对平衡就会遭到破坏，甚至使系统崩溃。生态系统忍受一定程度的外界压力来维持其相对稳定性的这个临界限度就称为生态阈限（ecological threshold）。

生态阈限取决于环境的质量和生物的数量。在阈限内，生态系统能承受一定程度的外界压力和冲击，具有一定程度的自我调节能力。超过阈限，自我调节不再起作用，系统也难以恢复到原来的平衡状态。生态阈限不仅与生态系统的类型有关，还与外界干扰因素的性质、方式及破坏作用强度等因素密切相关。

生态阈限的大小还受生态系统成熟度的影响。生态系统越成熟，生物种类越多，营养结构越复杂，稳定性越强，对外界的干扰压力就有更强的抵御能力，自我调节和恢复能力提高，即阈值就越高。相反，一个简单的人工生态系统，则阈值就很低。不同生态系统在其进化发展阶段有不同的生态阈限，了解这些生态阈限，才能合理调控、利用和保护生态系统。

（二）生态破坏的影响因素

超过生态阈限的影响对生态系统造成的破坏是长远性的，生态系统重新回到和原来相当的状态往往需要很长的时间，甚至造成不可逆转的改变，这就是生态平衡的破坏。生态破坏的主要标志有两个：一是结构的改变，二是功能的衰退。结构的改变表现在缺损一个或几个组成部分，使平衡失调，系统崩溃，如毁林、开荒等，也表现在某一组成成分发生变化，如生物群落结构的改变、非生物成分的组成和结构发生变化等。功能的衰退表现在能量流动受阻，如生产者数量减少，也表现在物质循环、信息传递的中断等。

自然因素，如火山爆发、山崩海啸、水旱灾害、地震、台风、泥石流、大气环流变迁、流行病害等，可能造成局部或大区域的环境系统或生物系统的破坏或毁灭，导致生态系统被破坏。自然因素所造成的生态破坏，多数是局部的、暂时的、偶发的，常常是可以恢复的。

人为因素主要是指人类对自然资源的不合理利用、工农业发展带来的环境污染等。生态平衡和自然界中一般的物理和化学平衡不同，它对外界的干扰和影响极为敏感。因此，在人类生活和生产过程中，常常因各种原因引起生态平衡的破坏。人为因素对生态平衡的影响较大，许多全球主要的环境问题都是人类活动导致的生态破坏。

我国国土辽阔、地形复杂、气候多样，为多种生物及生态系统的形成与发展提供了生境。我国拥有森林、草原、湿地、海洋、农田、城市等各类生态系统类型，也是世界上生态环境比较脆弱的国家之一。由于气候、地貌等地理条件因素，我国形成了西北干旱荒漠区、青藏高原高寒区、黄土高原区、西南岩溶区、西南山地区、西南干热河谷区、北方农牧交错区等不同类型的生态脆弱区。脆弱的生态环境条件、长期的开发历史和巨大的人口压力使我国生态环境被破坏且退化严重，水土流失、土地沙化、石漠化、盐渍化等生态问题不断加剧，对国家经济社会的可持续发展乃至人民生命财产安全构成了严重威胁。

思考题

1. 什么是生态系统？生态系统包括哪些组成成分，其结构和功能是什么？
2. 阐明食物链、食物网和营养级的含义，说出食物链有哪些类型及它们在生态系统中有什么意义。
3. 说明在每个较高的营养级上生物量为什么减少。简述生态效率与生态金字塔。
4. 初级生产、次级生产的概念是什么？简述生态系统中生物生产的意义。
5. 能量在生态系统中单一方向流动的根据是什么？能量在生态系统中的流动渠道是什么？
6. 什么是物质的生物地球化学循环？生物地球化学循环有哪些基本类型？
7. 水在物质循环中有哪些重要的生态学意义？简述水循环的主要途径。
8. 简述氮、磷、硫的全球循环及其特点。
9. 生态系统的信息有何特点？信息传递的几种类型是什么？
10. 地球上生态系统可分为哪些类型，各自特点是什么？
11. 阐明生态平衡的概念与特点及其生态学意义。
12. 举例说明反馈在生态平衡中起什么作用及生态系统如何通过反馈维持稳态。

推荐读物

李振基，陈晓麟，郑海雷. 2014. 生态学. 北京：科学出版社.
盛连喜. 2020. 环境生态学导论. 北京：高等教育出版社.
孙振钧，周东兴. 2019. 生态学研究方法. 北京：科学出版社.
Odum E P. 2009. 生态学基础. 陆健健，等译. 北京：高等教育出版社.

主要参考文献

曹凑贵，展茗．2015．生态学概论．北京：高等教育出版社．
丁圣彦．2004．生态学——面向人类生存环境的科学价值观．北京：科学出版社．
戈锋．2008．现代生态学．北京：科学出版社．
耿倩倩，王银柳，牛国祥，等．2021．长期氮添加对草甸草原生态系统氮库的影响．应用生态学报，32（8）：2783-2790．
李振基，陈晓麟，郑海雷．2014．生态学．北京：科学出版社．
曲仲湘，吴玉树，王焕校．等．1983．植物生态学．北京：高等教育出版社．
尚玉昌．2010．普通生态学．北京：北京大学出版社．
盛连喜．2020．环境生态学导论．北京：高等教育出版社．
孙振钧，周东兴．2019．生态学研究方法．北京：科学出版社．
王红晋，叶思源，杜远生．2006．湿地生态系统的地球化学研究．海洋地质动态，22（11）：7-12．
魏振枢．2019．环境保护概论．北京：化学工业出版社．
吴金凤，刘鞠善，李梓萌，等．2021．草地土壤磷循环及其对全球变换的响应．中国草地学报，43（6）：102-111．
徐雨晴，肖风劲，於琍．2020．中国森林生态系统净初级生产力时空分布及其对气候变换的响应研究综述．生态学报，40（14）：4710-4723．
叶幼亭，史大林．2020．全球变化对海洋生态系统初级生产关键过程的影响．植物生态学报，44（5）：575-582．
郑华，张路，孔令桥，等．2022．中国生态系统多样性与保护．郑州：河南科学技术出版社．
祝廷成，董厚德．1983．生态系统浅说．北京：科学出版社．
Krebs C J．2021．生态学通识．何鑫，程翊欣，译．北京：北京大学出版社．
Odum E P．2009．生态学基础．陆健健，等译．北京：高等教育出版社．

第五章　环境污染与生态修复

【内容提要】本章主要论述生物对污染物的吸收和积累，分析了重金属污染对生物的影响，阐述了有机污染对生物的影响、面源污染对生物的影响，介绍了环境污染的生态修复。

自然环境与生物之间相互作用，相互影响，协同进化，彼此相互适应，形成特定的生态关系。污染环境与生物之间具有特殊的生态关系，一方面，污染环境对生物的生长发育、生理代谢和遗传变异产生影响；另一方面，生物对一定程度的污染环境形成独特的适应方式和途径。通过具有特定适应能力的生物对污染环境进行生态修复，是当前研究的重点和热点。

第一节　生物对污染物的吸收和积累

存在于污染环境中的生物不可避免地被动或主动地吸收污染物，通过一定的方式在生物体内迁移、转运并积累在生物体的不同部位。生物对污染物的吸收和积累受多种因素的影响。

一、生物对污染物的吸收

（一）植物对污染物的吸收

1．植物对污染物的吸收过程

（1）植物对大气中污染物的黏附和吸收　　大气中污染物包括气态污染物、挥发性污染物、湿沉降（水溶态）和干沉降（颗粒态）形态存在的污染物。植物能黏附大气中气态、水溶态或颗粒态污染物。植物黏附污染物的数量取决于植物体表面分泌物的多少、表面积大小和粗糙程度等。例如，云杉、侧柏、油松、马尾松等枝叶能分泌油脂、黏液；杨梅、榆、朴、木槿、草莓等叶表面粗糙，表面积大，具有很强的吸附粉尘和污染物的能力；女贞、大叶黄杨等叶面硬挺，风吹不易抖动，也能吸附粉尘和污染物。

气孔、皮孔和角质层等是大气中污染物进入植物的重要部位。氟化物、SO_2 和臭氧能通过叶片气孔或茎部皮孔进入植物体。含重金属的降尘和附着于叶表的污染物可通过角质层的渗透作用进入叶片。粒径较小的纳米金属颗粒物能够直接进入植物叶片，而较大的团聚体则被阻隔在叶片表面的蜡质层之外。在某些大气中 Pb 浓度较高的地区，叶片的吸附与吸收对植物累积 Pb 的贡献要比植物经根系吸收再向地上部转运大得多。植物叶表皮的角质层小孔、气孔器（由保卫细胞围合而成，两个保卫细胞之间的裂生胞间隙称为气孔）和排水器（是植物将体内过多的水分排出体外的结构，由水孔和通水组织构成）是大气 Pb 颗粒物进入植物叶片的主要通道，但通过气孔进入叶片的效率更高（Schreck et al.，2012）。

（2）植物对土壤中水溶态污染物的吸收　植物根系吸收土壤中水溶态污染物的过程包括两个阶段：土壤水溶态污染物到达植物根表面和水溶态污染物进入细胞。

第一阶段为土壤水溶态污染物到达植物根表面。水溶态的污染物到达根表面有两条途径：①质体流途径（mass flow），即污染物随蒸腾拉力，在植物吸收水分时与水一起到达植物根部，质体流途径是污染物到达根表面的主要途径；②扩散途径，即通过扩散而到达根表面。在土壤中，重金属的扩散一般遵循 Fick 的第二定律（扩散定律），它的平均扩散距离为

$$x=\sqrt{2DT}$$

式中，D 为扩散系数，cm^2/s（土壤中重金属离子的扩散系数为 Zn^{2+}：3×10^{-10} cm^2/s；Mn^{2+}：3×10^{-8} cm^2/s）；T 为时间，s。可见，100 d 内 Zn^{2+}和 Mn^{2+}移动的平均距离分别为 0.72 mm 和 7.2 mm。两种重金属移动速度（扩散）很慢，只有靠近根部的重金属才能通过扩散作用到达根表面。

第二阶段为水溶态污染物进入细胞。重金属进入植物根部细胞通过非共质体（质外体）和共质体的吸收途径进行。植物的细胞壁是污染物进入植物细胞的第一道屏障。植物的细胞壁含有大量的纤维素、果胶、半纤维素、木质素和蛋白质等组分，这些使细胞壁表面带有较多的基团，产生对重金属离子的络合、螯合或者沉淀作用，从而形成稳定的物质，使重金属阳离子固定或区隔在细胞膜外。根据细胞壁的主要成分——木质素、果胶、半纤维素和脂蛋白的组成和含量，可以将细胞壁分为两种类型：第一种类型含有20%以上的木质素，存在于双子叶植物和阔叶单子叶植物中；第二种类型富含木聚糖的半纤维素，并含有酸性的基团，存在于草本植物中，有助于草本植物的阳离子吸附。果胶富含酸性基团，为污染物提供大量的交换位点，导致双子叶植物和阔叶单子叶植物易于吸收重金属。随着 Pb 处理浓度的增加，小花南芥（*Arabis alpina*）细胞壁 Pb 的含量达到饱和且维持稳定。另外，细胞壁含有大量的磷，能与 Pb 形成不溶性的磷酸盐。

重金属可以透过细胞膜在细胞内积累。污染物通过植物细胞膜进入细胞有两种方式：一种方式是被动扩散，物质顺着其浓度梯度或细胞膜的电化学势流动；另一种方式是需要能量的主动传递过程。一些重金属离子可能通过电荷相同、电子构型相似、离子半径相近的必需金属离子的细胞膜通道蛋白进入细胞。一些能形成金属有机化合物的重金属，由于对细胞膜的亲和性，比二价离子更容易通过细胞膜。

污染物被动运输与膜两侧建立的电化学梯度和膜的通透性紧密相关。分子通过膜的速度为 V，则

$$V=PA（C_1-C_2）$$

式中，P 为膜的扩散系数；A 为脂质区域的面积；C_1 为膜外侧的溶质浓度；C_2 为膜内侧的溶质浓度。污染物溶质分子的大小影响溶质的扩散系数，污染物溶质分子进入细胞的速度受水和生物膜之间的分配系数和分子量制约，具有相同分配系数而又有较小分子量的溶质透过细胞膜较快。污染物溶质分子与有机相的溶解度、细胞膜透性有关。

1）子运输：通过膜的金属离子的通量根据 Nernst-Planck 方程可得

$$J_i(x) = -D_i\left(\frac{dC_i}{dx} + \frac{Z_iC_iF}{RT} \times \frac{d\Phi}{dx}\right)$$

式中，J_i为离子 i 在距离膜表面 x 处的流量；C_i为离子 i 的浓度；Z_i为离子 i 的电荷；D_i为离子 i 的扩散系数；Φ 为电位；F 为法拉第常数；R 为气体常数；T 为绝对温度；x 为金属离子与膜表面之间的距离。

通过膜的扩散电位方程为

$$\Delta\Phi = \left(-\frac{2.3RT}{ZF}\right) \times \lg\frac{C_i}{C}$$

式中，Φ、F、R、T 同上式；Z 为离子所带的电荷数；C_i为膜内离子的浓度；C 为膜外离子的浓度。

关于细胞膜对金属离子的运输存在两种观点：一种观点认为膜上存在着载体蛋白（carrier protein）或转运蛋白（transporter）。离子 M 与转运蛋白结合有两种方式：①金属离子与载体在膜表面结合形成复合物，复合物通过细胞膜后，金属离子在膜的另一侧被释放；②金属离子与载体在同一水相中相结合形成复合物，复合物进入膜，然后在膜另一侧水相中分离。另一种观点认为膜上存在着通道蛋白（channel protein），膜上不仅存在允许水分子通过的通道蛋白（6^{-10}A[①]，占膜面积的 0.06%），而且存在着直径大于等于离子直径的较大的通道蛋白。重金属转运蛋白根据对重金属的吸收和排出作用可以分为两类：吸收蛋白和排出蛋白。吸收蛋白主要有高亲和 Cu 转运蛋白家族（copper transporter，COPT）、天然抗性巨噬细胞蛋白家族（natural resistance associated macrophage protein，NRAMP）、锌铁蛋白家族（zinc or iron regulated transporter，ZIP）等，主要位于细胞质膜上，其功能是将重金属转运至细胞质。排出蛋白包括 P 型 ATP 酶（HMA）、阳离子转运促进蛋白家族（cation diffusion facilitator，CDF）、三磷酸结合盒转运蛋白（ATP-binding cassette transporter，ABC）、阳离子/H^+反向运输体（cation/H^+ antiporter，CAX 家族）等，其功能是将重金属排出细胞质，或区室化到液泡中。

2）促进运输：环境中具有活性基团的生物大分子与重金属离子结合对重金属的运输具有较大的影响。金属离子所带电荷越小，亲脂性越大，越容易透过生物膜，如 CH_3Hg^+在细胞上的通透性大于 Hg^{2+}，而（CH_3）$_2$Hg 的通透性又大于 CH_3Hg^+。重金属离子与细胞膜的亲和力对离子的运输也有很大影响。ABC 和黄色条纹转运蛋白（yellow stripe-like transporter，YSL）家族负责镉螯合物的转运。ABC 参与植物细胞膜上各种分子的转运和细胞中 PC-Cd 螯合物的转运，参与镉螯合物的 ABC 转运蛋白主要为 ABCC（MRP）亚家族，其大多位于液泡膜，是一种消耗 ATP 发挥转运功能的膜蛋白。YSL 通过植物细胞膜负责烟酰胺-金属螯合物的转运，如镉超积累植物龙葵（*Solanum nigrum*）*YSL* 基因家族 *SnYSL3* 参与镉的积累。

Chapel 等研究膜对离子选择性转运后发现，在溶液中没有缬氨霉素的情况下，类脂双分子层的电阻率是 10^4～10^7 Ω/cm^2，它比典型生物膜的电阻率（10～10^4 Ω/cm^2）要

① 1A＝0.1nm＝10^{-10}m

高几个数量级。一旦加入少量缬氨霉素（约 10^{-7} g/mol），脂质双分子层的电阻率就会下降 5 个数量级。

2．污染物在植物体内的迁移　根部吸收污染物后，一部分截留于根中，另一部分随蒸腾流而输送到植物各部分，植物根部吸收的污染物迁移过程包括两个阶段。

（1）横向迁移　穿过根表皮的无机离子到达内皮层可能有以下两条途径。

第一条是非共质体途径，即通过细胞壁和细胞间隙到达内皮层。铅主要以非共质体的方式在玉米根内横向移动。锌和镉以非共质体方式在水稻根部横向迁移（图 5-1）。

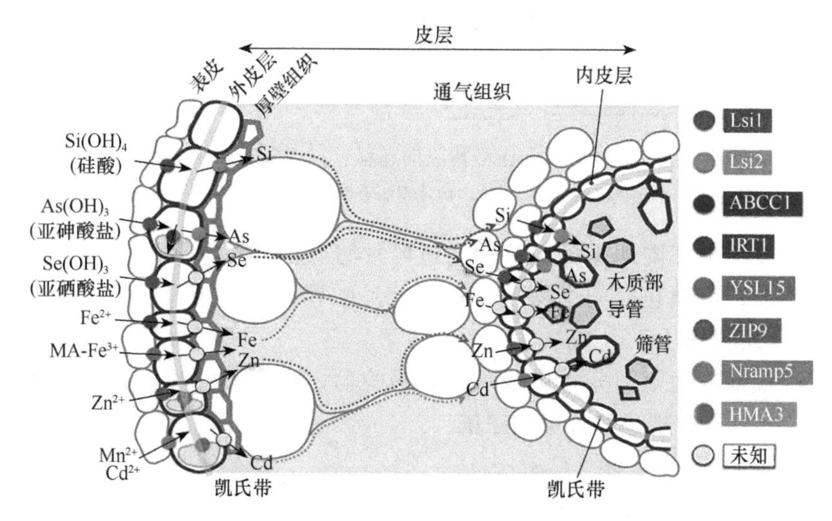

图 5-1　水稻根部对元素的吸收和横向迁移过程（Huang et al., 2020）

Lsi1 和 Lsi2 为硅转运蛋白；ABCC1 为三磷酸结合盒转运蛋白；IRT1 为铁高效转运蛋白；YSL15 为黄色条纹转运蛋白；ZIP9 为锌铁转运蛋白；Nramp5 为天然抗性巨噬细胞蛋白；HMA3 为重金属-ATP 酶

第二条是共质体途径，即细胞内的原生质流动和通过细胞之间相连接的细胞质通路，包括自由空间以外的部分，如细胞质、液泡等。当离子经主动运输或被动转运等过程进入细胞后，离子通过胞间连丝从一个细胞运到另一个细胞，由表皮到达内皮层。镉主要是以共质体途径进行横向迁移。

无机离子从根表面到达内皮层，通过原生质的流动经过胞间连丝从一个细胞移动到另一个细胞，穿过凯氏带，最后到达导管。

（2）纵向迁移　离子进入木质部后，从导管周围的薄壁细胞进入导管，随蒸腾拉力向地上移动（图 5-2）。中柱薄壁组织细胞具有 2 种不同的通道：内向整流通道（inward rectifying channel，KIRC）和外向整流通道（out ward rectifying channel，KORC），它们能够保证 K^+吸收到薄壁组织细胞并释放到中柱之中。KIRC 仅选择性地运输 K^+，而 KORC 通道不仅运输 K^+还运输 Ca^{2+}。

重金属在导管内与某些有机物螯合，以配位体的形态移动（图 5-2），大豆和番茄中的铜与天冬氨酸、组氨酸和谷氨酸结合进行迁移。Cataldo（1983）指出大豆伤流液中的镉主要与柠檬酸、苹果酸、琥珀酸等有机酸结合，还有部分与半胱氨酸、组氨酸结合。例如，Pb 主要通过木质部导管到达叶片，进入叶导管的 Pb 跨过维管束鞘，进入叶肉细胞，在叶肉细胞中沉积的 Pb，有一部分通过筛管进入可食部分。

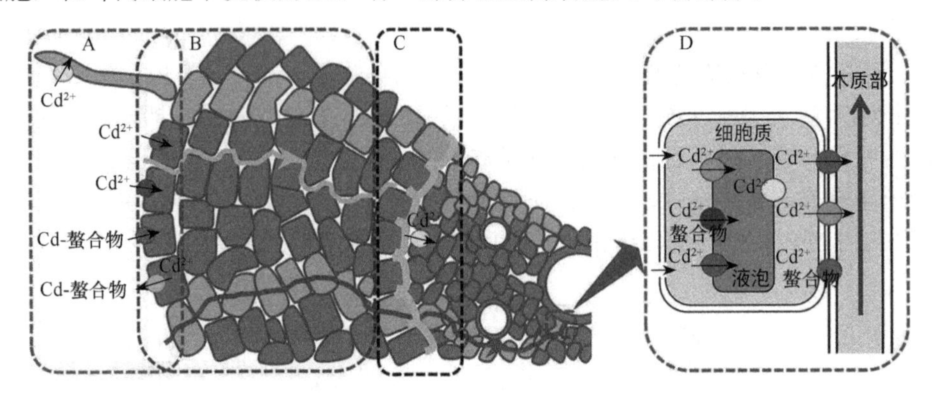

图 5-2 植物对镉的横向迁移和纵向迁移过程（Feng et al.，2018）

A．根细胞；B．细胞壁对镉的结合；C．内皮层非原生质体障碍；D．镉通过木质部转运

污染物可以从根部向地上部运输，通过叶片吸收的污染物也可从地上部向根部运输，叶片吸收的重金属也能向下移动。水稻叶片中累积的镉通过韧皮部的迁移进入籽粒，造成籽粒对镉的累积。

污染物经根部或地上部分（主要是叶）吸收后，可通过迁移而在生物体的不同部位重新分配。一般分布规律和含量顺序依次为：根＞茎＞叶。木麻黄（*Casuarina equisetifolia*）对 Pb 具有较强的耐性和积累能力，且能把较多的 Pb 固定在根部（李晓刚等，2019）。不同金属在植物茎叶和根部的含量有很大的不同，从图 5-3 可以看出，第一组元素（Cd、Fe、Cu、Co 和 Mo）根部比茎叶积累多；第二组元素（Pb、Sn、Ti、Ag、Cr、Zr 和 V）大多数累积在根部而茎叶迁移得很少；第三组元素（Zn、Ni 和 Mn）在根部和茎叶中呈均匀分布。

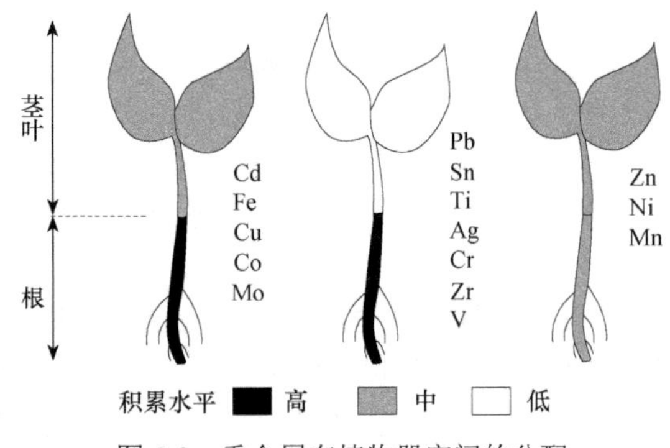

图 5-3 重金属在植物器官间的分配（Siedlecka，1995）

3．植物对污染物吸收和迁移的影响因素 植物对污染物的吸收、迁移，主要取决于植物的生物学和生态学特性、污染物的种类和形态、土壤 pH、土壤氧化还原电位（Eh）、土壤阳离子交换量、土壤有机质、土壤质地及污染物间的相互作用。

（1）植物的生物学和生态学特性 不同植物物种对污染物的吸收和累积量差异很大。例如，在酸性土壤中，石松（*Lycopodium japonicum*）和地菍（*Melastoma dodecandrum*）等中铝含量高达 1%及以上（占干重）；生长在富硒土壤中的内蒙黄芪（*Astragalus mongholicus*）的灰分中硒的含量达 15 000 mg/kg，而伴生的牧草却小于 0.01 mg/kg；在含钴的土壤中生长的野百合（*Lilium brownii*）的灰分中含有 1.8%的钴，是含钴较高的植物。

植物的生态类型和生态型之间对污染物的吸收和累积量也存在差异。水生植物的生态类型中沉水植物由于整个植株都是吸收面，对 Pb 的吸收量比浮水植物和挺水植物高。生长在污染区的植物在生理、生化和遗传上形成与环境相适应的抗性生态型。在 1000 mg/kg 的 Pb 处理下，中华山蓼（*Oxyria sinensis* Hemst）的矿区生态型根部含量为 122.3 mg/kg，而非矿区生态型根部含量为 180.2 mg/kg（Li et al.，2014）。不同水稻品种和玉米对重金属的累积具有较大的差异。例如，玉米‘路单 6 号’和‘秋硕玉 6 号’籽粒对镉的累积较低。

同一植物的不同部位、不同生育期对污染物的吸收和累积也有差异。在小白菜中 Cd 的分配规律为：根＞地上部分。小麦根尖端 1～4 cm 区域吸收的离子最易向地上部转移，禾谷类在抽穗前 10 天左右吸收的离子最易向地上部转移，水稻对镉的吸收大部分是在抽穗期、开花期和灌浆期（王焕校，2012）。

（2）污染物的种类和形态　一般而言，比较活泼的元素在植物体内移动的速度较快。在水稻中，Pb 和 As 大部分累积在根部，难于向地上部迁移，Pb 在根部占 90%～98%，分布于糙米中的仅占 0.05%～0.5%（王新，1997）。土壤中的重金属形态一般分为：水溶态、交换态、有机物结合态、铁锰氧化物结合态和残渣态，其中重金属生物有效态包括水溶态和交换态。植物合成的螯合剂和人工螯合剂都可以改变介质中重金属的移动性和有效性。植物根系分泌的柠檬酸与二价或三价的金属离子（Fe、Pb 和 Cd）结合形成稳定的形态而增加其移动性。Pb、Cu 和 Fe（Ⅲ）的有机结合物具有较高的稳定系数（lg*K*），与—NH^+、—OH^+、—SH^+、—COO^-基团结合进行运输。Zn、Ni 和 Cd 以复合物的形态通过细胞膜，可能导致吸收的加倍。

不同元素和同一元素的不同价态吸收系数差别很大，如水稻对 Cr^{6+}的吸收系数大于 Cr^{3+}。根据吸收系数的大小，植物对元素的吸收顺序为：As（Cd）＞Hg＞Cr。金属阳离子的偶数价离子对机体的亲和性高，奇数价的亲和性则相对较低，尤其是三价阳离子在正常的生理状态下易被排出体外；阴离子正好相反，奇数价的离子亲和性高，偶数价的则低。从空间结构看，以正四面体为结构的元素的亲和力高。

（3）土壤 pH　pH 降低可导致碳酸盐和氢氧化物结合态的重金属溶解和释放。随 pH 升高，土壤对 Cd 的吸附率增大。在较低的 pH 下，溶液中存在较多的游离态镉，易被生物吸收，水体沉积物中生物可给态的水溶态和可交换态 Cd、Zn 的浓度明显增加。pH 低时，以硫酸铅（$PbSO_4$）为主，可溶性铅含量上升。在中性或碱性下，主要以 $PbOH^+$和 $Pb(OH)_2$等沉淀存在，减少植物对铅的吸收。土壤 pH 能影响植物对农药的吸收。如 2,4-D 在 pH 3～4 的条件下，能分解为有机阳离子，被带负电荷的土壤胶体所吸附，而在 pH 6～7 的条件下则解离为有机阴离子，为带正电荷的土壤胶体所吸附。

（4）土壤氧化还原电位（Eh）　重金属在不同的氧化还原状态下，具有不同的形态。硫化物是重金属难溶化合物的主要形态。随着 Eh 的降低，硫化物大量形成。在淹水还原条件下，Fe^{3+}还原成 Fe^{2+}，Mn^{4+}还原成 Mn^{2+}，SO_4^{2-}还原成硫化物，形成难溶的 FeS、MnS 和 CdS。在含砷量相同的土壤中，水稻在淹水条件下易形成还原态的三价砷（亚砷酸），三价砷的毒性比五价砷高，水稻易受害，而旱地常以氧化态的五价砷存在。在 Eh 低的还原条件下，水稻根系向根际释放氧气和氧化性物质，使土壤中 Fe^{2+}和

Mn^{2+}在水稻根表面及质外体被氧化，形成铁锰氧化物胶膜，阻碍重金属进入根内。

在不同氧化还原电位的条件下，沉积物中重金属的结合形态可以互相转化。在还原条件下，有机结合态镉最为稳定，但是在氧化条件下，有机结合态镉则被转化为生物可利用的水溶态、可交换态或溶解络合态而释放到水中，并随氧化还原电位增大，释放量增多。

（5）土壤阳离子交换量　土壤阳离子交换量（soil cation exchange capacity，CEC）越大，土壤对污染物的缓冲能力越大，特别是对重金属离子的吸附作用越大，在一定程度上，降低植物对污染物的吸收量。但是，植物根的表面能与根际环境的重金属发生离子交换吸附，根表面与土壤溶液的离子交换量越大，重金属离子越易于进入根部。根表 CEC 大的豆科植物对 Cd 最敏感，而根表面 CEC 小的禾本科作物耐受 Cd 的能力较强。生物炭能够大量吸附重金属，可以使翅荚决明（*Cassia alata*）根部和地上部重金属含量显著降低（Huang et al.，2020）。

（6）土壤有机质　土壤中有机质含量愈多，提供的能沉淀或络合污染物的基团愈多，从而对污染物的吸附能力愈强，根系吸收污染物的量就愈少。一般来讲，增加土壤有机质含量，提高土壤对阳离子的固定率，能减少植物对重金属的吸收。

在腐殖质中胡敏酸和金属形成的胡敏酸盐除一价碱金属盐外，一般是难溶的。富里酸与金属形成的螯合物，一般是易溶的。在腐殖质中的富里酸与金属之比大于 2 时，有利于形成水溶性的金属络合物，小于 2 时易形成难溶性的络合物。添加腐殖质等土壤改良剂能影响重金属形态的变化，进而影响植物的吸收。有机肥的施用是通过提高土壤液相中溶解性有机物含量，增加重金属在土壤中的浸出，从而增加重金属的活性。例如，富含铜锌的猪粪具有溶解性有机物（dissolved organic matter，DOM）含量较高的特点，这类有机肥施用后将明显增加重金属在土壤和作物中的累积，连续施用和过量施用可能造成土壤重金属污染风险的增加（徐岩等，2020）。有机物、铁铝（氢）氧化物和黏土矿物等对土壤重金属的浸出特性具有重要的影响。

（7）土壤质地　土壤不同粒径的天然颗粒物对于重金属污染物的环境迁移、地球化学形态和健康风险等具有非常重要的影响，天然颗粒物的粒径影响着重金属元素的地球化学行为与过程。黏粒组分的总有机碳（TOC）和重金属含量远高于体积分数更大的细砂粒和粉粒，粒径更小的组分更易赋存有机质和重金属元素。铅污染土壤中，铅分布含量依次为：粉粒组＞细砂粒＞粗黏粒＞细黏粒。随着土壤粒径的减小，有机质和重金属 Pb、Mn、Cu、Zn、Ni、Co、Cr 的含量升高，原生矿物减少，黏土矿物增多，土壤分散度变高，晶型物质减少，无定形物质增多，重金属更加容易释放溶出（吴婷等，2017）。

黏土矿物、蒙脱石和高岭石对金属离子的吸附具有差异。不同类型的金属离子，被土壤黏土矿物吸附的数量和强弱是不同的。金属元素若被吸附在黏土矿物表面的交换位点上，则较易被交换解析，如被吸附在晶格中，则很难被释放。不同质地土壤对农药存在物理吸附和物理化学吸附两种方式，其中主要是物理化学吸附（或称离子交换吸附）。3 种质地土壤下，相同 Cd 浓度处理时，土壤有效态 Cd 含量大小分别为砂土＞壤土＞黏土，龙葵 Cd 含量、富集系数（bioaccumulation factor，BCF）依次为砂土＞黏土＞壤土，龙葵地上部生物量为壤土＞黏土＞砂土（王坤等，2014）。

（8）污染物间的相互作用　污染物间的相互作用方式有 4 种类型：相加作用（additive action）、协同作用（synergism）、独立作用（independent action）和拮抗作用（antagonism）。

相加作用是多种化学物质联合作用时所产生的毒性为各单个物质产生毒性的总和，如丙烯腈与乙腈、稻瘟净和乐果等。如果以死亡率为指标，两种污染物毒性作用的死亡率分别为 M_1 和 M_2（下同），则联合作用的死亡率为 $M=M_1+M_2$。

协同作用是多种化学物质联合作用的毒性大于各单个物质毒性的总和，如稻瘟净与马拉硫磷、臭氧与硫酸气溶胶等，作用公式为 $M>M_1+M_2$。

独立作用是各单一化学物质对机体作用的途径、方式及其机理均不相同，联合作用于生物时，在生物体内的作用互不影响。作用公式为 $M=M_1+M_2$。

拮抗作用是两种或两种以上化学物质同时作用于生物体，其联合作用的毒性小于单个化学物质的毒性，如二氯甲烷与乙醇、铁和锰等。作用公式为 $M<M_1+M_2$。拮抗作用产生的原因包括以下几点。

1）两物质之间由于发生直接的化学反应而产生拮抗，如 As、Hg、Cd、Ag、Sb 等对 Se 的拮抗，其机理可能是重金属与 Se 生成相应 As_2Se_3、HgSe 和 CdSe 等难解离的化合物，导致 Se 的生物活性消失。

2）破坏金属酶的辅基或金属蛋白的活性基团而产生拮抗。Cd 对蛋白质中巯基的结合比 Zn 更稳定，Cd 可把 Zn 从蛋白质中置换出来，表现为 Cd 对 Zn 的生物拮抗。

3）使金属酶反应体系受阻而产生拮抗。某一元素的作用，使金属酶反应体系中的一环受阻，从而产生对另一元素的间接拮抗，如 Cu 对 Mo 的拮抗，含 Mo 的脱氢酶（如黄嘌呤脱氢酶）使代谢物氧化并产生 H_2O_2。在正常情况下，H_2O_2 在含 Fe 的过氧化氢酶的作用下，迅速分解为 H_2O 和 O_2，而当存在过量 Cu 时，便抑制过氧化氢酶，从而造成细胞内 H_2O_2 的毒性积累。过剩的 H_2O_2 将反过来抑制破坏含 Mo 的脱氢酶，造成 Cu-Mo 拮抗现象（图 5-4）。Pb-Fe 的拮抗具有类似的特征。

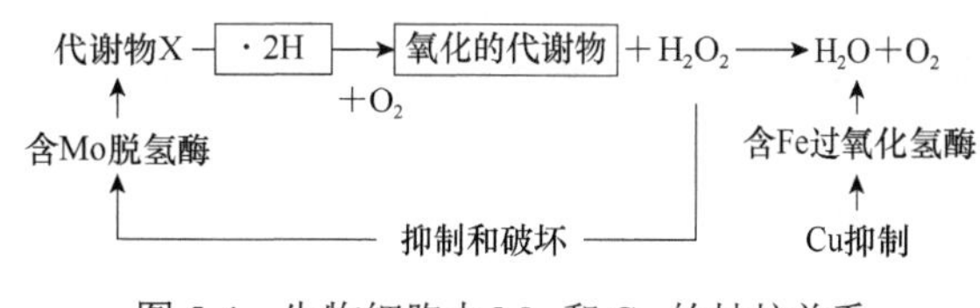

图 5-4　生物细胞内 Mo 和 Cu 的拮抗关系

4）相似原子结构的元素在与有机化合物的络合中因可互相取代而造成拮抗，如 W-Mo、Cd-Ca、V-Mn、Ni-Cu 和 Mn-Mg 等。从原子结构理论出发，存在拮抗关系的元素包括：Fe^{2+}-Zn^{2+}、Fe^{3+}-Mn^{2+}、Sb^{5+}-Mo^{6+}、Cu^{2+}-Co^{2+}、Ni^{2+}-Mg^{2+}、Ru^{2+}-Co^{2+}和 Ge^{2+}-Zn^{2+}等。

5）相似化学特征的元素互相取代而造成拮抗。增加植物中的 Mn 含量会降低 Cd 对光合系统的毒害。由于 Mn 和 Cu 的竞争发生在同一吸收位点，Mn 的存在会降低 Cd 的吸收。

（二）动物对污染物的吸收

1．动物对污染物的吸收过程　动物细胞缺乏细胞壁，因此细胞膜对污染物具有重要的屏障作用。污染物通过动物细胞膜的方式有被动运输与特殊转运：被动运输包括简单扩散和滤过作用；特殊转运分为载体转运、主动运输、吞噬和胞饮作用。

动物对污染物的吸收一般是通过呼吸道、消化道、皮肤等途径完成的。环境中许多污染物以气体、蒸气和气溶胶等形式存在于空气中，空气中的污染物进入呼吸道后通过气管进入肺部，肺泡数量多（约3亿个），表面积大（50～100 m^2），相当于皮肤吸收面积的 50 倍，且遍布毛细血管。污染物到达肺部经过被动扩散，能迅速吸收进入血液。直径＞5 μm 的颗粒几乎全部在鼻和支气管树中沉积；＜5 μm 的微粒，颗粒愈小；到达支气管树的外周分支就愈深；直径≤1 μm 的微粒，常附着在肺泡内，但是对于极小的微粒（0.01～0.03 μm），主要附着于较大的支气管内。肺泡上皮细胞膜对脂溶性、非脂溶性分子及离子都具有高度的通透性。部分毒物如苯并（a）芘、石棉、铍等能在肺部长期停留，使肺部致敏纤维化或致癌；部分毒物运至支气管时刺激气管壁产生反应性咳嗽而被吐出或被咽入消化道。肺泡壁有丰富的毛细血管网，能起到部分解毒的作用。水生动物对重金属吸收的主要途径是通过表皮细胞或鳃等，从水中直接吸收重金属，或者通过动物摄食吸收或消化吸附着重金属的颗粒状物质（饵料和沉积物颗粒）。

动物主要在消化道吸收污染物，肠道黏膜是主要部位之一。大多数污染物在消化管中以扩散方式通过细胞膜而被吸收，污染物浓度越高吸收越多。脂溶性物质较易吸收，水溶性易解离或难溶于水的物质则不易吸收，如弱酸在胃内（pH＝2）呈不解离状态，脂溶性大，易被胃所吸收；而弱碱，在胃内呈游离状态，不被吸收，在小肠内（pH＝6）呈脂溶状态易被吸收。甲基汞和乙基汞具有脂溶性，被肠道的吸收量远高于离子态汞，吸收率达 95%以上；肠道对无机汞中的离子态和金属汞的吸收率在 20%以下，Hg^{2+}不易为肠壁吸收；在呼吸道镉的吸收率为10%～14%，在消化道为5%～10%。

胃酸、胃肠道消化液和肠道微生物可使化学物质降解或发生其他变化，胃肠道中的食物可以与污染物形成不易被吸收的复合物，或者改变胃肠道的酸碱度，影响吸收过程。小肠内存在的酶系使已与毒物结合的蛋白质或脂肪分解，毒物游离释放而促进吸收。肠道蠕动的情况也影响吸收，小肠蠕动的减少可延长毒物与肠道的接触时间，促进吸收。

皮肤是动物体对污染物吸收的重要防卫体系。污染物经皮肤吸收含有两条途径：①通过表皮脂质屏障，即污染物→角质层→透明层→颗粒层→生发层和基膜（最薄的表皮只有角质层和生发层）→真皮；②通过汗腺、皮脂腺和毛囊等皮肤附属器，绕过表皮层障碍直接进入真皮。有些电解质和某些金属能经此途径被少量吸收。

经皮肤吸收分为两个阶段。第一阶段是污染物以扩散的方式通过表皮，表皮的角质层是最重要的屏障。污染物穿透的速度与脂溶性有关，脂溶性越大穿透力越强，非脂溶性物质不易通过表皮，特别是分子量＞300 的污染物更不易通过。第二阶段是污染物以扩散的方式通过真皮。由于真皮组织疏松，毛细血管壁细胞具有较大的膜孔，其扩散速度取决于污染物本身的水溶性，如多数有机磷农药可透过完整皮肤引起中毒或死亡，CCl_4经皮肤吸收而易引起肝损害等。

皮肤的完整性、皮肤的吸收部位、污染物本身的理化性质和皮肤接触的条件等均可影响皮肤对污染物的吸收。

2．污染物在动物体内的迁移　污染物被吸收后进入体液（主要是血液和淋巴液），与血浆和红细胞中的蛋白质结合，随体液的流动分散到全身各组织中。

经消化系统吸收的污染物首先进入肝门静脉，再被输送到肝脏进行生物转化，经肝脏代谢解毒，这对保护机体免遭污染物的损害具有积极意义。呼吸道吸收的污染物质经肺循环直接进入循环系统而分布于全身组织细胞。进入血液中的汞化合物与红细胞或血浆中的蛋白质及谷胱甘肽等物质结合且运输。无机离子态汞在肾内积累最多，其次是肝、脾、甲状腺，金属汞极易通过血脑屏障而到达脑中枢，进入后很快被氧化成 Hg^{+}，很难从脑中排除。

污染物的分布规律表现为：能溶解于体液的物质，均匀地分布于动物全身。污染物主要留存于肝或其他网状皮层系统中，污染物与骨头具有亲和性的可在骨中积累，如二价阳离子铅、钙、锌、锶、镭、铍等。对于某一器官具有特殊亲和性的物质，在该器官中残留量大，如碘对甲状腺具有亲和性，在甲状腺中分布量大；汞对肾脏具有亲和性，无机离子汞在肾脏的肾小管内分布量最大。镉有 1/3～1/2 蓄积在肝和肾，肠道吸收的镉，首先输送到肝脏，促进肝中金属硫蛋白的合成，同时，与金属硫蛋白结合的锌相置换；脂溶性物质与脂肪组织乳糜微粒具有亲和性，如 DDT、六六六等。甲壳动物吸收重金属后，重金属主要存在于动物的外骨骼等外皮硬组织中，如果重金属以颗粒态被摄食和吸收，绝大部分的重金属会被转运到动物体内的内部软组织中。

污染物可以通过消化道、胆汁和肾排出。肾小管膜的类脂特性与机体其他部位的生物膜相同，脂溶性污染物质容易被重吸收。肾小管液呈酸性时，有机弱酸解离少，易被重吸收。肾排泄是污染物的主要排泄途径。胆汁排出指由消化管及其他途径吸收的污染物质，经血液到达肝脏后，以原物质或其代谢物合并胆汁一起分泌至十二指肠，经小肠至大肠再排出体外的过程。分子量在 300 以上，水溶性大、脂溶性小的化合物，胆汁排出较好。此外，还可通过乳汁、呼气和毛发等排出。

（三）微生物对污染物的吸收

微生物对污染物有着很强的吸收与分解能力，污染物通过离子交换反应、沉淀作用和络合作用结合在微生物细胞壁上。革兰氏阳性菌的细胞壁有一层很厚的、网状的肽聚糖结构，在细胞壁表面存在的磷壁酸质和糖醛酸磷壁酸质连接到网状的肽聚糖上。磷壁酸质的磷酸二酯和糖醛酸磷壁酸质的羧基使细胞壁带负电荷，能与溶液中带正电荷的离子进行交换反应。革兰氏阴性菌的细胞壁中，只有很薄的一层肽聚糖结构，固定污染物的量低。据报道，能吸附铅的微生物有蕈状芽孢杆菌（*Bacillus mycoides*）、小刺青霉（*Penicillium spinulosum*）、产黄青霉（*Penicillium chrysogenum*）等（牛慧等，1993）。污染物也可能进入微生物细胞，许多藻类、细菌和酵母菌吸收累积的重金属量甚至超过生物吸附的重金属量，其动力来自跨膜离子梯度，而其跨膜运输速率与细胞代谢状态、培养基组成和性质有关。

微生物吸收污染物的影响因素包括：培养液的 pH、培养时间、污染物的浓度和培养温度等。

二、生物对污染物的积累

许多污染物在生物体内的浓度随着生长发育时间的延长而增加，甚至大于其在环境中的浓度，且可能随营养级的升高而增加，严重威胁着人类的健康和生活质量。研究污染物的生物积累现象及其影响因素具有十分重要的意义。

（一）生物积累的概念

生物积累（bio-accumulation）是指生物从环境（水、土壤、大气）中蓄积某种元素或难降解的物质，使其在机体内浓度逐渐增加的现象。

生物富集（bio-enrichment）或生物浓缩（bio-concentration）是指生物个体或处于同一营养级的许多生物种群，从周围环境中吸收并积累某种元素或难分解的化合物，导致生物体内该物质的浓度超过环境中浓度的现象。

生物放大（bio-magnification）是指食物链上的高营养级生物，通过捕食低营养级生物，蓄积某种元素或难降解物质，使其在机体内的浓度随营养级数的提高而增大的现象。

生物对污染物的累积和转运采用富集系数和转运系数进行评价。富集系数或浓缩系数（concentration coefficient，BCF）以生物体内污染物的浓度与其生存环境中该污染物浓度的比值来表示。

$$\mathrm{BCF}=C_b/C_e$$

式中，BCF 为生物富集系数或浓缩系数；C_b 为某种元素或难降解物质在机体中的浓度；C_e为某种元素或难降解物质在环境中的浓度。

转运系数或转移因子（transfer factor，TF）以植物地上部的浓度与其地下部的浓度的比值来表示。

$$\mathrm{TF}=C_s/C_r$$

式中，TF 为转运系数或转移因子；C_s 为某种元素或难降解物质在植物地上部的浓度；C_r为某种元素或难降解物质在植物地下部的浓度。

污染物在动物体的主要积累部位是血浆蛋白、脂肪组织和骨骼。许多有机污染物质及其代谢脂溶性产物集中于脂肪组织，如苯、多氯联苯等。氟及钡、锶、铍、镭等金属，经离子交换吸附，进入骨骼组织的无机羟磷灰盐中而积累。有些污染物质的积累部位与毒性作用部位不同，有些污染物质的积累部位是脂肪组织，而毒性作用部位是神经系统。积累部位中的污染物质，常同血浆中游离型污染物质保持相对稳定的平衡。当血浆中污染物质减少时，积累部位就会释放该物质，以维持平衡。因此，在污染物质积累和毒性作用的部位不一致时，积累部位就成为污染物质内在的污染源，可引起机体慢性中毒。

美国图尔卡纳湖和俄罗斯克拉斯诺亚尔斯克边疆区自然保护区内生物群落受到 DDT 的污染，位于食物链顶级以鱼类为食的水鸟体中 DDT 的浓度，比当地湖水高出 $1.0\times10^5\sim1.2\times10^5$ 倍。DDT 在体内的浓度沿“浮游植物→浮游动物→小鱼→肉食性鱼（或水鸟）”的食物链逐级放大。食物链十分复杂，相互交织成网状，同一种生物在不同的食物链中有可能隶属不同的营养级而具有多种食物来源，改变生物放大过程。

（二）生物积累的影响因素

生物积累的影响因素包括生物学特性、污染物的性质及环境特点。

1．生物学特性　生物体内能和污染物形成稳定结合物的物质能增加生物富集量，能与污染物结合的物质包括糖类、蛋白质、氨基酸、脂类和核酸等。金属硫蛋白是生物有机体在某些金属的诱导下合成的一类脱辅基硫蛋白，分子质量（6000～10 000 Da）低，含有高达30%的半胱氨酸，对重金属具有很高的亲和力；氨基酸含有—NH_2、—SH等基团，都能与金属结合形成复杂的金属螯合物；脂类含有极性酯键，能和金属离子结合而形成络合物或螯合物，使重金属储存在脂肪内。核酸是极性化合物，既含有磷酸基又含有碱性基团，属两性电解质，在一定的pH条件下能解离并带电荷，与金属离子结合。例如，嘌呤碱基中的鸟嘌呤与腺嘌呤因含—NH、—OH、—NH_2等基团，易与金属离子结合。

生物的不同器官与污染物接触时间的长短、接触面积的大小等存在很大差异，导致其对污染物的富集量不同。在相同铅浓度下，水中的铅吸附在鱼的鳃耙、鳃丝和鳞片上，当血液中的铅通过骨骼的组织时，便以$Pb_3(PO_4)_2$的形式沉积（王焕校，2012）。

生物在不同生育期代谢活动不同，这使污染物在生物体内的富集量有明显差异。水稻根对铅的富集顺序为：拔节期＞分蘖期＞苗期＞抽穗期＞结实期（杨树华，1986）。在鱼类及哺乳动物体内，有机氯化物含量存在着明显的季节波动，如鳕鱼、鳗鱼、鲦鱼体内DDT的含量，在产卵期间迅速下降，产卵结束后又有增加；在海豹分娩和哺乳期间，体内有机氯化物的富集较少。在卵子产生过程中，凡纳滨对虾（*Litopenaeus vannamei*）会吸收多种金属包括Cd、Mn、Zn、Cu、Fe等，并储存在卵巢内（Jeckel et al.，1996）。在受重金属污染的环境中生活的鱼体内重金属含量会随着年龄的增长而增加，表现出生物累积的现象。铜鱼（*Coreius heterodon*）、圆口铜鱼（*Coreius guichenoti*）、羊鱼（*Mullus barbatus*）、东方欧鳊（*Abramis brama*）中Cd、Pb和Cu的含量均随着年龄的增加而增加，表现出明显的生物累积的现象（曾乐意等，2012）。在食物网中随着生物体营养级的升高，生物体内重金属的累积量会逐渐升高，从而产生生物放大作用。

不同生物种对污染物的吸收累积情况也存在差异。几种杨树富集汞的强弱顺序为加拿大杨＞晚花杨＞旱杨＞辽杨。海洋生物砷的富集系数则比淡水鱼及甲壳动物高10～100倍（王焕校，2012）。蔬菜对Cd的积累分为低积累、中积累和高积累（朱有勇和李元，2012）。另外，生物有机体的大小、性别、食性、食量、生活区域和生长发育季节等也都会影响生物对污染物的富集。

2．污染物的性质　污染物的性质主要包括污染物的价态、形态、结构形式、分子量、溶解度或溶解性质、稳定性、在溶液中的扩散能力和在生物体内的迁移能力等。

化学稳定性和高脂溶性是生物富集的重要条件。例如，DDT和多氯联苯（PCB）属脂溶性物质，具有较强的脂溶性，在食物链顶端生物体内其浓度可达1.0×10^5 mg/kg，比在水中的溶解度高500万倍。这类污染物与生物接触时，能迅速地被吸收，并储存在脂肪中，很难被分解，也不易排出体外。有机磷农药、氨基甲酸酯类农药、酚类污染物与有机氯农药相比，较易被生物降解，它们在环境中的滞留时间较短，在土壤和地表水中降解速率较快，不易在生物体内富集。甲基汞具有更高的化学稳定性，生物对甲基汞的富集能力很强。甲基汞和无机汞的稳定性还和其配位体络合物的稳定常数有关，稳定常数越高，化学稳定性越强。

污染物渗透能力强弱即在生物体内穿透能力的强弱，决定了污染物在生物体内富集的部位不同。穿透力强的农药多富集于果肉和米粒；穿透力弱的种类则多停留在果皮和米糠之中。

生物体内污染物的富集量与污染物的浓度呈正相关，也与作用时间密切相关，而富集系数具有随污染物浓度增高而逐渐下降的趋势。污染物的浓度越高，作用时间越长，则生物体内污染物富集量也越多。

3. 环境特点 土壤含水量、土壤质地、pH、有机质含量和矿质元素等对植物的积累都具有重要的影响。土壤水分过多，污染物以还原态为主，活性受到抑制，积累量减少；土壤水分过少，污染物的可给态数量少，积累量减少。土壤 pH 低，有利于污染物的活化，积累量增加。土壤中有机质和矿质元素的大量存在，降低了植物积累重金属的数量。不同类型的土壤，对不同种类的有机和无机污染物具有不同的降解、吸附和淋溶作用，从而影响土壤生物和植物对污染物的积累。

第二节 重金属污染对生物的影响

随着重金属污染的农业土壤及农产品不断增加，重金属污染已经成为世界性的问题和迫切需要解决的难题。一方面，重金属影响生物的生长发育、生理代谢和遗传特征等；另一方面，生物通过逃避、忍耐和改变代谢途径等对重金属的危害产生耐性或抗性。

一、重金属及其污染特点

（一）重金属的概念及形态

重金属是指相对密度大于 5 g/cm^3 的金属元素，大约有 45 种，主要包括汞、铬、镉、铅、砷、镍、铜、锌和硒等元素，其中砷和硒为类金属，常与重金属一起讨论。汞的毒性最大，镉次之，常把汞、镉、铬、铅、砷称为“五毒”元素。

土壤重金属污染的来源包括自然因素和人为因素。自然因素包括火山爆发、地震、重金属矿物的风化和矿化、泥石流和水土流失等。例如，火山爆发能使砷、汞、硒等易挥发的元素以气态的方式进入大气，并进入土壤或水体。人为因素包括工业三废、开采和冶炼矿山、金属腐蚀、施用化肥和农药、城市生活垃圾、污灌（污泥）的农田施用、森林与木材工业、运动与休闲活动、汽车尾气和大气沉降等。

重金属不同化学形态的生物有效性不同。Tessier 等（1979）将沉积物或土壤中重金属元素的形态分为可交换态、碳酸盐结合态、铁-锰氧化物结合态、有机物结合态和残渣态5种形态。其中，可交换态重金属是吸附在黏土、腐殖质及其他成分上的金属，对环境变化敏感，易于迁移转化，能被植物吸收。碳酸盐结合态重金属是指土壤中重金属元素在碳酸盐矿物上形成的共沉淀结合态。铁-锰氧化物结合态重金属一般是以矿物的外囊物和细粉散颗粒存在，活性的铁-锰氧化物比表面积大，通过吸附或共沉淀阴离子而成。有机物结合态重金属是土壤中各种有机物与重金属的结合形态，如动植物残体、腐殖质及矿物颗粒的包裹层等，与土壤中重金属螯合而成。残渣态重金属一般存在于硅酸盐、原生和次生矿物等土壤晶格中，是自然地质风化过程的结果，它们来源于土壤矿物质，性质稳定，在自然界正常条件下不易释放，能长期稳定在土壤中，不易为植物吸收。碳酸盐结合态、可交换态、有机物结合态和铁-锰氧化物结合态是植物吸收重金属元素的主要形态，残渣态是土壤背景含量的指示组分。土壤重金属顺序提取形态（BCR）法将重金属的形态分为4种：酸溶态、可还原态、可氧化态和残渣态。

土壤重金属形态的影响因素较多，但主要是受重金属自身特性和含量、土质成分（黏土矿物、有机质、铁锰铝氧化物等）、土壤 pH、氧化还原电位、温度和湿度等环境条件影响。

（二）重金属污染的特点

1. 重金属污染的一般特征

1）重金属产生毒性的浓度范围较低，一般在水体中为 1～10 mg/L 就可以产生毒性，汞和镉产生毒性的浓度范围在 0.001～0.01 mg/L。

2）一般情况下，重金属不能被微生物降解，只能发生形态的转化。

3）重金属的毒性与存在的形态和价态有关，如汞化合物具有较强的共价性，具有强挥发性和流动性，在自然环境或生物体间有较大的迁移和分配能力。镉能与含巯基（—SH）的氨基酸类形成螯合物，具有较大的脂溶性，能在生物体内积累并产生中毒。Cr^{3+}可以被带负电荷的胶体强烈吸附，而 CrO_4^{2-}则可以被带正电荷的胶体（如水合氧化铁或氧化锰）吸附。砷的低氧化态比高氧化态的毒性大，且不易被吸附，移动性更强。汞和砷等能转化为毒性更强的金属有机化合物。

4）重金属污染多为复合污染。重金属的来源较为复杂，常以无机和有机混合物的形式进入环境，同时含有多种重金属，共同产生一定的协同作用或拮抗作用，对生物和生态系统产生影响。

5）重金属可以通过食物链进行生物放大，进入人体，对人体产生慢性中毒。即使是铜、锌等植物的微量元素也能在植物或生物体内蓄积并最终产生毒害作用。

2. 土壤重金属污染的特点 重金属污染广泛存在于土壤、水体和大气环境中，但在土壤中的重金属的行为和危害性已经成了重要的环境问题，其在土壤中的特点表现为以下几点。

1）隐蔽性和滞后性。重金属可以通过多种途径进入土壤，并在土壤中积累，从重金属污染到产生可见的污染危害需要很长的时间，但一旦出现了可见的危害就很难治理和修复，如日本的“骨痛病”是在污染10～20年后才被认识的。

2）不可逆性。重金属污染土壤是一个不可逆的过程，主要表现为重金属在土壤中难以被降解和稀释而达到净化，重金属对生物、环境、生态系统的危害和影响难以恢复，可能需要 100～200 年的时间。

3）地域性和难移动性。重金属在土壤中不容易迁移和下渗，在接近污染源的区域出现重金属污染的概率较大。重金属与土壤颗粒或土壤中物质发生物理作用、化学作用、生物反应等，通过吸附、螯合、沉淀作用结合在土壤颗粒的表面或矿物颗粒之间，降低了迁移能力。即使随水或扬尘进入大气，其机械带走的距离也很有限。

4）治理困难。针对重金属污染的治理方法已经有很多，但成本高，周期长。针对重金属难降解的特点，研究和发展有效且经济的重金属污染治理和修复的技术与方法是当前一大重要的课题。

二、重金属污染对生物的危害

环境中重金属含量不断增加，相应生物体内的重金属含量也逐渐积累。植物吸收的重金属超过其毒性阈值时，生物就会出现一系列的受害症状，生理、生化过程受阻，生长发育停滞，最后可能导致死亡。

根据污染物对生物产生的毒性作用大小，可将污染物的浓度分为以下几种：①安全浓度（safe concentration）：生物与某种污染物长期接触，仍未发现受害症状，这种不会产生受害症状的浓度称为安全浓度。②最高允许浓度（maximum permissible concentration）：生物在整个生长发育周期内，或者是对污染物最敏感的时期内，该污染物对生物的生命活动能力和生产力没有发生明显影响的浓度，称为最高允许浓度。③效应浓度（effective concentration）：超过最高允许浓度，生物开始出现受害症状，接触毒物时间愈长，受害愈重，这种使生物开始出现受害症状的浓度称为效应浓度，可以用 EC_{50}、EC_{70}、EC_{90} 分别代表在该浓度下有 50%、70%、90%的个体出现特殊效应，即开始出现受害症状。④致死浓度（lethal concentration）：当污染物浓度继续上升到一定浓度时，生物开始死亡，这时的浓度称为致死浓度，也称致死阈值。可以用 LC_{50}、LC_{70}、LC_{90}、LC_{100} 分别代表毒害致死 50%、70%、90%、100%的个体的阈值。半效应浓度 EC_{50} 和半致死浓度 LC_{50} 是毒理学研究中最常用的毒害效应强弱的评价标准。

（一）重金属对植物的影响

重金属对植物的影响包括以下五个阶段。

第一阶段是重金属能引起细胞壁的氧自由基的产生，导致细胞膜的脂质过氧化作用和细胞膜透性的增加。最显著的对细胞结构的破坏在于重金属与膜蛋白、质子泵（H^+-ATPase）和跨膜蛋白的结合，从而抑制膜的运输过程或使重金属在细胞质中积累。

第二阶段是从重金属进入细胞质开始，在细胞质中与蛋白质、非酶类大分子化合物结合，并与必需元素竞争代谢中间产物，从而引起对细胞代谢和调节功能的抑制，并产生氧化胁迫。

第三阶段是对植物生理代谢的影响，如对物质的运输、代谢和自我平衡等方面的负作用。植物光合器官的破坏、氧化还原反应的抑制、氧化胁迫、酶和磷酸戊糖途径的抑制与气体交换的改变等，导致植物的光合作用和呼吸作用均受到影响。重金属与其他阳离子竞争细胞壁上的吸附位点，并与营养元素竞争，影响阳离子的吸收，即产生营养元素的缺乏和被胁迫。重金属改变蛋白酶的功能而影响细胞的自我调节作用，同时，重金属的胁迫使大量的基因被激活，从而使植物产生耐性或抗性。

第四阶段的毒性表现为可见症状的产生。叶片的失绿是第一个可见的症状，Cd 能抑制 Fe 运送到叶片，引起叶片的缺铁而产生坏死斑。

第五阶段是重金属对生长的抑制和植物形态的改变。重金属对植物的影响从种子的萌发、植株的生长、发育到植物的种群、群落和生态系统的结构、功能等方面。

1. 重金属对植物的危害

（1）重金属对植物亚细胞结构的影响　　植物在受到重金属的影响而尚未出现可见症状之前，在组织和细胞中就已产生了生理生化和亚细胞显微结构等微观方面的变化。铅、镉诱导玉米的根、叶细胞核发生变化，使其外膜肿大、内腔扩大，严重的核膜内陷或核变形肿胀，核仁破碎。根尖细胞核发生微核化，并发现内质网扩张。重金属对根生长的抑制主要是抑制细胞的有丝分裂，使染色体畸变率显著提高、根尖分生组织细胞内出现多核仁现象。镉导致凝聚性线粒体，膜扩张，内腔中嵴突消失，出现颗粒状内含物，中心区出现空泡或线粒体肿胀成巨型线粒体，内腔中的各种物质解体成为空泡，细胞质中含较多溶酶体（彭鸣等，1989）。Cd 处理使玉米叶肉细胞中类囊体片层膨胀、扩张，部分叶绿体膨胀呈圆球形，外膜的内外层之间发生膨胀，类囊体肿胀，基粒类囊体排列紊乱。随着 Cd 浓度的升高，液泡膜结构破坏，细胞质中可见大量高电子密度颗粒，细胞解体。

（2）重金属对种子生活力的影响　　镉对蚕豆根尖细胞有丝分裂及对种子质量有明显的影响。含镉种子的发芽率随着种子中镉积累量的增加而显著下降。脱氢酶的活性也随着种子中镉积累量的增加逐渐减弱。胚根也随着种子中镉积累量的增加而生长缓慢或停止。随着 Cd 和 Pb 处理浓度的增加，小麦种子发芽率、根长、根数均下降，细胞蛋白水解酶活性降低，根系脱氢酶的活性受到抑制，胚的发育和新细胞的形成所需要的能量受到影响，根尖细胞吸收功能减弱。Cd 和 Pb 与细胞内含—SH 的酶、多聚糖醛酸、—COOH、—NH_2等基团结合，破坏细胞结构和细胞核的结构，抑制了 DNA 和 RNA 的合成，导致胚发育受阻，有丝分裂受阻、减慢。

（3）重金属对植物生长的影响　　重金属对植物的营养生长具有较强的抑制作用，可使植株矮小，生长缓慢，叶面积下降，叶片失绿，破坏叶绿素的结构和合成，从而使光合作用面积减少，进而导致光合效率下降，植物的生物量减少，作物产量下降，品质下降。最显著的是植物的失绿症，植物出现坏死斑或叶片的脱落。重金属可使植物 Fe 的吸收量减少，影响叶绿素的合成。在用 Cd 处理烟草土壤时，烟草叶片的叶绿素 a、叶绿素 b、叶绿素 a＋叶绿素 b 含量均随着 Cd 处理浓度的增加而下降，Cd 进入植物体内，在叶片中与蛋白质结合或取代叶绿素分子中的 Fe^{2+}、Zn^{2+}和 Mg^{2+}等，破坏叶绿素的结构和功能活性。

Cd 可以显著降低植物根和茎的重量、株高、根长、分蘖等，但其影响的大小与植物的基因型有关。不同的植物在不同发育阶段具有不同的响应，如可促进成熟植物衰老、抑制幼嫩植物的卡尔文循环。Cd 的抑制作用与植物的年龄有关，对幼小的叶片影响大，对完全展开的叶片的影响较小。在植物的发育过程中，受到重金属的影响，表现为生育期推迟，或生长发育停止，不开花结果。重金属对植物发育的影响以花期最为明显。

（4）重金属对植物生理生化的影响　污染物对植物生长发育的影响，主要是通过生理生化过程实现的。重金属毒性影响的生理过程包括膜透性、水分和离子的吸收、运输和分配、蒸腾作用、根系的分泌、酶活性、氮代谢、光合作用（电子传递、光诱导、CO_2 固定）、呼吸作用、细胞的分裂与膨胀、合成过程和细胞的稳态平衡等。

重金属能够导致自由基的产生、膜脂质的过氧化，从而增加了质膜透性，影响植物对营养物质的吸收和运输。Pb 和 Cd 对玉米的影响最先表现为对根微管束的破坏和对细胞分裂的影响。污染物对光合作用的影响是植物受害的重要原因，如 Pb 能抑制菠菜叶绿素中光合电子的传递，抑制光合作用中对 CO_2 的固定；Cd 主要抑制光化学系统Ⅱ的电子运转，影响光合磷酸化作用，增加叶肉细胞对气体的阻力，使光合作用下降。Cd 与含—SH 基的磷酸核酮糖激酶和 1,5-二磷酸核酮糖羧化酶结合，导致酶的失活，CO_2 固定受阻。

镉对呼吸作用的影响与镉对呼吸酶的干扰有关，低浓度镉对酶活性的刺激和镉刺激三羧酸循环以产生能量是呼吸增加的原因。但随镉浓度的增加，酶活性受抑，呼吸作用下降。

污染物对蒸腾作用有明显的影响。在低浓度刺激下，细胞膨胀、气孔阻力减小，蒸腾加速。当污染物的浓度超过一定值后，可能诱发脱落酸（ABA）浓度增加，使得气孔蒸腾阻力增加或气孔关闭，蒸腾强度降低。污染物浓度太高，叶伤斑面积扩大，导致蒸腾速率急剧下降。

2. 重金属对植物影响的机理　重金属对植物的毒害作用涉及细胞、生理生化及分子等不同水平上的机理，包括破坏植物细胞膜的结构和功能、破坏 DNA 和核酸的结构及代谢、干扰正常的代谢活动和影响根际微生态环境及植物营养代谢等。

（1）破坏植物细胞膜的结构和功能　重金属与细胞膜接触，与细胞膜表面的蛋白质分子结合或发生离子交换，从而破坏细胞膜的结构和半透性，影响细胞膜的选择性，使大量的内含物外渗和细胞外大量的有毒有害的物质进入细胞内，影响细胞的正常代谢，并发生生理生化紊乱。例如，Pb 与细胞膜的磷脂发生作用，形成正磷酸盐和焦磷酸盐，改变细胞膜的结构，使植物细胞膜透性增大。膜脂过氧化（membrane lipid peroxidation）是指生物膜中不饱和脂肪酸在自由基诱发下发生的过氧化反应，膜脂分子被降解成丙二醛（malondialdehyde，MDA）及其类似物，破坏细胞膜的正常功能。

（2）破坏 DNA 和核酸的结构及代谢　细胞核膜及核仁的结构和染色体、DNA 的合成等均受重金属的影响。核酸含有很多可结合金属离子的活性点位和非活性点位。核酸中有各种碱基、磷酸和糖，特别是嘌呤碱基与磷酸易受到重金属的影响。这是因为鸟嘌呤与腺嘌呤都含有能与金属反应的—N、—OH、—NH_2。金属离子浓度较高时，金属离子的作用使 DNA 两条链稳定地结合在一起，除互补的碱基能配对外，非互补的碱基也发生配对，从而导致碱基的配对错误，使遗传密码的传递发生错误，于是生物体产生病变。另外，金属离子能使核酸解聚，结合在磷酸酯基上的金属离子可从 RNA 和磷酸二酯链上夺取电子，导致核酸不稳定和易水解，降解成小的碎片，从而使生物机体发生病变。大量的金属离子，如 Co、Mn、Ni、Cu、Zn 等可促使这种降解作用。当重金属与核酸的碱基等结合就会引起核酸的立体结构的变化，碱基的错误配对导致生物体畸变或致癌。Pb、Cd 和 Hg 显著地缩短了蚕豆根尖细胞分裂的持续时间，延长了细胞间期的时间间隔，在总体上延长了细胞分裂周期，根尖的微核率和染色体畸变率增大。重金属离子引起 DNA 链损伤、断裂、构象改变及与 DNA 合成有关的酶活性变化，导致 DNA 合成受影响。

重金属对植物 DNA 甲基化有显著影响。DNA 甲基化是基因组 DNA 的一种重要表观遗传方式，是在 DNA 甲基转移酶（DNA methyltransferase，DNMT）的催化下，以 *S*-腺苷甲硫氨酸（*S*-adenosylmethionine，SAM）为甲基供体，将甲基转移到特定的碱基上的过程。重金属胁迫所引起的 DNA 甲基化水平的改变将导致植物基因调控的紊乱和影响蛋白质的合成。

（3）干扰正常的代谢活动　重金属胁迫会导致活性氧（reactive oxygen species，ROS）的产生。活性氧是性质极为活泼、氧化能力极强的含氧物的总称，如氧自由基（O_2^-）、羟基自由基（·OH）、过氧化氢（H_2O_2）和脂质过氧化物（ROO—）等。活性氧的产生和积累导致植物受到了氧化伤害，植物的结构和功能受到损伤，甚至导致个体死亡。

重金属对正常代谢的干扰有两种可能的分子机制：一是有毒金属进攻生物大分子活性点位，取代活性点位上的有益金属，破坏了生物大分子正常的生理和代谢功能，如在高浓度下 Pb 离子能取代核糖核酸酶中的 Ca 离子，抑制核糖核酸酶的活性。二是有毒金属结合到生物大分子的去活性位置上，降低或消除了生物大分子（如酶）原有的生物活性。当有毒金属离子与生物大分子上的活性点位或非活性点位结合后，可以改变生物大分子正常的生理和代谢功能，使生物体表现中毒现象甚至死亡，如 Cd 和含巯基的酶（NR 酶）中的巯基有很高的亲和性，能破坏酶的活性；汞和砷的有机化合物可与巯基形成硫醇键，从而抑制巯基酶的作用（王焕校，2012）。

（4）影响根际微生态环境和植物营养代谢　重金属在土壤中的积累将对土壤微生物的生长、微生物的种类、微生物的活性及根系的生长、根系分泌物的组成等产生影响和抑制。铅能抑制土壤脲酶和转化酶的活性，破坏酶的结构，同时使细菌数量降低，抑制土壤微生物的活性，减少微生物对酶的合成和分泌，从而导致土壤酶活性的降低。铬进入土壤中，可以抑制土壤中纤维素的分解，使细菌数量降低，使固氮菌、解磷菌、纤维素分解菌、枯草杆菌和木霉等的活性受到抑制。

重金属还能影响土壤中各种营养元素的形态、转化和有效性。重金属与各种营养元素发生拮抗作用或协同作用时，会影响元素的有效性。重金属在土壤中的积累对土壤中 N 的矿化、脲酶的活性产生影响，影响植物对 N 的吸收、转运和代谢过程。Cd 可以通过抑制叶片硝酸还原酶（NR）的活性，减少氮的吸收及转运。As 积累造成烤烟生育前期氮同化能力的降低，表现出 NR 活性下降、总 N 和蛋白质含量降低。铅、镉对土壤氮素、磷素和钾素的形态、迁移和转化均具有一定的影响，其影响为降低磷素的有效态含量，增加钾素的淋失，并促进根际分泌物的产生。重金属影响植物对某些元素的吸收，可能还和元素之间的拮抗有关。锌、镍、钴等元素能严重妨碍植物对磷的吸收；铝能使土壤中磷形成不溶性的铝-磷酸盐，影响植物对磷的吸收；砷能影响植物对钾的吸收。因为 As 的化学行为与 P 类似，所以能妨碍二磷酸腺苷（ADP）的磷酸化，抑制三磷酸腺苷（ATP）的生成，使 K 的吸收也受到抑制。

（二）重金属对动物的影响

重金属离子对动物具有毒害作用，常常扰乱动物的正常生命活动，引起动物的中毒和死亡。重金属对动物的影响主要表现在对动物 DNA 分子、细胞结构和组织器官的损害，从而使动物个体死亡等。重金属元素能严重影响和破坏鱼类的呼吸器官，导致呼吸机能减弱。水生动物的鳃和肝胰腺是易于累积重金属的器官，重金属能黏积在鳃的表面，造成鳃的上皮和黏液细胞贫血及营养失调，从而影响对氧的吸收，降低血液输送氧的能力。重金属锌、镍、镉等的离子均可与鳃的分泌物结合起来，填塞鳃丝间隙，导致鱼呼吸困难。重金属还能降低血液中呼吸色素的浓度，使红细胞减少。

重金属主要蓄积于动物的肝脏和肾，能损害动物的肝脏、肾脏、脾、骨骼、胃肠道和生殖系统等，并降低生物免疫能力，如 2 mg/L 的 Cd^{2+} 抑制鱼类巨噬细胞的活性。重金属对动物内脏的破坏作用极明显，用 $CdCl_2$ 处理鳗鲶（*Heteropneustes fossilis*）30 天后，其肝脏受损，胃壁腐蚀，肠上皮退化。某些重金属还能使动物骨骼变形，如 Pb、Cd 都能使鱼脊椎弯曲。镉对哺乳动物的睾丸和附睾有毒害作用，可降低精子数目，使精子畸形，并抑制睾丸组织中的碱性磷酸酶、乳酸脱氢酶、碳酸酐酶和 α-酮戊二酸脱氢酶的活性。镉使大鼠死胎率显著增加，并引起皮下水肿、卷尾等外观畸形，卵巢散在性出血，可抑制大鼠排卵和使其暂时性不育，导致大鼠动情周期延长，卵巢细胞生长发育过程明显障碍（谢黎虹和许梓荣，2003）。重金属对动物具有“三致”（致癌、致畸、致突变）作用。镉、铅在低浓度时能产生大量活性氧、超氧阴离子自由基、氢过氧自由基、过氧化氢、羟基自由基及单线态氧，这些氧自由基攻击生物大分子，引起 DNA 的损伤；高浓度时影响核酸内切酶、聚合酶的活性，干扰复制的精确性，引发 DNA 突变。例如，铜、锌、镉、铅及其混合重金属离子能显著提高鲫鱼肝脏 DNA 的总甲基化水平（周新文等，2001）。

三、生物对重金属的适应与耐性

生物由于先天性组织器官的结构形式和生理代谢特征，对干旱、高温、寒害等逆境具有一定的抵抗性能，而这些适应特征对于适应重金属污染具有一定的作用。生物对重金属污染的适应表现为形态结构、生理生化代谢和遗传特性的适应。

生物对各种不良环境具有一定的适应性和抵抗力，这称为生物的耐性（tolerance）或抗性（resistance）。生物处于污染胁迫条件下，一方面通过形态学机制、生理生化机制、生态学机制等将污染物阻挡于体外；另一方面通过结合固定、代谢解毒和分室作用等过程将污染物在体内富集或解毒，形成抗性。

1. 高等植物对重金属污染的适应与耐性　在重金属长期污染的条件下，生物在形态结构上出现了明显的变化，以适应污染的环境，如植物叶面积减小，地下生长优于地上生长，在形态方面具有“旱生化”趋势，根系发达。污染适应性水平越高的生物，在资源分配上越有向生殖生长转化的趋势。

高等植物对重金属的适应与耐性特点分为 4 种类型：①特化耐性（specific tolerance）：植物对某一种金属具有的耐性水平与土壤中某种特定金属的浓度有关；②多金属耐性（multiple tolerance）：植物对两种或两种以上的，同时以毒性浓度存在的重金属产生的耐性；③共存耐性（co-tolerance）：植物对某一种以毒性浓度存在于土壤中的金属的耐性，使它对另一种金属产生耐性；④固有耐性（先天耐性）（constitutional tolerance）：一些植物即使没有生长在重金属污染的环境里，也具有对重金属的耐性，如湿生植物宽叶香蒲（*Typha latifolia*）生长在污染区的种群和非污染区的种群对 Pb、Cd、Zn、Cu 的耐性相似，即宽叶香蒲对重金属具有固有耐性（先天耐性）。高等植物对重金属污染的适应与耐性包括：植物对重金属的拒绝吸收、结合钝化、隔离作用、解毒策略和排出体外。

（1）拒绝吸收　逃避策略（avoidance strategy）或排斥策略（excluder）是使重金属元素固定在环境中，降低植物对重金属的吸收。

植物可以通过改变根际重金属的浓度或活度限制对重金属的吸收。其途径包括：①通过根际 pH 的变化，形成跨根际 pH 梯度。植物在遭受铝毒害时，根系分泌 OH^-增多，使根际 pH 上升，形成根际到土体 pH 由高到低的梯度分布，使铝沉淀在根表，减少根系对铝的吸收；②氧化还原性质的改变，形成跨根际氧化还原梯度；③根系分泌物对污染物的结合、降解作用。根系分泌物中含有机酸、氨基酸、糖类物质、蛋白质和核酸等，与根际土壤中的污染物结合，使其移动性降低；④根际效应的作用，根际分泌的化学物质对微生物具有吸引力，大量的微生物聚集在根周围，其中有些微生物具有吸收、富集、分解污染物的作用，形成“根际效应”对污染物产生屏蔽作用；⑤外生菌根降低宿主植物限制重金属离子向宿主根部的移动，外生真菌吸收和累积土壤中的重金属，分布在真菌层、菌鞘和表生菌丝体内；⑥根表铁膜对植物吸收和运输重金属起阻碍作用。根系向根际释放氧气和氧化性物质的能力，使渍水土壤中大量的 Fe^{2+}和 Mn^{2+}在水稻根表面及质外体被氧化而形成铁锰氧化物胶膜，把镉、铅和汞等重金属富集在根外的铁锰氧化物胶膜中，阻碍重金属直接进入根内。

（2）结合钝化　植物细胞对重金属的结合钝化的部位主要为细胞壁和细胞的膜系统，包括植物细胞壁和细胞膜等的结合钝化作用。

植物细胞壁是重金属离子进入的第一道屏障。细胞壁属于细胞内的非原生质部分，其主要包含三种组成成分——纤维素、半纤维素和果胶，其中纤维素是主要的骨架成分，占初生壁干重的 15%～30%。胞间层是由果胶组成的相邻细胞间层，细胞壁中的果胶主要由同聚半乳糖醛酸、聚鼠李糖、半乳糖醛酸组成。细胞壁的大分子物质中含有很多负电基团，如羟基、羧基、醛基、氨基和磷酸基等，与金属阳离子结合而固定在细胞壁上（张旭红等，2008），从而减少金属离子通过跨膜运输进入原生质体的量。铅在圆叶无心菜地下部分的分布顺序为：细胞壁组分（FⅠ）＞可溶组分（FⅣ）＞细胞核和叶绿体组分（FⅡ）＞线粒体组分（FⅢ)。铅在圆叶无心菜中地下部的累积主要集中在细胞壁中，其中铅在细胞壁中所占比例为 55.6%～61.2%。

植物通过质膜将重金属离子排斥在细胞质外，限制对重金属的吸收和运输，使植物地上部分重金属含量维持在低水平上，如湿生植物宽叶香蒲在土壤中的 Pb 浓度为 26～18 894 mg/kg 时，其地上部分叶片中含量维持在 4.7～40 mg/kg。

（3）隔离作用　植物对重金属的隔离作用在细胞水平上表现为重金属的区室化作用，重金属主要分布在质外体和液泡中；在组织水平上，主要表现为重金属分布在表皮细胞、亚表皮细胞和表皮毛中。

耐金属植物将过量的金属运输和储存到代谢不活跃的器官或亚细胞区域，以达到解毒的目的，是一种非正常的生理反应类型。细胞质和液泡中具有许多能够与污染物结合的“结合座”。生物将重金属或重金属复合物运输到体内特定部位，使污染物与生物体内活性靶分子隔离，称为生物的屏蔽作用（sequestration）或区室化作用（compartmentalization）。液泡在植物耐性中承担着隔离重金属及其复合物的重要作用，液泡里含有的蛋白质、糖、有机酸和有机碱等与重金属结合，降低重金属的生物活性而解毒。

表皮是根组织的第一道屏障，往往会累积较高浓度的重金属，镉、铅一般在根表皮和皮层积累。内皮层则由于凯氏带的存在，成为植物根阻挡重金属的第二道屏障，因此重金属往往在凯氏带附近大量累积。植物体内的重金属还可分布于根、胚轴和周皮的木栓层细胞、皮孔细胞和细胞间隙等非生理活动区，这些植物器官含有大量单宁体，进入植物体的重金属与植物螯合剂结合可消除其对植物的毒性。

（4）解毒策略　污染引起的生物生理性适应反应包括消极和积极两个方面。消极的生理适应性反应是指有些生物在污染条件下，能够暂时减弱或停止部分生理代谢活动，在污染降低或停止时，再进行正常的生理活动。通过回避作用产生的适应性，是对偶然性的急性污染产生的有效适应。一些生物在污染条件下能保持较高的代谢活力，积极地适应污染，在污染程度很高的情况下，仍能保持酶的活性。由于其保持代谢活力，生物具有较高的资源供给水平，提高了生物抵抗污染的能力。植物具备许多的解毒机制，可保护和维持酶的活性，维持自我平衡稳定，从而适应重金属的胁迫。

植物解毒（detoxification）包括代谢解毒和遗传解毒。植物体内的代谢解毒物质包括金属硫蛋白、植物络合素、热激蛋白、多胺、谷胱甘肽、有机酸、氨基酸和抗氧化系统等，根据解毒作用主要包括：①螯合作用，根据解毒机制，植物金属螯合剂可分为 4 类，主要包括植物螯合肽或植物络合素（phytochelatin，PC）、金属硫蛋白（metallothionein，MT）、有机酸和氨基酸。金属硫蛋白为金属硫组氨酸三甲基内盐，是一类低分子量富含半胱氨酸残基（Cys）的金属结合蛋白，半胱氨酸由于残基上巯基含量高，易与重金属（Cu、Zn、Pb、Ag、Hg、Cd 等）结合形成无毒或低毒络合物，使重金属解毒。植物螯合肽富含巯基（—SH），通过—SH 络合过量的重金属，形成重金属-PC 螯合物，避免重金属以自由离子的形式存在于细胞内，减轻了重金属对细胞的伤害；②生物转化，通过化学还原作用或与有机化合物结合而降低毒性，如 Se 可以形成硒代半胱氨酸、硒代蛋氨酸、甲基硒代半胱氨酸和胱硒醚等，C_r^{6+}可以还原为 C_r^{3+}而解毒；③植物抗氧化系统，包括抗氧化酶类和抗氧化剂类。植物中非酶类抗氧化剂包括抗谷胱甘肽（GSH）、抗坏血酸（AsA）和维生素 E（Vit E）等，在植物重金属解毒中具有重要的作用。抗氧化酶系统包括超氧化物歧化酶（SOD）、过氧化氢酶（CAT）、过氧化物酶（POD）、抗坏血酸过氧化物酶（APX）、谷胱甘肽还原酶（GR）等酶类，抗氧化酶是植物抵抗氧化胁迫的关键；④细胞的修复机制，细胞对 Cu 的耐性主要是通过增加质膜对 Cu 诱导所引起的膜损害的忍耐或修复而实现的；⑤植物通过改变代谢途径而避开对重金属敏感的代谢过程，是生物抵抗环境重金属污染物毒害的有效措施之一。例如，耐硒植物在硒胁迫下能够改变蛋白质的代谢方式，使其不受硒的干扰，保证植物正常生活。遗传上的适应性反应表现在两个方面，一是基因表达水平上的变化；二是遗传基因自身的变化。

1）基因表达水平上的变化。在污染条件下，处于“休眠”状态的基因可能被激活表达。由于基因的多效性，在污染条件下适应性较强的生物更倾向于朝有利于提高抗性水平的方向进行表达，形成更多的产物，减轻污染引起的生理紊乱等。抗性水平较高的小麦在重金属污染条件下，种子中的醇溶蛋白、麦谷蛋白、水溶蛋白及球蛋白表达水平均高于抗性水平较低的种质，某些醇溶蛋白基因和小麦醇脱氢酶基因（*ADH*）的表达与小麦对重金属的适应性具有较高的关联度（吕朝晖，1998）。

2）遗传基因自身的变化。很多植物具有对污染胁迫适应、产生新种群潜力的本质属性，具有可遗传性和加性效应，污染抗性是多基因遗传控制的一种适应现象。从种群遗传学的角度，利用适应的时效原则，对急性的意外胁迫产生快速适应的进化，这只有多基因控制的遗传方式才能实现。植物具有不同的基因型和生态型，使植物具有不同的适应特征，生长在重金属污染的环境中的基因型具有较高效的重金属抗性能力和自我修复能力。植物的遗传解毒作用是指生长在不同的重金属环境中的植物能产生一定的基因型和表现型差异，从遗传特征和基因表达差异等方面产生对重金属的解毒能力。根据植物是否受污染胁迫将生态型分为污染生态型和非污染生态型。污染生态型是生物种群适应于不同生态条件或地理区域的遗传类群，重金属胁迫的选择压力和植物耐金属胁迫的显性性状，导致种群之间耐金属胁迫的特征产生分化而形成的生态型。基因工程可以通过转入具有重金属抗性基因到其他植物中，提高植物的生物量和重金属的累积能力，提高植物对重金属的解毒能力。

（5）排出体外　　植物可将重金属排出于细胞壁和细胞间，或刺激细胞膜泵出已进入细胞液的重金属。排出蛋白是一类解毒蛋白，排出蛋白包括 P_{IB} 型 ATP 酶、阳离子转运促进蛋白家族（CDF）、三磷酸结合盒转运蛋白（ABC 转运蛋白）等。同时，植物可以通过一定的途径将污染物及其代谢物排出体外。植物通过根系分泌和叶片的吐水作用将重金属排出体外，进入植物叶片组织中的重金属也可以释放到叶片表面，通过叶片或其他器官的衰老脱落而排出体外。例如，Cd、Pb、Cu、As 等元素在落叶松的落叶中的累积量明显高于生长叶。

植物的适应与耐性指标包括以下几点：①形态解剖指标，叶片气孔构造、栅栏和海绵组织的比例、角质层和木栓层的厚度、根套的有无等；②生理生化指标，细胞膜透性、细胞质含水量、抗氧化酶系统活性、细胞内结合物质（如谷胱甘肽、类金属硫蛋白等）的含量等；③生态学指标，根的分布特性、根际效应状况等。

2．动物对重金属污染的适应与耐性　　动物能够对环境中的重金属做出一系列应答，以减少毒物对自身的伤害，获得对污染环境的适应和耐性。动物的耐性机理分为拒绝吸收、结合钝化、分解转化和排出体外等。

动物对污染物的避性，通过行为或生理的方式表现出来。动物具有排斥环境中的污染物，使其不能进入体内的机制。皮肤、毛发对污染物具有阻挡作用。许多动物对环境胁迫较为敏感，并具有逃避毒害的本能。在重金属污染条件下，沙蚕体表能够分泌出大量的黏液物质，随着Cd、Cu和Zn浓度的增加，沙蚕体表分泌的黏液量增多，黏液会在沙蚕体表形成一层保护膜。一般说来，在没有受污染的自然土壤和耕作土壤中，土壤动物的垂直递减率非常明显，但是在污染区的土壤中，动物的垂直变化异常，出现逆分布现象。

动物富集重金属的主要器官为食管、中肠、肝脏、肾脏。重金属在动物体内经多种方式被结合、固定下来，使其不能达到敏感位点（称“靶细胞”或“靶组织”）。翁焕新（1996）发现重金属在贝壳中的积累量高，缓解了重金属对牡蛎机体的毒害。有些重金属进入动物体内后被固定在骨骼中。螯虾（*Cambarus clakii*）内脏重金属的富集能力明显高于肌肉部位，其肝脏的富集量是肌肉的十多倍，动物的肝、胰、肾是其主要的解毒和排泄器官。

动物中对重金属的结合反应有 6 种，即葡萄糖醛酸、硫酸、乙酰化、甲基化、甘氨酰基和谷胱甘肽的形成。谷胱甘肽是机体内存在的一种最重要的非蛋白巯基，与金属离子结合，形成低毒的物质。重金属污染土壤中的迷宫漏斗蛛（*Agelena labyrinthica* Clerck）的谷胱甘肽过氧化物酶（GPOX、GSTPx）活性和哀豹蛛（*Pardosa lugubris* Walckenaer）的谷胱甘肽 *S*-转移酶（GST）的活性显著增高。金属硫蛋白（metallothionein，MT）的形成是生物解毒的重要方式，实验证明动物经口或腹腔注射 Cd 时，其肝脏、肾脏等器官中 MT 的含量增加。MT 能够与 Cd 等金属离子结合，使这些金属离子失去毒性。在哺乳类动物中已发现 MT 家族的 4 种亚型，MT-Ⅲ仅发现在脑组织中；MT-Ⅳ仅发现在皮肤组织中；MT-Ⅰ和 MT-Ⅱ则几乎存在于所有组织和器官中。它们的基因均定位于第 16 染色体上，编码含有 20 个半胱氨酸的 61 个氨基酸肽链。其链内半胱氨酸的数目和位置及碱性氨基酸残基在绝大多数种属 MT 中都是完全保守的。已分别鉴定或克隆到人类 *hMTF-1*、鼠 *mMTF-1*、果蝇 *dMTF-1* 和鱼 *fMTF-1* 中等。

动物将重金属及其代谢产物排出体外是一种很重要的抗性机制。从动物体内排出的主要途径包括：经过肾脏随尿排出，经过肝脏、胆通过消化道随粪便排出，通过皮肤随汗液排出，挥发性污染物及其代谢物通过呼吸道随呼出气体排出。

3. 微生物对重金属污染的适应与耐性 微生物对重金属的抗性可分为避性、转化作用、钝化和排出体外等途径。微生物对重金属的避性能力，取决于微生物的形态学、生理学和生态学特性。形态学避性表现为有些微生物具有荚膜，是污染物进入细胞内的最重要的屏障，荚膜使微生物在形态学上能够避开对其生存和繁殖不利的环境污染物。真菌的孢子和硬膜一般比菌丝更耐重金属污染，而细菌的内生孢子具有孢子囊和硬膜，重金属污染物不容易透过进入细胞内。

微生物在环境污染胁迫下，能够从体内分泌出某些有机物质，使污染物的移动性降低或极性改变，从而不容易进入微生物体内，形成生理学避性，其中包括沉淀作用、胞外络合作用、细胞壁结合作用和微生物对重金属的转化作用。

（1）沉淀作用　是指由微生物产生某些物质，该物质能够和溶液中的重金属污染物发生化学反应，形成不溶性化合物的过程。在湖泊沉积物、沼泽地和缺氧土壤中的脱硫弧菌属（*Desulfovibrio*）和脱硫肠杆菌属（*Desuifotomaculum*）能够氧化有机物，还原硫酸盐生成硫化氢，生成硫化物沉淀。此外，某些微生物细胞表面的磷酸酯酶能够裂解甘油-2 磷酸酯，产生能够沉淀可溶性金属的 HPO_4^{2-}。

（2）胞外络合作用　是微生物细胞产生螯合剂或胞外聚合物（多糖、核酸和蛋白质）分泌到胞外时，可以吸附可溶性的金属，使其不容易进入菌体。胞外聚合物的主要成分是多糖、多肽、蛋白质、核酸和营养盐类等，表面带有—COO—、—HPO_4、—OH 等基团，使得胞外聚合物不但具有离子交换特性，而且可以与金属离子发生相互作用。

（3）细胞壁结合生物作用　指微生物细胞壁都具有结合污染物的能力。有些微生物能够氧化 Mn^{2+}和 Sn^{3+}，使其成为毒性较小的 Mn^{4+}和 Sn^{4+}，达到解毒。具有广谱性抗汞能力的微生物可通过有机汞裂解酶将甲基汞等有机汞中的碳-汞键切开，再将汞离子还原为元素汞，将汞离子从微生物体内除去，达到解毒目的。细菌 *Pseudomonas mesophilica* 和 *P. maltophilia* 能够将硒酸盐和亚硒酸盐还原为胶态的硒，将二价铅转化为胶态的铅，胶态硒和胶态铅不具毒性，而且结构稳定。蜡状芽孢杆菌（*Bacillus cereus*）、藤黄微球菌（*Micrococcus luteus*）对 Cd^{2+}和 Cu^{2+}的吸附过程中，伴随着 K^+、Ca^{2+}、Na^+和 Mg^{2+}等阳离子的大量释放，离子交换作用促进了细菌对 Cd 和 Cu 的吸附固定。表面络合机制是重金属离子与微生物表面蛋白质、多糖、脂类等物质上的化学基团（如羧基、羟基、磷酰基、酰胺基、硫酸脂基、氨基和巯基等）相互作用，形成金属络合物，被吸附固定在细胞表面过程，如粗毛栓菌吸附 Pb^{2+}的过程中，起吸附作用的官能团主要是—OH、—COOH、—SH 和—PO_4。

（4）微生物对重金属的转化作用　微生物通过甲基化作用、氧化作用和还原作用使金属离子发生转化，从而形成对重金属离子的抗性。在微生物的作用下汞、镉、铅、砷等金属或类金属离子能够发生甲基化反应，在 ATP 及特定还原剂存在的条件下，某些微生物能够把钴胺素转化为甲基钴胺素，以甲基钴胺素为甲基供体，使金属离子与甲基结合而生成甲基汞、甲基砷、甲基铅等。甲基化后毒性反而增强，例如，甲基汞的生物毒性比无机汞高 50～100 倍。微生物还能够将高价金属离子还原成低价态，将有机态金属还原成单质，降低毒性。Cr^{6+}在水媒介中高度可溶，且在有氧的地下水中移动性很强，毒性很大，微生物直接以还原作用将 Cr^{6+}转化为 Cr^{3+}，从而降低其生物毒性和迁移能力，如铁还原菌先是将 Fe^{3+}还原成 Fe^{2+}，再由 Fe^{2+}还原 Cr^{6+}。许多抗亚砷酸盐的细菌能把较大毒性的亚砷酸离子氧化成毒性较小的砷酸盐，其细胞中含有可溶性的亚砷酸盐脱氢酶，如化能自养亚砷酸盐氧化菌（chemoautotrophic arsenite oxidizer，CAO）和异养亚砷酸盐氧化菌（heterotrophic arsenite oxidizer，HAO）可以将 As^{3+}氧化为 As^{5+}。

在重金属胁迫环境中，微生物体内普遍存在金属硫蛋白、类金属硫蛋白和重金属螯合多肽，如聚球藻产生的金属硫蛋白、假单胞杆菌产生的富含半胱氨酸的蛋白质。聚球藻类的金属抗性系统包括两种基因 *smtA* 和 *smtB*，*smtA* 编码的金属硫蛋白能吸附 Cd^{2+}和 Zn^{2+}，能被高浓度的 Cd^{2+}、Zn^{2+}和 Cu^{2+}诱导。在酿酒酵母中除发现金属硫蛋白、重金属螯合肽外，还发现细胞膜上存在对铜有高度亲和性的 Ctrlp 蛋白。

微生物细胞的金属外排作用主要包括 CBA 外排系统、P 型 ATP 酶外排系统和 CDF 族外排系统。CBA 外排系统属于化学渗透离子/质子交换系统，由 3 种多肽组成：细胞内膜蛋白（A 亚基）、外膜蛋白（C 亚基）和连接 A 亚基与 C 亚基的蛋白质，位于细胞周质内，也称为膜融合蛋白。P 型 ATP 酶是单一亚基结构的、位于细胞质膜的金属外排系统，其通过 ATP 水解来驱动金属的转运。例如，大肠杆菌细胞内对铜元素的平衡起主要作用的是 CopA，CopA 属于 ATP 酶外排系统，把 Cu^{2+}从细胞质内运输到周质内。CDF 族蛋白是在微生物界普遍存在的外排过渡金属阳离子的系统。CDF 家族的许多成员专一性地将金属离子从细胞内转运到胞外或细胞器内，它在金属的平衡和抗性中起实质性的作用。CDF 家族大部分成员由 300～550 个氨基酸组成，包括 6 个跨膜功能域、一个长的细胞质的 C 端功能结构区域和一个组氨酸丰富的区域，组氨酸丰富的区域可能是潜在的金属结合位点。在金黄色葡萄球菌的革兰氏阳性菌中存在对镉、锌离子外排起作用的 CadCA 阳离子外排系统。在 CadA 蛋白由高能态向低能态的转变过程中，铅、镉、锌离子被排出体外。另外，污染物外排质粒和抗重金属质粒也可以将重金属排出体外或形成对重金属的抗性。通过基因工程的方法，利用质粒 DNA 重组和质粒转化可以培育对多种污染物均具有抗性的微生物。

第三节　有机污染对生物的影响

有机污染是指有害有机物质（化学农药、酚、多环芳烃、多氯联苯、石油烃、抗生素和微塑料等）在环境中聚集，对环境造成污染并危害人体的健康。其中，农药（pesticide）主要是指用来防治危害农林牧业生产的有害生物和调节某些动植物生长的化学药品，广泛使用它们对生态环境的污染和破坏带来了许多严重的后果。分析有机污染物的特点及其对植物、动物、微生物、人和生态系统的影响，具有重要的意义。

一、有机污染物的特点

（一）有机污染物的类型及其特点

在有机污染物中最受关注的是持久性有机污染物（persistent organic pollutant，POP），指持久存在于环境中，通过食物链进行生物放大，并对人类健康及环境造成不利影响的化学物质。微塑料（microplastic，MP）作为一种持久性有机污染物，是指直径小于 5 mm 的塑料碎屑和颗粒，包括纳米塑料（1～100 nm）、亚微米塑料（100 nm～1 μm）和微米塑料（1 μm～5 mm）。微塑料通过多种途径进入生物体并在生物体内转运和积累，影响生物体营养摄食、生长、发育、繁殖和生存率等，通过食物链产生更大的生态风险。有机污染物中环境雌（性）激素（environmental estrogen）或环境内分泌干扰物质（endocrine disrupting chemical）具有生物体内雌激素生物效应，干扰生物体正常内分泌功能。

有机污染的特性表现为：①高毒性，有机污染物对人类及其他生物有较高的毒性，可导致生物体中的内分泌与生理功能紊乱、免疫机能失调及“三致”（致畸、致癌、致突变）作用；②难降解性，有机污染物对自然条件下的生物代谢、光降解和化学分解等具有很强的抵抗能力，在环境介质中很难降解，在环境中可存留数十年或更长的时间；③生物累积性，部分有机污染物难溶于水，易溶于油脂，能在生物体的脂肪组织中形成生物累积；④半挥发性，部分有机污染物能从水体或土壤中以蒸汽的形式进入大气环境或吸附在大气中的颗粒物上，随雨水等沉降到地面。

（二）农药污染及其特点

农药污染（pesticide pollution）是指长期不合理、超剂量使用农药，使得害虫和病原菌种群的抗药性逐年增强，而不得不提高农药使用浓度，增加用药次数，致使农业产品中农药残留量较高，从而造成对环境的污染，直接危害人体健康。农药对环境的污染包括对大气、水体、土壤的影响等。进入环境的农药在环境中迁移、转化并通过食物链富集，最终对生物和人体造成危害。

1. 农药对大气的污染　农药污染大气的途径主要包括：①喷洒农药时药剂微颗粒飘浮于空气中或被空气中的飘浮尘埃所吸附；②喷洒于作物表面的农药蒸发进入大气；③土壤表面残留的农药向大气挥发扩散。此外，农药厂排出的废气、风对干燥土壤的吹扬，也是农药污染大气的主要途径。农药进入大气后，随着大气的运动而扩散，从而使农药污染的范围不断扩大。例如，南极、北极、喜马拉雅山及格陵兰岛等一些从未使用过农药的地区，在当地生物及其他环境介质中也都检出了农药。有报道称，在 487 m 的高空发现有 DDT，杀虫剂能吸附在灰尘上随季风移动 6000 km。

大气中残留农药的危害主要表现在两方面：①施药人员吸入含药的空气造成中毒；②随风飘移的农药对非靶区的作物造成药害。农药对大气的污染程度取决于农药的品种、数量及温度等。

2. 农药对水体的污染　农药对水体污染的途径主要包括：①为防治水体害虫直接向水体喷洒农药；②农田喷洒的农药进入水体中；③大气中残留的农药随降水或尘埃落入水体；④植物或土壤黏附的农药，经水冲刷或溶解进入水体；⑤施药工具和器械的清洗可污染水体；⑥生产农药的工业废水或含有农药的污水污染水体。其中农田喷洒的农药进入水体是最主要的来源。

3. 农药对土壤的污染　农药对土壤污染的途径主要包括：①农药直接撒入土壤中用于消灭土壤中的病菌和害虫；②施用于田间的各种农药大部分落入土壤中，附着于植物体上的部分农药因风吹雨淋落入土壤中；③使用农药浸种、拌种等，通过种子携带的方式进入土壤；④死亡的动植物残体或灌溉污水将农药带入土壤；⑤大量洒在或蒸发到空气中的农药，一旦降雨，随雨水降落到土壤。

土壤是农药在环境中的“贮藏库”和“集散地”，由于其利用率低，施入土壤的农药大部分残留于土壤中。虽然土壤自身有一定的净化能力，但当进入土壤中的污染物质在数量和速度上超过土壤的环境容量时就会导致土壤性质改变或恶化。农药残留会改变土壤的物理性状，造成土壤结构板结，导致土壤退化，农作物产量和品质下降。长期受农药污染的土壤还会出现明显的酸化，土壤养分减少，土壤空隙度变小，土壤结构板结

（米长虹等，2000）。

（三）微塑料污染及其特点

微塑料污染（microplastics pollution）是指微塑料不仅对环境质量和生物产生一定的影响，而且通过食物链直接或间接对人体健康产生危害。微塑料包括初级微塑料和次级微塑料。初级微塑料指以微粒形式被直接排放到环境中的塑料，如聚乙烯（FE）、聚丙烯（PP）、聚氯乙烯（PVC）、聚苯乙烯（PS）、聚对苯二甲酸乙二醇酯（PET）、聚酰胺（PA）、聚碳酸酯（PC）、聚芳砜（PSU）、聚苯乙烯（PS）、热塑性弹性体（TPE）和聚甲基丙烯酸甲酯（PMMA）等；次级微塑料是指由大块塑料进入环境后，经过长时间的物理、生物和化学过程降低塑料碎片的结构完整性，导致塑料碎片化而产生的微塑料。微塑料对环境的污染包括对大气、水体、土壤的影响等，不仅对生物产生影响，还通过食物链威胁人体健康（梁帅等，2021）。

1．微塑料对大气的污染　大气中微塑料直径以 200～700 μm 为主，包含纤维、碎片和薄膜等，主要成分为天然纤维和合成纤维，来源包括纺织厂、衣物服饰、生活设施、塑料垃圾堆放、填埋或燃烧等。大气微塑料在长距离传输过程中受气象要素如风、湍流、降水、湿度等因素影响，通过干湿沉降进入水体和土壤中。大气微塑料的来源和迁移路径的模拟可以采用拉格朗日大气模型（如 PYSPLIT、LAGRANTO、FLEXPART 等模型）（骆永明等，2021）。大气是微塑料远距离迁移的重要载体，大气干湿沉降是增加一个区域微塑料的重要途径，其可能携带从周围环境吸附的污染物，如多环芳烃、石棉和重金属等。大气微塑料通过呼吸进入呼吸道和肺部，造成呼吸道和肺部的损伤，如诱发炎症等，并且其附着的污染物也具有一定的毒害作用（罗犀等，2021）。

2．微塑料对水体的污染　水体微塑料主要分布在外海表层、海岸带、沿岸潮滩、海湾、港口、海水养殖区、河口区、湖泊和冰雪圈等。微塑料的丰度表现出较高的异质性。例如，沿岸潮滩沉积物中微塑料的丰度为几个到数万个/kg 干重土壤；海水中微塑料的平均浓度从赤道东太平洋的 4.8×10^{-6} 个/m^3 到瑞典近岸海域的 8.6×10^{3} 个/m^3；湖泊的微塑料丰度从 0.1 个/m^3 到上千个/m^3。

海岸带微塑料污染释放卤系阻燃剂等污染物，或被滨海生物体摄食与富集，给河口、盐沼、红树林和海草床等沿海湿地生态系统带来潜在的风险；北极冰雪圈表面的微塑料将加速冰雪圈的升温和融化。微塑料通过地表径流、地下渗透等方式转移到地下水，影响地下水环境，甚至干扰海洋水环境。

3．微塑料对土壤的污染　农田土壤中微塑料包括纤维、薄膜、碎片、颗粒和发泡等，以聚乙烯、聚丙烯、聚氯乙烯、聚苯乙烯、聚酯和聚丁烯等多种聚合物成分存在。主要来源为地表径流、污水灌溉、农业设施（农用地膜等）、肥料施用（污泥、有机肥等）及大气沉降等。微塑料丰度从几个到数万个/kg 干重土壤。

微塑料能在土壤中长期存在，释放增塑剂等污染物，可影响土-气交换、土壤水力特征和土壤团聚体的变化，造成土壤质量下降，破坏土壤结构，使土壤处于缺氧状态。微塑料对土壤有机碳氮、土壤微生物活性及养分转化产生负效应，并且，微塑料对土壤生物造成潜在威胁，对土壤动物（蚯蚓、蜗牛、线虫和跳虫等）的生长、发育和繁殖造成危害。通过影响土壤微生物群落组成与结构多样性进而影响植物-微生物相互作用体系，导致农作物产量下降并影响农产品食用安全。

二、有机污染对生物的危害

有机污染物进入了大气、水体和土壤，通过生物的吸收和积累，进而对生物造成直接或间接的影响和危害。

（一）农药污染对生物的影响

1．农药污染对植物的影响　农药进入植物体内主要有两条途径：一是附着于植物表面的农药，经由植物表皮向植物组织内部渗透；二是残留于土壤中的农药被植物根系吸收。农药污染对植物的危害包括直接危害和间接危害。

（1）*直接危害*　主要是农药所产生的化学作用和物理作用对植物所造成的直接伤害。植物受农药危害的症状主要表现为：①叶片发生叶斑、穿孔、焦灼枯萎、黄化、失绿、褪绿、卷叶、厚叶、落叶和畸形等；②果实发生果斑、果瘢、褐果、落果和畸形等；③花发生瓣枯焦、落花等；④植株发生矮化、畸形等；⑤根发生粗短肥大、缺少根毛和表面变厚发脆等；⑥种子发芽率低。

农药进入植物体后，可能引起植物生理代谢变化，导致植物对寄主或捕食者的攻击更加敏感。农药对植物污染的程度与植物的种类、土壤质地、有机质含量和土壤水分有关。砂质土比壤土对农药的吸附力弱，壤土作物容易吸收农药。土壤有机质含量高时，土壤吸附能力增强，植物吸取的农药减少。

（2）*间接危害*　大量施用农药影响生态系统的平衡，从而影响植物的生长。农药使土壤中90%以上的蚯蚓死亡，导致土壤的结构受到破坏。农药虽然杀死了某种害虫，但同时也杀死了它的天敌或传授花粉的昆虫，影响植物的结实（曲格平，1987）。在农作物→害虫→天敌的食物链中，农药对害虫天敌的影响较大。农药可能导致生态系统的生物种类减少，抗性种群的个体数量增加，群落结构发生改变，种群间的平衡关系遭到破坏。同时，由于食物链的生物放大作用，农药可能在生物体内逐渐积累，愈是高级的营养级，生物体内农药的残留浓度愈高。

2．农药污染对动物的影响　农药污染物可以被动物直接吸收，或通过食物链传递，从而在动物体内积累或发生生物放大，对动物的代谢、生长和繁殖等产生危害。农药残存在土壤中，对土壤原生动物及其他的节肢动物、环节动物、软体动物等均产生不同程度的影响。土壤动物种类和数量随着农药污染程度的增加而减少，甚至有一些种类完全消失。农药污染对土壤动物的新陈代谢及卵的数量和孵化能力均有影响。激素类农药对动物的生殖系统产生影响，使生殖器官畸形变性（雌性化或雄性化），性行为变化，可造成不育和免疫功能下降。而较难分解的农药，能在动物体内积累，特别是DDT和狄氏剂等脂溶性农药，能长期残留于体内，积累于动物体内的农药还会转移至蛋和奶中，造成各种禽兽产品的污染。

农药在食物链中的转移路线主要包括：土壤→陆生植物→食草动物；土壤→土壤中无脊椎动物→脊椎动物→食肉动物；土壤→水系（浮游生物）→鱼和水生生物→食鱼

动物。农药通过食物链产生生物放大作用，以鱼为主食的苍鹭体内的残留物（DDE，狄氏剂和有机氯杀虫剂）比以陆栖动物为主食的鹰类体内的残留物多，而以陆栖动物为主食的鹰类，其残留物又比食草鸟类多。

3．农药污染对微生物的影响 残存在土壤中的农药对土壤中的微生物群落组成、土壤微生物代谢等均产生不同程度的影响，如用 3 mg/kg 的二嗪农处理 180 d 后，土壤中细菌和真菌数不变，而放线菌增加 300 倍；用 5 mg/kg 甲拌磷处理，使土壤细菌数量增加；椒菊酯处理则使细菌数量减少。辛硫磷可能显著降低根瘤菌的固氮作用；乐醇在低浓度时可对土壤固氮有明显的抑制作用。

杀菌剂和熏蒸剂对土壤硝化作用的影响较大，如代森锰和棉隆分别以 100 mg/kg 和 150 mg/kg 施入土壤时即可完全抑制硝化作用。五氯酚钠、氟乐灵、丁草胺和禾大壮四种除草剂分别施入太湖水稻土和东北黑土后，对硝化作用的抑制影响在水稻土中较为明显。一般来说，氨化作用或矿化作用对化学物质的敏感性要比硝化作用小得多，而熏蒸剂消毒和施用杀菌剂通常会导致土壤中氨态氮的增加。

部分农药对土壤微生物呼吸作用具有明显的影响。氨基甲酸酯、环戊二烯、苯基脲和硫氨基甲酸酯抑制呼吸作用和氨化作用。当土壤使用常规用量的茅草枯、毒莠定及阿米酚处理时，8 h 后二氧化碳的生成量降低 20%～30%。杀菌剂敌克松及除草剂黄草灵、2,4-D 和丙酸等也具有这种抑制作用。

4．农药污染对人体健康的影响 环境中的农药可通过消化道、呼吸道和皮肤等途径进入人体，产生危害。农药进入人体后，在各种酶的作用下发生一系列变化，使毒性消失、降低或增强。一般来说有机氯农药在体内代谢速度慢，残留时间长；有机磷农药代谢较快，残留时间短。农药进入人体后，首先进入血液，然后通过组织细胞膜和血脑屏障等组织到达作用部位，引起中毒反应。

许多有机卤素农药能够影响中枢神经系统，导致颤动、眼部不规则抽搐、性格改变、记忆力下降，这些症状是急性 DDT 中毒的特征。艾氏剂、狄氏剂、氯丹和七氯等在大脑中释放三甲胺乙内酯，引起头疼、头晕、恶心、呕吐、肌肉抽搐等。

有机磷农药是一种神经毒剂，能抑制体内胆碱酯酶，使其失去分解乙酰胆碱的作用，造成乙酰胆碱聚积，导致神经功能紊乱，出现一系列症状，如恶心、呕吐、流涎、呼吸困难、瞳孔缩小、肌肉痉挛和神志不清等。有机磷农药中的敌敌畏、敌百虫、乐果和甲基对硫磷进入人体，会与人体细胞 DNA 的鸟嘌呤发生甲基化作用，引起细胞病变。

除草剂百草枯通过喷雾吸入、皮肤接触和摄食等进入人体，能导致危险或致命的急性中毒。百草枯是一种全身性毒物，影响酶的活性，对许多器官具有破坏性，动物吸入百草枯气溶胶能导致肺部纤维症。中毒的最突出的症状是呕吐，然后在几天内是呼吸困难、脸色苍白，出现肾、肝和心脏损害的症状。

长期接触农药还可能引起慢性中毒。有机磷农药慢性中毒主要表现为血液中胆碱酯酶活性降低，并伴有头晕、头痛、乏力、食欲不振、恶心、气短、胸闷和多汗，部分患者还有肌纤维颤动等症状。有机氯农药慢性中毒，主要表现为食欲不振、上腹部疼痛、头晕、头痛、乏力、失眠和做噩梦等。接触高毒性农药（如氯丹和七氯等）会出现肝脏肿大、肝功能异常等症状。

农药是一种主要的环境“三致”（致畸、致癌和致突变）物质。农药进入人体后，会对体内的脱氧核糖核酸产生损害作用，干扰信息的传递，引起细胞的基因突变或导致癌症的产生，刺激生殖细胞发生突变，产生畸形。

农药在农业生产中发挥着非常重要的作用，但农药对环境产生的负面影响也不容忽视。因此，通过适当的措施加以控制和修复，具有重要的意义。

（二）微塑料污染对生物的影响

微塑料污染对生物的影响主要表现在两个方面：一方面是自身毒性，由于其难以降解，在环境中长期存在，同时塑料的制造过程中添加的各种有毒添加剂（多溴联苯醚、双酚 a 等）随着塑料分解而释放，对生物造成损害；另一方面，微塑料表面吸附一些疏水性较强的有机污染物和重金属并表现为复合毒性。

1．微塑料污染对植物的影响　亚微米级或微米级的聚苯乙烯和聚甲基丙烯酸甲酯塑料颗粒可以穿透植物的根系进入植物体，在蒸腾拉力的作用下，通过导管系统随水流和营养流进入植物地上部。另外，在植物新生侧根边缘存在狭小的缝隙，微米级塑料颗粒通过该通道跨过屏障，进入根部木质部导管并传输到茎叶组织。例如，0.2 μm 的聚苯乙烯微球通过质外体空间进入生菜根部，分布于维管组织和细胞间隙，迁移到茎叶部位。不同粒径的纳米塑料和微塑料颗粒能积累在水芹（*Oenanthe javanica*）种子的种皮。微塑料延缓蚕豆种子的发芽和生长，诱发遗传毒性。例如，50 nm 聚苯乙烯纳米塑料能够进入洋葱根分生区细胞中，产生细胞毒性（如有丝分裂异常）和基因毒性（Giorgetti et al.，2020）。

2．微塑料污染对动物的影响　微塑料通过动物摄食进入消化道，在生物体表组织的间隙以糅合或渗入的方式进入生物体，或者黏附在生物的组织表面。进入到生物体的微塑料会通过血液循环、淋巴循环系统转运到多器官中积累。例如，微塑料通过糅合方式进入贻贝的足丝、通过胚孔进入斑马鱼的胚胎及黏附在贻贝的足丝等非消化器官的表面等。微塑料积累的主要位置为消化道、动物的肝脏、脑和肌肉组织。微塑料沿着从浮游植物到浮游动物再到哺乳动物的食物链富集传递，或沿着土壤→蚯蚓→鸡的食物链进行传递。

微塑料在生物体内累积影响基因和蛋白质的表达，并产生内分泌干扰作用；影响生物体内酶或自由基的活性，造成 DNA 损伤，导致其组织器官的病变和炎症反应。土壤线虫、跳虫、蚯蚓和蜗牛等土壤动物均能摄入微塑料，微塑料导致线虫的成活率、体长和繁殖率下降，使其肠道损伤和氧化应激基因表达率升高，甚至产生跨代的毒性，也会导致蚯蚓产生氧化胁迫，使其能量代谢受到影响。微塑料会在较长时间尺度上对淡水底栖动物的群落结构造成影响，还有可能会影响淡水底栖动物群落在氮循环方面的功能。对浮游动物来说，微塑料的暴露会对其生长、后代数量、行为等产生不利影响。微塑料会从基因、分子、器官等各层面影响水生生物的行为方式、摄食习惯、生长发育、繁殖能力，更严重甚至会引起个体死亡。

3．微塑料污染对微生物的影响　环境中的微塑料具有比表面积高、表面风化产生丰富的官能团，极易被微生物快速附着、定殖于其表面，并形成生物膜或“塑料圈”

（plastisphere）。微塑料可选择性地富集抗生素、抗生素抗性基因（antibiotic resistance gene，ARG）、病原菌和耐药菌。一方面，微塑料为微生物的生存提供独特的栖息地，微塑料主要由含碳的物质组成，能作为某些微生物的碳源且被加以利用，同时，微塑料表面吸附的各种有机物也能为微生物的生长繁殖提供碳源。微塑料作为微生物（包括病原菌和抗生素抗性基因）的载体，促进了其迁移，造成抗生素抗性基因的不可控传播及耐药致病菌的大面积暴发，甚至引发生态灾难；另一方面，生物膜的形成可改变微塑料的密度、疏水性、化学官能团、粗糙度等理化性质和表面形貌，在一定程度上参与微生物对微塑料的生物降解，影响微塑料在环境中的迁移与归趋。例如，弯曲杆菌能依附在微塑料上，而弯曲杆菌属中含有某些致病菌，可能会对生物及人类健康产生不良影响。

4. 微塑料污染对人体健康的影响 人体可能通过大气和食物链暴露于微塑料。大气中的微塑料通过呼吸摄入人体呼吸系统，引发肺部炎症，或者人类直接食用含微塑料的双壳类、扇贝、鱼类、鸟类和海盐等，摄入人体内的微塑料通过内吞作用进入细胞内，产生原发性和继发性基因毒性。微塑料被人体胃腺细胞吸收，进入人体后影响细胞的基因表达，抑制细胞活力，诱导发生促炎症反应和形态学改变（陈璇等，2021）。微塑料对人类健康的影响亟待深入研究。

第四节 面源污染对生物的影响

一、面源污染及其特点

1. 面源污染 面源污染包括农业面源污染和城市面源污染。农业面源污染主要指农业生产活动中，溶解的或固体的污染物（农田中的土粒、氮、磷、农药、重金属及农村家畜粪便与生活垃圾等有机或无机污染物质）从非特定的地域，在降水和径流冲刷作用下，通过农田的地表径流、农田排水和地下渗漏进入受纳水体（如河流、湖泊、水库、海湾等）所引起的水体污染。农业面源污染的显著特点是量大面广，向环境排放污染物质是一个不连续的分散过程，受自然条件突发性、偶然性和随机性制约，污染负荷的时空差异性大、形成机理模糊、潜伏性强。农业面源污染是在不确定的时间内，通过不确定的途径，排放不确定的污染物（Novontny et al., 1981；贺缠生等，1998；祁俊生，2009）。除农业面源污染外，城市生活也可以带来面源污染，其主要是由降雨径流的冲刷作用产生的。城市降雨径流主要以合流制形式，通过排水管网排放，径流污染初期作用十分明显，特别是在暴雨初期，由于降雨径流将地表及沉积在下水管网的污染物，在短时间内，突发性冲刷汇入受纳水体，引起水体污染。据观测，在暴雨初期（降雨后的前 20 min）污染物浓度一般都超过平时污水浓度。城市面源也是引起水体污染的主要污染源，具有突发性、高流量和重污染等特点（宋关玲等，2015；张剑等，2021）。近年来，农田养分的投入和农田土壤养分的积累及流失量不断增加，农业面源污染所占的负荷越来越大，已逐渐成为水体富营养化最主要的污染源。因此，常说的面源污染主要指农业面源污染。

2．农业面源污染的特点　农业面源污染是由分散的污染源造成的，其污染物质面积大、范围广，不能用常规处理方法改善的污染排放源。与点源污染相比，农业面源污染具有不确定时间、不确定方式、不确定数量、多种污染复合排放等特征。其特点具体体现如下。

（1）分散性和隐蔽性　与点源污染的集中性相反，农业面源污染具有分散性的特征，它随流域内土地利用状况、地形地貌、水文特征、气候、天气等不同而具有空间异质性和时间上的不均匀性。农业面源污染排放的分散性导致其地理边界和空间位置不易识别。农业面源污染对环境的危害过程是农业面源污染物在水体中的富集过程，农业面源污染在污染早期常不被察觉，待水环境质量急剧恶化时，再采取措施其治理难度很大（张藉文，2006；李海杰，2007）。

（2）随机性和不确定性　从农业面源污染的起源和形成过程来看，其与降雨过程、降雨时间、降雨强度密切相关。此外，农业面源污染的形成还与其他许多因素，如汇水面性质、地貌形状、地理位置、气候等也都密切相关。降雨的随机性和其他因素的不确定性，决定了农业面源污染的形成具有较大的随机性和不确定性。

（3）广泛性和难监测性　由于农业面源污染涉及多个污染者，在给定的区域内它们的排放是相互交叉的，加上不同的地理、气象、水文条件对污染物的迁移转化影响很大，因此很难具体监测到单个污染者的排放量。严格地讲，面源污染并非不能具体识别和监测，而是信息和管理成本过高。但近年来，通过运用遥感、地理信息系统，可以对面源污染进行模型化描述和模拟，为其监控、预测和检验提供了有力的数据支持。

（4）滞后性和风险性　农业污染物质对环境产生影响的过程是一个量的积累过程，因而农业面源污染是一个从量变到质变的过程，这决定了其危害表现具有滞后性，农业面源污染物质主要是对生态环境产生破坏作用，其滞后性使各种物质的生态风险性很高（李海鹏，2007）。

二、面源污染的危害

农业面源污染的危害主要是危害农业、农村生态环境：一是危害水体功能，影响水资源的可持续利用，表现为地表水的富营养化和地下水的硝酸盐含量超标；二是危害农田土壤环境，影响土地生产能力和持续利用能力，表现为土壤有害物质超标和土壤结构遭受破坏。同时造成食物、饲料及饮水中的硝酸盐积累，对人、畜健康不利；三是危害农村生态环境，农村生活污水、生活垃圾等农业（或农村）废弃物处理不当或不及时，会影响农村居民的生活环境质量。农业面源污染的危害主要表现在以下几个方面。

1．面源污染对大气的影响　农业生产过程中会产生二氧化碳、甲烷、一氧化二氮等温室效应气体。农民所施用的氮肥会使土壤中的含氮量增加，氮经由土壤的硝化作用及反硝化脱氮作用，产生一氧化二氮排放到大气中，产生温室效应。一氧化二氮气体不同于一般氟氧化物，可长存于大气中达一个世纪，甚至更久而不消失，除造成温室效应外，还与水结合形成一氧化氮，破坏阻隔辐射线的臭氧层，臭氧层遭受破坏之后，太阳的紫外辐射增强，影响地球生物及生态系统。

农业面源污染物中的秸秆也可能恶化大气质量。焚烧秸秆时会产生大量的二氧化硫、二氧化氮、可吸入颗粒物（PM10）、细颗粒物（PM2.5），造成严重的大气污染（陆尤尤，2012）。

2. 面源污染对水体的影响 农业面源污染对水体的污染主要表现为加重水体的富营养化，使河流、湖泊水质恶化。农业面源污染一直是水体富营养化的主要贡献者。水体富营养化指人类的活动引起 N、P 等营养元素过量地输入水体，导致藻类过度繁殖，致使水质恶化的现象。世界上许多国家都面临着不同程度的湖泊等水体富营养化问题。

有研究表明，对于湖泊、水库等封闭水域，当水体内无机氮总量大于 0.2 mg/L 时，或者磷酸盐磷浓度大于 0.01 mg/L 时，就可能促使藻类等大量繁殖，并在流动缓慢的水域聚集而形成大面积的水华（在湖泊、水库）或赤潮（在海洋）。水体一旦发生富营养化，则水生生态系统结构和功能会发生变化，藻类和其他水生生物会异常繁殖，从而使水体浑浊，透明度降低，阳光入射强度和深度降低，影响水生植物的光合作用；溶解氧（DO）值减小，大量的水生生物死亡，沉积速度增大，厌氧程度提高，生物多样性下降和优势种改变等一系列问题。也有研究认为富营养化可以导致水体表面酸化，水体内部温度和溶解性等性质发生变化（William et al., 2012），这种被称为水体“提前老化”的富营养化现象给供水、水利、航运、养殖、旅游及人类的健康等造成极大的危害。同时，由于面源污染的发生与区域间的降水密不可分，发生水土流失的区域污染物会随着泥沙进入水体，泥沙不但抬升河流与湖泊床水位，降低水体的蓄水能力，而且泥沙携带的污染物会污染水体，降低水体的环境承载力。

另外，农业面源污染还可以引起地下水污染。化肥等农业面源污染物可通过淋溶作用进入地下水，污染地下饮用水源，特别是造成地下饮用水源的硝态氮污染。

3. 面源污染对土壤的影响 农户为了使农作物有更好的收成，会施用大量的化肥，其中的有毒物质就会进入土体，使土体性质改变、土壤肥力下降。长期施用化肥，特别是施肥不平衡，往往导致土壤板结、耕地质量变劣、土壤肥力下降，农民为维持农田生产能力，更加依赖于增施化肥，化肥施用量进一步加大，从而形成恶性循环，导致农产品质量也跟着下降，农田土壤生态环境更加恶化。

中国用不足世界10%的耕地养活了世界上 22%的人口，然而我国的化肥使用量超过了全世界总量的 1/3。长期大量施用化肥对耕地土壤造成了严重的危害，不仅使土壤变碱或变酸，削弱土壤或肥料中其他营养元素的肥力效应，同时也向土壤中带入了许多有害物质，因化肥生产原料中还含有少量有害化学元素，如工业磷肥中的镉、砷、氟等，这些元素的残留会造成土壤污染。化肥还会引起硝酸盐和亚硝酸盐的污染及硫化物、硫酸盐污染，也可能使土壤营养元素尤其是微量元素平衡被破坏，造成农作物缺素症和重金属污染。大量氮肥的使用还加快土壤中有机碳的消耗，降低有机质的活性和土壤的供氮能力。

农业面源污染物中的畜禽养殖废弃物、农村生活垃圾、农村生活污水往往被忽略。畜禽养殖场内的粪尿、屠宰场内动物体遗留物、水产养殖场内鱼类的粪便和饲料的沉淀是土壤污染的主要生物源。农村生活污水和垃圾污染源分散、面广，我国农村96%的村庄没有排水渠道和污水处理系统，简单处理或未处理的污水自流到地势低洼的河流、湖泊和池塘等地表水体中，或慢慢渗透到周边农田。农村生活垃圾常年堆积，污染物浓度越来越高，通过雨水冲刷或淋溶造成周围土壤污染（刘永红等，2016）。

4．面源污染对动植物及人类的危害　农业面源污染对作物的生长和品质产生影响。化肥的使用会影响作物种子萌芽，甚至造成其生长不良、畸形、品质变坏或产量降低。例如，氮肥施用过量时，导致植物氮中毒，或造成作物组织对机械性伤害抵抗力减弱，或导致作物花期延迟，降低结实率等。

氮肥等农业面源污染物对人体及动物也会造成很严重的危害。含氮污染物质容易在生物体内逐渐累积，透过陆上及水生食物链传至下一营养级，最后会造成动物器官机能病变，甚至死亡（李海鹏，2007）。氮肥的大量使用使硝酸盐在地下水中含量增加，并易被还原形成亚硝酸盐，亚硝酸盐与人体红血球中的血红蛋白反应，可能引起高铁血红蛋白症、消化系统癌症等疾病，从而威胁人体健康。农业面源污染对地下水的污染相比于对地表水的污染不易被察觉，易造成区域性疾病的集中暴发（李海鹏，2007；陆尤尤，2012）。

第五节　环境污染的生态修复

随着环境污染的日益加剧，环境污染的治理和修复已经成了环境科学研究的重要领域和社会经济发展的重要保证。近年来，人们在物理修复、化学修复和生物修复等的基础上，进一步提出了生态修复的理念，试图以生态学的原理和方法，在污染环境的修复与治理过程中实现人与自然的和谐相处，实现可持续发展。

一、生态修复的概念及类型

生态修复（ecological remediation）是指以生态学原理为指导，在适当人工措施的辅助下，利用大自然的自我修复能力，恢复生态系统的保持水土、调节小气候、维护生物多样性的生态功能和开发利用等经济功能。生态修复不是指将生态系统完全恢复到其原始状态，而是指通过修复使生态系统的功能不断得到恢复与完善（杨少林，2004）。20 世纪 90 年代，美国、德国等国家提出通过生态系统自组织和自调节能力来修复污染环境的概念，并通过选择特殊植物和微生物，人工辅助生态系统来降解污染物，这一技术被称为环境生态修复技术。

广义的生态修复还包括生态恢复的内容，但二者研究的重点和对象是不同的。20 世纪 70 年代后，受生态工程思想的影响，生态恢复的基本内涵是在人为辅助控制下，利用生态系统演替和自我恢复能力，使被扰动和损害的生态系统（土壤、植物和野生动物等）恢复到接近于它受干扰前的自然状态，即重建该系统干扰前的与结构及功能有关的物理、化学和生物学特征。目前国外恢复生态学主要研究森林、草地、灌丛和水体等生态系统，采矿、道路建设、机场建设、放牧、采伐、山地灾害、工业大气及重金属污染等均会干扰退化生态系统的自然恢复和生态学过程，多集中在大型矿区、大型建筑场地、森林采伐迹地和受损湿地等生态恢复方面，研究的焦点是土壤、野生动植物及其生物多样性恢复。

生态修复的基本方式包括物理修复、化学修复、植物修复和生物修复等，其相互关系如图 5-5 所示。

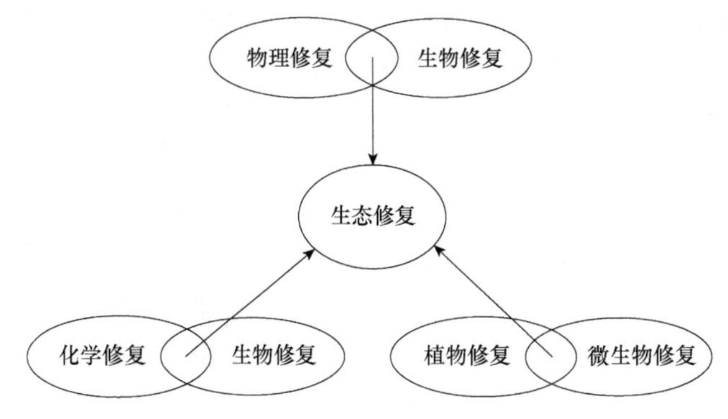

图 5-5　生态修复的基本方式（周启星，2006）

物理修复（physical remediation）是根据物理学原理，采用一定的工程技术，使环境中污染物部分或彻底去除或转化为无害形式的一种污染环境治理方法。物理修复方法分为几类，包括修复大气污染的除尘方法（重力除尘、惯性力除尘、离心力除尘、过滤除尘法和静电除尘法等），修复污水处理的沉淀、过滤和气浮等，修复污染土壤的客土法、换土法、去表土、深耕翻土、隔离法、物理筛分修复、蒸汽浸提、固化/稳定化修复、玻璃化修复、电动力学修复和高温热解等。

化学修复（chemical remediation）是利用加入到环境介质中的化学修复剂与污染物发生一定的化学反应，使污染物被降解和毒性被去除或降低的修复技术。气体污染物的化学修复技术包括燃烧法，含硫、氮废气的净化等；污水处理的化学修复技术包括氧化还原、化学沉淀、萃取和絮凝等；污染土壤的化学修复技术包括化学淋洗技术、溶剂浸提技术、化学氧化修复技术、化学还原与还原脱氯修复技术、钝化稳定化修复技术和土壤性能改良修复技术等。

植物修复（phytoremediation）是以植物忍耐和超量累积某种或某些化学元素的特征为基础，利用植物及其共存微生物体系，清除土壤环境中污染物的修复技术。植物修复技术主要包括4 种类型：植物提取（phytoextraction）、植物固定（phytostabilization）、植物挥发（phytovolatilization）和根际过滤（rhizofiltration）。

生物修复（bioremediation），广义的定义是指利用微生物、动物、植物和生物酶降解，减轻有机污染物的毒性、改变重金属的活性或在环境中的形态，通过改变污染物的化学或物理特征而影响其在环境中的迁移、转化和降解速率，包括微生物修复、植物修复、动物修复和酶学修复等方式（图 5-6）；狭义的定义是指微生物修复，即利用天然存在的或人为培养的专性微生物对污染物的吸收、代谢和降解等功能，将环境中的有毒污染物转化为无毒物质甚至彻底去除的修复技术。

动物修复是指利用土壤动物及其肠道微生物在人工控制或自然条件下，在污染土壤中生长、繁殖、穿插等活动过程中对污染物进行分解、消化和富集的作用，从而使污染物降低或消除的修复技术。

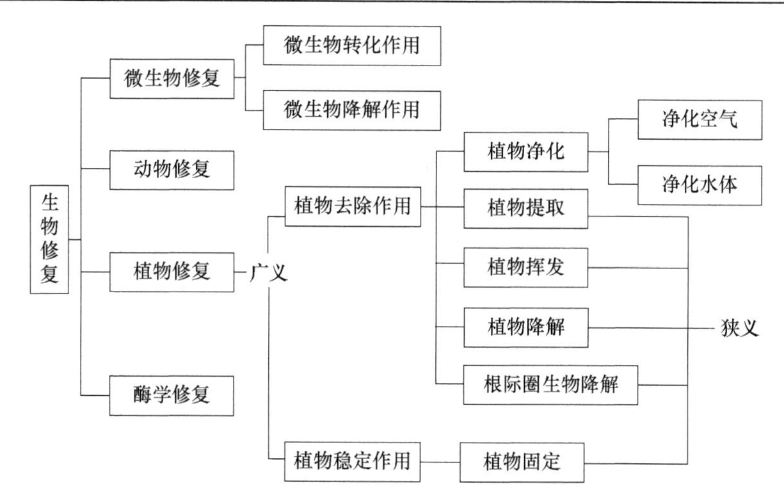

图 5-6　植物修复与生物修复的关系及主要修复方式（周启星等，2004）

二、重金属超富集植物与植物提取修复

1．重金属超富集植物　重金属超富集植物（hyperaccumulator），或超累积植物，主要是指能在体内超量积累重金属元素的植物。Brooks 等（1977）用它来命名在茎中含 Ni 量大于 1000 mg/kg 的植物。1583 年，意大利植物学家 Cesalpino 首次发现意大利托斯卡纳的“黑色岩石”上生长的植物——布氏香芥（*Alyssum bertolonii*），这是有关超富集植物的最早报道。1848 年，Minguzzi 和 Vergnano 首次测定了布氏香芥中 Ni 的含量为 7900 mg/kg（0.79%）。

根据 Baker（1983）、Chaney（1997）和 Brooks（1998）等提出的重金属超富集植物的评价要求，重金属超富集植物的基本标准为：

1）植物叶片或地上部分：Cd 含量≥100 mg/kg（0.01%），Pb、Co、Cu、Ni、Cr 含量≥1000 mg/kg（0.1%），Zn、Mn 含量≥10000 mg/kg（1%）（Baker and Brooks，1983）。

2）植物地上部分的含量：为一般植物的 10～100 倍以上（Chaney，1997）。

3）植物的富集系数＞1，即植物体内该元素含量大于土壤中该元素的含量（富集系数＝植物体内该元素含量/土壤中该元素的含量）（陈同斌，2002）。

4）植物的转运系数＞1，植物地上部分的含量高于根部，转运系数（translocation factor，TF）＝植物地上部分该元素的含量/植物根部该元素的含量）（韦朝阳等，2002）。

根据美国能源部的标准，用于植物修复的重金属超富集植物应具有以下特征：①植物可收割部位必须能忍耐和累积高含量的污染物；②植物在野外条件下生长速度快、生长周期短、生物量高；③能同时累积几种重金属；④具有抗虫抗病能力。目前，世界上已发现重金属超富集植物超过 700 种，分布于 45 个科，主要集中在十字花科植物中（表 5-1）。

表 5-1　已知部分超富集植物及其最大重金属含量

金属	植物种	含量/（mg/kg）
As	*Pteris vittata* 蜈蚣草	5 000
	Pteris nervosa 大叶井口边草	694
Cd	*Thlaspi caerulescens* 天蓝遏蓝菜	1 800
	Viola baoshanensis 泰山堇菜	2 310
	Solanum nigrum 龙葵	125
	Sedum alfredii 东南景天	1 140
	Sedum plumbizincicola 伴矿景天	587
Co	*Haumaniastrum robertii* 钴星香草	10 200
Cu	*Ipomoea alpina* 高山甘薯	12 300
Pb	*Thlaspi rotundifolium* 圆叶遏蓝菜	8 200
	Arabis alpina var. *parviflora* 小花南芥	1 094
	Arabis paniculata 圆锥南芥	2 490
Mn	*Macadamia neurophylla* 粗脉叶澳洲坚果	51 800
Ni	*Psychotria douarrei* 套喹九节	47 500
Zn	*Thlaspi caerulescens* 天蓝遏蓝菜	51 600
Cr	*Learsia hexandra* 李氏禾	2 978

资料来源：Baker，2003

2．超富集植物累积重金属的机理

（1）超富集植物对根际土壤重金属的活化　　超富集植物根系分泌特殊有机物，促进土壤重金属的溶解和根系的吸收，或者超富集植物的根毛直接从土壤颗粒上交换吸附重金属。超富集植物对根际土壤重金属的活化途径包括以下几种（图 5-7）。

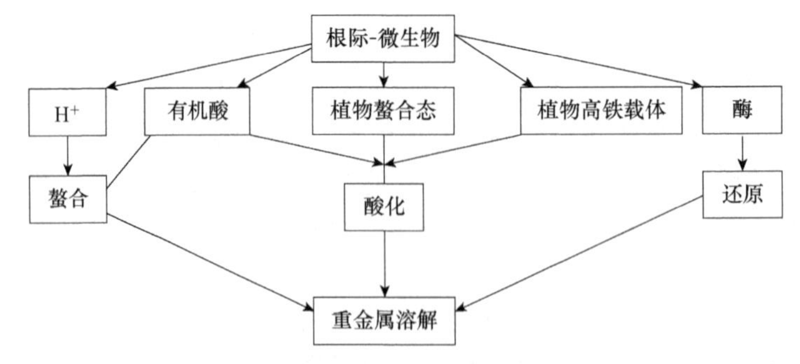

图 5-7　超富集植物对根际土壤重金属的活化途径

1）金属-螯合分子分泌进入根际，螯合、溶解“土壤结合态”金属。例如，当 Fe、Zn 缺乏时，禾本科植物释放金属-螯合分子，从土壤中活化 Cu、Zn 和 Mn。

2）植物的根通过与原生质膜专性结合的金属还原酶来还原“土壤结合态金属离

子”，如缺铁、铜的豌豆具有还原 Fe^{3+} 和 Cu^{2+} 的能力，从而增加植物对 Cu、Mn、Fe 和 Mg 的吸收。

3）植物通过根部释放质子来酸化土壤环境，从而溶解重金属。在 pH 较低时，“土壤结合态”的重金属离子进入土壤溶液中的量增加。

（2）超富集植物吸收和运输重金属的过程　超富集植物从根际吸收重金属，并将其转移和积累在地上部，该过程包括了许多环节和调控位点：跨根细胞质膜运输，根皮层细胞中横向运输，从根系的中柱薄壁细胞转载到木质部导管，木质部中长途纵向运输，从木质部卸载到叶细胞（跨叶细胞膜运输），跨叶细胞的液泡膜运输。

1）重金属跨根细胞膜运输。根际土壤中溶解的重金属可通过质外体或共质体途径进入根系表皮层。大部分金属离子通过专一或通用的离子载体或通道蛋白进入根细胞，该过程为一个依赖能量的过程。超富集植物对重金属的吸收具有很强的选择性，只吸收和积累生长介质中一种或几种特异性金属。例如，Ni 超积累的布氏香芥（*A. bertoloni*i）的地上部分优先积累 Ni；Zn 超积累植物天蓝遏蓝菜（*T. caerulescens*）积累培养液中的 Zn、Mn、Co、Ni、Cd 和 Mo。这种选择性积累的可能机制是，在金属跨根细胞的质膜进入根细胞共质体或跨木质部薄壁细胞的质膜装载进入木质部导管时，由专一性运输体或通道蛋白调控。

2）重金属在根共质体内运输与分室化。重金属一旦进入根系，可储存在根部或运输到地上部。金属离子从根系表面进入根系内部可通过质外体或共质体的途径，由于内皮层上有凯氏带，离子不能通过，只有转入共质体后，才能进入木质部导管，因此重金属在内皮层的共质体内运输是其转运到地上部的限制步骤。重金属进入根细胞质后，金属可能与细胞质中的有机酸、氨基酸和多肽等结合，通过液泡膜上的运输体或通道蛋白转入液泡。在超富集植物的液泡膜上，可能存在一些特殊的运输体，能把暂时储存在液泡中的金属装载到木质部导管。

3）重金属在木质部运输。金属离子从根系转移到地上部分主要受两个过程的控制——从木质部薄壁细胞转载到导管和在导管中运输，后者主要受根压和蒸腾流的影响。木质部装载过程的能量来自木质部薄壁细胞膜上的 H^{+}-ATPase 产生的跨膜电势（Roberts，1997）。在超富集植物中，可能存在更多的离子运输体或通道蛋白，从而促进重金属向木质部装载。重金属在超富集植物的木质部导管中的运输速率很高，如当生长介质中的 Zn^{2+} 为 50 μmol 时，超富集植物天蓝遏蓝菜伤流液中 Zn^{2+} 浓度比非超积累植物菥蓂（*T. arvense*）中高 5 倍（Lasat，1998）。

4）重金属在叶细胞中运输与分室化。重金属在超富集植物的叶片中存在区隔化分布。在组织水平上，重金属主要分布在表皮细胞、亚表皮细胞和表皮毛中；在细胞水平，重金属主要分布在质外体和液泡中。利用电子探针和 X 射线微分析法发现天蓝遏蓝菜叶片中 Zn 主要以晶粒形态积累在表皮细胞和亚表皮细胞的液泡中（Kupper，1999）。表皮细胞的液泡化促进了对 Zn 的优先积累。菥蓂属植物液泡和胞质中的 Ni 分别主要与柠檬酸和组氨酸结合，这可能是胞质中的 Ni 与组氨酸或组氨酸类似物结合形成复合物，然后跨液泡膜运输，转移到液泡中，从而起到解毒作用（Kramer，2000）。

5）重金属在细胞中的积累。细胞壁是结合、固定污染物的重要部位，因为细胞壁果胶质中的多聚糖醛酸和纤维素分子的羧基等基团都能够与重金属等结合。细胞膜上的蛋白质、糖类和脂质也能够结合透过细胞壁的污染物。植物中重金属结合物质包括谷胱甘肽（GSH）、植物螯合肽（PC）和金属硫蛋白（MT）等，这些均与重金属的解毒有关。

（3）超富集植物积累重金属的分子生物学基础　超富集植物积累重金属可能是多基因（包括吸收和耐性）控制的过程。Lasat 等（1996）分离了天蓝遏蓝菜根和叶中的 mRNA，克隆和筛选出 Zn 载体基因 *ZNT1*，编码 Zn^{2+}转运蛋白。经序列分析发现 *ZNT1* 与拟南芥（*Arabidopsis thaliana*）中的 Fe 运输蛋白基因（*IRT1*）、酵母高亲和力 Zn 转运蛋白基因（*ZRT1*）同源，其氨基酸序列与 *ZRT1* 有 36%的相似性，与 *IRT1* 有 88%的相似性。

超富集植物对重金属有很强的忍耐能力，还可能与其存在特异性的代谢途径或酶有关，如组氨酸的三个酶蛋白基因 *THG1*、*THB1* 和 *THD1*。用 RACE 方法从大蒜（*Allium sativum*）中克隆了植物螯合肽合酶的全长 cDNA，通过对镉敏感裂殖酵母 M379 和对砷敏感裂殖酵母的转化，证实该基因的表达可以提高酵母对镉和砷的抗性。

3．植物提取修复　植物提取修复（phytoextraction）是指将特定的植物（超富集植物）种植在重金属污染的土壤中，植物（特别是地上部）吸收、富集土壤中的重金属元素后，将植物进行收获和妥善处理，达到治理土壤重金属污染的目的。广义的植物提取又分为持续植物提取（continuous phytoextraction）和诱导植物提取（induced phytoextraction）。持续植物提取指利用超富集植物来吸收土壤重金属并降低其含量的方法，而诱导植物提取是指利用螯合剂来促进普通植物吸收土壤重金属的方法。

目前常用植物包括各种野生的超富集植物及某些非食用作物，如芸薹属植物（印度芥菜等）、油菜、杨树和苎麻等。适合提取修复植物的特点如下：①可收割部位必须能忍耐和积累高含量的污染物；②植物在野外条件下生长速度快、生长周期短、生物量高、个体高大、向上垂直生长以利于机械化作业等；③植物对农业措施如施肥等，能产生积极的反应。

重金属超富集植物的累积效果和植物提取修复的效率可以通过一些方法加以改进。主要调控途径包括以下几点。

（1）利用土壤微生物对土壤重金属进行活化　在重金属污染土壤的植物修复过程中，挑选耐性微生物接种在植物根际，将有利于提高植物对重金属的吸收，如假单胞杆菌属和芽孢杆菌属的几个品系能增加生长了两周的印度芥菜（*Brassica juncea*）幼苗的对 Cd 总的吸收量。菌根具有活化土壤中金属的能力，菌根共生在植物根系中，增加了植物根系的表面积，并且菌丝能伸展到植物根系所无法接触到的空间，增加植物对水和矿质元素（包括重金属）的吸收，提高植物生物量、吸收面积并增大吸收范围。

（2）利用螯合剂的调节作用　在土壤内加入螯合剂，可以使吸附态的 Fe、Mn 氧化物解吸和沉淀复合物溶解进入土壤溶液中。重金属-螯合物复合体的形成，可以减少重金属的沉淀和吸附，维持重金属对植物的有效性。生物降解螯合剂谷氨酸 *N*,*N*-乙酸（GLDA）促进超富集植物东南景天对 Cd 污染土壤的修复。

（3）调节土壤 pH　pH 的降低可导致碳酸盐和氢氧化物结合态重金属的溶解、释放，同时也增加吸附态金属的释放。通过使用铵态氮肥料或土壤酸化剂，使土壤维持在一个适当的酸性条件中，增加了重金属的生物有效性，也增加了植物对重金属的吸收。Brown 等（1995）发现，通过减少施用污泥的频率来降低土壤的 pH，可促进天蓝遏蓝菜地上部对 Mn 的吸收量。

（4）调节土壤氧化还原电位　植物根部具有释放有机酸和还原剂来还原 Fe、Mn 氧化物的能力。在 Mn 氧化物含量较高的土壤内加入抗坏血酸，可以使亚硒酸盐氧化成硒酸盐，增加硒的溶解性。通过还原性的有机酸或其他的氧化还原活性物质可以促进植物修复。

（5）调节土壤竞争离子　溶液中的金属离子对吸附位点的竞争可以控制重金属的有效性。例如，磷酸盐可以活化浸提土壤内的 Cr、Se 和 As 等阴离子。钙的使用可增加与其相似的 Sr 在土壤内的移动性和植物对 Sr 的吸收量。

（6）间作修复　超富集植物与作物间作指在同一田地上于同一生长期内，分行或分带相间种植一种作物和重金属超富集植物的种植方式。常见间作模式包括：东南景天（*Sedum alfredii*）与玉米（*Zea mays*）间作、大叶井口边草（*Pteris cretica*）与玉米间作、印度芥菜和苜蓿（*Medicago sativa*）间作、天蓝遏蓝菜与大麦（*Hordeum vulgare*）间作等。如超富集植物东南景天和玉米间作，可显著提高富集植物东南景天的生物量，促进东南景天对 Zn 和 Cd 的吸收，明显提高东南景天的修复效率，降低玉米对重金属的吸收。

另外，从基因技术的角度，把超富集植物中的基因转入生物量大的植物，也具有一定的意义。筛选突变株可以产生有用的超富集植物，如豌豆突变株比野生型积累的镁量高 10～100 倍，拟南芥突变株比野生型积累的铁量高 10 倍。将超富集植物与生物量高的亲源植物杂交，筛选出能吸收和忍耐金属的植物。基因工程通过引入金属硫蛋白基因或引入编码 *MerA*（汞离子还原酶）基因，增强对汞的耐性，转基因植物拟南芥可将汞还原为可挥发的 Hg，使其对汞的耐性提高。

4．植物提取修复的优点和缺点　植物提取修复技术在生态修复中被广泛使用，具有价格低廉、安全和易于被接受的特点，但周期长、生物量小和难于处理的缺点也不容忽视。

（1）优点　植物提取修复技术的最大特点在于费用低，可在大面积上使用，操作简单，技术可靠。植物修复费用为 18～104 美元/m^3，比物理、化学处理（淋洗法为 83～237 美元/m^3、电动力修复法为 25～300 美元/m^3）低，而且能增加土壤有机质含量，激发土壤微生物的活性，使土壤有机质含量和肥力增加，适用于农作物的种植；可稳定和巩固土壤，减少风蚀水蚀，容易被社会接受。同时，植物的蒸腾作用可防止污染物向下迁移，以防二次污染的产生；还可把氧气供到根际，有助于有机污染物的降解，这样就能够永久性地解决土壤污染的问题，所以应尽可能减少对环境的干扰和破坏。

（2）缺点　植物提取修复技术具有一定的局限性，仅对特定的区域、特定的污染物有效。超富集植物的专一性很强，只对某种特定的重金属表现出超富集能力，且多为野生型稀有植物，呈区域性分布，这就使引种受到限制，而且对浅层土壤污染最为有效。植物提取修复技术容易受到环境变化的影响和制约，需要的时间较长而缓慢。超富集植物的生物量小，而且生长缓慢，会受到杂草的竞争性威胁。同时，对超富集植物的农艺性状、病虫害防治、育种潜力和生理学等方面的了解很少，修复植物的处理技术还不完善。

5. 植物提取修复的应用和发展前景 植物修复技术在理论研究、开发与推广方面已做了大量的开创性工作，并取得一定的研究成果。美国艺术家 Mel Chin 于 1991 年开始，在明尼苏达州圣保罗的 Cd 污染的土壤上进行了 3 年的“环境艺术品”创作——利用植物“剔除”毒物，将光秃的死地转变为生机盎然的土地。艺术品呈环形，并通过步道分隔成许多方块，分别种植天蓝遏蓝菜、长叶莴笋（*Lactuca dolichophylla*）、Cd 积累型玉米 FR-37、Zn-Cd 抗性植物紫羊茅（*Festuca rubra*）。1998 年美国市场报告分析表明，全美国植物修复市场产值 1700 万～3000 万美元，其中地下水有机污染物去除花费 500 万～1000 万美元，填埋场渗滤液处理和土壤重金属修复花费 300 万～500 万美元。英国已开发出多种耐重金属污染的草本植物用于污染土壤中的重金属和其他污染物的治理，并已将这些草本植物推向商业化进程。苎麻（*Boehmeria nivea*）是较强的吸镉、耐镉植物，我国南方一些镉污染区是苎麻的生产基地，水田改旱田后，通过改良，土壤镉降低了 27.6%。在土壤汞含量 82 mg/kg 的情况下，旱地 10 年后可以恢复到背景值水平（0.39 mg/kg）（熊建平等，1994）。

目前有关镉和铅的植物修复研究较多。研究发现将印度芥菜培养在含有高浓度可溶性铅的营养液中时，可使茎中 Pb 含量达到 1.5%。当在土壤中加入人工合成的螯合剂时可促进农作物对铅的吸收，并能促进铅从根向茎的转移。

在废弃地恢复过程中，有害物质的毒性起着严重的阻碍作用，如在重金属污染严重的地区，所能生长的植物仅仅是那些耐重金属污染的物种，如绊根草（*Cynodon dactylon*）、宽叶香蒲（*Typha latifolia*）、蜈蚣草（*Pterris vittata*）、雀稗（*Paspalum thunbergii*）、黄花稔（*Sida acuta*）和银合欢（*Leucaena glauca*）等。在矿业废弃地植被早期演替中，种植豆科植物或者是一些生长期短的豆科灌木，如白羽扇豆属（*Lupine*）、荆豆属（*Ulex*）和金雀花属（*Cytisus*）等对植物生长具有良好的促进作用。

我国对超富集植物吸收重金属的研究已经取得了很好的成果，还需要进行全国超富集植物资源的调查、收集和筛选，研究超富集植物的分布，建立超富集植物的数据库，建立重金属污染土壤的综合生物治理体系，进行多学科的合作，研究超富集植物吸收重金属的机制。同时加强研究根际环境中超富集植物吸收重金属的动力学过程及其影响因子，阐明重金属在植物体内的运输方式、途径及其分布机制，并从超富集植物中分离重金属的载体和耐性基因，将其克隆到生物量更高的植物体内，对于植物修复技术应用具有重要的理论和实践意义。

三、有机污染的微生物修复

有机污染的微生物修复就是利用微生物将环境中的有机污染物降解或转化为其他无害物质的过程。微生物通过氧化、还原、转化等作用降解污染物，修复受污染的环境，具有广阔的应用前景和十分重要的意义。

微生物的修复是利用其固有能力降解或固定污染物的过程。微生物对环境中污染物具有降解、去毒和固定作用。其修复可以减轻或去除污染水体、固体废物、废气等介质内的有机污染物，达到无害化的目的。

微生物降解是指通过微生物的新陈代谢活动将污染物质分解成简单化合物的过程。微生物繁殖速度快，遗传变异性强，能以较快的速度适应变化的环境条件，而且对能量的利用效率更高，因而具有将大多数污染物质降解为无机物质（如二氧化碳和水）的能力，而且微生物可以进行氧化-还原作用、脱羧作用、脱氯作用、脱氢作用、水解作用等，在有机污染物质降解过程中起到了很重要的作用（周启星，2006）。微生物可降解的污染物种类包括：多环芳烃（PAH）、有机染料和颜料、表面活性剂、农药、微塑料、酚类和卤代烃等。

微生物去毒作用是指使污染物的分子结构发生改变，从而降低或去除有机污染物对生态系统的有害作用。去毒作用包括水解作用、羟基化作用、脱卤作用、去甲基或去烷基作用、甲基化作用、硝基还原作用、去氨基作用、醚键断裂作用和轭合作用等。

微生物固定作用是通过生物屏障、氧化-还原沉淀和键合等方法将有机污染物固定。生物屏障法是微生物吸收疏水性有机物，阻止或减缓污染物的迁移；氧化-还原沉淀法是具有还原或氧化金属能力的微生物，通过氧化-还原作用使金属有机物中的金属沉淀；键合法是指被释放的键合金属可产生沉淀且被固定。

根据污染物的处理地点，微生物修复可以分为微生物的原位修复和微生物的异位修复。

微生物的原位修复是指在人为控制条件下进行的生物降解与污染治理，在污染源就地处理污染物的一种生物处理技术，主要形式有生物通风法、生物搅拌法和泵出生物处理法等。生物通风法是在不饱和土壤中通入空气，以增强大气和土壤之间的接触和流动，为微生物提供充足的氧气，同时通过注入法向土壤输入营养液，以增加微生物降解所需要的碳源和能源，达到生物修复的作用；生物搅拌法是向饱和土壤中注入空气，同时从土壤的不饱和部分中吸出空气，加强空气的流通和氧气的供应；泵出生物处理法是将污染的地下水抽提出来，进行地表处理（通常用生物反应器）后与营养液按一定比例混合，再注回土壤完成处理的过程，由于处理后的水中含有驯化的降解菌，对土壤有机污染物的生物降解具有促进作用。

微生物的异位修复是将污染移位，在异地（场外或运至场外的专门场地）进行处理的一类处理技术，主要形式有土地填埋、制备床法、堆腐法、土壤耕作法和生物泥浆反应器法。制备床法是通过将污染物运移到一个特殊制备的制备床上进行生物处理，如采用制备床法对五氯酚污染土壤进行修复，将处理前的4000 m^3的污染土壤铺在制备床上，摊成厚 40 cm，并加入一些牛粪，用顶棚遮盖，4 个月后，污染土壤中的五氯酚由处理前的 100 mg/kg 降到 5 mg/kg；堆腐法是利用好氧高温微生物处理高浓度的固体废弃物的特殊过程，Berg 等（1991）利用堆腐法对多环芳烃污染的土壤进行修复，将污染的 2000 t 土壤与松树皮混合（1∶1），并定时加水、翻堆、通气，50 天后，污染物含量由处理前的 500 mg/kg 降为 20 mg/kg；生物泥浆反应器法是将污染土壤从污染点挖出来放到一个特殊的反应器中进行处理的一种方法。微生物的异位修复还包括遗传改性法和游离酶法。

用于修复的微生物具备以下特点：①个体小，比表面积大，代谢速度快；②种类繁多，分布广，代谢类型多样；③繁殖快，易变异，适应性强（含各类嗜极微生物）；④微生物中的质粒快速转移，使别的细菌获得新的降解力，便于建构新的、高效的降解有机污染物的“工程菌”，发挥其特定功能的降解作用；⑤在自然界的生态系统中微生物与微生物之间的相互作用及其对有机污染物的共代谢，促进有机污染物降解（柯为，2005）。

根据来源，用于生物修复的微生物分为土著微生物、外来微生物和基因工程菌三种类型。

1. 土著微生物 土著微生物是通过对自然界存在的大量微生物进行筛选、驯化而获得的对污染物具有较高降解能力的菌株或微生物种群。环境中微生物逐渐适应生长环境，在污染物的诱导下产生可以分解污染物的酶系，进而将污染物降解或转化为低毒或无毒代谢物质。土著微生物具有较高的多样性，群落中的优势菌种会随着污染物的种类、环境温度等条件发生相应的变化。目前，利用土著微生物降解污染物质在环境工程中占据着十分重要的地位。

2. 外来微生物 土著微生物的生长速度缓慢，代谢活性低，而且污染物的影响会造成土著微生物的数量急剧下降，所以采用外来微生物接种，其降解污染物的能力和污染物降解的速率都较高。目前，用于生物修复的高效降解菌大多数是多种微生物混合而成的复合菌群，如光合细菌（photosynthetic bacteria，PSB）是在厌氧光照下进行不产氧光合作用的原核微生物的总称。目前广泛使用的 PSB 菌剂在厌氧光照及黑暗条件下都能以小分子有机物为基础进行代谢和生长，这对很多有机物具有很强的降解和转化作用。通过筛选高效广谱微生物、极端环境下生长的微生物及改善商品菌剂的生产、包藏和使用方法，可以更好地运用到生物修复工程中。

3. 基因工程菌 基因工程菌是指通过遗传工程的手段将能降解多种污染物的降解基因从某一供体微生物中提取出来，转移到另外一种微生物细胞中，从而获得具有广谱降解能力的新物种菌。

这种新物种菌通过增加细胞内降解基因的拷贝数来增加降解酶的数量，以提高其降解污染物的能力。假单胞菌中的不同菌株 CAM、OCT、SAL、NAH 4 种降解性质粒结合转移至一个细菌中，构建出能同时降解环芳烃、多环芳烃、萜烃和脂肪烃的“超级细菌”。该细菌能将浮油在数小时内消除，而使用天然菌要花费一年以上的时间。

应用于环境污染治理的基因工程菌一般具备以下特征：①基因工程菌对自然界的微生物或高等生物不构成有害的威胁；②具有一定的寿命；③进入净化系统后，需要一段适应期，但比土著种的驯化期要短得多；④基因工程菌降解污染物的功能下降时，可以重新接种；⑤污染物可能大量杀死土著菌，而基因工程菌却容易适应生存。尽管现代分子生物学技术的应用对提高微生物的生物降解能力具有重要的价值，但目前美国、日本等很多国家对工程菌的实际应用有严格的立法控制。

四、面源污染的生态修复

我国对流域的面源污染控制开展了大量的研究，形成了多种修复理论与技术。各种修复技术都有优点和缺点，仅依靠单一技术修复流域面源污染往往效果不佳。采取以生物-生态为核心的多种技术的优化组合方法是流域面源污染修复与控制的一个主要发展方向。当前，面源污染的生态修复与控制主要有源头防控、过程阻断、末端治理。

1. 源头防控 农业面源污染的源头防控是最有效的措施之一。根据面源污染的不同类型进行分类治理，才能有效控制面源污染。

农业污染源头控制指减少化肥施用、合理调节肥料中的养分比、更换新型肥料等，从而减少土壤养分积累量、提高养分利用的效率，减少养分地表径流流失，主要表现在施肥减量和合理施肥两方面。目前主要研究了基于土壤测试和基于作物反应的合理推荐施肥技术、不同作物类型、不同肥料种类和施肥运筹减少养分损失、环境排放技术、新型缓控释肥研发与应用技术、秸秆还田技术、畜禽粪便综合利用技术、有机肥替代技术、利用土壤改良剂减少氮和磷排放技术、改变轮作制度等。薛利红等（2013）指出源头控制还可以通过减少排水量来实现，从源头上减少排水量，则需要对水分进行优化管理，旱地采用水肥一体化技术，水田采用节水灌溉技术，坡耕地采用保护性耕作技术等。减量技术的应用要兼顾作物产量和经济效益，并结合区域环境特征，因地制宜。源头减量技术的研发要顺应时代要求，以节本省工为目标，逐步向智能化、机械化迈进。吴琼等（2009）研究了基于不同生态位的作物吸收利用硝酸盐消减技术，利用不同根深差异的蔬菜间作降低了土壤氮素的损失，降低幅度为 10～60 kg/hm^2。生物炭是生物有机材料在缺氧或低氧环境中经高温裂解后的固体产物。生物炭由于具有疏松多孔的结构，因此对污染物的去除也具有较好的效果，通过施加生物炭来削减大田面源污染中氮、磷流失的研究也逐渐增多。冯轲等（2016）采用生物炭代替部分化肥的施肥方式，在一定范围内能降低稻田田面水的氮、磷浓度，稻田退水氮、磷的输出负荷分别减少了39%～50%和38%～50%，显著提高了稻田生态效益。

国外农田面源污染主要通过广泛推行农田的最佳养分管理（best nutrient management practice，BNMP），调查流域农田施肥量、施肥种类、施肥时期、施肥方式等，提出科学管理措施与规定，控制面源污染源头。一些欧洲国家通过制定畜禽场农田的最低配置，使畜禽场产生粪便必须与周边可蓄纳畜禽粪便的农田面积相匹配，并且对畜禽养殖场污水处理池容量、密封性等方面进行严格规定以控制面源污染（张维理等，2004）。总体来说，国际范围内仍然缺少广泛通用的面源污染控制技术，而原则上都更加强调面源污染的源头控制和因地制宜（王一格等，2021）。

2. 过程阻断 农业面源污染虽然重点在对排放源头实施控制，但是仍然不可避免地有一部分污染物随淋溶或径流排放到水体，对水体造成污染。杨林章等（2005）系统提出了“源头减量-过程阻断-养分再利用-水体修复”的“4R”技术体系。其中从“过程阻断”体系出发的生态拦截控制技术（如植草沟、植被缓冲带和植物篱等）在农田面源污染控制方面得到很好的应用，具有成本低、效率高、规模小和易操作等特点。通过种植适合当地生长的植物篱作物进行田间径流的物理拦截，达到削减泥沙与肥料中氮、磷等污染物的流失作用，是最为简单、最自然的控制技术。该技术主要是通过对现有排水沟渠的生态改造和功能强化，或者额外建设生态工程，利用物理、化学和生物的联合作用，对氮、磷等污染物进行强化净化处理，不仅能有效拦截、净化农田污染物，还能汇集处理农村地表径流及农村生活污水等，实现污染物中氮、磷等的减量化排放或最大化去除。施卫明等（2013）发现，生态拦截沟渠技术能高效拦截和净化氮、磷污染物，并兼具生态景观美化的功能。有学者在太湖流域连续3年监测，表明生态拦截型沟渠对稻田径流排水中氮、磷的平均去除率可达48.36%和40.53%，设施菜地夏季揭棚期径流氮排放的平均拦截率为48%。张树楠等（2015）以水生美人蕉、黑三棱、灯芯草、铜钱草和绿狐尾藻等为实验植物，将原农业排水沟渠改建成生态沟，生态沟渠出水氮、磷浓度分别低于地表水环境质量标准水质标准限值，整条生态沟渠对水体总氮、总磷的平均去除率分别为64.3%和69.7%，说明生态沟渠对氮、磷污染物有较好的拦截效应。孙彭成等（2016）通过6组不同雨强的模拟降雨实验，分析了不同雨强下坡地径流中污染物的输出特征，研究了不同长度的柳枝稷植被过滤带对污染物的净化效果，并对植被过滤带柳枝稷的生产效益进行了评价。

人工湿地技术、稻田消纳技术及前置库技术也能有效拦截氮磷污染物，在农业面源污染治理实践中得到了一定的应用。缓冲带、生草覆盖、脱氮沟及湿地-多级塘等技术也有一定的应用前景。生态拦截技术的应用需结合区域环境特征和地形地貌现状，因地制宜，兼顾生态功能、环境功能和景观功能，在充分利用和改良现有沟渠塘的基础上注重氮、磷养分资源的回收利用，从而提高拦截效率，实现面源污染的生态修复。

3．末端治理 末端治理是继源头防控、过程阻断之后，改善和恢复水环境的重要工程，是控制农业面源污染物进入受纳水体前不可缺少的最后一环，主要通过土壤、人工介质、植物及微生物的共同作用，对污水进行收集处理后排放。利用水生植物在处理农田面源污染物时有较强的吸附净化能力，结合植物根系和人工介质为微生物提供良好的填料支撑，共同实现面源污水的末端生态修复处理，削减面源污水中的氮、磷。因此，研发了人工氧化塘技术、生态浮床技术及集氧化塘、生态浮床、沟渠系统为一体的人工湿地系统，通常在流域主要出口以建立人工湿地系统为主（王一格等，2021）。

目前人工湿地被广泛应用于处理生活污水、工业废水、矿山和石油开采废水、农业点源污染和面源污染及水体富营养化治理。与天然湿地污水处理系统相比，因为人工湿地部分采取了人为控制措施，从而优化了系统，去除了有机物、营养元素和细菌性污染物的性能。它不仅可以为昆虫和其他动物提供生境，也可以作为一种美学景观。30多年的研究与实践证明，污水湿地处理系统具有费用低、效益高、应用范围广、易于建立和管理等特点，在处理效果相同的情况下，其投资仅为常规污水处理厂的1/10～1/2，是一种经济有效的面源污水处理技术（串丽敏等，2020）。

思 考 题

1．简述我国农药污染的特点及农药对生态环境的影响。

2．简述农药污染对动、植物的影响及其机理。

3．重金属超累积植物有什么特点？有哪些选择标准？

4．重金属超累积植物累积重金属的机理是什么？

5．总体来讲，生物对污染物的抗性通过哪些途径实现？

6．根际环境条件对植物吸收重金属有哪些影响？

7. 简述污染物在植物体内的迁移方式。

8. 在实际生产中如何减少植物对土壤中污染物的吸收？

9. 简述影响植物吸收、迁移污染物的因素。

10. 简述生物对污染物吸收、富集与污染物对生物毒害的关系。

11. 面源污染的来源有哪些？面源污染有哪些危害？

12. 面源污染的主要生态修复技术有哪些？

推荐读物

李元，祖艳群．2016．重金属污染生态与生态修复．北京：科学出版社．
李元．2008．农业环境学．北京：中国农业出版社．
祁俊生．2009．农业面源污染综合防治技术．成都：西南交通大学出版社．
宋关玲，王岩．2015．北方富营养化水体生态修复技术．北京：中国轻工业出版社．
孙铁珩，周启星，李培军．2001．污染生态学．北京：科学出版社．
王焕校．2002．污染生态学．北京：高等教育出版社．
周启星，宋玉芳．2004．污染土壤修复原理与方法．北京：科学出版社．
周启星．2006．生态修复．北京：中国环境科学出版社．

主要参考文献

陈璇，章家恩，危晖．2021．环境微塑料的迁移转化及生态毒理学研究进展．生态毒理学报，16（6）：70-86．
陈同斌，韦朝阳，黄泽春，等．2002．砷超累积植物蜈蚣草及其对砷的富集特征．科学通报，47（3）：207-210，36．
冯轲，田晓燕，王莉霞，等．2016．化肥配施生物炭对稻田田面水氮磷流失风险影响．农业环境科学学报，35（2）：329-335．
蒋先军，骆永明，赵其国．2000．重金属污染土壤的植物修复研究 I．金属富集植物 *Brassica juncea* 对铜、锌、镉、铅污染的响应．土壤，32（2）：71-78．
梁帅，韩冰，牛泽普，等．2021．淡水中微塑料的来源、迁移途径及生态毒理效应综述．环境工程，39（12）：1-9，70．
罗犀，张玉兰，康世昌，等．2021．大气微塑料研究进展．自然杂志，43（4）：274-286．
骆永明，施华宏，涂晨，等．2021．环境中微塑料研究进展与展望．科学通报，66：1547-1562．
米长虹，黄士忠，王继军，等．2000．农药对农田土壤的污染及防治技术．农业环境与发展，12（4）：23-25．
曲格平．1987．环境科学基础知识．北京：中国环境科学出版社．
施卫明，薛利红，王建国，等．2013．农村面源污染治理的“4R”理论与工程实践——生态拦截技术．农业环境科学学报，32（9）：1697-1704．
宋关玲，王岩．2015．北方富营养化水体生态修复技术．北京：中国轻工业出版社．
孙彭成，高建恩，王显文，等．2016．柳枝稷植被过滤带拦污增效试验初步研究．农业环境科学学报，35（2）：314-321．
孙铁珩，周启星，李培军．2001．污染生态学．北京：科学出版社．
王焕校．2012．污染生态学．北京：高等教育出版社．
王坤，王小敏，赵勇，等．2014．土壤质地和碳氮比对龙葵富集重金属 Cd 的影响．水土保持学报，28（2）：199-220．
王彤，胡献刚，周启星．2018．环境中微塑料的迁移分布、生物效应及分析方法的研究进展．科学通报，63：385-395．
王一格，王海燕，郑永林，等．2021．农业面源污染研究方法与控制技术研究进展．中国农业资源与区划，42（1）：25-33．
韦朝阳，陈同斌．2002．重金属污染植物修复技术的研究与应用现状．地球科学进展，17（6）：833-839．
翁焕新，Pres B J．1996．重金属在牡蛎（*Crassostrea virginica*）中的生物积累及其影响因素研究．环境科学学报，16（1）：51-58．
吴琼，杜连凤，赵同科，等．2009．蔬菜间作对土壤和蔬菜硝酸盐累积的影响．农业环境科学学报，28（8）：1623-1629．
吴婷，李小平，蔡月，等．2017．铅污染不同粒径土壤的重金属地球化学行为与风险．中国环境科学，37（11）：4212-4221．

谢黎虹，许梓荣．2003．重金属镉对动物及人类的毒性研究进展．浙江农业学报，15（6）：376-381．
徐岩，李静，方文．2020．基于地球化学模型的有机肥连续施用对菜田重金属行为的影响与模拟．生态学报，42（4）：1-15．
薛利红，杨林章，施卫明，等．2013．农村面源污染治理的“4R”理论与工程实践——源头减量技术．农业环境科学学报，32（5）：881-888．
杨居荣，鲍子平，张素芹．1993．镉、铅在植物细胞内的分布及可溶性结合形态．中国环境科学，13（4）：263-268．
杨林章，周小平，王建国，等．2005．用于农田非点源污染控制的生态拦截型沟渠系统及其效果．生态学杂志，24（11）：1371-1374．
曾乐意，闫玉莲，谢小军．2012．长江朱杨江段几种鱼类体内重金属铅、镉和铬含量的研究．淡水渔业，42（2）：61-65．
张树楠，肖润林，刘锋，等．2015．生态沟渠对氮、磷污染物的拦截效应．环境科学，（12）：4516-4522．
张维理，冀宏杰，Kolbe H，等．2004．中国农业面源污染形势估计及控制对策Ⅱ．欧美国家农业面源污染状况及控制．中国农业科学，37（7）：1018-1025．
张志权，束文圣，蓝崇钰，等．2001．土壤种子库与矿业废弃地植被恢复研究：定居植物对重金属的吸收和再分配．植物生态学报，3：306-311．
周启星，宋玉芳．2004．污染土壤修复原理与方法．北京：科学出版社．
周新文，朱过念，孙锦荷，等．2001．Cu、Zn、Pb、Cd 对鲫鱼（*Carassius auratus*）组织 DNA 毒性的研究．核农学报，（3）：167-173．
朱有勇，李元．2012．农业生态环境多样性与作物响应．北京：科学出版社．
Baker A J M, Brooks R R, Pease A J et al. 1983. Studies on copper and cobalt tolerance in three closely related taxa within the genus *Silene* L. (Caryophyllaceae) from Zaïre. Plant and Soil, 73: 377-385.
Brooks R R, Chambers M F, Nicks L J et al. 1998. Phytomining. Trends in Plant Science, 3 (9): 359-362.
Brooks R R, Lee J, Reeves R D et al. 1977. Detection of nickeliferous rocks by analysis of herbarium specimens of indicator plants. Journal of Geochemical Exploration, 5: 49-57.
Brown S L, Chaney R L, Angle J S et al. 1995. Zinc and cadmium uptake by hyperaccumulator *Thlaspi caerulescens* and metal tolerant *Silene vulgaris* growon on sludge-amended soils. Environmental Scienc and Technology, 6: 1581-1585.
Chaney R L, Malik M, Li Y M et al. 1997. Phytoremediation of soil metals. Current Opinion in Biotechnology, 8: 279-284.
Feng J J, Jia W T, Lv S L et al. 2018. Comparative transcriptome combined with morphophysiological analyses revealed key factors for differential cadmium accumulation in two contrasting sweet sorghum genotypes. Plant Biotechnology Journal, 16:558-571.
Giorgetti L, Spanò C, Muccifora S et al. 2020. Exploring the interaction between polystyrene nanoplastics and *Allium cepa* during germination: Internalization in root cells, induction of toxicity and oxidative stress. Plant Physiology and Biochemistry, 149: 170-177.
Huang S, Wang P T, Yamaji N et al. 2020. Plant nutrition for human nutrition: hints from rice research and future perspectives. Molecular Plant, 13: 825-835.
Krämer U, Pickering I J, Prince R C et al. 2000. Subcellular localization and speciation of nickel in hyperaccumulator and non-accumulator *Thlaspi* species. Plant Physiology, 122: 134-1353.
Küpper H, Zhao F J, McGrath S P. 1999. Cellular compartmentation of zinc in leaves of the hyperaccumulator *Thlaspi caerulescens*. Plant Physiology, 119: 305-311.
Lasat M M, Baker A J M, Kochian L V. 1998. Altered Zn compartmentation in the root symplasm and stimulated Zn absorption into the leaf as mechanisms involved in Zn hyperaccumulation in *Thlaspi caerulescens*. Plant Physiology, 3: 875-883.
Li Y, Zu Y Q, Fang Q X et al. 2013. Characteristics of heavy-metal tolerance and growth in two ecotypes of *Oxyria sinensis* Hemsl. grown on Huize lead–zinc mining area in Yunnan, China. Communications in Soil Science and Plant Analysis, 44: 2424-2442.
Roberts S K, Tester M. 1997. Permeation of Ca^{2+} and monovalent cations through an outwardly rectifying channel in maize root stelar cells. Journal Experimental Botany, 48: 839-846.
Salt D E, Prince R C, Pickering I J et al. 1995. Mechanisms of cadmium mobility and accumulation in Indian Mustard. Plant Physiology, 109: 1427-1433.
Schreck E, Foucault Y, Sarret G etal. 2012. Metal and metalloid foliar uptake by various plant species exposed to atmospheric industrial fallout: mechanisms involved for lead. Science of the Total Environment, 427: 253-262.
William G S, Wei J C. 2012. Eutrophication induced CO_2-acidification of subsurface coastal waters: Interactive of effects of temperature, salinity, and atmospheric. Environmental and Science Technology, 46(19): 10651-10659.

第六章　生态破坏与生物的生态关系

【内容提要】本章介绍了生态破坏的原因及类型，重点讨论分析了植被破坏对生物的影响，阐述了土壤退化对生物的影响，并进一步介绍了水域破坏对水生生物的影响及生态破坏的修复。

人类活动及自然灾害引起了生态环境因子的一系列变异，这从不同尺度上改变了生物个体生长发育、种群动态、群落演替及生态系统的结构与功能等，对生态系统的稳定性产生了深刻影响，并对人类生产生活构成威胁。研究生态破坏的原因、作用机制，对于协调人与自然的关系、保护人类生存环境的健康稳定发展具有重要意义。

第一节　生态破坏的原因及类型

生态系统是人类生存和发展的基础，人类活动及自然灾害等引起的生态破坏已经对人类的生存和发展构成了严重的威胁。生态破坏是指自然因素和人为因素对生态系统结构与功能的破坏，这些破坏会导致生态系统结构变异、功能退化、环境质量下降等。其中，人为因素起主导作用，其不但诱发了大量的环境问题，而且对自然因素引起的生态破坏起到推波助澜的作用。生态破坏涉及植被、土壤、水体等生态环境要素，其表现形式纷繁复杂。因此研究生态破坏的原因、规范人类活动方式、加强生态管理显得尤为必要。

一、生态破坏的原因

（一）自然因素

对生态系统产生破坏作用的自然因素包括地震、火山爆发、泥石流、海啸、台风、洪水、火灾、虫灾等突发性灾害，造成的生态破坏后果严重、直接、较难预防，可在短时间内对生态系统造成毁灭性的破坏，导致生态系统演替阶段发生根本性的逆转。地面沉降、土地沙漠化、干旱、海岸线变化等属于渐变性灾害，既有自然环境演变的结果，也有人类活动的原因，影响因素复杂，现在更偏重将上述渐变性灾害的发生归为人类活动。随着环境破坏的加剧，人类活动对生态系统的影响越来越深刻，影响范围不断扩大，已经上升到全球生态系统的尺度，未来的各种自然灾害都可能因人类活动而加剧。

1．地震　地震是地球内部介质局部发生急剧的破裂，产生地震波，从而在一定范围内引起地面振动的现象。地震不仅会导致建筑物与构筑物的破坏，而且能引起地面开裂、山体滑坡、河流改道或堵塞等，进而对地表植被及其生态系统造成毁灭性破坏。

2．火山爆发　火山岩浆所到之处，生物很难生存。火山爆发时喷出的大量火山灰、二氧化碳、二氧化硫和硫化氢等气体，不仅会造成空气质量大幅度下降，还产生酸雨损害植物和建筑物，同时火山物质会遮住阳光，导致气温下降。火山灰和暴雨结合形成泥石流，破坏山体植被。火山爆发过后，生态系统破坏严重，区域内出现原生演替。

3．泥石流 泥石流具有冲刷、冲毁和淤埋等作用，可改变山区流域生态环境。高山区泥石流沟口一般位于森林植被覆盖区，大规模的泥石流活动毁坏沿途的森林植被，造成水土涵养力降低，加速水土流失与环境恶化，使部分地段形成荒漠化，同时泥石流活动还改变局部地貌形态。

4．海啸 海啸是由海底地震、火山爆发、海底塌陷、小行星溅落和海底核爆炸等产生的具有超大波长和周期的大洋行波。当其接近岸边浅水区时，波速变小，波幅陡涨，有时可达 20～30 m 及以上，骤然形成“水墙”，对沿岸的建筑、人畜生命和生态环境造成毁灭性的破坏。2004 年 12 月 26 日印尼近海发生里氏 9.0 级以上强烈地震，引发了印度洋少见的大海啸，造成约 21 万人死亡，同时大量海洋动物死亡。

5．台风 台风是发生在热带海洋上的强大涡旋，它带来的暴雨、风暴潮及其引发的次生灾害（洪水、滑坡等）会对环境造成巨大的破坏，特别是风暴潮对沿海地区危害最大。1970 年 11 月袭击孟加拉国的热带风暴登陆时正值天文高潮时期，因而出现数十米高的巨浪袭击沿海地区，导致 30 万人死亡。

6．洪水 洪水是我国经济损失最重的自然灾害，暴雨和洪水还常常引发山崩、滑坡和泥石流等地质灾害。1950 年以来，全国年平均受灾面积为 667 万 hm^2，成灾面积 470 万 hm^2，人民生命财产遭受重大损失，并且造成了严重的生态破坏，改变了大量动植物的生境。

7．火灾 火灾主要指森林火灾，突发性强、危害性极大，不仅可直接危害林业发展，还是破坏生态环境最严重的灾害。森林火灾烧毁大面积的林木和大量的林副产品，破坏森林结构。森林火灾后，如果不能及时人工种草植树，往往会引起水土流失、土壤贫瘠、地下水位下降、水源枯竭等一系列次生自然灾害。同时森林火灾使大量的动植物丧生灭绝，甚至使一些珍稀的动植物物种绝迹，使整个生态系统中各种生物群落之间赖以维系的食物链、食物网遭到破坏，需经过多年的恢复和调整，正常的食物链才能重新建立起来。据统计，我国森林火灾平均每年发生 1.43 万次，火灾面积达 82.2 万 hm^2。

8．虫灾 草原、农业、林业均受到虫灾的威胁。虫灾主要为森林虫灾，我国主要的森林虫害有 5020 种，病害 2918 种，鼠类 160 余种，每年致灾面积在 700 万 hm^2 以上。由于虫灾都是大面积暴发，同时害虫种类也在日益增多，因此目前在对虫灾的控制治理方面仍存在着不少难题。在我国，一些常灾性害虫，如马尾松毛虫、天牛等每隔数年就大规模暴发一次，危害性极强。

（二）人为因素

生态破坏除自然因素的驱动外，人为活动往往起着主导的诱发作用。人类活动的强烈干扰往往会加速生态的退化进程，将潜在的生态退化转化为生态破坏。人为活动可能会从生物个体、种群、群落到生态系统等不同层面上，直接或间接地破坏生态系统。中国科学院对沙漠化过程成因类型的调查结果表明，在我国北方地区，94.5%的现代荒漠化土地为人为因素所致。荒漠化的主要原因是人口的激增及对自然资源的利用不当。从某种意义上说，人类活动是生态破坏的主导因子。生态破坏的人为原因主要有环境污染、乱砍滥伐、过度放牧、围湖围海、疏干沼泽等。

1．环境污染　环境污染主要包括大气污染、水污染和土壤污染等，不仅对人类健康造成严重危害，而且对植被、生态系统也会产生破坏，如严重的大气污染导致森林植物大量死亡，植被退化。大量污水排入河流、湖泊及海洋，导致水体富营养化、水华和赤潮暴发频繁，水生生态系统退化。土壤污染导致土壤功能退化，农产品产量和质量严重下降。环境污染造成的生态破坏已经严重威胁到人类的生存质量和可持续发展。

2．乱砍滥伐　人类对木材、薪柴的需求与对农业、放牧、人口居住等用地量的需求不断增加，从而使人类对森林乱砍滥伐。乱砍滥伐一方面引起森林面积迅速减少、生物多样性丧失；另一方面造成水土流失、生态服务功能下降乃至地区及全球气候变化等环境问题。

3．过度放牧　过度放牧不仅直接引起草原植被退化、生物多样性下降，而且引发土壤侵蚀、干旱、沙化、鼠害、虫害等。近三十年，因严重过度放牧，我国的许多地区，特别是西部地区的草地已经严重退化，沙漠化和盐碱化趋势加剧。过度放牧造成的生态破坏经常是难以逆转的，如草场的荒漠化是我国沙尘暴产生的关键因素之一，不仅严重影响退化牧区的可持续发展，同时也导致邻近区域的环境质量下降。

4．围湖围海　基于生产生活用地的需要，人类通过各种工程措施，围填河湖海洋，直接改变了河湖海洋水域生态系统的基本特征。围湖造田不仅加快了湖泊沼泽化的进程，使湖泊面积不断缩小，还侵占河道，降低了河湖调蓄能力和行洪能力，导致旱涝灾害频繁发生，水生动植物资源衰退，湖区生态环境劣变，生态功能丧失。

5．疏干沼泽　湿地被称为“地球之肾”，在涵养水源、调节水文过程、调节气候、防止土壤侵蚀、降解环境污染等方面起着极其重要的作用。排水疏干沼泽湿地，导致沼泽旱化，沼泽土壤泥炭化、潜育化过程减弱或终止，土壤全氮及有机质大幅度下降。沼泽植被退化，重要水禽种群数量减少或消失，最终导致湿地生态系统结构退化、功能丧失。

6．物种入侵　物种入侵是指某种生物从外地自然传入或经人为引种后成为野生状态，并对本地生态系统造成一定危害的现象。外来物种成功入侵后，侵占生态位，挤压和排斥土著生物，降低物种多样性，破坏景观的自然性和完整性。目前在我国外来入侵物种已达 200 多种，造成了巨大的经济损失，如豚草、水葫芦、海菜花、松树线虫、飞机草等在我国均属于入侵种。各国均加强建立入侵种预警系统，建立物种信息系统，限制入侵物种的扩散，加强物种的输出和引进管理。土著生态系统退化也为外来物种入侵创造了条件，如撂荒地、污染水域、新开垦地等都是外来物种易入侵的地方。

7．全球变化　全球变化是指由自然因素或人为因素而造成的全球性环境变化，主要包括气候变化、大气组成变化（如 CO_2 浓度及其他温室气体的变化）及人口、经济、技术和社会的压力而引起的土地利用的变化。全球变化使全球生态系统发生深刻的改变，极端灾害事件频繁发生，从而导致严重的生态破坏，如厄尔尼诺现象、拉尼娜现象、臭氧空洞、冰川融化、海平面上升等，直接或间接地改变了一些生态因子，导致生物生长、发育、繁殖等出现异变。例如，全球气候变化可能会导致植被带分布出现位移、病虫害散布等。

二、生态破坏的类型

（一）植被破坏

按照生态系统类型，植被破坏分为森林植被破坏、草地退化和水生植被破坏。

1．森林植被破坏　森林是地球表层最重要的生态系统，每年生产的有机物质约占陆地有机物质生产总量的 56.8%。森林植被不仅为人类提供丰富的产品和生产资料，与人类的生活及经济建设有着极其密切的关系，还具有涵养水源、保持水土、防风固沙、保护农田、净化大气、防止污染的重要功能，森林植被破坏可分为以下几方面。

（1）森林面积减少　自从工业革命以来，人类对森林的破坏不断加剧。在人类社会发展的早期，陆地面积的 60%是森林，大约有 76 亿 hm^2；进入 19 世纪中期，世界森林面积开始锐减；到 20 世纪末期已经减少了一半以上，仅为 34.3 亿 hm^2，进而也使得森林覆盖率降为 27%。联合国粮食及农业组织（FAO）在 2018 年的报告中表示，正是人类对木材、耕地的大量需求，使得 30%的林地变成了农地，热带森林面积消失速度惊人，每年减少至少 13 万 hm^2。剩下的森林也开始变得支离破碎，且分布极不均衡。而森林面积的消失，会严重影响到地球的生态平衡，生态危机日渐凸显。

（2）森林植被组成变化　我国暖温带落叶阔叶林带原始植被几乎被破坏殆尽，目前多为天然次生植被和栽培植被所占据。20 世纪 70 年代以来，我国在北方种植大量杨树，南方以松树、杉树、竹为主，品种单一，抗病抗虫性差，经常出现大规模的病虫害事件。

（3）森林植被景观破碎化　景观破碎化引起斑块数目、形状和内部生境等多方面的变化，它不仅会给外来种的入侵提供机会，改变生态系统结构、影响物质循环、降低生物多样性，还会降低景观的稳定性及生态系统的抗干扰能力与恢复能力。

（4）森林植被功能丧失　森林植被生产力降低，生物多样性减少，调节气候、涵养水分、保育土壤、储存营养元素能力等生态功能明显降低。世界各地 44 个模拟植物物种灭绝实验的结果表明，物种单调的生态系统与生物多样性丰富的自然生态系统相比，植物生物量的生产水平下降 50%以上。

2．草地退化　草地退化是指草原生态系统在不合理人为因素的干扰下进行逆向演替，出现草地面积减少、草地植被组成变化、草地植被景观破碎化、草地土壤退化和草地植被利用价值下降等现象。

（1）草地面积减少　因过度放牧、人类活动等对草地的侵占，全世界草原有半数已经退化或正在退化，中国草地面积逐年减少，退化程度不断加剧。

（2）草地植被组成变化　退化草原植物主要由耐牧、抗性强、有毒的草种构成。过度放牧及缺乏必要的管理，导致优质牧草数量减少，杂类草和毒草增加，草丛变矮、稀疏，产草量下降。青海湖南部草场严重退化，狼毒和黄花棘豆等毒草和不可食的杂类草的产草量占草地总产量的比例多数在20%以上，高者达27%～28%。

（3）草地植被景观破碎化　草地植被破碎化、斑块化，最终导致草场沙漠化、荒漠化。2010～2017年若尔盖区域草地退化局势与2003～2010年相比，极度、重度和轻度退化面积增加了102.44 hm^2（0.22%）、1095.25 hm^2（2.42%）和5900.29 hm^2（13.00%），虽然采取了退牧还草等措施，但草地退化趋势仍然未得到有效控制。

（4）草地土壤退化　草地植被与草地土壤是草地生态系统的两个相互依存的重要成分，草地植被退化不仅导致草地土壤有机质含量和含氮量下降，也引起了土壤动物、微生物组成的巨大变化，使土壤生物多样性下降。同时，草地表层土壤质地变粗，通气性变弱，持水量下降。

（5）草地植被利用价值下降　过度放牧导致优质的、适口性好的牧草被高强度利用，优质牧草的再生产和恢复能力下降，最终导致优质牧草退化，低适口性的牧草成为优势，草地利用价值下降，畜产品的数量和质量下降。

3．水生植被破坏　水生植被是水域生态系统的重要初级生产者和水环境质量的调节器，分布于江河湖库及近海海域水体中，由挺水植物、漂浮植物、浮叶植物及沉水植物等水生湿生植物组成。水生植被破坏可出现水生植被面积减少、水生植物群落退化、植被景观破碎化、植被功能丧失和植被利用价值下降。

（1）水生植被面积减少　水体污染、过度养殖及水面围垦等，导致水生植被分布面积缩小，如滇池的水生植被面积由20世纪60年代的90%下降到80年代末的12.6%，90年代进一步下降。近20年，经过综合治理与修复，2016年的调查显示，滇池沉水植物主要分布在近岸水深3 m以内的水域，覆盖度可达10%左右，表明沉水植物恢复工程取得了一定效果。

（2）水生植物群落退化　污染及水环境质量下降导致一些不耐污种类植物逐渐消失并灭绝，从而使耐污种类植物滋生，水生植物群落组成趋于单一，群落结构退化。例如，水体富营养化、透明度下降等原因，使清水型水生植物如海菜花（*Ottelia acuminate*）、轮藻（*Chara vulgaris*）在滇池等湖泊中已经消失；滇池20世纪60年代之前有沉水植物19种，70年代下降到11种，90年代降低到10种，2010年发现只有7种，2016年有所恢复，达到9种。

（3）植被景观破碎化　由于人类的干扰，围垦造田、水产养殖、修路筑坝等，水陆交错带绵延成片的湿地植被景观出现严重的破碎化，无论是沿海的红树林、碱蓬等盐沼植被，还是江河两岸的芦苇等湿地植被，多数已经是百孔千疮、溃不成片。

（4）植被功能丧失　水生植被可吸收分解水中的污染物，控制藻类生长，为水生动物提供生境等。因为污染等原因，水生植物逐渐退化甚至消失，水体“荒漠化”，水体自净能力下降。水陆交错带的湿生植被具有拦截泥沙、吸收分解污染物等功能，同时还能够为动物提供食物来源和栖息环境，随着湿生植被的退化甚至消失，其环境、生态功能也丧失。

（5）植被利用价值下降　不少水生植物是重要的食物资源和工业原料，如一些水生蔬菜和海洋大型藻类，水生植被破坏不仅直接导致植物性水产品的种类、产量下降，而且也会使以水生植物为食物的其他水生动物产量和品质下降。

（二）土壤退化

土壤退化（soil degradation）即土壤衰弱，又称土壤贫瘠化，是指土壤肥力衰退导致生产力下降的过程，也是土壤环境和土壤理化性状恶化的综合表征。土壤退化包括土壤有机质含量下降，营养元素减少，土壤结构遭到破坏，土壤侵蚀，土层变浅，土体板结，土壤盐化、酸化、沙化等。其中，有机质含量下降是土壤退化的主要标志，土壤沙化是土壤严重退化的症状。

1．土壤退化的类型　中国科学院南京土壤研究所借鉴国际分类方法，结合我国的实际，对土壤退化类型采用了二级分类。一级将我国土壤（地）退化分为土壤侵蚀、土壤沙化、土壤盐化、土壤污染、土壤性质恶化和耕地的非农业占用等六大类，在此基础上划分了 19 个二级类型，见表 6-1。

表 6-1　我国土壤（地）退化二级分类体系

土壤退化一级分类		土壤退化二级分类	
A	土壤侵蚀	A_1	水蚀
		A_2	冻融侵蚀
		A_3	重力侵蚀
B	土壤沙化	B_1	悬移风蚀
		B_2	推移风蚀
C	土壤盐化	C_1	盐渍化和次生盐渍化
		C_2	碱化
D	土壤污染	D_1	无机物（包括重金属和盐碱类）污染
		D_2	农药污染
		D_3	有机废物（工业及生物废弃物中生物易降解有机毒物）污染
		D_4	化学肥料污染
		D_5	污泥、矿渣和粉煤灰污染
		D_6	放射性物质污染
		D_7	寄生虫、病原菌和病毒污染
E	土壤性质恶化	E_1	土壤板结
		E_2	土壤潜育化和次生潜育化
		E_3	土壤酸化
		E_4	土壤养分亏缺
F	耕地的非农业占用		

资料来源：中国科学院南京土壤研究所，1995

2．土壤退化的特征

（1）土壤物理特性退化　土壤物理特性包括土体构型、有效土层厚度、有机质层厚度、质地、容重、孔隙度、田间持水量、贮水库容等。退化土壤土层浅薄，土体构型劣化，其水、肥、气、热条件也恶化，有效土层明显减少，贮水库容下降，抗旱能力下降。

（2）土壤化学特性退化　土壤化学特性指土壤中化学元素的含量及其形态分布，主要包括有机质、全氮、全磷、全钾、速效磷、速效钾、阳离子交换量、交换性盐基和交换性铝等指标。土壤退化导致土壤肥力状况和土壤质量普遍下降，有机质贫乏，黏粒流失，阳离子交换量下降，供应营养元素的缓冲能力下降。

（3）土壤生物特性退化　土壤生物特性包括土壤酶活性、土壤大型动物群落组成、土壤微生物群落组成等。退化土壤中，与土壤肥力相关的酶活性下降，土壤大型动物群落和土壤微生物群落多样性下降，生物量下降。

（三）水域退化

水域退化包括人为因素及自然因素造成的河流生态退化、湖泊水库富营养化、海洋生态退化、湿地生态退化等。水域生态退化表现为水质恶化、水文条件异常、生态系统结构破坏和生态功能退化等，严重制约了水域功能的实现。

1. 水质恶化　水质恶化是指水体环境质量下降，水生生态系统结构和功能退化，水体功能下降，水生生态平衡被破坏等现象，如富营养化引起的赤潮、水华等，湖泊水华频发，不仅影响到湖泊水环境质量，而且影响水体生态安全；海洋赤潮暴发不仅对海洋生态系统产生威胁，而且对近海海域经济发展和生态安全构成较大的影响。

2. 水文条件异常　水文条件是水域生态系统的关键控制因子，水文条件异常将导致水域生态系统的演替趋势偏离。各种人为因素和自然因素均影响水域的水文条件，并对水域生态系统产生重大影响，如过水性湖泊洪泽湖、洞庭湖等，由于水文条件的变化，在水位较高的年份（尤其是春季水位较高的年份），湖泊水深加大，透光层变浅，水底的植物因难以萌发生长而退化。

3. 生态系统结构破坏　水域生态系统结构的破坏包括生物多样性下降、物种暴发、物种灭绝等。湖泊水域萎缩，导致湖区生态环境恶化，直接改变湖泊生态环境与水域类型结构，使水生生物量及其种类构成发生变化。水域萎缩直接危及鱼类的栖息、产卵和索饵的空间，使得鱼类种群数量减少，种类组成趋向简单。同时，水域破坏也导致大量物种的灭绝。我国各大水域破坏严重，大量水生动物物种濒临灭绝或已经灭绝。

4. 生态功能退化　水生生态系统结构退化进一步引发了生态功能的退化，表现为生产力下降、水产品质量下降、景观功能下降等，如发生富营养化的水体水质恶化、水质腥臭、鱼类及其他生物大量死亡，某些藻类能够分泌、释放有毒性的物质对其他物种产生毒害，不仅直接影响湖泊供水水质、水体景观，而且会影响水域其他的经济活动。在富营养化的水体中，水生生物的群落、种类结构发生变化，一些耐污的生物数量猛增。相反，一些非耐污生物的数量减少甚至消失，一些优质鱼类等经济水产种类也会大量减少甚至消失，而低劣种类会有所增加，这使得水产养殖的经济效益大幅度下降。

第二节　植被破坏对生物的影响

植被是地球表面某一地区内所覆盖的植物群落的总体，分为自然植被和人工植被。自然植被是一个地区的植物长期发展的产物，包括原生植被、次生植被和潜在植被。人工植被包括农田、果园、草场、人造林和城市绿地等，人工植被的组成和结构都很单调。植被不仅是生态系统的主要初级生产者，还为次级生产者提供食物来源和栖息生境。自然及人为原因导致植被破坏严重，从而对植物、动物、微生物的个体特征、群落结构、生态系统过程、生态系统服务等产生深刻影响。

一、植被破坏对生物的直接影响

（一）植被破坏对植物的影响

1．生产力下降　植被破坏的后果首先是初级生产力下降，进而可能导致次级生产力下降，如典型草地植被破坏，导致地上部分初级生产力的下降，从而导致载畜能力下降。研究表明，轻度退化、中度退化、重度退化、极度退化的草地，其初级生产力下降比例分别为 20%～35%、35%～60%、60%～85%、85%以上，地上部分初级生产力分别只有 1200～1000 kg/hm^2、1000～600 kg/hm^2、600～200 kg/hm^2 和小于 200 kg/hm^2。水生植被破坏后水域初级生产力下降，造成鱼类食物资源缺乏，鱼类减产，品质下降。森林植被破坏后，林木蓄积量下降。人造林和次生林的生产力及各种生态服务功能均低于原生林。

2．物种多样性下降　植被破坏导致大量植物物种消失或灭绝，物种多样性下降。一般来说，一种植物的灭绝常常会导致 10～30 种生物的生存危机，据世界生物保护监测中心估计，在 20 世纪末，全世界有 6 万种以上的植物受到不同程度的威胁，中国有 4000～5000 种植物受到不同程度的威胁。内蒙古锡林郭勒典型草原最近 20 年来在草地不断退化的背景下，生物物种多样性下降，如珍稀濒危植物——单花郁金香的丧失和灭绝，曾经闻名的口蘑、百灵鸟和黄花苜蓿也变得十分稀少。

（二）植被破坏对动物的影响

1．植被破坏对动物生态特征的影响　植被破坏对动物个体特征的影响主要表现为个体适应性特征的变化、个体死亡、病变、畸变、抵抗力下降等。植被破坏以后，生境因子发生变化，动物个体表现出相应的适应机制。环境因子的剧烈变化可能会导致个体的死亡，如森林大火会导致大量动物或死于火灾，或死于火灾之后的食物缺乏、水分缺乏等极端因子胁迫。缓慢的植被破坏导致环境因子的渐变，会迫使动物个体改变食物类型、调整栖息生境、调整繁殖行为，发展出新的适应特征，这也是生物个体进化的选择因素之一。植被破坏导致的各种因子变化也可能使动物发生病变、畸变，导致抵抗力和适应性下降。

2．植被破坏对动物种群生存的影响　植被破坏对动物种群的影响主要表现为种群数量下降、种群的结构发生改变、小种群化、种内竞争和种间竞争加剧、种群灭绝或暴发。另外，植被的破坏对动物分布也构成影响，最直接的影响是对栖息地的破坏，栖息生境要素丧失或质量下降是动物物种灭绝的首要原因，如华南虎的灭绝就是栖息地丧失所致，我国的国宝大熊猫虽然受到严格保护，但是人类干扰导致野外栖息生境质量退化，野生种群保持难度很大。植被生境破坏，因资源被限制，动物种内和种间竞争加剧，可能导致物种的迁入、迁出、死亡率和出生率变化，改变了种群的结构特征。生境破碎化往往导致种群隔离，形成复合种群（meta-population）。复合种群是指一组空间上隔离，但是相互之间有迁入、迁出、基因交流等联系的同种种群的组合。在景观破碎化严重的情况下，复合种群的存在有利于物种的保护和恢复，但是当栖息地面积小于"最小面积"，或者种群数量下降到最小维持数量以下时，物种将会灭绝。另外，环境因子的变化也可以造成机会种的暴发，如一些杂草和虫害。

3．植被破坏对动物群落结构的影响 植被破坏对动物群落结构的影响表现为群落生物多样性下降、次级生产力下降、组成发生改变。个体小、生活史短、繁殖快的 r 对策种增加，物种暴发。生物多样性是生态系统复杂性的重要表现，一般来说，一个生态系统越复杂，生物多样性越丰富，生态系统在受到外来干扰时，自我维持与恢复能力越强。植被破坏以后，营养级别较高的大型动物首先消失，群落次级生产下降，如森林植被破坏导致虎、灵长类等首先受到威胁。

（三）植被破坏对微生物的影响

植被破坏对微生物产生的影响主要体现在微生物生物量降低、微生物多样性下降、微生物群落结构破坏、微生物生理活性降低、微生物代谢途径改变等。植被破坏导致的逆行演替、水土流失等因素可降低土壤的营养水平，从而环境因子异变，使微生物群落组成及生态功能退化。

1．微生物生物量降低 广义的土壤微生物量可以用微生物所含碳、氮、磷和硫等的量表示。森林砍伐后，随着砍伐程度的加深，各项土壤微生物活性指标都呈逐渐下降的趋势，林地的微生物总量明显高于裸露休闲地、砍伐迹地和开垦的沟间农地。当原始森林退化或被改变成草原、耕地或废矿点后，微生物生物量显著降低。不同植被类型的土壤，其土壤微生物生物量的大小不同，一般而言，草地＞林地＞耕地。

2．微生物多样性下降及微生物群落结构破坏 土壤微生物主要为大类群（细菌、真菌、放线菌），其数量与发挥的生态功能密切相关，其数量的减少反映出土壤质量的下降。土壤微生物多样性包括物种多样性、遗传（基因）多样性、生态多样性及功能多样性。植被是土壤微生物赖以生存的有机营养物和能量的重要来源，影响着土壤微生物定居的物理环境，如植物凋落物的类型和总量、水分从土壤表面的损失率等，通过改变土壤有机碳和氮的水平、土壤含水量、温度、通气性及 pH 等来影响土壤微生物的多样性。植被的破坏可能改变微生物组成并降低微生物多样性。植被类型的逆行演替、植被退化、植物种类多样性下降均能造成微生物多样性的下降。

3．微生物生理活性降低 土壤的微生物生理活性表现为土壤呼吸强度、代谢葡萄糖能力、分解纤维素能力、固氮作用强度及土壤各种酶的活性等。森林植被破坏后，连续分布的原生林变成片状分布的次生林，或被砍伐为灌丛和裸地，地表裸露，水土流失严重，枯落物减少，土壤微生物生长和代谢能力降低。荒漠开垦为绿洲后，土壤细菌明显增加，真菌无明显变化，放线菌显著减少，细菌在绿洲农田土壤矿化作用中占主导，真菌则在荒漠中占优势，绿洲农田土壤微生物活性明显高于荒漠。

4．微生物代谢途径改变　植被破坏，土壤中根际环境破坏，植物次生代谢产物发生改变，土壤养分状况改变，影响微生物的代谢途径，如碳循环途径、氮循环途径等。研究表明，放牧活动可以增加植物残体的分解速率，促进微生物矿化作用。也有研究认为放牧减缓了养分循环。而过度放牧使土壤微生物量、微生物碳占全碳的比例下降，土壤肽酶和酰胺酶活性降低。

二、植被破坏对生物地球化学循环的影响

生物地球化学循环（biogeochemical cycle）是生物所需的物质如水、碳、氢、氧、氮、硫、磷、钙、镁、钾、钠、氯等在地球表面各圈层之间、生态系统各营养级的生物之间迁移、转化和反复利用的过程。生物地球化学循环可分为三大类型，即水循环、气体型循环和沉积型循环。按照元素类型划分为碳循环、氮循环和磷循环等。植被破坏使得循环链断裂，循环过程异化。

（一）源/汇平衡失调

植被通过光合作用固定大气中的碳使其成为重要的碳汇，而动植物呼吸、代谢排泄及残体经过微生物分解后，向大气中释放碳，植被又成为碳源。热带地区因森林被砍伐和火灾向大气中排放 CO_2，从 1860 年到 1980 年，其已经成为大气 CO_2 的一个重要来源，约为全球矿物燃料燃烧释放 CO_2 总量的 30%。全球陆域植被退化、面积减少，对大气碳同化吸收能力减弱。

（二）同化、净化能力下降

植物生长过程中，不断吸收包括 CO_2、氨及氮氧化物等大气中的物质，对大气环境起着十分重要的净化作用。同时，通过光合作用产生的氧气净化分解污染物，这称为生态系统的自净作用。植被退化，面积减少，地球表面生态系统的产氧和自净能力下降；同时，各种人类活动产生的污染物排放量尚难有效遏制，而植被的利用、吸收和净化分解能力又呈现下降趋势，因此，污染物往往会积累，生态系统进入恶性循环状态。

三、植被破坏对生态系统服务功能的影响

Costanza 等（1997）分析了生态系统功能和生态系统服务，将全球生态系统的服务价值归纳为 17 种。生态系统功能一般包括物质生产、能量流动及物质循环等，而生态系统提供的商品（如食物）和服务（如废弃物的同化）代表着人类直接或间接从生态系统得到的利益，并把生态系统提供的商品和服务统称为服务（表 6-2）。

表 6-2 生态系统服务分类

序号	生态系统服务	生态系统功能	举例
1	气体调节	调节大气化学组成	CO_2/O_2 平衡、O_3 防护紫外线和 SO_x 水平
2	气候调节	对气温、降水的调节及对其他气候过程的生物调节	温室气体调节，以及影响云形成的硫化二甲酯（DMS）的形成
3	干扰调节	生态系统对环境波动的容纳、延迟和整合能力	防止风暴、控制洪水、干旱恢复及其他由植被结构控制的生境对环境变化的反应能力
4	水分调节	调节水文循环过程	农业（如灌溉）、工业和运输的用水供给
5	水分供给	水分的储存和保持	集水区、水库和含水岩层水分供给
6	侵蚀控制和沉积物保持	生态系统内的土壤保持	防止土壤被风、水及其他运移过程侵蚀，把淤泥保存在湖泊和湿地中
7	土壤形成	成土过程	岩石风化和有机质积累
8	养分循环	养分的获取、形成、内部循环和存储	固氮和氮磷等元素的循环
9	废弃物处理	易流失养分的再获取，过多或外来养分、化合物的去除或降解	废弃物处理，污染控制，解除毒性
10	传粉	有花植物配子的移动	提供传粉者以便植物种群繁殖
11	生物控制	生物种群的营养动力学控制	关键捕食者控制猎物种群，顶级捕食者使食草动物消减
12	庇护	为定居和迁徙种群提供生境	迁徙种的繁育场所和栖息地、本地种区域栖息地或越冬场所
13	食物生产	总初级生产中可提取为食物的部分	通过渔、猎、采集和农耕收获的鱼、鸟兽、作物、果实等
14	原材料	总初级生产中可用为原材料的部分	木材、燃料和饲料产品
15	遗传资源	特有的生物材料和产品的来源	药物、抵抗植物病原和作物害虫的基因、装饰物种及家养物种（宠物和植物栽培品种）
16	休闲娱乐	提供休闲娱乐	生态旅游、垂钓运动及其他户外游乐活动
17	文化	提供非商业性用途	生态系统的美学、艺术、教育、精神及科学价值

资料来源：Robert，1997

植被是生态系统的初级生产者，是生态系统维持稳定平衡并发挥作用的基础，植被破坏将导致生态系统服务功能下降甚至丧失。森林的蒸腾作用对调节自然界的水循环和改善气候有重要作用，研究表明，1 hm^2 的森林每天要从地下吸收 70～100 t 的水，这些水大部分通过植物的蒸腾作用回到大气中，其蒸发量大于海水蒸发量的 50%，大于土地蒸发量的 20%。但随着人类对森林的破坏，大量森林被砍伐、森林面积减少，不仅对林地水分循环产生极大的影响，而且还引起大气中 CO_2 浓度的增加，破坏大气中碳循环的平衡，加剧大气温室效应。植被破坏还导致物种灭绝、生物多样性丧失、土壤退化等，对人类的生活品质和生态安全造成严重影响。

第三节　土壤退化对生物的影响

土壤是生物生存的基质，人类活动对土壤的功能造成了严重的破坏，表现为物理性质、化学功能、生物功能的退化。土壤退化对栖息于其中的动物、植物、微生物等各大类群均有影响，对人类的生命健康和生活质量也存在严重的威胁。

一、土壤退化对植物的影响

土壤是植物生存的基质，土壤退化对植物的影响是全面而深刻的。短期直接的影响包括植物个体的生态特征、生产力、群落结构的改变；长期的综合影响包括植被类型及植物区系的改变。植被的长期分布受各种环境因子的综合制约，机制十分复杂，这里主要讨论短期的明显的影响。

（一）土壤退化对植物生态特征的影响

土壤退化对植物生态特征的影响表现为个体形态的变化、死亡、病变、品质下降等，可分为以下几方面：①退化土壤中的营养成分缺乏，肥力降低，影响植物的生长，使植物的产量和质量下降；②污染物在植物体内的富集对人类食品安全造成威胁，如农产品的农药残留、重金属含量超标等，可导致癌症高发、畸变率提高；③污染物对植物造成的胁迫作用导致植物发生病变乃至死亡。例如，用含镉的废水灌溉农田，使土壤受到污染，进而使植物生长受到损害。当土壤中镉的含量过高时，对有些植物如白榆、桑树、杨树等，可造成直接危害，使其叶片褪绿、枯黄或出现褐斑等，不易生长。

（二）土壤退化导致植物生产力下降

土壤退化对植物生产力损害严重。研究表明，土壤沙化、盐碱化、酸化直接导致一些敏感种生长受到抑制，使植物群落生产力下降。土壤退化还可能导致农业、林业、畜牧业生产的产量和品质下降，如高寒草甸严重退化使植物组织 68.3%的氮损失，86.5%的碳损失。

（三）土壤退化对植物群落结构的影响

土壤退化对植物群落结构的影响主要表现为群落多样性下降、物种组成发生改变，极端情况下，可能导致物种的灭绝或暴发。由于不同植物在养分吸收和利用效率上存在差异，土壤养分状态的改变将影响各种植物在群落中的关系，从而引起植物群落的组成、结构和生产力等特性发生变化。草场内土壤沙化和盐碱化严重，产草量大幅度下降，群落组成结构也发生了较大的变化。

二、土壤退化对动物的影响

土壤动物是土壤中一个重要的生物类群，包括土壤原生动物和土壤后生动物。土壤后生动物是指一生或生命过程中有一段时间在土壤中度过，而且对土壤产生一定影响的动物。土壤动物涉及的门类很广泛，有芝麻粒大小的螨和跳虫等小型动物，还有大型的蜈蚣、马陆、西瓜虫和甲虫及蜘蛛与昆虫等的幼虫。人类的活动如森林采伐，施放杀虫剂、除草剂、化学肥料，排放重金属、放射性污染物等对于土壤动物都有一定的影响，一般来说，土壤动物多样性丰富往往是土壤健康的表现。土壤退化以后，土壤动物的数量和丰富程度随之下降。

（一）土壤退化对土壤动物生态特征的影响

土壤退化对土壤动物个体水平的影响主要表现为个体形态的变化，包括个体死亡、病变、畸变、基因突变、生活史改变等，如污染物在土壤中的积累可能导致土壤动物死亡、病变。辐射和放射性的污染物可能造成个体的基因突变。研究表明，农药污染对土壤动物的新陈代谢及卵细胞的数目和受精卵的孵化能力有明显的影响。如果土壤缺少了这些动物，植物就不能很好地生长，对土壤退化敏感的物种就会慢慢消亡，而耐受种存活并得到发展，进而改变土壤动物群落结构。生态毒理试验表明，污染区的星豹蛛肠道黏膜细胞出现弥漫性溃疡、肿大和穿孔等病理变化。

（二）土壤退化对动物群落结构的影响

土壤退化导致土壤群落多样性下降，土壤动物总量下降，群落组成发生改变。土壤理化性质的恶化、土壤水分状况的变化、土壤污染等因素均影响土壤动物的组成和数量。

土壤肥力下降，土壤动物密度随之下降。紫茎泽兰入侵云南昆明地区的针叶林、阔叶林和草地，导致土壤退化，土壤动物类群总数显著减少，其中针叶林中土壤动物类群总数减少了 41.3%，阔叶林中减少了 29.0%，草地中减少了 36.7%。土壤动物群落个体总数下降，其中针叶林中土壤动物群落个体总数减少了 63.5%，阔叶林中减少了 20.4%，草地中减少了 43.2%（刘志磊等，2011）。

重壤土、中壤土中，土壤动物的种类、数量多；而在轻壤土、砂壤土中，土壤动物的种类及数量少。吕世海等（2005）研究发现在呼伦贝尔沙化草地中土壤动物群落随草地沙化程度的不断加剧而逐渐趋于简单，个体数量逐渐减少（表 6-3）。土壤缺水还会导致土壤动物密度下降。

表 6-3 不同沙化阶段土壤动物群落组成及密度变化（头/m^2）

土壤动物类群	潜在沙化草地		轻度沙化草地		中度沙化草地	
	0～10 cm	10～20 cm	0～10 cm	10～20 cm	0～10 cm	10～20 cm
线虫纲	9341.3	8766.1	2415.7	2131.8	316.3	328.7
真熊虫目	217.4	196.7	116.8	101.3	21.2	23.3
蜱螨目	112.8	104.0	67.1	59.3	3.1	4.0
弹尾目	48.3	41.2	22.3	19.7	0.2	0.3
鞘翅目	82.3	74.0	14.8	7.8	1.2	0

续表

土壤动物类群	潜在沙化草地		轻度沙化草地		中度沙化草地	
	0～10 cm	10～20 cm	0～10 cm	10～20 cm	0～10 cm	10～20 cm
蜘蛛目	3.8	1.2	0.9	0.3	0	0
蜈蚣目	1.1	0.7	0	0	0	0
双翅目	20.7	18.7	0	0	0	0
直翅目	0	0	2.1	0	0	0
膜翅目	5.2	3.7	0	0	0	0
半翅目	0.7	0.3	3.4	0	0	0
鳞翅目	8.3	6.7	0.6	0	0	0
合计	9841.9	9213.3	2643.7	2320.2	342.0	356.3

资料来源：吕世海等，2005

受焦化废水污染的土壤动物群落结构发生变化，群落物种多样性明显下降。重金属污染降低群落物种的多样性和密度，导致动物群落结构组成发生变化，如随着铜污染程度的增加，土壤动物的种类数和个体密度急剧下降，土壤动物多样性的指数、种类数、均匀度指数都随着污染指数的增大而减小。农药污染降低了土壤动物的数量及多样性，农药污染区土壤动物种类和数量明显下降，清洁种类消失，出现以蜱螨类、弹尾类、线虫类等耐污类群为优势的群落。

作为土壤生态系统的重要组成成分，土壤动物被称为“生态工程师”（ecological engineer），对碎屑的分解和养分的循环起关键作用，是土壤健康的重要指标。土壤动物的重要性逐渐受到重视，不少研究试图利用土壤动物修复退化土壤。

三、土壤退化对微生物的影响

土壤微生物具有很强的适应性，对土地退化的响应十分敏感。土壤覆被类型的变化、土地利用方式的改变、土壤污染、土壤理化性质恶化等均对土壤微生物有重要影响，有的可导致土壤微生物各项指标下降，其中破坏作用最大的是农药污染和重金属污染。

（一）微生物生物量下降

土壤微生物包括细菌、真菌、放线菌和藻类等，其生物量是指某一特定时刻单位体积土壤中微生物的个体数、重量或其含量，一般可以用土壤中微生物氮、磷、碳的含量来表示土壤微生物的生物量。土壤微生物生物量的高低是衡量土壤微生物数量及生长状态的重要指标之一。

化学农药对多数土壤微生物具有不同程度的毒性，农药在土壤中的残留对土壤微生物会产生不同程度的抑制作用，长期超量施用农药的农田菜地微生物生物量往往比较低，偶尔也有一些农药在较低剂量时能刺激少数微生物生长。重金属污染后微生物的生物量明显下降，原有的种群结构发生改变，耐性菌增加，并出现新菌群，生物活性也发生变化，代谢熵随呼吸强度的增强而增加。在重金属胁迫下，微生物种类组成发生变化，有时会形成具有较强解毒机制的菌群。

（二）微生物生理活性下降

土壤退化对土壤微生物生理活性的影响主要是使微生物呼吸作用和酶活性下降。研究表明，农药污染降低土壤微生物对单一碳源底物的利用能力，除草剂特乐酚（dinoterb）可以减少土壤微生物的生物量，抑制微生物碳源的代谢途径，促进氮矿化。一般情况下，土壤微生物呼吸促进二氧化碳释放，但土壤受重金属污染，导致微生物呼吸及酶活性受阻抑，土壤碳、氮、磷循环过程也受到影响。

（三）微生物代谢途径改变

污染物进入土壤，通过诱导、抑制、竞争等作用，影响酶的活性，改变微生物的代谢途径。高浓度的多菌灵、呋喃丹或丁草胺等农药可以抑制硫酸盐还原酶的活性，降低水稻田土壤的反硝化作用。杀虫剂、除草剂可以减少根瘤的数量，降低根瘤干重，抑制根瘤菌的固氮功能。重金属污染导致土壤微生物中各主要生理类群的数量下降，矿区受重金属污染，土壤中氨化细菌、硝化细菌数量减少，降低了土壤的供氮能力。

（四）微生物群落组成变化

土壤微生物主要包括土壤细菌、土壤放线菌、土壤真菌、土壤藻类和土壤原生动物五大类群。土壤退化对微生物群落的影响表现为物种组成改变、遗传多样性下降等。例如，重金属和农药污染严重的土壤，其微生物种类数量明显下降，物种多样性和遗传多样性均下降。随着尾矿污染区土壤中重金属含量的增加，土壤细菌、真菌、放线菌及各生理类群数量均显著降低。一般而言，各生理类群对于重金属的敏感性次序为：放线菌＞细菌＞真菌，自生固氮菌＞氨化细菌＞硝化细菌＞反硝化细菌＞纤维分解菌。对 Cd^{2+}的敏感度依次为放线菌＞细菌＞真菌，对 Cu^{2+}的敏感度依次表现为真菌＞放线菌＞细菌。

第四节　水域破坏对水生生物的影响

水域孕育了丰富的水生植物、动物、微生物群落，形成了生物圈的重要单元——水域生态系统。水域生态系统担负着许多重要的环境功能，如物质循环、污染净化、水资源保障、洪水调蓄、生物多样性维护等。然而，人类活动、全球变化等因素对水域生态系统造成了严重的影响，初级生产者——水生植物退化，对水生动物、微生物群落也产生了一系列影响，最终使水域自净能力下降，水生态安全受到严重威胁。

一、水域破坏对水生植物的影响

水生植物是水域生态系统的重要初级生产者，具有维护生物多样性、净化水质、庇护浮游动物、抑制浮游藻类暴发和提供生物质等功能。水污染、水资源开发利用引起的水环境质量变化和水文过程变化等，对水生植物生长繁殖产生巨大影响，导致水生植物退化。

（一）水域破坏对水生植物生态特征的影响

水域生态环境破坏对水生植物生态特征的影响主要表现为植物个体生长形态、生理功能变化，严重时可使植物产生病变、死亡。

水污染直接损伤水生植物。人类活动产生的各种污染物，如农药、杀虫剂、重金属污染、抗生素等，都可能从陆地迁移到水体，并在水和沉积物中残留。水生植物能够吸收、富集、净化水和沉积物中的污染物，但是，在污染物浓度较高时，水生植物的生长发育及繁殖将受到明显影响，甚至出现死亡。研究表明，水中重金属铜浓度过量时，叶片中的超氧化物歧化酶、过氧化物酶等增加，而叶绿素含量降低，DNA 甲基化水平提高。

水质浑浊及水位变化会对水生植物产生影响。湖泊水库藻型富营养化，藻类大量暴发，水质浑浊，水下光照不足，直接影响沉水植物的生长。20 世纪 50～60 年代，我国长江流域的很多浅水湖泊，如太湖、巢湖、武汉东湖等，水生植物茂盛，水质清澈，之后，很多浅水湖泊相继出现藻型富营养化，湖泊由原先以沉水植物为优势的“草型清水态”转化为以藻类为优势的“藻型浊水态”，沉水植物退化甚至消失。一些水体围垦筑坝，上调水位，导致滨岸带长期淹没在较深水下，水下光照不足，水-沉积物界面氧不足，挺水植物繁殖体难以萌发，幼苗生长受抑，水生植物退化甚至消失（韩祯等，2019）。

（二）水域破坏对水生植物群落结构的影响

围湖造田直接破坏了湖泊的水域生境，导致水生植物群落结构发生变化。围湖造田往往是在湖湾、湖滨带浅水区，通过修筑大堤，将湖湾及湖滨带浅水区与开敞湖区分隔，然后填平浅水区，彻底改变原来的生境，导致湖滨带原先的挺水植物、浮叶植物及沉水植物群落消失。人工修筑的大堤多为石砌结构，又导致水生植物无法生长。此外，围网养殖导致水域生境破碎，水体中物质交换受到阻隔，沉水生物生存空间大幅压缩，水生生物多样性被严重破坏（吴志刚等，2019）。

有毒有害污染物及营养盐进入水体中，导致敏感种类消失，耐污种类滋生，群落结构发生变化，如湖泊、长江中下游江滩湿地水域的海菜花、水蕨、中华水韭等，受水域破坏影响，在很多水体中已经难觅踪迹，取而代之一些漂浮植物如凤眼莲、喜旱莲子草等呈现暴发态势。水生植物群落结构变得更加单一，水生生态环境质量进一步下降。

二、水域破坏对水生动物的影响

杀虫剂、农药、重金属及工业废水中的各种有毒有害物质排入水域，并在水和沉积物中蓄积，直接或间接地影响水生生态系统中的浮游动物、水生昆虫、软体动物、鱼类、两栖动物、爬行动物、水鸟及哺乳动物的生长发育、生理生态及种群动态。

（一）水域破坏对水生动物生态特征的影响

水体中各类污染物会被水生动物直接摄入、积累、富集，或对生物产生急性毒性，导致生物死亡，或对生物产生慢性毒性，引起动物机体在生理、生化及病理学方面的变化，如抑制免疫反应、降低新陈代谢、伤害组织器官等。如果水中氨浓度过高，导致鱼类的鳃和上皮层受损伤，还可能引起鱼类鳍、尾发生病变，肝组织损伤、溃疡。有些污染物甚至存在“致癌、致畸、致突变”的毒性，引起水生动物形态畸形，如受放射性物质、重金属等影响，鱼类的鳍、鳃、眼睛及骨骼出现畸形（Malik et al.，2020）。

悬浮水污染物对水生动物有影响，会堵塞或伤害鱼类的鳃并降低其对各种疾病和寄生虫的抵抗力，会覆盖鱼鳃黏膜进而影响鱼的呼吸过程，会阻塞滤食性大型底栖动物的摄食结构，降低生长速度、增加应激水平，还会覆盖底栖动物的呼吸表面使其窒息死亡。此外，悬浮固体沉降导致大型底栖动物的栖息地被填埋，使通过占据裂缝生存的大型底栖动物丧失生境。

（二）水域破坏对水生动物行为特征的影响

水域生态环境破坏对水生动物的行为产生直接或间接的影响。无论是无机污染物还是有机污染物，都会影响鱼类的各种行为活动。例如，影响鱼类的进食、繁殖、迁徙和攻击行为。铝污染使大西洋鲑鱼的空间记忆能力和学习能力受到严重的影响，处理信息和适应新环境的行为能力降低（Grassie et al.，2013）；杀虫剂也会影响斑马鱼和稀有鲫鱼的活动和空间记忆（Hong and Zha，2019）。此外，污染引起的鱼类行为变化可能会进一步增加污染物的暴露水平，导致鱼类健康受到负面影响。大部分鱼类依靠视觉快速捕捉猎物，水体中的悬浮污染物会干扰鱼类的正常捕食行为。例如，鲈鱼等捕食行为很容易受到大量悬浮固体的影响，并且表现出非常强烈的回避行为。

（三）水域破坏对水生动物群落结构的影响

河湖修闸建坝及频繁的航运，严重阻碍了河湖的交互连通性，对洄游性鱼类群落产生严重影响。兴建闸坝使洄游性鱼类的洄游通道受到阻碍，繁殖场所受到破坏。调查表明，近 20 年洪泽湖鱼类群落组成发生了明显的变化，部分淡水和江湖洄游性鱼类数量减少甚至消失，如鳗鲡、鳡等（毛志刚等，2019）。近年来，钱塘江西湖段洄游性鱼类资源衰退较为明显，如鲥、日本鳗鲡等江海洄游性鱼类受到较大影响，水利工程导致的鱼类洄游的通道阻塞、生境碎片化是洄游性鱼类减少甚至灭绝的主要原因（刘鹏飞等，2021）。

围湖造田、围网养殖导致水域动物生境退化。大规模的围垦使得水域天然湖滨带和缓坡消落区消失殆尽，多种类型水生动物，如两栖类、鱼类的栖息场所被压缩，使生境破碎，沿岸带产卵的定居性鱼类减少，最终导致群落结构受到直接且严重的影响。除了水域生境的持续压缩，大面积围网养殖也导致了水生动物自然生境破碎，水体中物质交换受到阻隔，加速了水质恶化，水生动物群落结构退化，生物多样性下降。

三、水域破坏对微生物的影响

水中的微生物不仅是水生态环境质量的重要指示生物，也是水域生态功能的维护者，尤其是对水体自净功能、物质循环功能等有重要作用。水域破坏直接影响微生物群落结构、优势种及多样性等。

（一）水域破坏对微生物群落结构的影响

水体污染物对微生物群落多样性产生影响。水体中微生物群落的多样性明显受到重金属污染的影响，重金属通过影响微生物细胞代谢等多种功能使其多样性下降。重金属污染越严重的环境，微生物群落的丰度通常越低，但某些情况下还要考虑其他因素造成的影响（张建等，2018）。水体富营养化程度的改变也会导致水体中微生物群落结构产生显著变化。对太湖不同湖区的调查表明，蓝藻频繁暴发的梅梁湾中水体细菌的多样性明显较低，而在沉水植物繁茂的贡湖湾中水体细菌的多样性则相对较高。

水体污染物对微生物群落结构产生影响。重金属污染对水体中微生物的群落结构产生显著影响，因为不同的微生物对重金属的耐受能力各不相同。变形菌门对重金属污染的耐受能力较强，所以在微生物群落结构中变形菌门的占比较大，而放线菌门对部分重金属污染的耐受能力较低，在一定程度上受到重金属污染的抑制，在微生物群落结构中占比不高。

（二）水域破坏对微生物生态功能的影响

水域微生物不仅是水体污染物的重要分解者，也是水质的重要指示生物。水中氨化细菌、硝化细菌、反硝化细菌及光合细菌等功能微生物可促进水体中有机物的分解，加速物质循环，提升水体自净能力，改善水质。功能微生物的减少或缺失会直接影响物质循环及水体的自净力，对水体中污染物的去除造成严重影响。

典型的黑臭河流水体中硫酸盐含量高，在这样的环境中，微生物还原硫酸盐产生有异味的挥发性硫化合物，包括无机 H_2S 和有机硫化物，导致河流水质发臭。硫酸盐还原菌可以利用含硫化合物作为能量代谢过程的主要成分进行异化性硫酸盐还原，从而产生 H_2S，部分硫酸盐还原菌还能将 Fe^{3+}还原为 Fe^{2+}，Fe^{2+}与硫化氢反应形成硫化亚铁（FeS），FeS 是一种黑色悬浮物质，可导致水体发黑。因此，硫酸盐还原菌是导致水体发黑发臭的主要微生物。

四、水域破坏对水生生态系统的影响

水域破坏直接或间接影响了水生植物、水生动物及微生物的生理生态特性、群落组成，毫无疑问，水域破坏也将会影响生态系统的结构和功能。

（一）水域破坏对水生生态系统结构的影响

重金属等有毒污染物过量排入水体，导致水生生态系统敏感生物衰亡，生物多样性降低。无论是水生植物、动物还是微生物，不同的物种对重金属等污染物的耐受能力各不相同。水体中重金属等污染物不仅会对水生植物的生长发育及繁殖有明显影响，还会影响鱼类的各种行为活动、影响微生物细胞代谢等，对污染物敏感的种类逐渐退化甚至消失，取而代之的是对污染物耐受性较强的物种，这最终会导致水生生态系统的群落结构物种组成发生变化。

氮磷等植物营养盐过量排入水体，导致藻类等水生植物疯长，水体富营养化，水质恶化。浅水湖泊一般以挺水植物、浮叶植物及沉水植物等水生高等植物为优势，形成水生高等植物群落结构合理、水质清澈的“草型清水态”水生生态系统，受过度渔业养殖、氮磷过量排入等影响，水生高等植物退化甚至消失，藻类暴发并形成优势，生态系统转为水质浑浊的“藻型浊水态”。

（二）水域破坏对水生生态系统功能的影响

水生生态系统具有涵养水资源、生产生物质、调节区域气候、保护生物多样性、维护区域生态安全等重要功能。自古以来，素有“苏湖熟，天下足”的太湖流域以太湖为支撑，良好的湖泊生态系统涵养了丰富优质的水资源，保障了流域人民生产生活的用水需求。近 30 年来，随着太湖水体富营养化不断加剧，水质下降，特别是 2007 年太湖“水危机”事件之后，太湖主要饮用水源地被迫关闭，太湖周边居民守在湖边没有水喝，湖泊水资源涵养功能黯然失色。

随着太湖水体富营养化加剧，湖泊水生植被退化，尤其是莼菜、芡实等珍贵水生蔬菜产量显著下降。渔业生产力也发生了变化，2000～2020 年调查发现，太湖鱼类资源面临的最大问题是小型化明显、优势种单一，小型鱼类占据了太湖渔获数量的 90% 以上，其中仅刀鲚一种鱼类便占到了 85%，渔业资源退化，生物多样性下降。

（三）水域破坏对水生生态系统演替的影响

水生生态系统，以湖泊为例，其演替大多经历了贫营养的藻菌阶段、漂浮植物阶段、沉水植物阶段、浮叶植物阶段和挺水植物阶段，最后进入湿生草本植物阶段等，随着湖底抬升、水分减少，旱生植物最终取代湿生草本植物，水生生态系统演替为陆生生态系统。在水生生态系统自然演替过程中，一方面从最初的藻菌生长，不断积累物质，水中的养分逐步增加；另一方面藻菌残体沉积、湖底出现淤泥，为浮叶植物出现奠定基础。随着水中养分和湖底淤泥的不断积累，水域生物多样性进一步提高，各类水生植物、水生动物大量出现，水生生态系统可长时间稳定维持在以沉水植物为优势的“草型清水态”阶段。

从 20 世纪 60 年代起，为了提高各类生态系统的生产力，满足人类需求，湖泊渔业不断发展，人工放养各种鱼类，片面追求渔业产量，导致水生生态系统结构发生显著变化，尤其是大量养殖草食性鱼类，水生植物群落优势种——沉水植物很快消失，如同草原上过度放牧导致荒漠化一样，湖泊沉水植物消失后，藻类滋生，并形成水华，湖泊生态系统演替为藻类占优势的“藻型浊水态”，水质恶化。

第五节 生态破坏的修复

生态破坏的修复已经成为生态环境保护领域的热点研究方向，也是改善环境质量的重要途径之一。生态修复的核心理念是遵循自然规律，充分发挥生态系统的自组织功能。综合多学科知识，研发自然、经济、工程复合技术体系，修复重建良性生态系统，实现生态、经济、社会的综合效益。

一、生态修复概述

（一）生态修复的概念

生态修复（ecological remediation）是根据生态学原理，通过人工措施，调整受损或退化生态系统的结构与功能，使其更加完善，功能更加健全，以实现生态系统的健康稳定及环境质量的安全可靠。较早的研究多用“生态恢复”（ecological restoration）这个概念，生态恢复是指对受到干扰、破坏的生态环境进行调整，使其尽可能恢复到原来的状态或未受损伤、完善的健康状态；而生态修复强调的是使其更完善，并不强调回到原来的状态。实际上，基于一些生态系统原来是什么状态，受损退化生态系统能否回到原来的状态，原来的状态能否适应人类发展与人口增加带来的不可避免的干扰及胁迫压力等疑问，愈来愈多的研究主张用生态修复这个概念。生态修复遵循生态学基本原理，以人工措施为辅，最大限度发挥生态系统的自组织特性，修复生态系统的结构与功能。

（二）生态修复的原则

退化生态系统的修复与重建一般是通过工程技术的手段来改变生态环境因子，调整物种组成和结构。因为生态系统的复杂性，人为调控后生态系统的变化往往难以预测和控制，存在不定性。因此，生态修复与重建应采用可操作的技术与方法，尽量减小盲目性和风险性。生态恢复与重建一般应遵循以下几方面原则。

1．生态学原则 无论是调控生态系统的非生物因子，还是调控物种组成结构等生物因子，均必须遵循生态学基本原理，如限制因子原理、物种协调共生原理、群落演替原理、生态位原理等。本着循序渐进的原则，逐步修复、逐步改善、不断完善。

2．地域性原则 生态系统无论是其物种组成，还是群落结构，都是与其地域性环境长期适应的结果。因此，在实施生态修复与重建时，无论是物种的引种，还是群落的构建，必须因地制宜，优先选择土著物种，根据地域特征性的生态系统结构，构建群落和生态系统。

3．工程学原则 自然恢复的演替周期一般比较长，为了加速生态恢复和良性演替，需采取人工辅助措施，针对一些关键因子、制约因子，通过工程措施，人为地改善生态因子，为生物生长繁殖提供合适的环境条件，如对于严重盐渍化的土地，首先必须建立完善的排灌系统，排水、排盐消除土壤积水，降低土壤盐分含量等。

4．生态经济学原则 充分考虑生态与经济的有机结合，本着化害为利、变废为宝的原则，利用生物的富集放大及转化，将有害物质转变为生物质能并进一步利用，既解决了生态破坏问题，又形成了一定的经济效益。例如，对于富营养化的水体的生态修复重建，可以在适宜的区域引种水生蔬菜、水生花卉等，水生蔬菜和花卉生长吸收水体中的营养盐，改善水体环境质量，同时，水生蔬菜和花卉的生产又可以产生一定的经济效益。

（三）生态修复的程序

鉴于生态系统的复杂性及生态修复重建的风险性，在对退化受损生态系统实施修复重建的过程中，必须遵循生态学原理，循序渐进。一般可分为下列几个步骤或阶段。

1. 诊断　通过原位调查观测，了解和掌握需要修复重建的生态系统的退化特征，其中包括退化生态系统的生物群落结构及功能特征、非生物因子特征等。诊断分析退化生态系统的结构和功能，阐明退化受损生态系统缺失的主要物种及其限制因子，剖析引起生态系统退化的主要原因。

2. 制订修复方案　根据诊断分析结果，对生态系统退化的主导机制、过程、类型、退化阶段和强度进行综合评判，确定正确的恢复目标，制订详细的恢复与重建方案，并对制订的生态恢复方案进行生态的、经济的、社会的、技术的可行性分析。修复方案制订后，必须开展充分的论证，并制订实施方案。

3. 实施修复　在生态恢复中，对于轻度退化的生态系统，通常采取消除胁迫压力，辅以生态系统关键生物的保育，促进生态系统的自我恢复。对于严重退化的生态系统，除消除胁迫压力外，还需要实施一系列工程技术措施，修复退化的生境因子，引种缺失的关键物种，重建生物群落。

4. 维护与稳定　生态修复与重建是一项长期的系统工程，修复和重建初期的生态系统一般十分脆弱，需要跟踪监测，掌握其动态变化情况，并根据生态系统的变化，及时采取必要的维护措施，以保障修复重建的生态系统向预期的方向发展和演替。

（四）生态修复的途径和手段

生态修复与重建既要对退化生态系统的非生物因子进行修复重建，也要对生物因子进行修复重建，因此，修复与重建途径和手段既包括通过物理法、化学法，也包括生物法及综合法。

1. 物理法　物理法可以快速有效地消除胁迫压力，改善某些生态因子，为关键生物种群的恢复与重建提供有利条件。例如，对于退化水体生态系统的修复，可以通过调整水流改变水动力学条件，或通过曝气改善水体溶解氧及其他物质的含量等，为鱼类等重要生物种群的恢复创造条件。

2. 化学法　通过添加一些化学物质改善土壤、水体等基质的性质，使其适合生物的生长，进而达到生态系统修复与重建的目的。例如，向污染的水体、土壤中添加络合剂或螯合剂，尤其是对于难降解的重金属类的污染物，一般可采用络合剂，络合污染物形成稳态物质，使污染物难以对生物产生毒害作用。

3. 生物法　人类活动引起的环境变化会对生物产生影响甚至破坏作用，同时，生物生长发育通过物质循环等过程与环境相互作用，生物群落的形成、演替过程又在更高层面上改变并形成特定的群落环境。因此，可利用生物的生命代谢活动来降低环境中有毒有害物质的浓度或使其无害化，从而使部分环境完全恢复到正常状态。微生物在分解污染物中的作用已经被广泛认识和应用，已经有各种各样的微生物制剂、复合菌制剂等广泛用于污染退化水体和土壤的生态修复。植物在生态修复重建中的作用也已经引起了重视，植物不仅可以吸收利用污染物，而且可以改变生境，为其他生物的恢复创造条件。动物在生态修复重建过程中的作用也不可忽视，其在生态系统构建、食物链结构的完善和生态平衡方面均有十分重要的作用。

4. 综合法 若对退化土壤实施生态修复，首先应在诊断土壤退化主要原因的基础上，对土壤的物理特性、土壤化学组成及生物组成进行分析，确定退化原因及特点；根据退化状况，采取物理、化学及生物学等综合方法。对于严重退化的土壤，如盐渍化严重或污染严重的土壤，可以采取耕翻土层、深层填埋、添加调节物质（如用石灰、固化剂、氧化剂等）、淋洗等物理化学方法；在土壤污染胁迫的主要因子得以控制和改善后，再采取微生物、植物等生物学方法进一步改善土壤环境质量，修复退化土壤生态系统。

因为不同类型（如森林、草地、农田、湿地、湖泊、河流、海洋）的退化生态系统存在差异性，加上外部干扰类型和强度不同，所以其恢复方法亦不同。对一般退化系统而言，大致需要以下几种类型的生态恢复与重建技术体系（表 6-4）。

表 6-4 生态恢复与重建技术体系

类型	对象	技术体系
非生物因素	土壤	土壤肥力恢复技术、污染控制与恢复技术、水土流失控制与保持技术
	水体	节水技术
	物种	物种保护技术、物种选种与繁育技术、物种引入与恢复技术
生物因素	种群	种群动态调控技术、种群行为控制技术
	群落	群落结构优化配置技术、种群演替控制与恢复技术
生态系统	结构功能	生态评价与规划技术、生态系统组装与集成技术
景观	结构功能	生态系统链接技术

资料来源：孙楠等，2002

二、植被破坏的生态修复

植被修复（vegetation remediation）有时也称植被恢复（vegetation restoration），是指通过人工引种或生境保护措施，逐步恢复和重建植被的过程，包括植被组成、群落结构及功能的修复与重建。

（一）森林破坏的生态修复

退化森林生态系统的范围广，类型多，表现形式也各不相同。常见的类型有裸地、火烧迹地、森林采伐迹地、废弃采矿地、荒漠地等。不同退化类型的森林生态系统的退化程度不同，次生林地一般生境较好，或植物被破坏而土壤尚未破坏，或是次生裸地已有林木生长，因而其恢复的步骤是按演替规律，人为促进正向演替的发展。其常用的修复方法主要有如下几方面。

1．封山育林　这是最简便易行、经济有效的方法，因为封山可最大限度地减少人为干扰，消除胁迫压力，为原生植物群落的恢复提供适宜的生态条件，使生物群落由逆向演替向正向演替发展。

2．林分改造　为了促进森林的快速演替，可对受损后处于演替早期阶段的群落进行林分改造，引种当地植被中的优势种、关键种和因受损而消失的重要生物种类，以加速生态系统正向演替的速度。

3．透光抚育或遮光抚育　在针叶林或其他先锋群落中，对已生长的先锋针叶树或阔叶树进行择伐，改善林下层的光照环境，可促进林下其他阔叶树的生长，使其尽快演替到顶极群落。东北红松幼苗不易成活，阔叶树（如水曲柳等）也不易长期存活，采取“栽针保阔”的人工修复途径，可实现森林的快速修复，这种方法主要是通过改善林地环境条件来促进群落的正向演替。

4．林业生态工程技术　林业生态工程是根据生态学、林学及生态控制论原理，设计、建造与调控以木本植物为主的人工复合生态系统的工程技术，其目的在于保护、改善与持续利用自然资源与环境。

林业生态工程的具体内容包括以下 4 个方面：①构筑以森林为主体的或森林参与的区域复合生态系统的框架。②时空结构设计，在空间上进行物种配置，构建乔灌草结合、农林牧结合的群落结构。时间上利用生态系统内物种生长发育的时间差别，调整物种的组成结构，实现对资源的充分利用。③食物链设计，使森林生态系统的产品得到循环利用。④针对特殊环境条件进行特殊生态工程的设计，如工矿区林业生态工程、严重退化的盐渍地、裸岩和裸土地等生态恢复工程（盛连喜，2002）。

极度退化的生态系统，其特点是土地极度贫瘠，其理化结构也很差。由于这类生态系统总是伴随着严重的水土流失，每年反复的土壤侵蚀更加剧了生境的恶化，因而极度退化的生态系统是无法在自然条件下恢复植被的。对极度退化的生态系统的整治，首先是植被重建。重建植被可以达到控制水土流失、促进生态系统土壤的发育形成和熟化、改善局部环境、为其他生物提供稳定的生境的效果。

（二）草地破坏的生态修复

草地生态系统是地球上最重要的陆地生态系统之一，草地破坏的生态修复一直是生态学家关注的焦点。草地的生态修复应遵循以下原则：①关键因子原则，确定草地植被破坏的关键因子；②节水原则，恢复进程要求最少或不灌溉，尽可能截留雨水；③本地种原则，尽量使用土著种，配置多样性；④环境无害原则，不用化肥和杀虫剂。

1．围栏养护，轮草轮牧　对受损严重的草地实行“围栏养护”是一种有效的修复措施，这一方法的实质是消除外来干扰，主要依靠生态系统具有的自我修复能力，适当辅以人工措施来加快其恢复。对于那些破坏严重的草地生态系统，当自然修复比较困难时，可通过因地制宜地耕翻或适时火烧等措施改善土壤结构、播种群落优势牧草草种、人工增施肥料和合理放牧等方法来促进其恢复。

2．人工种植，修复草地 这是减缓天然草地压力、改进畜牧业生产方式而采取的修复方法，常用于已完全荒弃的退化草地。它是受损生态系统重建的典型模式，不需要过多地考虑原有生物群落的结构等，而且多是由经过选择的优良牧草为优势种的单一物种所构成的群落。其最明显的特点是，既能使荒废的草地很快产出大量牧草，获得经济效益，又能够使生态环境得到改善。

3．按季禁牧，保育草原 根据多年生草地（人工或自然草地）的不同生长季节选择性放牧。在草苗生长复苏初期禁牧；在牧草生长旺盛期，适度选择性放养幼畜；在冬季来临前便将家畜出售。这种生产模式避免了在草地牧草幼苗生长初期比较脆弱时被牧食破坏，既可改变以精料为主的高成本育肥方式，又可解决长期困扰草地畜牧畜群结构不易调整的问题。采用这种技术的关键是畜牧品种问题，要充分利用现代生物技术，培育适合现代畜牧业生产模式的新品种。

（三）水生植被破坏的生态修复

水生植被修复的实践主要是湖泊河流的生态修复。水生植被（aquatic vegetation）由生长在湖泊河流浅水区及滩地上的沉水植物、浮叶植物、漂浮植物、挺水植物和湿生植物群落共同组成，这几类群落均由大型水生植物组成，俗称水草。一般而言，水生生态系统中水草茂盛则水质清澈、水产丰盛、生态稳定，若水草缺乏则水质浑浊、水产贫乏、生态脆弱。

水生植被修复包括自然修复与人工重建水生植被两条途径。前者是指通过消除水生植物的胁迫压力促进水生植被的自然恢复；后者则是对已经丧失了自动恢复水生植被能力的水体，通过生态工程途径重建水生植被。重建水生植被是在已经改变了的水体环境条件的基础上，根据水体生态功能的现实需要，按照系统的生态学和群落生态学理论，重新设计和建设全新的能够稳定生存的水生植被。一般来说，水生植被修复技术主要包括以下几方面。

1．挺水植物修复 挺水植物是水陆交错带重要的生物群落，对于净化陆源污染、截留泥沙等有十分重要的作用。水位波动、岸坡改造及水工建筑等，使得挺水植被退化甚至消失，因此，在进行挺水植物恢复时，应了解胁迫因子的状况，对基质（如河流湖泊的石砌护岸）水位波动等进行适当调节和改造，为挺水植物的生长繁殖奠定基础。多数挺水植物可以直接引种栽培，如芦苇、茭草、香蒲等。挺水植物种类大多为宿根性多年生，能通过地下根状茎进行繁殖。这些植物在早春季节发芽，发芽之后进行带根移栽成活率最高。

2．浮叶植物修复 浮叶植物对水环境有比较强的适应能力，它们的繁殖器官如种子（菱角、芡实）、营养繁殖体（荇菜）、根状茎（莼菜）或块根（睡莲）通常比较粗壮，储存了充足的营养物质，在春季萌发时能够供给幼苗生长直至幼苗到达水面。它们的叶片大多漂浮于水面，直接从空气中接受阳光照射，因而对水质和透明度要求不严格，可以直接进行目标种的种植或栽植。但是，浮叶植物的恢复应注意其蔓延和无序扩张。

种植浮叶植物可以采取营养体移栽、撒播种子或繁殖芽、扦插根状茎等多种方式。

例如，菱和芡的繁殖以撒播种子最为快捷，且种子也比较容易收集。初夏季节移栽幼苗效果也比较好，只是育苗时要控制好水深，移栽时苗的高度一定要大于水深。

3. 沉水植物修复 沉水植物与挺水植物和浮叶植物不同，它生长期的大部分时间都浸没于水下，因而对水深和水下光照条件的要求比较高，一般而言修复难度较大。沉水植物修复时，应根据水体沉水植被分布现状、底质、水质现状等要素，选择不同生物学、生态学特性的先锋种进行种植。在沉水植被几乎绝迹、光照条件差的次生底质上，应选择光补偿点低、耐污种类，建立先锋群落，在水体透明度改善后，逐步增加沉水植物种类，丰富沉水植物群落结构，完善其功能。

（四）采矿废弃地植被破坏的生态修复

采矿废弃地是指为采矿活动所破坏而无法使用的土地。根据形成原因可分为三大类型：一是剥离表土开采的废土废石及低品位矿石堆积形成的废土废石堆废弃地；二是随矿物开采形成的大量采空区域及塌陷区，即开采坑废弃地；三是利用各种分选方法分选出精矿后的剩余物排放形成的尾矿废弃地。采矿废弃地植被恢复技术有以下几方面。

1. 植被的自然恢复 废弃地植被的自然恢复是很缓慢的，但在不能及时进行人工建植植被的采矿废弃地上，植被自然恢复仍有其现实意义。采矿废弃地在停止人类活动和干扰后，只要基质和水分等条件适宜，可以逐步出现一些植物，并开始裸地植被演替过程。调查表明，在人为废弃地上植被自然恢复过程长达 10～20 年，条件差的地区 20～30 年也难以恢复。为了促进废弃地植被的自然恢复，首先应改良废弃地土壤基质成分、改善水分条件，然后再适当播撒草、树种子，以促进植被的自然恢复。

2. 基质改良 基质是制约采矿废弃地植被恢复的一个极为重要的因子，一般采矿废弃地的基质比较差，有机质含量低，矿化度低，保水、含水能力差，植物难以生根，难以获得有效养分和水分，因此，必须对基质进行改良。

（1）利用化学肥料改良基质 采矿废弃地一般矿化度低，肥力差，人工添加肥料一般能取得快速而显著的效果。但由于废弃地的基质结构被破坏，速效化学肥料极易淋溶，在施用速效肥料时应采用少量多施的办法，或选用长效肥料效果更好。

（2）利用有机改良物改良基质 利用有机改良物改良废弃地有很好的经济效益，改良效果好。污水污泥、生活垃圾、泥炭及动物粪便都被广泛地用来采矿废弃地植被重建时的基质改良。另外，作物秸秆也可被用作废弃地的覆盖物，可以改善地表温度，维持湿度，有利于种子的萌发及幼苗的生长。秸秆还田还能改善基质的物理结构，增加基质养分，促进养分转化。

（3）利用表土转换改良基质 表土转换是在动工之前，先把表层土壤剥离保存，以便工程结束后再把它放回原处，这样土壤基本保持原样，土壤的营养条件及种子库基本可使原有植物种迅速定居建植，无须更多的投入。表土转换工程关键在于表土的剥离、保存和工程后的表土复原。另外，也可从别处取来表土，覆盖遭到破坏的区域。这种方法在较小的工程中已广泛使用，但因代价昂贵，获得适宜的土壤较为困难，难以在大型工程中推广。

（4）利用淋溶改良基质 对含酸、碱、盐分及金属含量过高的废弃地进行灌溉，在一定程度上可以缓解废弃地的酸碱性、盐度和金属的毒性。例如，金矿尾矿砂堆在种植植物前，采用人工喷水淋溶酸性物质，一般经过淋溶，有毒物质被转移，毒害作用被解除后，应施用全价的化学肥料或有机肥料来增加土壤肥力，以使植物定居建植。

3. 生物改良 生物改良是基质改良措施的继续深入，以实现采矿废弃地的植被恢复与重建。生物改良主要是利用对极端生境条件具特异抗逆性的植物、金属富集植物、绿肥植物、固氮植物等来改善废弃地的理化性质，通过先锋植物的引种，不断积累有机质，改良土壤，为植物群落的演替创造条件。

三、退化土壤的生态修复

退化土壤修复是保障人类食物生产安全的重要举措。近 20 年来，国内外开展了比较系统的退化土壤的修复研究与实践，在物理修复、化学修复和生物修复方面均取得了显著进展，一些应用型土壤修复技术已进入商业化阶段。

（一）重金属污染土壤的生态修复

对于重金属污染土壤一般可以采取物理、化学、生物及生态方法修复。生态修复是以植物修复为主，主要内容包括植物的筛选与合理搭配、修复机理和根际效应及修复强化措施等。植物修复中利用植物对重金属的富集积累，将土壤中的重金属转移，这是修复土壤的重要途径之一。有关对超积累植物的筛选受到了广泛的关注，人们更注重从单一污染的吸收富集到复合污染吸收富集。由于土壤污染往往呈现多个污染物共存的情况，因此，不少研究致力于开发、发掘对多种重金属同时具有吸收富集作用的植物。与此同时，为了解决土壤复合污染的问题，可套种和混种多种超积累植物，合理配置并构建镶嵌群落，提高植物对重金属类污染物的去除能力。

此外，有些植物虽然不具有超积累能力，但也可以用于重金属污染土壤的生态修复，特别是一些叶菜类植物，地上部分生长旺盛、生长速度快、生物量大，吸收富集的总量往往也比较大，对污染土壤的修复潜力也很大。

（二）有机污染土壤的生态修复

对于土壤中的有机污染物，主要是利用微生物的降解作用，分解、降解土壤中残留的农药、除草剂及其他有机污染物。

菌种筛选是利用微生物修复有机污染土壤的关键，科研人员已经研究开发了一系列降解石油类、农药、多氯联苯、三氯乙烯、多环芳烃、五氯酚等污染物的微生物菌株，并制备了一些可工业化生产的菌制剂。应该注意的是，在使用菌制剂治理和修复污染土壤时，应开展跟踪监测研究，避免外来菌株产生的危害。同时，应注意菌种的生长条件，如温度、湿度及养分等，保证投放的菌制剂能够正常发挥作用。

为了保证有足够的土著有益菌种生长，保证微生物的养分及微生境，越来越多的研究正致力于研究植物-微生物联合作用的效果。植物不仅以其残体及分泌物作为微生物的养分源，而且植物的存在改善了微生物的生存环境，使得微生物的作用更容易发挥。也有研究利用一些特殊的菌群提取和制备酶制剂对有机污染物进行降解，取得了较好的效果。

（三）沙漠化土壤的生态修复

治理沙害的关键是控制沙质地表面被风蚀的过程和削弱风沙流动的强度，固定沙丘。一般采用植物治沙、工程防治、化学固沙、细菌和藻类等孢子植物固沙等措施。

1．植物治沙 植物治沙具有经济效益好、持久稳定、改良土壤、改善生态环境等优点，是治沙所采用的最主要的措施。封沙育草是在植被遭到破坏的沙地上，建立防护措施，为天然植物提供休养生息、滋生繁衍的条件，使植被逐渐恢复。封沙造林即先在立地条件较好的丘间低地造林，然后把沙丘分割包围，待风将沙丘逐渐削平，同时在块状林的影响下，沙区的小气候得到了改善，最后可以在沙丘上栽植固沙植物。还可以营造防沙林带，防沙林带按营造的目的可分为沙漠边缘的防沙林带和绿洲内部护田林网。沙漠边缘防沙林带是为了防止流沙侵入绿洲内部，保护农田和居民点免受沙害，在流沙边缘营造紧密林带，在靠近流沙的一侧进行乔灌混交。绿洲内部护田林网是在绿洲内部采用窄林带、小林网、高大乔木营造林网，以降低风速，防止耕作土壤受风蚀和沙埋的危害。

2．工程防治 利用柴、草及其他材料，在流沙上设置沙障和覆盖沙面，以达到防风阻沙的目的。覆盖沙面是将砂砾石、熟性土、柴草、枝条等覆盖在沙面上，隔绝风与松散沙面的作用，使沙粒不被侵蚀。草方格沙障是用麦秸、稻草、芦苇等直接插入沙层内，在流动沙丘上扎设成方格状的半隐蔽式沙障，以增加地表的粗糙度，增大对风的阻力。高立式沙障采用高秆植物，如将芦苇、灌木枝条、玉米秆、高粱秆等直接栽植在沙丘上，用于阻拦前移的流沙，使其停积在其附近，达到切断沙源、抑制沙丘前移和防止沙埋危害的目的。

3．化学固沙 化学固沙是在流动沙地上喷洒化学胶结物质，使沙地表面形成一层有一定强度的防护壳，隔开气流对沙层的直接作用，达到固定流沙的目的。目前，国内外用作固沙的胶结材料主要是石油化学工业的副产品，常用的有沥青乳液、高树脂石油、橡胶乳液等。

4．细菌和藻类等孢子植物固沙 砂粒并不是以单独颗粒的形式存在，而是被微生物形成的黏液黏连，或者被藻类、地衣和苔藓的假根捆绑起来。荒漠藻类作为先锋拓殖生物不仅能在严重干旱缺水、营养贫瘠、生境条件恶劣的环境中生长、繁殖，而且通过其生活代谢方式影响并改变环境，特别是在荒漠表面形成的藻类结皮，在防风固沙、防止土壤侵蚀、改变水分分布状况等方面更是扮演着重要角色。

四、水域破坏的生态修复

水域破坏的生态修复是指对受破坏的水域生态系统采取工程措施，消除生态系统的胁迫压力，同时，根据生态系统正承受的难以避免的压力，采取生态技术，构建结构更完善、功能更强大的生态系统，以改善水环境质量和维持健康稳定的状态。

（一）湖泊生态修复

针对湖泊水体富营养化、水质下降、生态退化等问题，国内外对湖泊生态系统开展了一系列生态修复技术及工程示范研究，主要包括污染控制、调水引流、生物调控、植物修复、生态管理等。

1．外源污染控制　控制外源性负荷是改善湖泊富营养化状态的首要措施。工业和城镇生活污水通常排入污水处理厂集中处理，达标排放；在一些重要湖泊流域，可以制定更严格的污水处理排放标准；有条件的地区，污水处理厂的尾水先排入人工湿地，进一步脱氮除磷，改善排水水质。农业面源污染控制一方面可通过推广有机肥、生态农业技术，推行精准施肥，减少肥料流失；另一方面，也可以通过构建农田退水的生态沟渠、生态塘，滞留和净化农田退水。

加强湖滨带湿地建设，拦截净化面源径流污染。湖滨带是湖泊水体和陆地生态系统之间的生态交错带，具有过滤、缓冲的功能。它不仅可吸附和转移来自面源的污染物、营养物，改善水质，而且可截留固定颗粒物，减少水体中的颗粒物和沉积物；同时可以提供生物繁育生长的栖息地。修复湖滨带植被，构建结构完整、功能完善的湖滨带湿地，是湖泊生态系统修复的重要组成部分。

2．内源污染控制　清淤疏浚、钝化污染物是削减内源污染负荷的主要措施。底泥富集了水中大量的污染物质，包括营养盐、难降解的有毒有害有机物、重金属等，沉积在水体底部。在浅水湖泊中，受水动力条件、水体化学特性等影响，底泥中富集的营养盐及其他污染物很容易释放进入表层水体，导致藻类异常繁殖，水体水质恶化。解决此问题通常采用生态清淤技术，直接将湖底淤泥清除，也可采取物理及化学方法，对底泥进行封闭钝化，以阻止沉积物中污染物的释放。

底泥疏浚是富营养化湖泊治理和生态修复重建常用的技术之一，通过工程措施清除淤积在湖泊底部的、富含污染物的底泥，这是一项投资大、风险大的工程措施。为了尽量避免清淤疏浚对湖泊生态系统的影响，并节约成本，在实施底泥疏浚工程前，需要对疏浚厚度、疏浚方法、污染细颗粒扩散及疏浚对生态造成的可能风险等开展调查研究。针对底泥疏浚技术及生态风险，已经形成了一系列技术，包括环保疏浚生态风险评估技术、生态风险-污染释放疏浚深度确定技术、环保疏浚高精度定位及挖深自动监控技术、渐进开沟软泥作业技术、疏浚污泥资源化利用技术、堆场黏土防渗技术、堆场污泥固化技术、高效余水处理工艺及絮凝剂复配技术等。我国还吸收国外的经验，研制了专门的环保疏浚船，在富营养化及污染河湖清淤疏浚中发挥了巨大作用。

3．调水引流，强化水力作用　针对湖泊营养盐负荷较高，水流缓慢，水体自净力差等问题，可引清洁水进入湖泊，改善湖泊水动力条件，增强水体自净力。例如，我国太湖的“引江济太”工程，每天从长江调入数百万吨江水进入太湖，通过稀释、冲刷可有效降低湖水污染物的浓度和负荷，也可减少水体中藻类的浓度。通过泵、射流或曝气技术，促进湖泊内部的水循环，可直接阻抑藻类等生物的生长繁殖，还可促进水-气、水-沉积物间的氧气交换，提高水中溶解氧含量，加速污染物质氧化分解，改善水质和水生生物的生存环境。

4．生物调控，遏制藻类暴发 针对富营养化湖泊藻类滋生、水华暴发的问题，研究发现，“食藻虫”大型溞、“食藻鱼”鲢鱼和鳙鱼等可以大量摄食湖水中的藻类，遏制藻类暴发。我国武汉东湖曾经暴发蓝藻水华，后来通过增殖放流“鲢鳙鱼”，每立方米湖泊鲢鳙鱼生物量约 50 g，有效控制了蓝藻水华。应该注意的是，食藻虫、食藻鱼种群自身的稳定性受多因素的影响，利用它们控制富营养化湖泊的藻类暴发可能只是控藻阶段的技术措施之一，必须辅以其他措施，方可稳定其控藻效果。

除利用大型浮游动物、鱼类外，也有利用水生植物和微生物控制藻类等一系列技术，在一些风浪扰动较小的湖泊，利用生态浮床，种植各类经济植物、蔬菜，不仅可控制藻类，而且可吸附转移营养盐，获得一定的经济效益。针对一些富营养化湖泊水草疯长，还开发研制了割草船，人工管理和调控水生植物的生长。

5．水生植被修复，促进稳态转变 修复重建湖泊水生植被，不仅可以进一步控制藻类滋生、水华暴发，而且可降低水中氮磷营养盐，改善水质，促进湖泊生态系统从“藻型浊水态”向“草型清水态”稳态转变。浅水湖泊水生植被修复的影响因素较多，尤其是沉水植被修复。沉水植物修复受水体透明度、水深、鱼类组成、水中藻类及其他悬浮颗粒物浓度等因素的影响，因此，修复沉水植物应综合分析湖泊水域生境特征，在水体透明度较差的情况下，可以选择狐尾藻、眼子菜、菹草等耐受性强的先锋种，在早春藻类尚未暴发之前种植，抢占生态位。随着先锋种的生长，可适时以“林窗”方式收割先锋种，并及时补种黑藻、苦草、轮藻等，构建镶嵌群落，提高群落物种多样性，增加群落稳定性。

6．强化生态管理，构建湖泊良性生态系统 在全球变化、人类活动等因素影响下，湖泊生态系统的脆弱性更加突出。以湖泊水生植被为例，初步修复的水生植物群落稳定性差，或是个别先锋种疯长，或是群落难以实现季相交替，先锋种在几个月的生长结束后，其他物种难以接替。因此，需要加强生态管理，密切观测水生植物生长状况，适时补充物种，增加群落物种多样性。在水生植物群落构建过程中，根据生物相互作用的特点，适当引种放养底栖动物、鱼类等，如当沉水植物苦草叶片上开始出现附着物时，可适当增加小型螺类，以清除苦草叶片表面的附着物；在水底植物残体碎屑较多时，也可放养螺类清除碎屑。鱼类对水生态系统的影响比较复杂，滤食性鱼类，如鲢鳙鱼以浮游生物、有机碎屑为食，可以控制蓝藻暴发。而草食性鱼类，如草鱼以水生植物为食，可以控制沉水植物生长，过度放养草鱼会导致沉水植物退化甚至消失。应根据鱼类的食性、生活习性等，合理选择鱼类，适量放养。

构建以水生植物为优势的“草型清水态”湖泊良性生态系统，不仅可实现草茂水清，而且可实现鱼虾蚌草合理配置，使食物链结构稳定，功能健全。

（二）河流的生态修复

河流的生态修复主要包括污染控制、调水引流、岸带修复、生态补水、生物净化和生物修复等方面，旨在改善河流水质，构建河流良性生态系统，提升河流功能。河流外源污染控制、内源污染控制、调水引流等，可参照上一节“湖泊生态修复”的相关内容。

1．河流岸带修复，拦截净化污染 河流岸带是河道两侧水域与陆地之间的交错区，一般具有丰富的湿地植被、水生及两栖动物等，通常也可称为河流湿地，具有防止水土流失、拦截净化污染、净化水质、维护生物多样性、营造景观等功能。受人类活动影响，一些河流岸带退化，硬质化护岸、直立护岸、水位异常波动、植被缺失等现象比较普遍。

岸带修复首先应修复生境，硬质化护岸可以采用生态砖、种植垫、种植帘等，以便种植植物，修复河流岸带湿地。缓坡硬质化护岸上，可以敷设生态砖、种植垫等，以种植适宜的植物；关于直立护岸的修复，如果护岸下有足够的空间，可构建一定坡度的缓坡，也可用种植帘。在岸带地形、基质修复的基础上，选择适宜的湿生植物和水生植物（挺水植物、浮叶植物及沉水植物）等不同生态类型的植物，根据岸带水位变化特点，设计不同生态类型植物的种植位置，借助人工基质（生态砖、种植垫等）或自然基质，种植湿生和水生植物，修复岸带湿地生态系统。

岸带植物种植不能影响河流排涝泄洪及航运功能，避免引种外来物种及易被水流冲刷断枝散落的物种，以免造成不利影响。

2．生态补水，提升环境容量　受人类活动、全球变化的影响，一些河流或是干枯，或是水量不足。河流水量不足，流速缓慢，水环境容量小；河流岸带干枯，导致河流水质下降，生态退化。为了改善流域、区域水环境质量及水资源、水生态需求，我国多地开展了生态补水研究与实践，有效地改善了一些河流生态环境质量，取得了不少成功的经验。河流生态系统中的动物、植物及微生物组成都是长期适应特定水流、水位等特征而形成的特定的群落结构。为了保障河流生态系统的稳定，应根据河流生态系统主要种群的需要，调节河流水位、水量等，以满足水生高等植物的生长、繁殖。如在洪水年份，应根据水生植物的耐受性，及时采取措施，降低水位，避免水位过高对水生高等植物的压力；在干旱年份，水位太低，河岸及河床干枯，为了保障水生高等植物正常生长繁殖，必须适当提高水位，满足水生高等植物的需要。

河流生态补水应充分利用流域内多种类型水资源及再生水，向无法满足需水量的河流调水，以改善河流生态系统结构、功能及自我调节能力。生态补水应首先调查补水河流流域内的水资源分布，确定补水水源、补水途径、补水点等。构建水质模型，比较分析各种情景下，补水的生态环境效果及综合效益，优化补水水源、水量、补水途径及补水点等，确定补水方案。补水过程中，加强监测调查，分析评价生态补水的生态环境影响及效益，优化完善补水方案。注重统筹协调，实施多水源、多流域、多途径、多目标精准调度补水。

3．推流曝气，增强水体自净力　针对一些城市缓流河道或断头支流支浜、水流不畅、水质黑臭等问题，根据河流污染及水质状况、周边景观特点等，布设安装推流曝气设备、射流式曝气设备、表面曝气设备、潜流曝气设备、循环式底部补氧仪、微气幕发生器等，结合景观功能，也可布设曝气喷泉、射流喷泉等喷泉曝气设备。根据周边条件，可利用太阳能动力系统，以解决动力问题。

根据水体污染特点，设定设备交替运行时间，一般在水体溶解氧处于较低状态时，开启推流曝气系统，跟踪监测主要水质指标变化，在溶解氧等指标得到明显改善后，可间歇式关闭—运行相关设备。设备运行期间，应避免噪声等对周边居民的影响。

4. 生物净化，提高河流生态功能　在不影响河道泄洪排涝、通航等功能的基础上，根据河流水污染状态，适当引入水生植物、微生物等，净化污染，改善水质。例如，修复初期，在河流水质浑浊，污染负荷较高的情况下，可以适度使用特定的微生物菌制剂，快速净化水质，改善水体透明度；也可布设生态浮床，在浮床上种植根系发达、生长快的植物，如粉绿狐尾藻、蕹菜（空心菜）、黑麦草、美人蕉、水芹等，吸收净化水中污染物；河流水质较差时，可以在生态浮床下悬挂填料、人工水草等，以富集固定微生物，结合推流曝气，强化生物接触氧化作用。

利用生态浮床净化河流水质，应注意浮床的安全性，避免浮床被水流冲散，影响河流排涝泄洪。在水质初步改善之后，可以移去浮床，适当种植沉水植物，如苦草、黑藻等，以保持河流生物净化作用，逐步构建和恢复河流生态系统的完整性。

5. 加强河道管理，保障河流功能　河道管理不仅仅是水利工程建设和水资源管理的核心内容，也是河道生态环境维护的重要工作。河道生态系统健康安全包括河道岸带宽度、岸带湿地完整性、栖息地质量、景观功能、防洪安全指数、河道稳定性、河道连通性、水量偏离率、水环境质量、生物完整性等方面，随着河流健康概念、河流管理评价指标体系、河流健康评价指标体系的不断完善，河流管理的内容也在不断丰富。

在长期管理实践的基础上，2016 年中共中央办公厅、国务院办公厅印发《关于全面推行河长制的意见》，全面推行以保护水资源、防治水污染、改善水环境、修复水生态为主要任务的河长制，全面建立省、市、县、乡四级河长体系，构建责任明确、协调有序、监管严格、保护有力的河湖管理保护机制，为维护河湖健康生命、实现河湖功能永续利用提供制度保障。

河长制的推行，不仅在河流水文、水利等方面提出了完整的要求，而且在河流生态、环境、景观等日常管理方面进一步明确了任务，落实了责任。全面推行河长制是落实绿色发展理念、推进生态文明建设的内在要求，是解决中国复杂水问题、维护河湖健康生命的有效举措，是完善水治理体系、保障国家水安全的制度创新。

生物修复

生物修复（bioremediation）是 1980 年以来出现并发展的清除和治理环境污染的生物工程技术，指利用生物将存在于环境中的有毒、有害污染物降解为 CO_2 和 H_2O 或转化为无机物质，将污染生态环境修复为正常生态环境的过程。

生物修复技术最初主要应用于环境中石油烃污染的治理并取得成功，此后不断扩大应用于环境中其他污染类型的治理。欧洲各国，如德国、丹麦、荷兰对生物修复技术非常重视，从事该项技术的研究机构和商业公司很多。他们的研究证明利用微生物分解有毒有害物质的生物修复技术是治理大面积污染区域的一种有价值的方法。美国国家环境保护局、国防部、能源部都积极推进生物修复技术的研究和应用，如新泽西州、威斯康星州规定将该技术列为净化储油罐泄漏、污染土壤治理的方法之一。美国能源部制定了 1990 年土壤和地下水的生物修复计划，并组织了一个由联邦政府、学术和实业界人员组成的“生物修复行动委员会”（Bioremediation

Action Committee）来负责生物修复技术的研究和具体应用实施。

生物修复是采用诸如提高通气效率、补充营养（对石油污染而言，主要是补充N、P）、投加优良菌种、改善环境条件等办法来提高微生物的代谢作用和降解活性水平，以促进对污染物的降解速度，从而达到治理污染环境的目的。

生物修复技术最成功的例子是Jon E. Llidstrom等在1990年夏到1991年应用投加营养和高效降解菌对阿拉斯加Exxon Valdez王子海湾油轮泄漏造成的污染进行的处理，取得了非常明显的效果，使得近百公里海岸的环境质量得到了明显改善。

思 考 题

1．生态破坏的主要类型有哪些？周围的生活环境中有哪些生态破坏现象，其原因是什么，造成了何种危害？

2．植被破坏的生态影响主要有哪些？请举例说明。

3．土壤破坏的生态影响主要有哪些？请举例说明。

4．简述退化土壤、退化水域生态修复的主要方法及关键步骤。

推 荐 读 物

李博．2000．生态学．北京：高等教育出版社．
刘俊国，安德鲁·克莱尔．2017．生态修复学导论．北京：科学出版社．
任海，彭少麟．2001．恢复生态学导论．北京：科学出版社．
周启星，魏树，张倩茹．2006．生态修复．北京：中国环境科学出版社．

主要参考文献

陈玉成．2003．环境污染生物修复工程．北京：化学工业出版社．
程胜高，罗泽娇，曾克峰．2003．环境生态学．北京：化学工业出版社．
丁圣彦．2004．生态学——面向人类生存环境的科学价值观．北京：科学出版社．
高焕梅，孙燕，林涛．2007．重金属污染对土壤微生物种群数量及活性的影响．江西农业学报，19（8）：83-85．
郭正刚，牛富俊，湛虎．2007．青藏高原北部多年冻土退化过程中生态系统的变化特征．生态学报，27（8）：3294-3301．
韩祯，王世岩，刘晓波，等．2019．基于淹水时长梯度的鄱阳湖优势湿地植被生态阈值．水利学报，50（2）：252-262．
侯彦林，皮广洁．2004．汞污染紫色土中微生物区系及生理类群．农业环境科学学报，23（4）：668-673．
贾建丽，李广贺，钟毅．2007．石油污染土壤生物修复中试系统对微生物特性的影响．环境科学研究，20（5）：115-118．
蒋先军，骆水明．2000．重金属污染土壤的微生物学评价．土壤，32（3）：130-134．
金钊，齐玉春，董云社．2007．干旱半干旱地区草原灌丛荒漠化及其生物地球化学循环．地理科学进展，26（4）：23-32．
鞠美庭．2005．生态恢复的原理与实践．北京：化学工业出版社．
孔繁翔．2000．环境生态学．北京：高等教育出版社．
李春雁，崔毅．2002．生物操纵法对养殖水体富营养化防治的探讨．海洋水产研究，23（1）：71-74．
李瑞美，何炎森．2003．重金属污染与土壤微生物研究概况．福建热作科技，28（4）：41-43．
李彦，谢静霞．2007．荒漠绿洲土壤微生物群落组成与其活性对比．生态学报，27（8）：3391-3399．
刘鹏飞，张婉平，徐东坡，等．2021．钱塘江西湖段鱼类群落结构特征．上海海洋大学学报，30（3）：525-535．
刘志磊，徐海根，丁晖．2011．外来入侵植物紫茎泽兰对昆明地区土壤动物群落的影响．生态与农村环境学报，22（2）：31-35．
柳劲松，王丽华，宋秀娟．2003．环境生态学基础．北京：化学工业出版社．
龙健，黄昌勇，腾应．2002．我国南方红壤矿山复垦土壤的微生物特征研究．水土保持学报，16（2）：126-132．

卢升高，吕军．2004．环境生态学．杭州：浙江大学出版社．
吕世海，卢欣石，曹帮华．2005．呼伦贝尔草地风蚀沙化地土壤种子库多样性研究．中国草地，27（3）：5-10.
毛志刚，谷孝鸿，龚志军，等．2019．洪泽湖鱼类群落结构及其资源变化．湖泊科学，31（4）：1109-1119.
盛连喜．2002．环境生态学．北京：高等教育出版社．
宋碧玉，曹明，谢平．2003．沉水植被的重建与消失对原生动物群落结构和生物多样性的影响．生态学报，20（2）：270-276.
孙刚，盛连喜．2001．湖泊富营养化治理的生态工程．应用生态学报，12（4）：590-592.
孙楠，李卫忠，吉文丽，等．2002．退化生态系统恢复与重建的探讨．西北农林科技大学学报（自然科学版），30（5）：4.
谭炳卿，孔令金，尚化庄．2002．河流保护与管理综述．水资源保护，（3）：53-57
滕应，黄昌勇，骆永明．2004．铅锌银尾矿区土壤微生物活性及其群落功能多样性研究．土壤学报，41（1）：113-119.
滕应，黄昌勇，骆永明．2005．重金属复合污染下红壤微生物活性及其群落结构的变化．土壤学报，（3）：113-119.
铁珩，巩宗强．2006．污染土壤生态修复理论内涵的初步探讨．应用生态学报，17（4）：747-750.
王国祥，濮培民，张圣照．1998．用镶嵌组合植物群落控制湖泊饮用水源区藻类及氮污染．植物资源与环境，7（2）：35-41.
王国祥，王磊，高雨轩，等．2020．河湖水位波动——流域生态调控的重要途径．环境生态学，2（7）：1-7.
王焕校．2002．污染生态学．北京：高等教育出版社．
王嘉，王仁卿，郭卫华．2006．重金属对土壤微生物影响的研究进展．山东农业科学，（1）：101-105.
王堃，张英俊，戎郁萍．2001．草地植被恢复技术．北京：中国农业科学技术出版社．
王文颖，王启基，景增春．2006．江河源区高山嵩草草甸覆被变化对植物群落特征及多样性的影响．资源科学，28：118-124.
王文颖，王启基，王刚．2007．高寒草甸土地退化及其恢复重建对植被碳、氮含量的影响．植物生态学报，31（6）：1073-1078.
王秀丽，徐建民，姚槐应．2003．重金属铜锌镉铅复合污染对土壤环境微生物群落的影响．环境科学学报，（1）：24-29.
吴春艳，陈义，闵航．2006．Cd^{2+}和Cu^{2+}对水稻土微生物及酶活性的影响．浙江农业科学，（3）：303-307.
吴志刚，熊文，侯宏伟．2019．长江流域水生植物多样性格局与保护．水生生物学报，43（S1）：27-41.
谢龙莲，陈秋波，王真辉．2004．环境变化对土壤微生物的影响．热带农业科学，24（3）：9.
杨小波，吴庆书．2000．城市生态学．北京：科学出版社．
杨志新，刘树庆．2001．重金属复合污染对土壤酶活性的影响．环境科学学报，21（1）：60-63.
张合平，刘云国．2001．环境生态学．北京：中国林业出版社．
张建，黄小兰，张婷，等．2018．鄱阳湖河湖交错带重金属污染对微生物群落与多样性的影响．湖泊科学，30（3）：640-649.
张玲，叶正钱，廷强．2006．铅锌矿区污染土壤微生物活性研究．水土保持报，20（3）：136-140.
张萍，郭辉军，刀志灵．2005．高黎贡山土壤微生物生化活性的初步研究．土壤学报，37（2）：275-279.
张锡辉．2002．水环境修复工程学原理与应用．北京：化学工业出版社．
赵晓英，陈怀顺，孙成权．2001．恢复生态学：生态恢复的原理与方法．北京：中国环境科学出版社．
周怀东，彭文启．2005．水污染与水环境修复．北京：化学工业出版社．
周启星，魏树和，张倩茹，等．2006．生态修复．北京：中国环境科学出版社．
Andermann T, Faurby S, Turvey S T, et al. 2020. The past and future human impact on mammalian diversity. Science Advances, 6(36): 2313.
Costanza R, Arge R, De Groot R, et al. 1997. The value of the world's ecosystem services and natural capital. Nature, (387): 253-260.
Datry T, Pella H, Leigh C, et al. 2016. A landscape approach to advance intermittent river ecology. Freshwater Biology, 61(8): 1200-1213.
Grassie C, Braithwaite V A, Nilsson J, et al. 2013. Aluminum exposure impacts brain plasticity and behavior in Atlantic salmon(*Salmo salar*). Journal of Experimental Biology, 216(16): 3148-3155.
Hong X, Zha J. 2019. Fish behavior: a promising model for aquatic toxicology research. Science of the Total Environment, 686: 311-321.
Malik D S, Sharma A K, Sharma A K, et al. 2020. A review on impact of water pollution on freshwater fish species and their aquatic environment. Advances in Environmental Pollution Management: Wastewater Impacts and Treatment Technologies, 1: 10-28.

第七章　全球变化及其对生物的影响

【内容提要】本章主要介绍了温室效应及其对生物的影响，分析了酸雨及其对生物的影响，阐述了 UV-B 辐射增强及其对生物的影响。

全球变化是指人类活动引起的在全球范围或者地区范围内的变化，它包含大气成分的变化、土地利用和覆盖度的变化、全球气候变化、人口增长、全球生物多样性变化和荒漠化等。本章主要围绕对流层温室气体增加产生的温室效应、平流层臭氧浓度变化导致紫外线-B辐射增强及酸雨沉降等全球变化因子，对其产生的原因、机理及生物学和生态学效应进行了阐述。

第一节　温室效应及其对生物的影响

人类大量使用化石燃料及土地利用方式或格局等的变化，导致排放到大气中的温室气体逐年增加，打破了原有地球表面大气组成的平衡，进而产生了温室效应。那么，温室效应的产生原因是什么？温室效应对生态环境和人类社会产生哪些影响？这是本节所要论述的主要内容。

一、温室效应的概念

温室效应是指地球大气层上的一种物理特性，即太阳短波辐射透过大气层射入地球表面，而地面增暖后放出的长、短辐射被大气中的二氧化碳等物质所吸收，从而产生大气变暖的效应（图 7-1）。大气中的二氧化碳就像一层厚厚的玻璃，使地球变成了一个大暖房。假若没有大气层，地球表面的平均温度将是－18℃，不会是现在这样的15℃，这就是说温室效应使地表温度提高了33℃。这种温度上的差别是由温室气体造成的。受温室气体的影响，大气层吸收红外线辐射的量多于它释放到太空外的量，这使地球表面温度上升，此过程可称为“天然的温室效应”。本文所谈及的温室效应是人类活动释放出大量的温室气体，使更多红外线辐射被折返到地面上，进而加强了温室效应的作用（图 7-1）。

大气层中主要的温室气体有二氧化碳（CO_2）、甲烷（CH_4）、一氧化二氮（N_2O）、氯氟烃化合物（CFCs）及臭氧（O_3）等。大气层中的水气（H_2O）虽然是“天然温室效应”的主要分子，但它的成分并不直接受人类活动所影响。温室气体占大气层不足 1%，其总浓度需视各“源”和“汇”的平衡结果而变化。表 7-1 列出了不同年代温室气体浓度、变化速率和他们在大气中的寿命期。

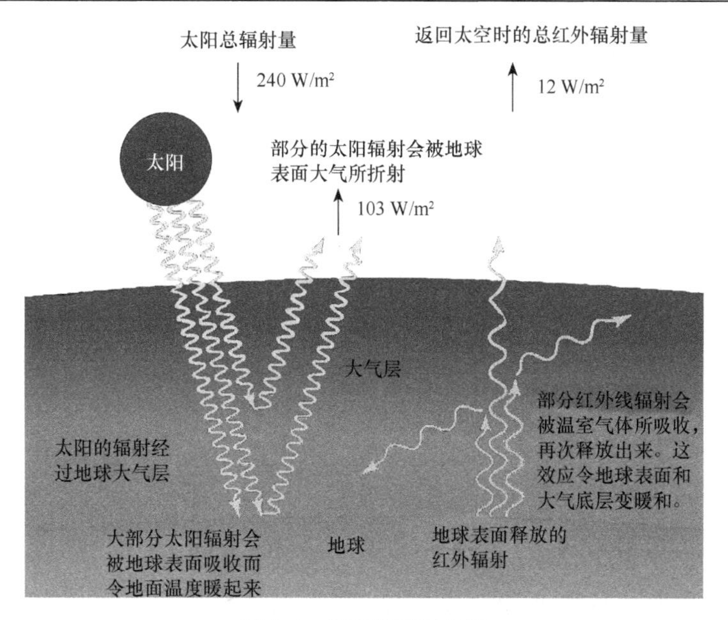

图 7-1　温室效应示意图

表 7-1　几种主要温室气体的特性

温室气体	源	汇	对气候的影响
二氧化碳（CO_2）	燃料，改变土地的使用（砍伐森林）	被海洋吸收，植物的光合作用	吸收红外线辐射，影响大气平流层中 O_3 的浓度
甲烷（CH_4）	生物体的燃烧，肠道发酵作用，水稻	和—OH 起化学作用，被土壤内的微生物吸取	吸收红外线辐射，影响对流层中 O_3 及—OH 的浓度，影响平流层中 O_3 和 H_2O 的浓度，产生 CO_2
一氧化二氮（N_2O）	生物体的燃烧，燃料，化肥	被土壤吸取，在大气平流层中被光线分解及和 O_2 起化学作用	吸收红外线辐射，影响大气平流层中 O_3 的浓度
臭氧（O_3）	光线使 O_2 产生光化学作用	与 NO_x、ClO_x 及 HO_x 等化合物产生催化反应	吸收紫外光及红外线辐射
一氧化碳（CO）	植物排放，人工排放（交通运输和工业）	被土壤吸取，和—OH 起化学作用	影响平流层中 O_3 和—OH 的循环，产生 CO_2
氯氟烃化合物（CFCs）	工业生产	在平流层中会被光线分解和跟 O_2 产生化学作用	吸收红外线辐射，影响平流层中 O_3 的浓度
二氧化硫（SO_2）	火山活动、煤及生物体的燃烧	干和湿沉降，与—OH 产生化学作用	形成悬浮粒子而散射太阳辐射

1. 二氧化碳　全球大气 CO_2 浓度从 1750 年的 277 cm^3/m^3 到 2021 年的 415 cm^3/m^3。其中，2/3 的大气 CO_2 是人类通过化石燃料排放的，1/3 是土地利用变化（植被减少、城市化加剧等）造成的。大气 CO_2 中的 45%滞留在大气中，30%被海洋藻类固定，25%被陆生植物吸收再循环。自工业革命以来，由于化石燃料的燃烧，大气中的 CO_2 浓度上升了约 70 cm^3/m^3。到 21 世纪中叶，世界能源消耗的总格局不会出现根本性的变化，人类将继续以化石燃料作

为主要能源（图 7-2）。因此，碳达峰和碳中和的“双碳”目标是减少 CO_2 净排放而采取的一系列措施。

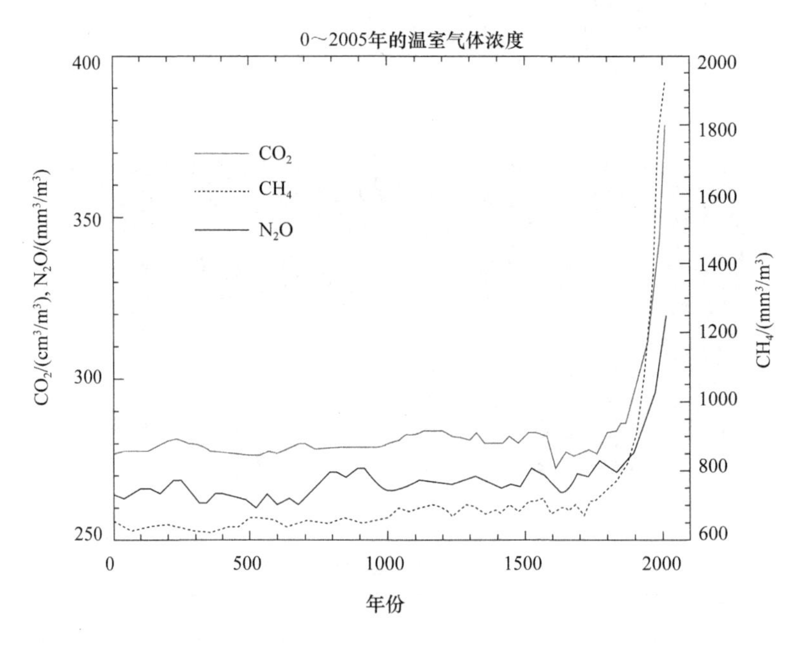

图 7-2　主要温室气体在过去 2000 年里的变化（IPCC，2007）

2．甲烷　甲烷最重要的来源是沼泽、稻田和反刍动物，这三项占总排放量的 60%左右。天然气、煤的采掘和有机废弃物的燃烧等人类活动也产生甲烷。18 世纪以来，大气中的甲烷浓度从 0.8 cm^3/m^3 增长到了 2000 年的 1.72 cm^3/m^3，每年的变化速率为 0.9%。在温室气体中甲烷的寿命期最短，仅为 10 年（图 7-2）。

3．一氧化二氮　海洋是一氧化二氮的一个重要来源，无机氮肥的大量使用和化石燃料及生物体的燃烧也能释放出一定量的一氧化二氮。工业革命前一氧化二氮的浓度为 288 cm^3/m^3，目前已增加到 310 cm^3/m^3，一氧化氮的平均升幅是每年 0.25%（图 7-2）。

4．氯氟烷烃　大气中原本不含氯氟烷烃，从 20 世纪以来，人工合成的卤素碳化物不断大量排入大气，使其在大气中的浓度迅速上升，CFC-11 和 CFC-12 是最重要的氯氟烷烃，它们不仅浓度高，保留时间也很长，因而对环境的影响也是长期的。

二、温室效应对生态环境的影响

1．全球变暖　温室气体浓度增加的后果之一是全球变暖。CO_2 是造成温室效应最重要的气体，其浓度增加所造成的气候变暖程度，远远超过其他温室气体，目前地表和大气温度上升，有 70%～80%是由大气中 CO_2 的增加所造成的。辐射驱动力（radiative forcing）是太阳或红外线辐射量的转变而导致对流层顶部的辐射强度的改变。正的辐射强迫会使地球表面变暖，负的辐射强迫使地球表面变凉。若将温室气体的增温效应也换算成相应的“辐射驱动力”，那么在相同的时间段内，人类活动造成的所有温室气体给地球表面的每平方米能量增加了 0.6～2.4 W，净辐射强迫为 1.6 W/m^2。

联合国政府间气候变化专门委员会（IPCC）在 2007 年的评估报告中指出，在未来几百年中，全球温度将以每百年 0.2℃的速度持续上升。由于海洋热容量大，不太容易增温，因此陆地的气温上升量将大于海洋，其中又以北半球高纬度地区升温幅度最大，因为北半球陆地较多。《中国气候变化蓝皮书（2022）》报道，2021 年全球平均温度较工业化前水平（1850～1900 年平均值）高出 1.11℃，是有完整气象观测记录以来的七个最暖年份之一。最近 20 年（2002～2021 年）全球平均温度较工业化前水平高出 1.01℃。2021 年，亚洲陆地表面平均气温较常年值偏高 0.81℃，为 1901 年以来的第七高值。中国升温速率高于同期全球平均水平，是全球气候变化的敏感区。1951～2021 年，中国地表年平均气温呈显著上升趋势，升温速率为 0.26℃/10 年，高于同期全球平均升温水平（0.15℃/10 年）。近 20 年是 20 世纪初以来中国的最暖时期，2021 年，中国地表平均气温较常年值偏高 0.97℃，为 1901 年以来的最高值（图 7-3）。

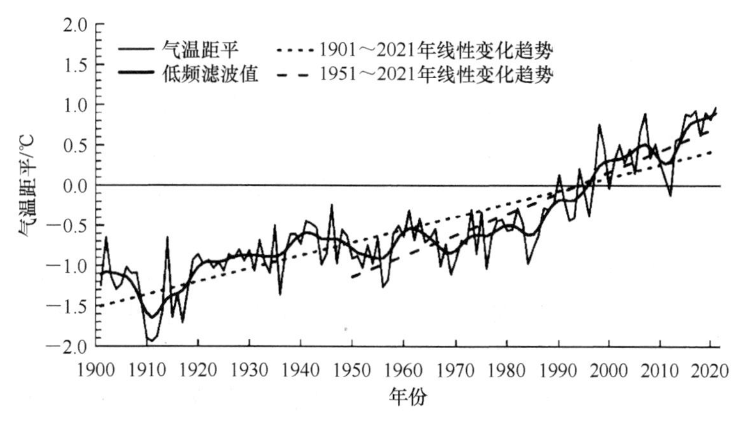

图 7-3　1901～2021 年中国地表年平均气温（相对 1981～2010 年平均值）
（中国气象局气候变化中心，2022）

2．冰川融化和海平面上升　冰川是地球上最大的淡水水库，全球 70%的淡水被储存在冰川中。监测表明，1979～2021 年，北极海冰范围呈一致性的减小趋势，3 月和 9 月北极海冰范围平均每 10 年分别减少 2.6%和 12.7%；1979～2015 年，南极海冰范围波动呈增大趋势，但 2016 年以来海冰范围总体以减小为主。

全球变暖和冰川融化会引起海平面升高。1993～2021 年，全球平均海平面的上升速率为 3.3 mm/年；2021 年，全球平均海平面达到有卫星观测记录以来的最高位。中国沿海海平面变化总体呈波动上升趋势。1980～2021 年，中国沿海海平面上升速率为 3.4 mm/年，高于同期全球平均水平。

3．雨水分布不均，灾害天气增多　IPCC 在 2007 年的报告中指出，受气候变暖的影响，高纬度和一些湿润的热带地区，在 21 世纪可供使用的水资源有可能会增加，但水资源原本已出现短缺的中纬度和干旱热带地区，水资源的短缺将进一步加剧，受干旱困扰的地区有可能会增加。报告还指出，极端降水的强度和出现的频率也有可能增加，这将会加大洪水灾害的危险。

《中国气候变化蓝皮书（2022）》表明，中国平均年降水量呈增加趋势，降水变化区域间差异明显。1961～2021 年，平均每 10 年增加 5.5 mm，2012 年以来年降水量持续增加。2021 年，中国平均降水量较常年值增加 6.7%，其中华北地区平均降水量为 1961 年以来最多的地区，而华南地区平均降水量为近十年最少的地区。中国强降水等极端天气气候事件趋多、趋强。1961～2021 年，中国极端强降水事件呈增多趋势；20 世纪 90 年代后期以来，极端高温事件明显增多，登陆中国台风的平均强度波动增强。2021 年，中国平均暖昼日数为 1961 年以来最多，云南元江（44.1℃）、四川富顺（41.5℃）等 62 站日最高气温突破历史极值。1961～2021 年，北方地区平均沙尘日数呈减少趋势，近年来达最低值并略有回升。

4. 生物气候带变化 生物气候带是指生物与气候相适应而形成的大致与纬度平行的带状地域。生物气候带在山地海拔高度上的表现为垂直生物气候带。全球变化导致全球性的温度升高，热区面积扩大，从而对全球的生物气候带生物的分布和生存产生深远的影响。

首先，气温上升使植被带北移。原来居住地温度的升高，使得温带森林或温带草原将代替目前的北方森林，而亚热带森林将由热带森林所代替。有证据表明，在更新世期间北美洲东部植物的平均北移速率为 100～400 m/年。众所周知，蝴蝶是全球变暖的最敏感的指示物种之一。研究发现，生活在北美洲和欧洲的斑蝶（*Euphydryas editha*）分布区已经向北迁移了最多达 200 km。

生物群落的迁移并非同步进行。有 r 迁移对策种（r-migration strategist）、K 迁移对策种（K-migration strategist）和逃亡迁移对策种（fugitive migration strategist）三种。云杉属（*Picea*）植物属于 r 对策者，冰川消退后，它会很快占据这个领地，后面的种群可能会跟不上前者的节奏而衰退。K 迁移对策种倾向生长在中生稳定的环境中，如栎属（*Quercus* L.）。逃亡迁移对策种，如美洲落叶松（*Larix laricina*）对生境的要求比较严格，缺少与其他物种的竞争，因此，环境的突然变化，其他物种的侵入会加速该类型物种的灭绝。

其次，温度升高导致生物物候提前。物种随着纬度分布，在过去的 20 世纪里，气温升高时生物春季的物候（开花、产卵等的时间）显著提前。在 32°N～49°N，物种物候平均每 10 年提前 4.2 天，50°N～72°N 提前 5.5 天。这充分证明全球变暖对北半球尤其是极地生物的影响更明显。

再次，低山部生物的分布向山顶推移。由于温度升高，低海拔生长的生物不得不向高海拔温度较低的环境迁移。过去的近 50 年里，欧洲阿尔卑斯山脉维管植物的分布高度平均每 10 年升高了 23.9 m，维管植物数量增加最多的海拔为 2800～3100 m，这正是过去 50 年冻土融化向高海拔退缩的距离。

最后，全球变暖使许多生物种类面临灭绝的危险。温度升高的直接影响就是生物疾病增多了，除导致生物死亡或者灭绝外，还有生物响应温度变化的差异，使原有生态系统中生物与生物、生物与环境之间在长期进化过程中形成的相互关系被打破，从而引起食物链和传粉媒介的中断，最终导致物种的灭绝。观测发现，中国不同地区代表性植物春季物候期均呈提早趋势，秋季物候期年际波动较大。1963～2021 年北京站的玉兰、沈阳站的刺槐、合肥站的垂柳、桂林站的枫香树和西安站的色木槭展叶期始期平均每

10 年分别提早 3.5 天、1.5 天、2.5 天、3.0 天和 2.8 天。这种物候的不同步性会导致生态系统中协同进化的物种出现，如动物的庇护所、营巢地、食物来源、植物的传粉媒介等障碍，从而威胁到该物种的生存。

5．农林牧业的响应　根据温度变化与积温的关系，温度的升高导致≥0℃的积温提高，这大大改变了农业种植结构和作物的复种指数，不同程度地改变了农业的生产格局。例如，年平均温度增加 1.0℃，我国东部热带的北界大致北移 1.8°，亚热带的北界北移至 34°～35°的一线。在不考虑降雨的情况下，仅从变暖与种植制度关系分析，热量的增加提高了复种指数，作物种植界线北移，越冬作物种植区北界向北扩展。同时，作物的生长季节延长，过去的 100 年里，全球变暖导致植物和作物的生长季节平均每 10 年延长了 10～20 天。暖冬的出现，对牧区牲畜越冬度春有利。

三、温室效应对人类健康的影响

温室效应对人类健康的影响包括以下几方面：第一，气温升高引起的人类疾病和死亡的数量会增加，北半球中高纬度地区花粉过敏症状感染者会增多。第二，热浪、病原微生物的释放、干旱频繁暴发、自然灾害数目增多等会对人类健康产生威胁。第三，全球有超过一半人口居住在沿海 100 km 的范围以内，其中大部分住在海港附近的城市区域，所以海平面的这一变化将会给沿海地区带来如下的影响和灾难，①部分沿海地区被淹没；②海滩和海岸将遭受侵蚀；③地下水位升高，导致土壤盐渍化；④海水倒灌与洪水加剧；⑤损坏港口设备和海岸建筑物，影响航运；⑥沿海水产养殖业将受到影响；⑦破坏供排水系统。第四，气候变化的情况下，降雨分布也会相应出现变化，干旱和饥荒问题将变得更加突出。

四、温度升高对植物的影响

1．温度对植物影响的研究方法　温度是影响植物生长、发育和功能的重要环境因子。目前模拟陆地生态系统变暖的方法有田间温室、被动式开顶气室、主动式顶气室、主动式土壤升温、电动式红外线加温、交互或单向转移和被动式夜间升温等（表 7-2）。不同研究组采用不同的加热或者升温的方法，因此得到的结论有所不同。每一种实验方法都有其优缺点，相比之下，被动式夜间升温更接近自然状态，因而备受青睐。

表 7-2　模拟陆地生态系统变暖的方法比较

方法	变温机制	优点	缺点
田间温室	温室升温（红外线辐射升温和减少水分流动的升温）	操作简单，成本适宜，无须电力支持	较少或者没有温度控制，没有大的温差变化；改变了光照、气流、湿度和降水特征
被动式开顶气室	同上	同上	较少或没有温度控制，改变了气流和湿度，仅能操作较小的面积
主动式顶气室	同上，以及电动式水平流动加热，迫使空气升温	准确控制空气温度或者温差；可以控制 CO_2 浓度	改变了气流、湿度和蒸散

续表

方法	变温机制	优点	缺点
主动式土壤升温	通过埋地电阻电缆传导升温	准确控制土壤温度或温差，可以结合温度或开顶气室使用	改变了土壤湿度，对地面的湿度没有影响
电动式红外线加温	通过增强红外线辐射升温	准确控制能量输入，直接模拟全球变化的能量平衡	升温完全依靠辐射，水平流动的能量没有变化
交互或单向转移	转移植物和土壤	通过相对接近自然温度梯度系统的温度差进行比较	干扰影响，多重环境的变化使植物对待定因素的响应产生困难
被动式夜间升温	通过反射夜间红外线辐射升温	接近自然状态，其他环境因子的变化较少甚至无变化	不能控制温度，湿度升幅小

2．温度升高对植物光合作用的影响　光合作用是一系列的生物化学反应，需要由酶来催化。温度过高或过低都不利于酶的催化作用，从而影响光合作用效率的提高。光合作用的最适温度是指光合速率达到最大值时的温度，它受植物的遗传性、生长发育阶段和栽培管理条件及所处的生态环境等多种因素影响，因此，不同植物有不同的光合作用的最适温度范围。光合作用的最高温度和最低温度又统称为光合作用的临界温度。一般而言，随着温度升高，植物叶片的净光合作用、气孔导度、蒸腾速率升高，达到植物最适宜温度之后，净光合作用开始下降，气孔导度和蒸腾速率仍然继续提高。

对于 C_3 植物来说，随着温度的上升，暗呼吸和光呼吸也随之加剧，这就使得光合作用吸收二氧化碳和呼吸作用释放二氧化碳之间迅速达到了动态平衡，于是决定了 C_3 植物不可能有很高的热限温度。而 C_4 植物由于起源于高温、干旱的环境，因此比 C_3 植物有较高的最适温度范围。

气孔作为植物气体交换的通道，升温不仅影响其密度和指数，也影响表皮细胞的密度和气孔孔径长度。气孔密度对于叶片表皮细胞分化和伸展非常敏感，而气孔指数则仅对表皮细胞分化敏感，因此，一般气孔指数相对于气孔密度对环境条件的改变表现相对稳定。

3．温度升高对植物呼吸作用的影响　植物大约 50%的光合作用产物用于自主呼吸，以获得维持生长发育和生殖的能量。当温度较低时，温度是植物能量代谢的限制因子，但在较高温度下，底物和代谢产物通过自由扩散过程的量成为呼吸的限制因子。在极端高温下，植物地上和地下根系的呼吸作用增强，碳损失增加，原生质体开始崩溃，植物的呼吸器官受到破坏。因此，与光合作用一样，植物的呼吸作用存在一个温度响应曲线，其最佳温度高于光合作用过程需要的最佳温度。在达到最佳温度之前，呼吸强度随着温度的升高呈指数式上升，此时的 Q_{10} 为 2，即每升高 10℃，呼吸强度增加 2 倍，超过适宜温度后，高温抑制呼吸作用。

4．温度升高对植物生长和繁殖的影响　温度一定程度的升高促进了植物光合作用的能力，加速了碳水化合物的积累，最为主要的是提前和延长了植物的生长发育周期，从而提高了植物的生物量和株高。

温度不但影响植物的光合作用、呼吸作用和生长，同时升温对植物的繁殖器官也会产生影响。首先，高温会阻碍花粉成熟与花药开裂，一方面，散发到柱头上的花粉数不足；另一方面，花粉活力和萌发率下降，引起不受精，导致不育。温度对花粉活力和萌发率负面的影响随开花时间的后移而逐渐下降。其次，高温导致植物授粉成功率下降，结实率降低，空粒率和秕粒率提高。

然而，植物对温度升高的反应存在种间、功能群间、物种特性之间及持续增温时间的差异性。由于 C_4 植物比 C_3 植物适宜较高的温度和干旱环境，因此，升温有利于 C_4 植物的生长发育。在温带草地生态系统中，加温对 C_4 植物有促进生长的作用，而 C_3 的生长在前 2 年升高，后 2 年下降。沼泽和泥炭环境中加温实验表明，升温对灌木的促进作用大于草本，对禾本科草类的促进响应大于非禾草类草本植物。因此，功能群和种间响应温度升高的差异，导致了生态系统中物种多样性、种类的均一性改变，最终影响生态系统的净生产力和物质循环。

五、温度升高对动物的影响

1．温度升高对动物地理分布的影响　全球气候变暖改变了物种的地理分布范围，增加了某些物种潜在的分布区域。生境是生物生活的空间及其全部生态因子的总和，各生态因子相互关联、相互影响，共同对生物产生影响。全球气候变化改变了区域的温度和降水格局，使动物的栖息生境发生改变，如某些鸟类和两栖类，甚至丧失了栖息生境。当温度和降水格局发生变化时，物种的分布会随之发生变化，因为物种总是倾向于分布在气候条件最适宜的区域。植被是野生动物赖以生存的栖息环境，也是野生动物的食物来源。气候变化影响植被，尤其对植被的初级生产力产生较大影响。植被变化时，动物分布区随之发生改变。气候变化对极地和湿地影响显著。在内陆地区，随着温度的升高，湿地大面积缩小，分布于湿地的两栖动物受到影响。

温度是影响物种分布关键的因子之一，特定的物种分布在特定的温度带内。全球气候变暖后，由于不同地区温度升高的不均衡，加上这些地区本身环境的差异，温度升高对这些地区的野生动物生境产生了影响。气候变化对野生动物分布的影响，除温度升高使其受到直接胁迫外，还引起其他环境因子改变，而使其重新分布。对扩散能力不同的动物，全球气候变化对其分布的影响结果不同，扩散能力较强的动物，随气温的升高，其分布区北移或出现在更高海拔地区，当温度变化在其忍受范围之外时，其分布范围因其分布边界的移动而扩大。在一定范围内，动物的分布范围与种群大小有关。当生境因子的变幅在动物的忍受范围之内时，动物种群的大小与分布范围呈正相关。对那些受益于全球气候变暖的动物种群，其分布范围会随着种群的壮大而扩展。例如，近年来频繁的极端气候事件，尤其是高温和干旱时，常会引起一些昆虫的大暴发，从分布中心向更大范围扩展。

2．温度升高对动物行为与生理的影响　动物的繁殖期是动物生活史中对气候最敏感的时期，微小的气候变化都有可能影响到动物的繁殖成功率。这种影响可能是正向的也可能是负向的，关键看动物繁殖限制因子的变化方向。当限制因子变得对动物有利时，其繁殖的机会增加，繁殖后代的成功率也会增加，种群逐渐壮大；反之，动物的繁殖会进一步受限制，繁殖后代的成功率减小。

气候变暖还可以影响动物的冬眠行为。例如，旱獭在阿拉斯加的冬眠时间较 23 年前缩短了 38 d；美洲许多鸟类的繁殖期提前。全球变暖还影响雀形目动物和啮齿类动物的身体大小等生理机制。

3．温度升高对动物种群动态的影响 种群的数量变动由出生与迁入和死亡与迁出两组数据决定。影响出生、死亡和迁移率的因素都影响种群的数量动态。气候变暖主要是通过影响动物的生境及繁殖率，最后导致动物种群数量波动。

温室效应导致动物生境的改变，栖息地的退化也是导致生物多样性减少的主要原因。物种灭绝的一个重要原因是栖息地的破碎，另一个重要原因是极端天气灾害，这会导致大量物种的死亡。

极地是受气候影响最显著的区域，由于北极受人类直接干扰少，气候变暖引起的生境变化比较容易与其他因素区分，因此，北极被认为是研究气候变化对野生动物影响的一个理想区域。极地温度升高的另一显著效应是植物生长期延长，生物量增加，野生动物的食物增加，从而改变动物种群的动态。

六、温度升高对微生物的影响

土壤生态系统中，植物的生长发育受到增温效应的促进或者抑制，从而对地下土壤微生物的群落结构和组成产生影响，进而导致土壤碳、氮循环发生改变。

首先，真菌和细菌对温度升高有响应。在不同的温度下，不同的微生物其生长速率不同。细菌和真菌的最适宜生长温度是 25～30℃，若超过最佳温度，两类微生物的生长速率就会开始下降，其中真菌比细菌对高温更敏感，因此，较高温度下，细菌的生长速率超过真菌。相反，在较低温度下，真菌的生长占优势。

其次，土壤升温导致土壤中真菌与细菌比率的变化。土壤升温诱导植物生长加速，植物群落中 C_3 和 C_4 的比例改变，土壤 C∶N 提高，土壤可用性氮素减少，这种消长变化更有利于以氮素代谢为主的真菌的生长，因此，尽管微生物生物量不受温度的影响，但全球变暖可能会增加土壤中真菌的比率，降低细菌的种群，从而改变土壤原有的微生物群落结构。

再次，温度升高加速微生物的活性和土壤呼吸。土壤呼吸作用是指未受扰动的土壤中产生 CO_2 的所有代谢过程，它包括 3 个生物学过程（植物根呼吸、土壤微生物呼吸和土壤动物呼吸）和 1 个非生物过程（含碳物质化学氧化过程）。经过比较表明，升温 0.3～6.0℃时，土壤呼吸速率提高 20%。在时间尺度上，升温处理后的前 3 年，土壤呼吸的响应更加强烈，森林生态系统土壤呼吸对气候变暖的响应比冻土地带和草地生态系统的更大。较高的温度通过对土壤微生物的代谢活性的影响，加速有机碳的分解作用来促进土壤碳的释放，并将导致森林生态系统生产力改变。

随着时间的推移，土壤微生物由于土壤水分亏缺、代谢底物限制、N 素供应不足和生物本身的适应特性，温度升高对土壤微生物呼吸的促进作用越来越弱，表现为一定的适应性。

七、温度升高对陆地碳循环的影响

陆地生态系统主要通过光合作用、自养呼吸和异养呼吸与大气进行碳素交换，碳排放表现为平衡状态，即碳排放量等于碳吸收量。而气候变暖可以增加或降低各个过程的速率或反应量，进而影响到全球陆地生态系统的碳素收支，表现为碳源或碳汇。

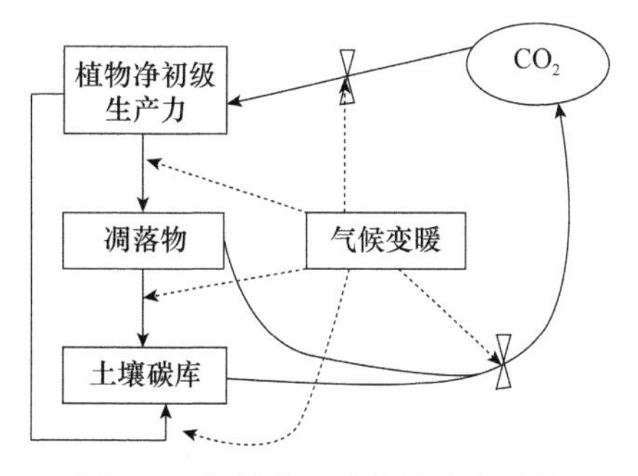

图 7-4　气候变暖对陆地生态系统碳循环的影响（徐小锋等，2007）

全球升温对陆地生态系统碳循环的影响表现在对陆地生态系统中植物净初级生产力（NPP）、土壤碳库及凋落物的影响三个方面（图 7-4）。

首先，植物净初级生产力变化。在未来气候变暖的条件下，陆地生态系统植被碳库的增加可以降低大气 CO_2 浓度并减缓碳库的增加速率，从而减缓温室效应；相反，如果植被碳库减少，将给大气 CO_2 浓度的增加提供更多的碳素，形成正反馈，导致大气温度的加速上升。随着全球气候变暖，低纬度地区生态系统 NPP（净初级生产力）一般表现为降低，而在中高纬度地区一般表现为增加，在全球尺度上表现为 NPP 增加及陆地生态系统植被碳库增加，这是因为气温的升高加快了光合作用。

其次，凋落物变化。陆地生态系统凋落物是指在陆地生态系统内生物（植物、动物和土壤微生物）组分的残体，也称残落物，是为分解者（微生物）提供物质和能量的有机物质的总称，包括地上部分的枯枝落叶及地下根系的凋落物，通常以月或年来表示单位时间内植被的凋落物量，即单位面积、单位时间在地面上形成的凋落物量。气候变暖对凋落物分解的影响，一方面体现在影响凋落物的产生量和质量；另一方面也影响凋落物的分解速率。一般认为气候变暖可以增加植被碳库，而植物形成凋落物是按一定比例进行的，所以气候变暖可以增加凋落物的量。一般来说，高纬度地区土壤有机碳的增加更容易大幅度提高分解速率，或通过土壤呼吸排放进入大气，而低纬度地区的生态系统土壤碳库由于来自植被碳库的补充，而 Q_{10} 增加不明显，因此仍然表现为增加。

再次，土壤碳库变化。在全球温度改变的条件下，陆地生态系统土壤必定表现为碳源或碳汇。气候变暖对陆地生态系统土壤碳库的影响主要为增加土壤有机质分解，增加土壤呼吸、碳释放和增加 NPP 输入土壤的碳素等三个方面。整体来说，在气候变暖的条件下全球陆地生态系统表现为一个很弱的碳源，同时碳循环的速率加快。而不同的生态系统在气候变暖条件下表现不同，高纬度地区生态系统在气候变暖的条件下要释放大量的碳进入大气，表现为碳源，而低纬度地区因为植被碳库的积累超过了土壤碳库的释放表现为碳汇。

《京都议定书》

1997 年 12 月，《联合国气候变化框架公约》第 3 次缔约方大会在日本京都召开。149 个国家和地区的代表通过了旨在限制发达国家温室气体排放量以抑制全球变暖的

《京都议定书》。《京都议定书》旨在建立减排温室气体的三个灵活合作机制——国际排放贸易机制、联合履行机制和清洁发展机制。《京都议定书》规定，到 2010 年，所有发达国家二氧化碳等 6 种温室气体的排放量要比 1990 年减少 5.2%。具体来说，各发达国家从 2008 年到 2012 年必须完成的削减目标是：与 1990 年相比，欧盟各国平均削减 8%、美国削减 7%、日本削减 6%、加拿大削减 6%、东欧各国削减 5%～8%。新西兰、俄罗斯和乌克兰可将排放量稳定在 1990 年的水平上。议定书同时允许爱尔兰、澳大利亚和挪威的排放量比 1990 年分别增加 10%、8%和 1%。《京都议定书》需要占 1990 年全球温室气体排放量 55%以上的至少 55 个国家和地区批准之后，才能成为具有法律约束力的国际公约。中国于 1998 年签署了议定书。欧盟于 2002 年正式批准了《京都议定书》。2004 年 11 月 5 日，俄罗斯总统普京在《京都议定书》上签字，使其正式成为俄罗斯的法律文本。截至 2005 年 8 月 13 日，全球已有 142 个国家和地区签署该议定书。2005 年 2 月 16 日，《京都议定书》正式生效。这是人类历史上首次以法规的形式限制温室气体排放。

第二节　酸雨及其对生物的影响

酸雨（acid rain）是半个世纪以来全球关注的区域环境问题，1972 年联合国首次讨论了酸雨的问题。随后，欧美各国围绕酸雨的形成、生态影响及跨国输送等，进行了大量的研究工作。酸雨问题在我国也非常严重，尤其是在长江流域以南的各省、直辖市、自治区，已经对经济和生态环境产生了影响。本节主要讲述酸雨及其形成机理、酸雨对水生生态系统的影响、酸雨对陆生生态系统的影响及酸雨对人类健康的影响。

一、酸雨及其形成机理

（一）酸雨的概念

1872 年，科学家 R.史密斯在分析英国伦敦市的雨水成分时，发现市区雨水呈酸性，在其著作《空气和降雨：化学气候学的开端》中首次提出“酸雨”（acid rain）一词。

什么是酸雨？pH 小于 5.6 的雨叫酸雨；pH 小于 5.6 的雪叫酸雪；在高空或高山上弥漫的雾，pH 小于 5.6 时叫酸雾。

酸雨率指一年出现酸雨的降水过程次数除以全年降水过程的总次数，是判别某地区是否为酸雨区或非酸雨区的标准；雨水的 pH 为 5.3～5.6，酸雨率是 10%～40%，为轻酸雨区；pH 为 5.0～5.3，酸雨率是 30%～60%，为中度酸雨区；pH 为 4.7～5.0，酸雨率是 50%～80%，为较重酸雨区；pH 小于 4.7，酸雨率是 70%～100%，为重酸雨区。

（二）酸雨的来源

造成雨水带酸的原因主要有两个方面：自然源和人为源。我们所指的酸雨是工业化过程中因人类的活动而产生的，称为人为源，由于大量使用燃料，燃烧过程中产生二氧化硫（SO_2）、氮氧化物（NO_x）及氯化氢（HCl）等空气污染物，这些污染物被排放至大气当中，经光化学反应生成硫酸、硝酸等酸性物质，进而使雨水的 pH 降低，形成酸雨（图 7-5）。

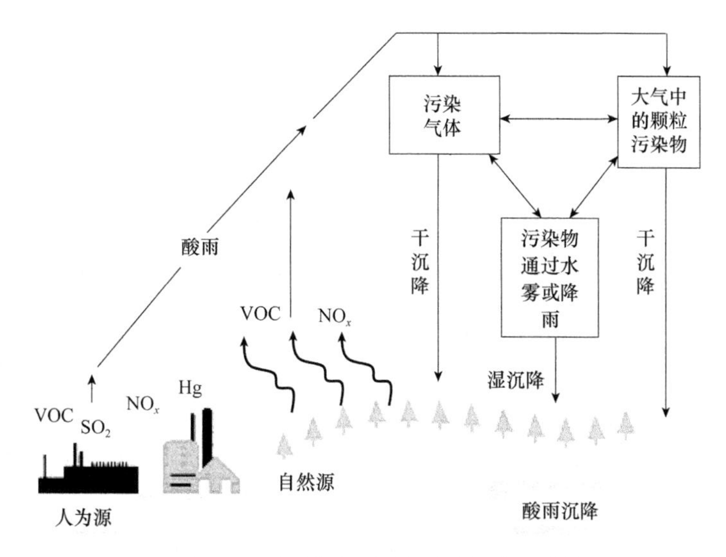

图 7-5　酸雨的来源及其形成过程示意图

（三）酸雨的形成机理

酸雨的正确名称应该是“酸性沉降”（acid deposition）。带酸性的污染物有两种沉降方式——“湿沉降”（wet deposition）及“干沉降”（dry deposition）。湿沉降是指那些酸性污染物，随着雨、雪、雾或雹等降水形态而落到地面，该过程是雨滴吸收了酸性物质，继而降落地面时再冲刷酸性物质；干沉降则是指酸性污染物在没有水分参与的情况下，从空中飘落下来的一种方式。通常，大气中酸性物质可被植被吸附或因重力沉降到地面。

酸雨主要是 SO_2、NO_x 在大气或水滴中转化为硫酸、硝酸所形成，这两种酸占酸雨中总酸的 90%以上，其机理归纳如下。

1．二氧化硫（SO_2）的氧化　SO_2 会在空气中被氧化成硫酸根 SO_4^{2-}。首先，二氧化硫与氧产生反应，生成三氧化硫，其过程非常复杂，有时还会涉及碳氢化合物及锰、铜、铁等金属离子。若有水蒸气存在时，三氧化硫会溶在水蒸气中，形成硫酸，在空气中凝结成水点；或者在空中被雨水溶解，成为雨水中的硫酸根。

$$\text{直接光化学反应：} SO_2 \xrightarrow[\text{水}]{\text{光、}O_2} H_2SO_4$$

$$\text{间接光化学反应：} SO_2 \xrightarrow[\text{过氧化物}]{\text{烟雾、}O_2\text{、水}} H_2SO_4$$

$$\text{在液滴中空气氧化：} SO_2 \xrightarrow{\text{液体水}} H_2SO_3$$

$$H_2SO_3 + NH_3 \xrightarrow{O_2} NH_4^+ SO_4^{2-}$$

$$在液滴中多相催化氧化：SO_2 \xrightarrow[重金属离子]{O_2、液体水} H_2SO_4（重金属离子：Fe、Mn、V等）$$

$$在干燥表面上催化氧化：SO_2 \xrightarrow[炭颗粒]{O_2、水蒸气} H_2SO_4$$

$$臭氧氧化：SO_2 + O_3 \longrightarrow SO_3 + O_2$$

该反应是大气中最主要的化学反应，由 SO_2 氧化成三氧化硫，再由三氧化硫进一步形成 H_2SO_4 和硫酸盐气溶胶。

$$SO_2 \xrightarrow{H_2O} H_2SO_4（水合过程）$$

$$H_2SO_4 \xrightarrow{H_2O} (H_2SO_4)_m \cdot (H_2O)_n（气溶胶核形成过程）$$

$$H_2SO_4 \xrightarrow{NH_3、H_2O} (NH_4)_2SO_4 \cdot H_2O（气溶胶核形成过程）$$

2．NO_x 催化氧化　燃烧煤时产生的高温热力会使氧气与氮气化合，形成酸性气体氮氧化物（NO_x）。空气中的氧、氮化物及金属催化物发生化学反应，形成二氧化氮、无机性的硝酸盐或过氧乙酰硝酸酯（PAN）等物质。最后，这些物质被微粒表面吸收，转变为无机性硝酸盐或硝酸，硝酸再与氨产生反应，生成硝酸铵（NH_4NO_3），于是硝酸根和铵离子便制造出来。

$$NO \xrightarrow{O_2} NH_2 \xrightarrow{H_2O} NHO_3 \begin{cases} \xrightarrow{H_2O} HNO_3 \\ \xrightarrow{NH_3} NH_4NO_3 \end{cases}$$

（四）影响酸雨形成的因素

1．酸性污染物质的迁移和扩散　通常情况下，酸物质在一定的气象条件下，可传输和扩散几百公里甚至更远。中国排放的酸性污染物以境内传输为主，在东北、华北和东南沿海地区与东面邻国和地区之间存在酸性污染物的相互传输。南极长城站局地并不存在污染源，由于大气环流把远离南极的污染源传输到南极上空，污染源遇降水冲刷降至地面形成酸雨，这足以说明酸雨的迁移和扩散作用。

2．土壤性质　土壤中金属离子含量及 pH 是影响酸雨形成的重要因素之一。我国降水中的主要碱性离子 Ca^{2+}、Mg^{2+}、NH^{4+}大多来自土壤。我国的土壤北方偏碱性，pH 为 7～8；南方偏酸性，pH 为 5～6。土壤中碱金属 Na、Ca 的含量是由南至北逐渐递增的，尤其是经过淮河、秦岭后其含量迅速增加。由于空气中的颗粒物有一半左右来自土壤，而且碱性土壤的氨挥发量大于酸性土壤，因此北方地区大气中的碱性物质远高于南方，从而导致我国酸雨主要发生在土壤碱性物质含量低、土壤 pH 低的南方地区。

3．大气中的氨　NH_3 为大气中常见的气态碱，易溶于水，能与大气或雨水中的酸性物质起中和作用，从而降低了雨水的酸度。一般酸雨区 NH_3 的含量比非酸雨区普遍低一个数量级，说明氨在酸雨形成中有重要作用。大气中氨主要来自有机物的分解及农田施用氮肥的挥发。

4．大气颗粒物　降水中的碱金属和碱土金属主要来自大气中的颗粒物，大气颗粒物主要来自土地飞起扬尘。与国外相比，我国的大气颗粒物浓度大，特别是粗颗粒物多，且南北地区存在着显著差异。我国南方地区由于湿润多雨、植被良好、大气颗粒物浓度低，大气总悬浮微粒（TSP）平均含量为 218 μg/m^3；而北方地区干燥少雨、土壤裸露、大气颗粒物浓度高，大气 TSP 平均含量为 426 μg/m^3。由此可以看出，北方的大气 TSP 平均含量约为南方的 2 倍。

5．气象条件 气象条件对酸雨形成的影响表现在化学方面与大气物理方面，在化学方面影响前体物的转化速率；在大气物理方面影响有关物质的扩散、输送和沉降。太阳光强和水汽浓度与 SO_2 的转化速率有直接的关系。光强增加使大气 OH^-等浓度升高，加速 SO_2 的氧化，丰富的水汽也有利于 SO_2 转化为硫酸，形成硫酸的局地沉降。太阳光强随纬度的升高而降低，我国的大气湿度也是由南向北递减。因此，当其他条件相同时，我国南方大气中的 SO_2 较北方大气可以较快地转化为硫酸，酸化当地大气环境，通过降水冲刷形成酸雨。气象条件对污染物的扩散、输送和沉降的作用也直接影响到酸雨的形成。气象条件如果有利于污染物扩散，则大气污染物浓度降低，酸雨就弱，反之则强。

（五）中国酸雨现状

1．地理分布 我国的酸雨主要分布于长江以南、青藏高原以东地区及四川盆地，华中地区酸雨污染最重，其中心区域酸雨年均 pH 低于 4.0，酸雨频率在 80%以上，西南地区以南充、宜宾、重庆和遵义等城市为中心的酸雨区，近年来有所缓解，但仅次于华中地区，其中心地区年均 pH 低于 5.0，酸雨频率高于 80%。华东沿海地区的酸雨主要分布在长江下游地区以南至厦门的沿海地区，该区域酸雨污染强度较华中、西南地区弱，但区域分布范围较广，覆盖江苏南部、安徽南部、浙江大部分及福建沿海地区。华南地区的酸雨主要分布于珠江三角洲及广西的东部地区，重污染城市降水年均 pH 为 4.5～5.0，中心区域酸雨频率为 60%～90%。广西的酸雨污染较普遍，除南部滨海地区，大部分地区酸雨频率在 30%以上，酸雨区沿湘桂走廊向东西扩展，东与珠江三角洲相连。北方城市降水年均 pH 低于 5.6 的有青岛、图们、太原和石家庄。目前，我国酸雨面积占国土面积的 30%。

我国降水 pH 的分布与全国地面风场分布特征有相似之处。从宏观上看，东北平原、内蒙古北部至北疆东端为全国风力最强区，其次是华北平原及沿海地区风力也较强，这些地区对污染物的输送、稀释能力强。北至秦岭，包括汉中盆地、四川盆地，向东至长江三峡的宜昌，云贵高原和广西的局部地区为全国风力最弱区，尤其是四川盆地，地形闭塞，冬季北来的冷空气难以侵入，夏季又无台风影响，风速小，静风频率高，污染严重。四川盆地的重庆、成都是我国酸雨严重的地区，两广、湖南、江西某些地区 pH 也很低。

2．我国酸雨的趋势 20 世纪 80 年代以来，世界上只有亚洲的酸雨有上升的趋势。中国酸雨的发生和发展与中国能源消费的增长密切相关。目前我国 75%的能源是煤，在今后相当长的时期，我国能源仍将以煤为主，可以预见中国酸雨面积将继续扩大，酸雨区将向西向北蔓延，像云南东南部、东北东部和北部、山东东部这样一些地区也可能出现酸雨。

二、酸雨对水生生态系统的影响

（一）酸雨对水体环境的影响

酸雨对水体环境的影响表现为河流和湖泊的酸化，它与降雨量及雨水的 pH 直接相关，也与其汇水区的大小及周围土壤、岩石、地形地貌、陆生植被相关，还与湖泊自身的缓冲能力即碱性大小相关。一般认为初始碱度小于 200 μg/L 的水体是对酸雨敏感的水体。

酸雨在湖泊酸化过程中与介质的反应主要有以下 3 种。

1）岩石和矿物的溶解。

$$Al(OH)_3 + 3H^+ \longrightarrow Al^{3+} + 3H_2O$$

$$CaCO_3 + H^+ \longrightarrow Ca^{2+} + HCO_3^-$$

2）阳离子交换。

$$Al(OH)_4^- + 2H^+ \longrightarrow Al(OH)_2^+ + 2H_2O$$

$$Ca^{2+}\text{-有机物} + 2H^+ \longrightarrow 2H^+\text{-有机物} + Ca^{2+}$$

3）碱性降低。

$$HCO_3^- + H^+ \longrightarrow H_2CO_3$$

$$H_2PO_4^- + H^+ \longrightarrow H_3PO_4$$

其中，反应 1）和 2）主要适于土壤，反应 3）主要适于表层水。

湖泊水体的酸化是酸雨影响的严重后果之一。酸雨中的氢（H^+），首先中和碳酸氢根（HCO_3^-）形成弱酸性的碳酸，碳酸氢根离子被耗尽时，水体的 pH 大幅下降，湖水变成酸性。水体的酸度取决于酸性物质的沉降量，同时，还取决于当地地质土壤缓冲作用的强弱。进入江河湖泊的雨水有些直接落入水体，但多数的雨水是落在土壤上，进入土壤的水一部分还可以通过地下水、地表径流、渗出等作用再进入水体。湖泊水体本身对酸性水也具有一定的缓冲能力，随水中的溶解物和沉积物的组分及微生物活动的不同而变化。其中通过微生物活动减少酸性物质是水体的生物缓冲过程，而化学缓冲取决于水中能够接受氢离子的化学物质的量。碱性是其强弱的尺度，碱性强的化学物质主要由流域供给。一般来说，盐基成分高的石灰岩地带的河流湖泊的中和能力大，难以酸化。湖泊酸化严重的北美和斯堪的纳维亚半岛，其碱性物质贡献量很少的花岗岩湖基，是众多湖泊对酸雨非常敏感的地质原因。湖泊中水的 pH 由原来的 6～8 下降 1～2 个单位需要 10 年以上的时间，对美国缅因州的 1368 个湖泊及挪威、瑞典一些湖泊的 pH 分析表明，大部分湖泊的酸化时间为 10～40 年。

酸雨对水环境的影响，不仅降低了水的 pH，同时也使水体可溶性金属（Al、Fe、Mn、Cu、Cd、Zn、Ca、Mg）含量提高。有人研究了美国阿第伦达克山区中 217 个湖泊 pH 与 Al 浓度之间的关系后指出，pH 在 4～5 时，Al 浓度约为 500 μg/L，是中性水中 Al 浓度的 2 倍左右。

（二）酸雨对水生生物的影响

1．酸雨对微生物和藻类的影响 大部分微生物生活在中性或微偏酸、偏碱性的环境中，pH 对微生物生命活动的影响主要有以下三方面：①引起细胞膜电荷的变化，从而影响微生物对营养物质的吸收；②影响微生物代谢过程中酶的活性；③改变水环境中营养物质的可利用性及有害物质的毒性。

各种微生物的最适合 pH 不同，水体酸化后的微生物区系以霉菌占优势，真菌在沉积物中数量增加，即酸化水体中，细菌通常为真菌所取代。藻类是水生态系统的初级生产者。水体的酸化对藻类生长繁殖的影响很大，主要表现为藻类生长潜力减弱，其原因之一是水体酸化大大降低了磷的生物有效性，从而导致淡水贫营养化。同时藻类的群落结构、细胞密度、生理状态都发生变化。在 pH 4.5 时藻类细胞内含物增多、细胞壁增厚，出现细胞老化现象。在酸化的水域中，卵形隐藻（*Cryptomons ovata*）和啮蚀隐藻（*C. erosa*）的种群数量下降。随酸雨 pH 的下降，浮萍（*Lemna minor*）和紫萍（*Spirodela polyrrhiza*）叶绿体的膜系统渗透率增大，叶绿体超微结构受损。总之，对于水生生态系统来说，酸雨对水生植物的种群数量和结构都会造成影响和破坏，最终导致水环境中初级生产力降低，食物链遭受破坏，生命之水变成了死亡之水。

2．酸雨对浮游动物和软体动物的影响　浮游动物，如甲壳纲和轮虫纲对水体酸化的反应非常明显。低 pH 对浮游动物毒性效应的机理可能表现为，在低 pH 胁迫下，浮游动物的膜通透性增强，心肌肿胀，血红蛋白迅速失活，Na^+和 Cl^-出现净流失等，使其存活率、繁殖、离子调控、呼吸、心率、生长及食物都受到影响，种类和密度逐渐减小，生物简单化。pH 低于 5.5 时对浮游动物繁殖及生理的不利影响更甚。

腹足纲、双壳纲等软体动物的消失是湖泊酸化的例证。这是因为：①贝壳形成过程中需要大量的碳酸钙、磷酸钙及碳酸镁，湖泊酸化使 Ca^{2+}、Mg^{2+}大量流失，导致其对钙的同化作用受到影响；②细菌活动减弱，有机物未经分解便沉于湖底，水质趋向贫营养化，致使贝壳变薄，$CaCO_3$构成粗糙，黏合松脆，易破坏；③产卵量的变化比螺壳大小和结构的变化更敏感，软体动物的耐受性、存活、生长及繁殖均受到影响；④低 pH 时藻类密度下降导致饵料不足也是影响软体动物发育的原因之一。

3．酸雨对鱼类的影响　在酸性水体中，低 pH 毒害的靶器官之一是感觉器官，如味觉和嗅觉器官，与生物活动相关的化学信号可能在酸性水体中被掩饰或抵消，这些器官的结构和生理功能直接受到破坏，干扰了与化学感受器相联系的规避和逃亡反应，群体交流出现障碍，寻找食物的能力下降，使其生存能力减弱。

低 pH 对鱼类的生理损害主要表现为：①阻碍鳃的气体交换和血氧运输；②导致渗透压调节机制失调；③使血酸离子调节机制丧失及血液酸碱平衡紊乱。首先，酸化水体使鳃受刺激导致鳃组织损伤，鳃小片弯曲并融合，鳃上皮肿胀、渗血；其次，鳃上皮细胞肥大、增生、黏液大量分泌，而这些均可导致鳃部的血氧交换困难，而鳃表面微环境的 pH 比水中的高也会导致氧摄取的减少，因此组织缺氧可能是极端 pH 下鱼死亡的主要原因之一。酸性水体中的 H^+对鳃有高渗透性，它通过鳃上皮大量进入体液，改变血液的化学组成，使血球的比容升高，体内水分在细胞内外重新分配，血液黏滞性增大。过多的 H^+导致 HCO_3^-的丧失，这将直接促进鱼败血症的形成，血红蛋白在缓冲细胞外酸负荷作用降低。低 pH 对鳃 Na^+/H^+和 Cl^-/HCO^{3-}阴阳离子的交换机能产生干扰，随着 pH 下降，Na^+损失增多，在 pH 4.0 时 Na^+流出量增高，体液 Cl^-的损失增加。离子的耗尽使血液的黏度明显增大，从而导致循环崩溃，这也是是鱼死亡的另一原因。另外，钙离子也控制着鱼鳃对钠和氢离子的渗透性，低钙水平能引起血液盐含量降低，鱼换气过度和血液氧含量下降。

鱼在低 pH 胁迫下肾间组织增生肥大，细胞核径增加，血浆甲状腺素和三碘甲状腺氨酸的比率增大，血浆中的皮质醇（素）也增高，它刺激鳃上皮细胞的增殖与分化。虽然皮质醇在机体抵抗酸性水的过程中起重要作用，但长期较高浓度的皮质醇对免疫系统有负面影响，这种生理压力和免疫能力的降低可能会导致鱼的高死亡率。

低 pH 也影响鱼的繁殖和生长，使鱼的产卵量下降，受精卵因离子调节机制发育尚不完全或被破坏而死亡，其孵化成功率也因低 pH 导致的孵化酶合成及活性的降低而降低。仔鱼的体长也与水体 pH 有明显的相关性，其原因是低 pH 抑制了胚胎的离子主动吸收，使其新陈代谢变慢，卵黄转变为结构物质的比例减小，许多营养物质被用于克服低 pH 压力所需的能量上，胚胎活动减弱致使胚胎生长缓慢，不能有效破膜而出，且畸形率较高。

4. 酸雨对水禽的影响　淡水酸化对于河流和湖泊中生存的禽类具有副作用。在酸化水体中，昆虫较多，几乎没有鱼，这种环境适宜于雏鸟的生长，但对于大禽，如秋沙鸭、潜鸟的成体来说其食物是不够的。而且在酸性栖息地，水禽类的食物中重金属含量很高，钙含量较低，影响了卵壳的形成，钙和磷的同化吸收和骨骼的矿物化，破坏了其繁殖过程，使其繁殖成功率远低于高 pH 栖息地。

5. 酸雨对水生态系统结构与功能的影响　水体酸化及其所导致的水化学改变都会影响水生生物，使其生物多样性下降，结构简单化，食物链和种间关系遭到破坏。一方面，水体酸化，浮游藻类总数量锐减，藻类生物量下降，水体中底栖动物的密度、生长量也与 pH 均呈负相关，多样性指数降低；另一方面，水环境酸度的增加也使鱼类的多样性下降，种类与数量减少，丰度降低，肥满度和生长下降。另外，水体 pH 降低也会影响到两栖类、水禽类的组成和数量。

在酸化水体中因生物种类和数量及营养成分的生物有效性都发生变化，加上其产生的次生效应等都会使整个水生态系统的物质循环和能量流动受到干扰，生态系统的稳定性也遭受破坏。这种物质与能量流动的中断使正常的食物链（网）无法维持而导致该生态系统破坏。

三、酸雨对陆地生态系统的影响

（一）酸雨对植物的影响

1. 叶片结构破坏　叶片是植物进行光合作用的器官，酸雨影响植物叶片的结构和正常的生理生化过程，进而间接影响到植物的生长发育。然而由于液态酸雨和气态 SO_2 的差异，因此对植物叶片的伤害症状也存在不同。

酸雨导致了植物气孔不同程度的永久性开放和表皮细胞瓦解，植物的叶肉组织中栅栏组织明显增加，叶片增厚，海绵组织数量降低。

线粒体内含有很多酶系，参与细胞内物质氧化并释放出能量，因此线粒体是细胞的供能站。研究表明，酸雨作用下线粒体的嵴间变大，内含物减少，这样酶分子附着的表面就减小，细胞呼吸减弱，从而导致植物有氧糖氧化过程受阻，呼吸作用减弱。

酸雨可以使叶绿体结构被破坏，叶绿素和类胡萝卜素含量下降，叶绿体的光还原活性降低。同时，叶绿体的片层结构被破坏，且类囊体膜明显扭曲，活性叶绿体片层结构被破坏后则意味着捕获光能的机构效能降低，因而不能有效地收集光能，加速光合反应，这同样也使细胞代谢受阻。随着酸雨 pH 的下降，叶绿素 a 与叶绿素 b 的比值变小。另外，在酸雨作用下，叶绿体的光合磷酸化活性在酸雨作用下降低。

质膜正常的透性对于维持细胞进行正常的生理活动和生存是至关重要的。当植物处于逆境条件下，胁迫因子（如高温、低温、下旱、污染物作用等）会刺激细胞膜，引起膜结构的破坏，透性增大，细胞内的电解质离子外渗增加，细胞质电导率升高。研究表明，植物的叶片在酸雨的作用下细胞膜被破坏，电解质渗漏率增加。

2．生理代谢受到影响

（1）*光合能力下降*　通常来说，酸雨导致植物光合能力下降。例如，在 pH 2.5～3.5 强酸雨胁迫下杜仲（*Eucommia ulmoides* Vlio.）希尔反应活力逐渐降低，CO_2补偿点和光补偿点明显升高，光饱和点、最大净光合速率则显著下降。

（2）*氮代谢活性降低*　硝酸还原酶（NR）、谷胱胺肽合成酶（GS）、谷氨酸脱氢酶（GDH）、谷丙转氨酶（GPT）是叶片氮代谢中起重要作用的 4 种酶；其中 NR 是植物氮素代谢过程中的关键酶。这 4 种酶在 pH 4.0 及以下的酸雨胁迫下，其活性随 pH 的降低而降低，随着降雨量的增多和时间的延长，其降低率增大。叶片中的可溶性蛋白含量和游离氨基酸含量也随酸雨 pH 的降低而有所降低。

（3）*矿质代谢紊乱*　酸雨对植物体内矿质营养代谢的影响体现在酸雨导致植物叶片矿质营养元素如 Ca^{2+}、Mg^{2+}、K^+、Na^+等的析出。酸雨穿过冠层时 H^+被树冠吸收，叶中的矿质元素在低 pH 下逐渐溶解，最后通过淋洗作用使得植物叶片中易溶解的矿质元素含量下降，一些非活性状态的元素含量增加，植物细胞组织内的元素平衡被打破，从而对植物产生次级的副作用。

酸雨对植物矿质营养的影响机理主要分为两方面：一方面，酸雨中的 H^+与叶片角质层中的阳离子交换、叶片运输液中外渗量增加及叶片本身的分泌作用有关；另一方面，酸雨导致土壤酸化增加，有益离子及有害离子比例改变，使得有害离子参与植物的矿质营养代谢。

（4）*活性氧代谢失调*　在酸雨胁迫下植物体内的各种酶的活性也发生了一定的变化。植物衰老或在逆境胁迫下，活性氧代谢失调是引起细胞伤害的主要原因。

丙二醛（MDA）是酸雨作用膜质过氧化过程的产物，其反过来又会加剧膜的损伤。植物在酸雨环境下出现的伤害与体内超氧化物歧化酶（SOD）活性下降和过氧化物酶（POD）活性增加有关。过氧化物酶（POD）活性的增加一方面有利于清除活性氧；另一方面 POD 对植物生长有调节作用，它参与细胞壁多种结构成分的聚合作用，使植物细胞失去伸展性，从而限制植物细胞伸长。酸雨降低膜保护酶活性可能有几个方面原因：一是酸雨使植物叶片细胞内环境 pH 和原生质等电点降低，使酶活性偏离最适 pH；二是改变了酶的带电性质和底物电离状况或破坏了酶结构，使酶活性钝化；三是酸雨可能影响植物的核酸代谢，使 DNA 和 RNA 含量降低，相应的酶合成减少，保护酶数量降低。

3．生长量下降　酸雨对农作物生长和产量的影响，不同作物有不同的反应。总体来说，酸雨可导致作物产量和生长量下降。酸雨对森林的副作用通常不是直接的，而是通过伤害植物叶片、限制养分吸收和土壤释放的毒害离子等过程实现的。

4．繁殖能力降低 酸雨破坏花的结构，使得花序主轴不伸长、花柄缩短、花蕾脱落、花萼变色、花粉受到明显的损伤，部分花粉还丧失了萌发能力。

酸雨不仅影响花器官，同时也对种子萌发和幼苗形成产生一定的影响，其程度与物种和酸雨的强度有关。

花是植物由长时间营养生长转为生殖生长的表现之一。研究发现，酸雨不但对花的结构有影响，而且对植物的花期也存在一定的影响。

（二）酸雨对土壤生态系统的影响

酸雨落地后会使土壤原有的酸度增大且使碱性降低，从而改变土壤的物理化学性质和微生物群落，引起土壤中营养物质的流失和某些金属元素的析出，影响植物的生长发育和作物的品质。由此可知，酸雨对土壤生态系统会产生很大的影响。

1．土壤酸化 酸性物质随降水进入土壤后，对土壤最主要的影响是加速土壤的酸化及盐基阳离子的淋溶。土壤溶液中 H^+浓度的进一步增高，会引起土壤矿物质的风化和可溶态铝浓度的增加。静态培养下，外源 H^+可使土壤发生酸化作用，酸化作用的程度因土壤类别而异，这是不同土壤具有不同缓冲容量的结果。酸雨可以把土壤中的磷肥转化为难溶于水的化合物，这样就影响了植物根系对肥料的吸收。酸雨所带来的过量氢离子会替换其他元素，包括钾、镁、钙等营养元素。土壤中含有大量铝的氢氧化物，土壤酸化后，可加速土壤中含铝矿物的风化而释放出大量铝离子，形成植物可吸收的形态铝化合物，铝一旦被释放就会妨碍植根吸收水分和养料的能力，尤其是镁的吸收，随着镁的溶出，土壤中会发生镁不足的情况。镁是叶绿素的核心元素，是植物的活性、新陈代谢不可欠缺的元素，缺少镁将会导致植物枯萎，进而导致森林枯萎，而锰、铅、汞、镉、铜等金属元素在酸的作用下也可变成可溶性的物质。植物生长发育中长期和过量地吸收重金属，会使其中毒，甚至死亡。

2．土壤酶活性发生变化 土壤酶作为一种蛋白质，与存在于其他生物体的酶一样，具有一般蛋白质的理化性质。酶分子上有许多酸性、碱性氨基酸的侧链基团，这些基团随着 pH 的变化可以处于不同的解离状态。侧链基团的不同解离状态会直接影响底物的结合和进一步反应，或者影响酶的空间结构，从而影响酶的活性。pH 对酶的活性的影响有下列几个方面：①酸或碱可以使酶的空间结构破坏，从而引起酶活性丧失，这种失活可能可逆也可能不可逆，可逆失活是当 pH 适当改变后，活力完全恢复；②酸或碱影响酶活性部位催化基团的解离状态，使得底物不能分解成产物；③酸或碱影响酶活性结合基团的解离状态，使得底物不能和它结合；④酸或碱影响了底物的解离状态，或者使底物不能和酶结合，或者结合后不能生成产物。总之，pH 对土壤酶活性的影响比较复杂，构象的变化往往和结合、催化能力的变化交织在一起，不能截然分开。

土壤酸性磷酸酶活性与土壤 pH 密切相关。土壤酸性磷酸酶主要来源于植物、微生物及动物，在土壤的磷循环中起重要作用。在制约酶活性的众多因素中，pH 是较为重要的一项。pH 通过改变酶的肽链构象、氨基酸残基微环境而影响其活性的发挥。除此以外，

pH 还将改变酶与腐殖质或黏土间的吸附行为，影响酶的解离状态，从而改变酶活性。

酸雨对棉花根际土壤不同水解酶活性的影响表明，脲酶、中性磷酸酶在低酸度（0～6.88 mmol H^+/kg）下表现为激活效应，此后随 H^+增大而转为抑制。在 0～55 mmol H^+/kg 范围内，转化酶、酸性磷酸酶活性随酸浓度增大而上升，继续增大酸浓度将会使酶活性降低。脲酶、中性磷酸酶活性与 H^+呈显著负相关；而转化酶、酸性磷酸酶活性与 H^+呈正相关。

酸雨明显减弱土壤微生物的氨化作用强度，在重酸雨区氨化作用强度较轻酸雨区下降 27%，经折算每千克土减少约 50 mg 氨态氮。较相对清洁区下降 50%，相当于每千克土减少约 500 mg 氨态氮。

3．酸雨对土壤呼吸的影响　通过整合分析（meta analysis）量化了酸雨对中国三个陆地生态系统（森林、草地和农田）的土壤呼吸（Rs）及其组分［自养呼吸（Ra）、异养呼吸（Rh)］的影响（图 7-6)。研究发现，酸雨显著降低了 Rs（−9.6%)、Rh（−7.7%）和 Ra（−11.7%)；酸雨 pH 越低，Rs 及其组分的降幅越大；野外实验对 Rh 和 Ra 的负效应大于温室实验。酸雨对 Rs 的负效应在农田最大（−14.7%)，草地次之（−10.8%)，森林最小（−8.0%)；森林 Rh、Ra 对酸雨的响应与 Rs 一致，不同林型间差异不显著；草地 Rh 和 Ra 在酸雨处理下分别显著降低和增加。Rs、Rh 与土壤 pH 呈显著正相关，与土壤有机碳呈显著负相关；Rh 和 Ra 分别与地上和地下生物量呈显著正相关。酸雨对 Rs 和 Ra 的负效应随纬度的增加而减弱，随年平均温（MAT）的升高而增强，对 Rs 的正效应随年平均降水的降低而增强。这些结果表明，酸雨不仅降低了土壤 pH，抑制了植物生长，减少了植物向土壤的碳输入，还降低了微生物活性，减少了 Rh，导致土壤有机碳分解降低，因而未显著改变土壤碳库（图 7-6)。

（三）酸雨对土壤微生物的影响

土壤中繁衍着数量巨大、种类繁多、代谢类型各异的微生物种群，它们对生态系统的物质循环和能量转化具有重要作用，同时生态环境的变化又直接或间接地影响微生物种群的组成及其功能的发挥。

酸性的土壤环境可使土壤微生物种群发生变化，使细菌个体生长变小，生长繁殖速度降低，如分解有机质及其蛋白质的主要微生物类群——芽孢杆菌、枯草杆菌和有关真菌数量降低，影响营养元素的良性循环，特别是酸雨可降低土壤中氨化细菌和固氮细菌的数量，使土壤微生物的氨化作用和硝化作用能力下降，这是造成农业减产和植物生产力下降的原因之一。根际微生物的酸性胁迫就根际这个特殊的生长环境而言，其微生物数量和种类的下降直接影响根际养分的供应和根的代谢活动，从而对植物的生长产生负面影响。

在重酸雨区土壤中，蕈状芽孢杆菌（*Bacillus mycoides*)、巨大芽孢杆菌（*B. megatherium*)、蜡状芽孢杆菌（*B. cereus*）和枯草芽孢杆菌（*B. subtilis*）与相对清洁区的土壤相比，数量明显减少。受酸雨的影响，土壤中真菌数量增加，但种类减少，数量增加主要与较喜酸性的青霉属（*Penicillium*）和木霉属（*Trichoderma*）数量增加有关。同时，在酸雨的影响下，湿地土壤中的硫酸根还原细菌（sulphate reducing bacteria，SRB）活性增

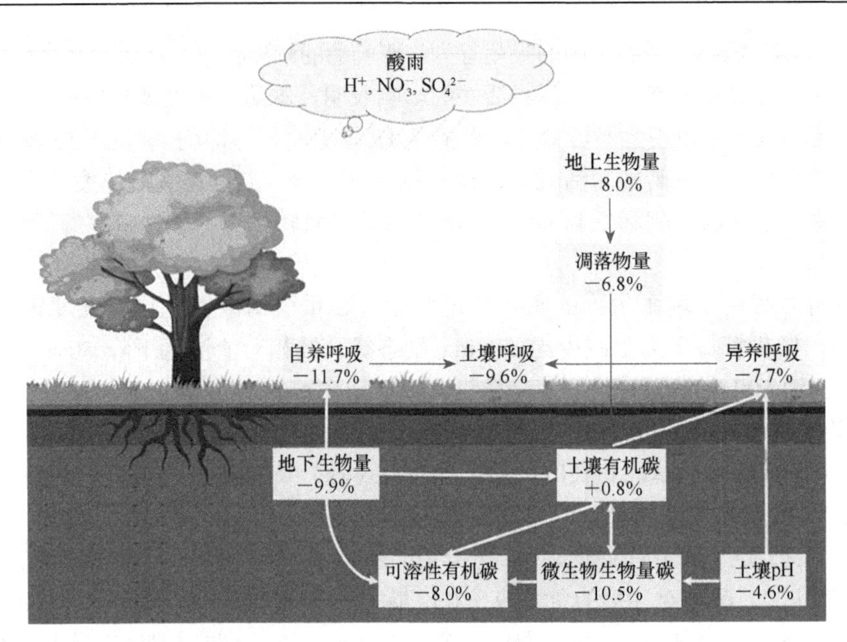

图 7-6　酸雨对土壤呼吸及其组分的影响（刘丰彩等，2022）

强，且抑制了湿地中的另外一类微生物甲烷产生菌（*Methanogenes*）的活动，从而使土壤甲烷气体的排放量降低，硫酸根的还原能力增强。

根际与植物根系共生的微生物对于土壤酸化非常敏感，强酸性的土壤可导致这些共生的细菌和真菌的数量和种类下降。这种土壤微生物多样性和数量的消长变化最终引起陆地生态系统中植物群落的动态变化。

综上所述，酸雨对陆地生态系统的危害过程可以总结为如图 7-7 所示。

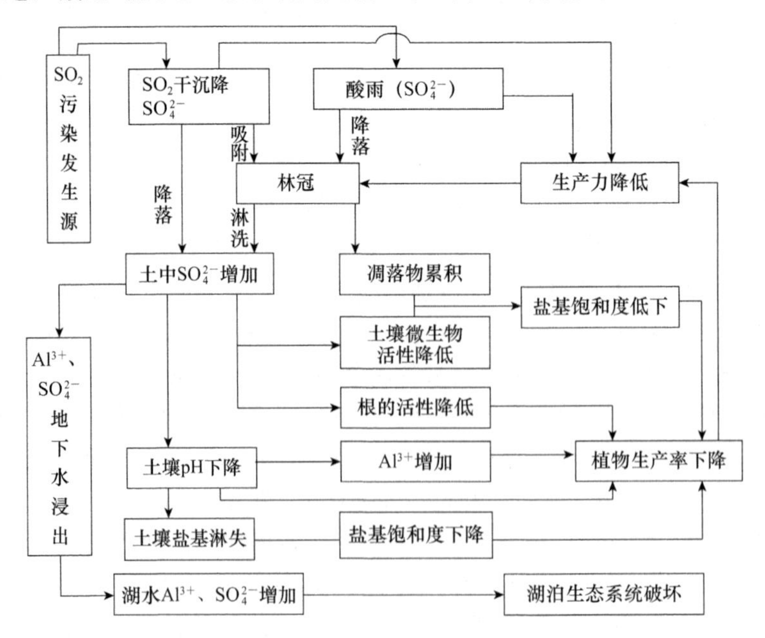

图 7-7　酸雨对陆地生态系统的危害过程

四、酸雨对人类健康的影响

酸雨主要通过三种方式对人类健康产生影响：一是经皮肤沉积而吸收；二是经呼吸道吸入，主要是硫和氮的氧化物引起的急性呼吸道损害和慢性呼吸道损害，本就有肺部疾患，特别是年幼的哮喘患者受酸雨影响最为明显；三是来自地球表面微量金属的毒性作用，这是酸雨对人类健康最重要的潜在危害。

酸雨对人体健康产生间接的影响。酸雨使地面水变成酸性，地下水中金属量也增高，饮用这种水或食用酸性河水中的鱼类会对人类健康产生危害。

酸雾对人类健康的危害比酸雨更为严重，但至今尚未引起人们的重视。酸雨一般通过饮水和食用受酸雨污染的食物对人类遭受危害，而酸雾则随着人们的呼吸直接进入肺中，对人们健康的危害更为严重。

第三节　UV-B 辐射增强及其对生物的影响

大气臭氧浓度的变化是全球变化之一。人类的活动排放了大量的破坏大气臭氧层的碳烃类化合物，使得地球的“保护伞”平流层的臭氧浓度从 20 世纪 70 年代开始急剧衰减，有些地方出现了臭氧“空洞”。臭氧的减少导致辐射到地表的有害紫外线 B（UV-B）辐射强度增加，从而打破了地球生物圈原有的平衡，对人类健康、生态环境、材料、大气质量和建筑物等产生了深远的影响。本节主要讨论了臭氧层衰减的机理，臭氧浓度减少的现状和未来发展趋势，UV-B 辐射对生态环境中主要生产者、消费者、分解者、人类健康及生物地球化学循环的影响。

一、臭氧层衰减与 UV-B 辐射增强概述

（一）臭氧层衰减

1．大气臭氧的发现及性质　臭氧分子式为 O_3，是氧气的同素异形体，因其具有刺鼻的臭味而得名。1840 年，瑞士 C. Schonbein 首次发现，在有氧条件下放电会产生刺鼻的气味，认为可能是一种“超活性氧”。1865 年，瑞士 Jacques-Louis Soret 确定了其分子式。1881 年，W. N. Hatley 发现臭氧可以吸收波长小于 290 nm 的紫外线，其吸收峰＜290 nm，认为臭氧主要存在于一定高度的大气层中。1924 年，Dobson 发明了一种分光光度计用来测量大气中臭氧的浓度，为臭氧的研究奠定了基础。后人为了纪念 Dobson，现在用 DU（Dobson unit）来表示大气臭氧通量（$1DU=2.69\times10^{16}\ mol/cm^2$）。自然条件下，臭氧是淡蓝色的气体；在标准压力和常温下，它在水中的溶解度是氧气的 13 倍；臭氧比空气重，相对密度是空气的 1.7 倍；臭氧有很强的氧化力；正常情况下，臭氧极不稳定，容易分解成氧气；臭氧分子是逆磁性的，易结合一个电子成为负离子分子。

正因为臭氧具有上述特殊性质，臭氧广泛应用于杀菌、消毒、防腐和保鲜等日常生活和工农业生产中。

2．大气臭氧层的形成及其作用　大气中的臭氧含量很低，仅一亿分之一，在大气

中的分布如图 7-8 所示。由于臭氧具有强氧化性质，在大气 50 km 以上的中间层和热层中，短波紫外线（240 nm 左右）辐射非常强烈，氧分子（O_2）被解离成氧原子（O），从而使氧气分子以原子状态存在，其大约占99%的氧。在 15～50 km 的大气中，大量的能够分解 O_3 和 O_2 的短波紫外线被上层的氧气和臭氧吸收，分子氧的数量远大于原子氧的数量，因此，氧分子与另一个氧原子结合产生 O_3。根据光化学平衡理论，高于这个高度（50 km），形成臭氧所需的氧分子太少，而低于这个高度（15 km），由于紫外线辐射被吸收，分解产生的氧原子太少，难以形成过多的臭氧。因此，臭氧主要集中在 15～50 km 的大气层中，这一层的大气层通常称为平流层，由于富集臭氧，因此该层也叫作臭氧层（图 7-8）。

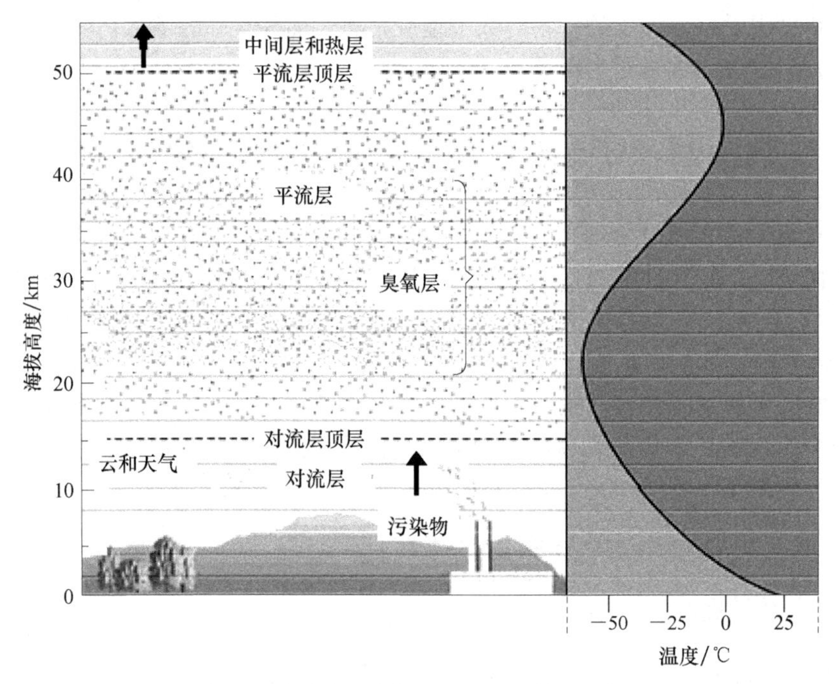

图 7-8　地球表面大气层的组成及其温度变化

然而，在距离地面 15 km 以下的大气对流层中，由于人类活动排放了大量的氮氧化物（NO_x），包括对人体有害的 NO 和 NO_2 气体。氮氧化物和碳氢化合物在大气环境中受强烈的太阳紫外线照射后产生一种新的二次污染物——光化学烟雾，在这种复杂的光化学反应过程中，主要生成光化学氧化剂（主要是 O_3）及其他多种复杂的化合物等。这些化合物全为空气污染物，长期滞留在对流层中，对人类健康和地球生态系统产生明显的负面影响。

大气臭氧层的变化与生物的生存和发展密不可分，在地质历史上，臭氧层的形成是水生植物登陆及陆生植物进化的主要推动力，早期地球上的紫外线辐射（包括 UV-A，320～400 nm；UV-B，280～320 nm；UV-C，280～220 nm）很强。据估计，距今 3.8 亿年前的地球 UV-B 辐射是现在的 10 000 倍。当时只有水生原生生物生活在海洋中。随着时间的推移，海洋生物光合作用过程放氧量增多，UV 催化形成的 O_3 增加，臭氧层逐渐形成。

臭氧层的臭氧含量虽然极少，但具有非常强烈的吸收紫外线的功能，可以吸收太阳光中对生物有害的 280 nm 以下的全部短波 UV-C 及部分的 280～320 nm 的中波 UV-B，对于较长波长的 320～400 nm 的 UV-A 没有吸收作用。臭氧层像遮阳伞一样能够吸收和阻挡高能的对生物具有杀伤作用的全部的 UV-C 和部分的 UV-B 辐射，有效地挡住了来自太阳紫外线的侵袭，这才使得人类和地球上各种生命能够存在、繁衍和发展，臭氧层是地球生物的“保护伞”。同时，臭氧在紫外线辐射的分解与合成过程中，不断产生热能，从而增加了大气的温度。

臭氧对紫外线辐射的吸收能力决定于臭氧通量，即单位大气层中臭氧分子的数量。如果在0℃的温度下，沿着垂直于地表的方向将大气中的臭氧全部压缩到一个标准大气压，那么臭氧层的总厚度只有 3 mm 左右。这种用从地面到高空垂直柱中臭氧的总层厚来反映大气中臭氧含量的方法叫作柱浓度法，采用 Dobson 单位（Dobson unit，DU）来表示，正常大气中臭氧的柱浓度约为300 DU，相当于地面上3 mm厚度的纯臭氧层。工业革命后，臭氧层的动态平衡逐渐被打破，臭氧浓度衰减的速度大于生成的速度，从而对全球生态系统产生影响。

3．大气臭氧层衰减的机理 在平流层中，一部分氧气分子可以吸收小于 240 μm 波长的太阳光中的紫外线，并分解形成氧原子。这些氧原子与氧分子相结合生成臭氧，生成的臭氧可以吸收太阳光而被分解掉，也可与氧原子相结合，再变成氧分子。其过程可用下面的化学反应方程式来表示：

$$O_2 + hv \longrightarrow 2O$$
$$O_2 + O + M \longrightarrow O_3 + M$$
$$O_3 + hv \longrightarrow O_2 + O$$
$$O_3 + O \longrightarrow 2O_2$$

式中，M 为反应第三体，它们是氮气和氧气分子，其作用是与生成的臭氧相碰撞，接受过剩的能量以使臭氧稳定。通过如下链式反应消除臭氧：

$$X + O_3 \longrightarrow XO + O_2$$
$$XO + O \longrightarrow X + O_2$$

合并 $O + O_3 \longrightarrow 2O_2$，其中 X 为 H、OH、NO、Cl。

如果考虑了上述大气中微量成分消除臭氧的反应，再考虑大气运动效果，则大体上可以再现实际的臭氧高度分布。在平流层中，臭氧的生成和消亡处于动态平衡。

4．大气臭氧层的衰减 1930 年，杜邦（Du Pont）公司研制了一种叫氟利昂（Freon）的氯氟烃类（CFC）化合物。除用作冷冻剂之外，CFC 还可用作泡沫的发泡剂、电路板的清洗剂及喷雾器和灭火器的发生剂等方面。用作发泡剂时，CFC 可以用来制作硬质泡沫，生产泡沫冰箱、速食容器和绝热硬质泡沫板。1970 年，英国化学家 J. Lovelock 首次在伦敦上空探测到氯氟烃的存在。1970 年，德国科学家 P. J. Crutzen 和 H. Johnston 发现大气 NO_x 能与臭氧发生反应并破坏臭氧层。1972 年，美国 M. Molina 和 F. S. Rowland 发现在紫外线照射下，氯氟烃能够分解产生氯原子和自由基，前者能够以连锁反应的方式破坏大气臭氧分子，一个氯原子能破坏 10 万个臭氧分子。这几位科学家因成功揭示大气臭氧含量变化的化学机理而获得了 1995 年的诺贝尔化学奖。目前发现可以破坏臭氧层的物质有 CFC、哈龙（Halon）、四氯化碳、甲基氯仿、溴甲烷及氢氯氟烃（HCFC）、氢溴氟烃（HBFC）等。

“臭氧层”名虽为层，但实际上臭氧分布各地并不均匀。地球大气上空的臭氧层从赤道（低纬度）到极地（高纬度），从低海拔到高海拔，从春季到冬季，从早上到晚上，均存在着动态的波动，这就是自然的臭氧层的时空变化梯度。

1984 年南极首次观测到臭氧洞，到现在北极也观测到臭氧层的损耗。据联合国环境规划署（UNEP）（1998）的报告，1998 年是全球臭氧水平最低的一年，与 20 世纪 70 年代相比，目前北半球中纬度冬春季臭氧平均减少 7%，夏秋季减少 4%，南半球中纬度平均每年减少 6%。现在南极大气平流层臭氧的含量是 70 年代的 50%，中纬度地区的臭氧损失达 5%。与 1998 年报告不同的是，2002 年的报告中南极臭氧洞在春季连续出现，2000 年低于 200 DU 的面积达到 29 Mkm^2，平均臭氧浓度 90～100 DU，为 70 年代的 40%，在北极，该值为 200～250 DU。极地以外，与 1980 年相比，南半球中纬度年臭氧损耗率为 6%，北半球中纬度冬春季为 4%，夏秋季为 2%；而热带没有显著变化。平均而言，20 世纪 90 年代全球臭氧浓度的年耗损率为 3%。到了 2006 年，随着《蒙特利尔公约》的执行，报告显示全球臭氧耗损物质（ozone-depleting substance，ODS）排放逐渐减少，图 7-9 是东亚臭氧浓度的变化记录。

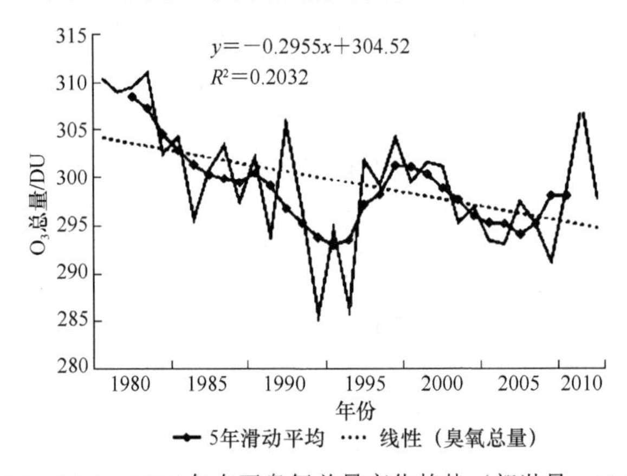

图 7-9　1979～2011 年东亚臭氧总量变化趋势（郭世昌，2013）

（二）UV-B 辐射增强

1. UV-B 辐射及其作用光谱　紫外线按其所起的生物作用和波段长度，可分为 3 个部分：A 区紫外线波长 320～400 nm，其影响表现在对合成维生素 D 有促进作用，但过量的紫外线 A 照射会使皮肤老化和产生皱纹，抑制免疫系统功能，太少或缺乏紫外线 A 照射又容易患红斑病和白内障；B 区紫外线波长 280～320 nm，其影响表现在使皮肤变红和短期内降低维生素 D 的生成，长期照射可能导致皮肤癌、白内障及抑制免疫系统功能；C 区紫外线波长 280 nm 以下，具有直接破坏 DNA 和蛋白质的作用，但是全部被平流层臭氧层所吸收，不能达到地表。

紫外线辐射强度是通过生物响应紫外线作用光谱来表达的。生物响应涉及分子水平，诸如对 DNA 和蛋白质的损害，也有涉及整个生物组织水平。目前使用 DNA 损伤 UV 辐射作用光谱、植物损伤的 UV 作用光谱和红斑 UV 作用光谱三种方式表示 UV 辐射强度。红斑作用光谱是基于皮肤对紫外辐射的各种波长照晒后，产生发红现象的一种主观度量。红斑作用光谱取决于很多变化着的因素，如个体对紫外辐射的敏感度、辐射源的辐射特性、皮肤的色素沉着、解剖位置和被辐照后至观察到发红现象之间所用的时间等。红斑作用光谱也是指紫外辐射在人类皮肤上产生红斑的能力，在很大的程度上依赖于辐射的波长（图 7-10）。红斑作用光谱随着波长的增长而急速下降，从 290～320 nm 紫外光谱辐射强度随波长急剧增加，UV-B 占地面紫外辐射的 5%，UV-A 占地面紫外辐射的 95%。对人类皮肤的作用实际上是二者加权（即相乘）的结果（图 7-11）。加权后，太阳光谱辐照度对皮肤的危害主要集中在 UV-B 区域，峰值接近 305 nm。

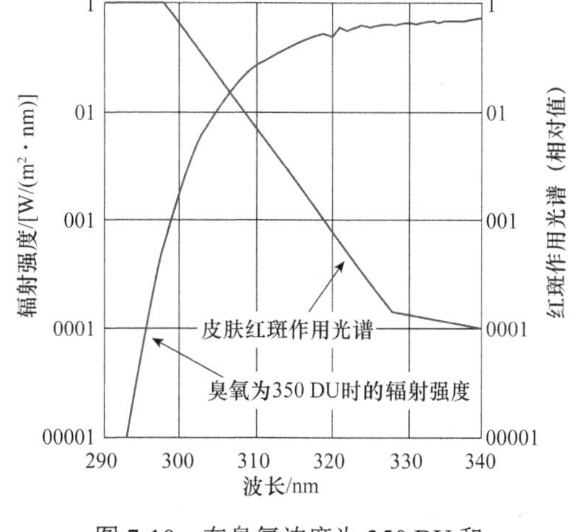

图 7-10 在臭氧浓度为 350 DU 和太阳角 0°时辐射强度和红斑作用光谱

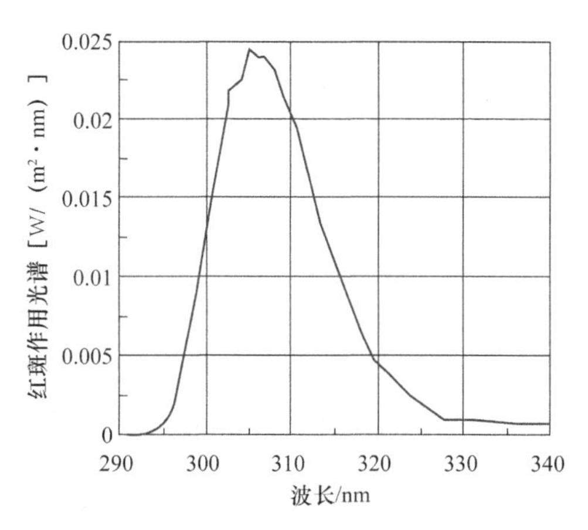

图 7-11 290～340 nm 的红斑作用光谱

紫外辐射增加随臭氧减少的程度可用辐射（光）放大系数（radiation amplication factor，RAF）来表示。计算出 RAF，就能预测未来臭氧减少导致的紫外辐射量的变化，因而就可预测出对地球生物和生态系统的影响程度。

不同的波长对臭氧的吸收系数不同，所以不同波长的 RAF 不同。对于任意波段的 RAF 可通过以下公式进行计算：

$$\mathrm{RAF}=\mathrm{d}E/E\div(\mathrm{d}X/X)$$

当已经知道臭氧从 X 变化到 X*时，紫外辐射 E 变化到 E*，则 RAF 可从下式估算：

$$\mathrm{RAF}=\ln(E^{*}/E)\div\ln(X^{*}/X)$$

RAF 表示平流层臭氧每减少 1%，地表生物有效辐射增加的百分数。有了 RAF，就可以得到臭氧层衰减引起紫外辐射的增加量。计算表明，UV-A 波段的 RAF 为 0.02，可以忽略不计，UV-B 波段的 RAF 为 1.0。如果以全波段（UV-A，UV-B）表示，UV 辐射皮肤红斑的 RAF 为 1.2，DNA 损伤的 RAF 为 2.2，植物损伤的 RAF 为 1.6。

太阳的入射角、地表的纬度、海拔、大气云量、地表反射、气溶胶等都影响到 UV-B 辐射到达地表的实际量及生物有效辐射（biological effective radiation）。目前大气层臭氧总量减少已成事实，地表紫外辐射也会相应地增加。

2. 臭氧层衰减与 UV-B 辐射增强 平流层臭氧层（柱）衰减的直接结果是辐射到地表的有损害作用的 B 区紫外线增强。在全球范围内，与 1970 年的 UV-B 辐射相比，由于臭氧浓度的减少，20 世纪 90 年代南极春季 UV-B 辐射增加了 130%、北极春季提高了 22%、北半球中纬度冬春季增加 7%、北半球中纬度夏秋季增幅 4% 和南半球中纬度提高 6%，赤道周围没有显著变化。由此看来，极地和高纬度地区 UV-B 辐射的强度明显比低纬度对臭氧浓度的变化更为敏感。

目前，气象部门用对当天紫外辐射的测量结果，经过标准红斑作用光谱加权并换算成红斑有效辐射强度后，除以 40 m^2/W 所得到的整数代表紫外线指数（UVI），进行 UVI 指数预报。在正常情况下，UVI 的范围为 1～10。

$$UVI=40\int I(\lambda)w(\lambda)d\lambda$$

式中，λ 为波长，nm；I（λ）为辐射强度，W/（$m^2\cdot nm$）；w（λ）为 UV 红斑权重系数。当 250 nm<$\lambda\leqslant$298 nm 时，w（λ）=1.0；当 298 nm<$\lambda\leqslant$328 nm 时，w（λ）=100.094（$298-\lambda$）；当 328 nm<$\lambda\leqslant$400 nm 时，w（λ）=100.015（$139-\lambda$）；当 λ>400 nm 时，w（λ）=0。

有证据表明，近年来一些地区已经观察到 UV-B 辐射的减少。模型预计，中纬度地区的臭氧水平（即 UV-B 辐射）到 21 世纪中期会达到 20 世纪 80 年代的水平，而极地地区可能要晚 10～20 年。全球温室气体、云量、气溶胶和污染物等的变化和不确定性决定了预测未来的 UV 辐射的不准确性。

二、UV-B 辐射增强对植物的影响

1. UV-B 辐射增强对植物形态结构的影响 当 UV-B 辐射到植物叶片表面时，大多数有害的 UV-B 辐射会被反射，反射的程度因植物种类和作物品种而异，光滑无毛的革质叶可以反射多达 40%的 UV-B 辐射，而有毛的叶片仅反射 3%～10%。透过植物叶片的 UV-B 光为 0.1%～5%，其余的 UV-B 光被叶片所吸收，从而对植物的生长发育产生影响。

在增强的 UV-B 辐射下，植物叶片和茎等会出现明显的可见伤害症状，最初可以在叶片表面看到铜锈色或者棕色的斑点，随即出现失绿、坏死甚至叶片脱落等早衰症状。有些植物随着辐射时间加长，叶片呈现卷曲、杯形或干死症状。

一方面，UV-B 辐射导致叶面积减小。通常来说单位叶面积的减小可以接收较少数量的有害 UV-B 辐射，是对 UV-B 辐射的一种适应性反应。叶面积的减小有些是细胞分裂次数减少造成的，有些是细胞变小所致，统计表明，作物和植物叶面积下降的幅度为 15%。

另一方面，UV-B 辐射会引起叶片增厚。从解剖结构上分析，增厚的部分主要是海绵组织的细胞，表现为海绵组织细胞层数增多，细胞间隙增大；而栅栏组织细胞变得又宽又短。也有一些植物表现为栅栏组织增加，如拟南芥（*Arabidopsis thaliana*）突变体在 UV-B 辐射下比野生型多形成了 2～3 层栅栏组织。这样，细胞数目的增加有利于阻挡有害的紫外线辐射；细胞层数的增多扩大了 UV-B 辐射穿越叶片的距离，从而减少了对叶肉细胞的破坏，同时也是对叶面积减小的一种适应性补偿。

此外，一些植物叶片的叶绿体基粒片层、类囊体和膜遭到 UV-B 辐射的破坏，会导致叶片木质部导管数量和直径变小。

2. UV-B 辐射增强对植物光合色素的影响　在 UV-B 辐射增强下，绝大多数植物光合作用色素含量下降。当然，种间和种内（品种间）差异非常明显，实验条件的不同也影响着色素含量的变化。整体上，单子叶植物比双子叶植物具有较高的抗 UV-B 辐射能力，据统计，在 UV-B 辐射下，双子叶植物的叶绿素含量下降 10%～78%，而单子叶植物下降 0～33%。究其原因，单子叶植物叶片条形或带状，通常直立，而双子叶植物叶片通常阔形、水平着生。这样，相比于单子叶植物，双子叶植物接收到了更多的 UV-B 辐射。

3. UV-B 辐射增强对植物大分子物质的影响

（1）UV-B 辐射增强对植物蛋白质的影响　蛋白质因芳香环和杂环氨基酸中的共轭双键对 UV-B 辐射有明显的吸收，这些基团在 UV-B 辐射的作用下，转变为活性很强的激发态，随后易发生开环或与其他物质直接结合，而使本身所在的蛋白质分子的空间结构发生改变，从而失去或改变原有的生物活性，因此是 UV-B 辐射的主要靶点。此外，UV-B 辐射极易将激发产生的高能电子传递给 O_2、OH^-甚至 H_2O 而产生破坏力很强的自由基，从而间接导致蛋白质结构与功能的改变。对 UV-B 辐射敏感的蛋白质包括结构性蛋白、代谢相关蛋白、抗氧化酶及防御性蛋白等，这些蛋白质随着 UV-B 辐射剂量、植物物种、植物生长发育的阶段对辐射敏感性的差异而变化。限于篇幅，这里仅对 UV-B 辐射受体（UVR8）进行论述。

UVR8（UV RESISTANCE LOCUS 8）是瑞士科学家 2011 年发现的 UV-B 辐射的特异性光受体。该蛋白质的发现使人们将 UV-B 辐射对植物影响的研究重点从 UV-B 辐射的胁迫效应转向了 UV-B 辐射对植物生长发育的调控效应。植物可通过受体 UVR8 蛋白的一些特定的色氨酸残基来吸收 UV-B 辐射，其中以第 285 位的色氨酸（W_{285}）最为重要。正常条件下，UVR8 在植物体内以非活性的同源二聚体形态存在，但当其吸收 UV-B 辐射后，二聚体的稳定性被打破，导致其产生可与 COP1（Constitutively Photomorphogenic 1）相互作用的活性单体，并抑制 COP1 的活性，从而引起下游的基因表达调控。图 7-12 概述了 UVR8 参与的多种植物生长发育调控的过程。

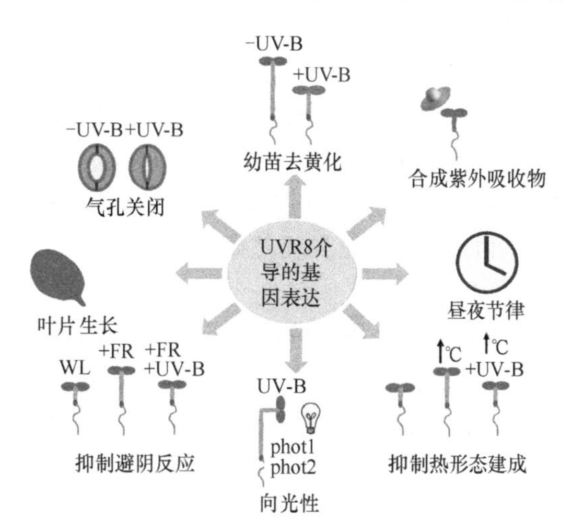

图 7-12　UVR8 介导的 UV-B 辐射下植物的应答反应（改自 Yin and Ulm，2017）

（2）UV-B 辐射增强对植物 DNA 的影响　DNA 是 UV-B 攻击的主要靶点之一。DNA 吸收 UV-B 辐射的能量引起 DNA 损伤，生成二聚体光产物和单体光产物，其中二聚体光产物占较大比例。二聚体光产物主要有环丁烷型嘧啶二聚体（cyclobutane pyrimidine dimer，CPD）和嘧啶 6-4 嘧啶酮光产物（pyrimidine 6-4 pyrimidinone photoproduct，6-4PP）两种，其中 CPD 占 75%，6-4PP 产生量虽然较少，但由于其具有一定的细胞毒性，因此通常带来致死的效应。在嘧啶二聚体中，最容易形成的是胸腺嘧啶二聚体（TT），其次还有 TC、CC 二聚体等。6-4PP 的形成局限于活性转录区，而 CPD 的形成可发生在整个染色体上。单体光产物包括胸腺嘧啶乙二醇、嘧啶水合物及 8-羟鸟嘌呤等。UV-B 辐射所引起的 DNA 损伤程度与物种、辐射剂量、环境条件等密切相关，这里不再详述。

4．UV-B 辐射增强对植物光合作用的影响 光合作用过程对增强的 UV-B 辐射的响应与植物种类、实验条件、UV-B 辐射的剂量、环境光合作用有效辐射（PAR）和 UV-A 有关。通常来说，在温室和生长房中 UV-B 辐射对植物光合作用的负面影响大于室外田间条件。在 UV-B 辐射下，UV-B 辐射对光合作用过程中的光能转换、原初反应、光合电子传递、光合磷酸化及碳反应均产生影响。例如，位于类囊体膜上的光系统Ⅱ（PSⅡ）容易受到 UV-B 辐射的攻击。UV-B 辐射导致卡尔文循环中 Rubisco 的活性及含量下降，同时，核酮糖-1,5-二磷酸（RuPB）的再生能力及景天庚酮糖-1,7-二磷酸羧化酶的活性受到 UV-B 辐射的抑制。在 UV-B 辐射下植物叶片的气孔限制作用（如气孔导度、胞间 CO_2 浓度等）对光合作用速率的影响也是重要的一个方面。一般而言，UV-B 辐射导致气孔关闭，胞间 CO_2 浓度降低，气孔导度下降等，最终影响植物光合作用的能力及植物的生长发育。近年来科研人员在光合作用过程中 UV-B 辐射下的基因与信号传导系统等方面进行了深入的研究。

5．UV-B 辐射增强对植物生长的影响 对大多数植物来说，UV-B 辐射可推迟其幼苗形成和花期，使生育期滞后并延长。植物物候期是长期的进化过程，花粉的传递、果实的形成及种子散播等与生长地的环境协同进化，花期和生育期的延迟会产生深远的生态学效应。

在 UV-B 辐射下，植株（株高）矮化，主茎和节间缩短是一个普遍观察到的结果。有人认为植株矮化的主要原因是 UV-B 辐射抑制生长素（IAA）的生物合成或者促进了其裂解。1/2 以上的植物物种生物量随 UV-B 辐射的增强而降低，超过 1/3 的物种生物量积累不受紫外线辐射的影响，个别作物的生物量在 UV-B 辐射下增加，平均的减幅为 9%～14%。这种差异仍然归因于植物种类、UV-B 辐射的剂量、实验条件、环境 PAR 和 UV-A。

大量实验证明，接近一半的植物和作物经济产量在 UV-B 辐射下下降，少部分植物经济产量不会受到影响，个别的一些种类或作物品种产量甚至提高。引起作物籽粒产量下降的主要原因是 UV-B 辐射影响了植物生殖结构和过程。

6．植物的 UV-B 保护机制

（1）蜡质积累 植物表皮蜡质（waxes）覆盖在植物表面最外层，是由高碳脂肪酸和高碳一元脂肪醇构成的酯所组成。一般认为表皮蜡质具有阻止植物组织内水分的非气孔性散失、防止植物被有害光线损伤、维持植物表面清洁与植物表面防水、保护植物避免被病菌侵害和防止某些昆虫的蚕食等功能。同样，表皮蜡质在反射 UV-B 辐射方面具有重要的作用。例如，桉树（*Eucalyptus grandis*）的叶表皮蜡质可以反射 10%～30% 的 UV-B 辐射，但对于可见光反射能力较低。因此，UV-B 辐射下，植物表皮蜡质含量的增加可以机械地阻挡和反射 UV-B 辐射，成为防护 UV-B 伤害的第一道防线。

（2）抗氧化剂和次生代谢产物　植物防护 UV-B 辐射的第二道关卡就是诱导性合成紫外线吸收物质（UV-B absorbing compounds），如类黄酮和酚类化合物。这些化合物在短波 260～320 nm 具有较高的吸收峰，因此，可以“过滤”过量的紫外线，减少对叶绿体等结构和组分的伤害。Meta-种群分析表明，在 UV-B 辐射下，植物 UV-B 吸收复合物平均增加 10%。阳性植物比阴性植物叶片含有较高的类黄酮，因此，阳性植物叶片可以较好地抵挡 UV-B 辐射，减轻对光合作用器官的损伤。

藻类细胞中含有或经诱导后能合成 UV-B 屏障色素，主要有孢粉素（sporopollenin）、三苯甲咪唑（mycosporine）、三苯甲咪唑类氨基酸（MAA）等。MAA 是藻类普遍存在的 UV-B 屏障色素，但不同的种类之间及同种藻在不同强度的 UV-B 辐射下含量差别很大。

有些藻类在 UV-B 辐射下，会合成抵抗 UV-B 辐射的物质，以适应这种环境。比较典型的例子是聚球藻（*Synechococcus* sp. PCC7492）受到 UV-B 辐射后，光系统Ⅱ D1 蛋白基因家族的表达发生改变，编码 PSⅡ D1∶1 基因表达减弱，而编码 PSⅡ D1∶2 的基因表达明显增强，这与 PSⅡ D1∶2 蛋白不受 UV-B 辐射影响有关。

（3）自由基消除　UV-B 辐射会使植物细胞内产生多种自由基，这些自由基对细胞的成分和结构都会产生破坏作用，而细胞中存在消除自由基的系统。细胞内能消除自由基的物质主要有：谷胱甘肽（GSH）系统、维生素 C、超氧化物歧化酶（SOD）、过氧化物酶（POD）、β-胡萝卜素等。这些物质通过氧化还原反应，可消除自由基，如氧自由基（$\cdot O_2$）在 SOD 的催化下，生成过氧化氢，接着在过氧化氢酶（CAT）的催化下转变为无毒的水和氧气。

$$2H_2O + \cdot O_2 \xrightarrow{SOD} 2H_2O_2 \xrightarrow{CAT} 2H_2O + O_2$$

GSH 也是细胞中常见的氧自由基消除剂，在 UV-B 辐射等增强时，它的合成增加。但由于 GSH 在消除氧自由基的同时，不断转变为双硫氧化型谷胱甘肽（GSSG），随着 UV-B 辐射的增强，GSH 含量增加，而 GSH/GSSG 却降低。

（4）DNA 修复　UV-B 辐射不仅诱导植物的形态学和生理学发生变化，也诱导植物的光修复和重组修复过程。DNA 的损伤程度和稳定性与嘧啶的数量、二聚体形成的位置等有关。一旦损伤的 DNA 没有得到修复，会影响 DNA 的转录和复制，最终导致基因编码突变甚至死亡。

UV-B 辐射损伤后 DNA 的修复方式有 3 种：光复活（photoreactivation）、切除修复（excision repair）和重组修复（recombination）。

增加 UV-A 和蓝光的比例有减轻 UV-B 辐射伤害的现象，就是因为 UV-A 和蓝光能激活光复活酶。链霉素能使本来对 UV-B 辐射抗性很强的藻类变得对 UV-B 很敏感，主要是由于阻断了光复活酶和与切除修复有关的酶的合成。多数蓝藻具有较强的抗 UV-B 辐射的能力，DNA 修复能力强是其原因之一。敏感型藻类对 UV-B 辐射的损害之所以呈累积效应，就是 DNA 受到 UV-B 辐射损伤后，不能及时得到修复，而使损伤越来越严重。而抗性藻对 UV-B 辐射的损害不呈累积效应，则是因为在 DNA 受到 UV-B 辐射损伤的同时，也得到修复，因此，UV-B 辐射没有达到一定的强度是不会表现出受伤迹象的，只有当单位时间内 UV-B 辐射造成的损伤超出了其修复极限时，才会导致损伤日趋严重，所以，抗性藻对 UV-B 辐射的伤害只与剂量率呈正相关，而不是与剂量呈正相关。

三、UV-B 辐射增强对动物的影响

1. UV-B 辐射增强对昆虫的影响　植食性昆虫作为生态系统中的重要组成部分，其种群波动和适合度变化对系统的结构和功能均具有深刻影响。UV-B 辐射对昆虫行为、生长发育及种群动态等有着直接或间接影响，UV-B 辐射增强通过影响植食性昆虫可间接影响生态系统中第一营养级的植物和第三或第四营养层的捕食者或寄生者，从而对生态系统产生冲击作用。因此，了解 UV-B 辐射增强对植食性昆虫的影响对全面评价其对生态系统的影响具有重要意义。

首先，紫外辐射可影响昆虫的定位、飞行、取食及两性间的交互作用。某些昆虫具有一些特殊的 UV 感受器，如海洋中的甲壳类昆虫具 4 个独立的 UV 感受通道。UV 光谱可一定程度地控制这些昆虫的行为，UV 强度的变化会刺激昆虫体内的识别器，支配其日常的觅食行为及地理分布和活动范围。昆虫和螨虫的眼睛具有感知紫外线辐射的特定视紫红质光受体，这对于避免过度紫外线辐射很重要。在豆娘等其他昆虫中，反射紫外线的翅膀似乎是性别和年龄的视觉信号，在配偶识别中发挥直接作用。可以预见，UV-B 辐射增强将不可避免地影响这类昆虫的行为。

作为植食性昆虫的主要栖息场所及食物来源，植物响应 UV-B 辐射的变化必然影响到昆虫的生存环境和食物的供应，从而间接影响昆虫种群及其多样性。在实验室条件下，梨豆夜蛾（*Anticarsia gemmatalis*）对 UV-B 辐射处理过的叶片的取食喜好性明显下降，与对照相比，若强迫其取食，则表现为生长缓慢，死亡率上升。这与增强的 UV-B 辐射使植物发生了一定的结构和生理生化上的变化，从而间接影响了昆虫的生长发育有着密切联系。

在 UV-B 辐射下，植物表皮的加厚、毛被的增加和蜡质的积累等，会间接地影响植食性昆虫口器的使用和正常的取食行为。

UV-B 辐射增强会使植物内的营养物质含量发生变化，从而影响植食性昆虫的生长、发育和繁殖。蛋白质和氨基酸是昆虫生长发育和生殖所必需的营养物质，而 UV-B 辐射增强可改变植物内的蛋白质和氨基酸含量。植食性昆虫所需的必需氨基酸一般需从寄主植物中摄取，若寄主植物中必需氨基酸缺乏，则会延长昆虫的幼虫期，并影响到雌成虫的卵巢发育，降低其产卵量。UV-B 辐射下杜鹃花科植物帚石南（*Calluna vulgaris*）上的木虱科昆虫 *Strophingia ericae* 的种群密度明显下降，这可能是 UV-B 辐射处理后异亮氨酸浓度上升所致。

因为植物糖类是昆虫食物的主要来源，所以增强 UV-B 辐射可通过影响植物体内糖类物质的积累，从而影响植食性昆虫的生长发育。另外，UV-B 辐射增强可能通过影响植物糖类的合成而对昆虫的取食喜好和取食量产生影响。例如，汉马夜蛾（*Autographa gamma*）在 UV-B 辐射增强处理的豌豆叶片上取食的减少被认为主要是叶片氮含量增加，C/N 下降的结果。

UV-B 辐射下植物的次生代谢产物会发生变化，如类黄酮含量上升、单宁积累增加、木质素合成下降等，这是植物响应 UV-B 辐射的一种适应性反应，有利于提高植物

抵御辐射的能力。然而，这些次生代谢产物的消长变化恰恰影响到了植食性昆虫取食的行为和程度，也影响到了昆虫的生长、发育和繁殖。UV-B 辐射诱导的病理相关基因的表达可以增强植物抗病虫害的能力。

另外，在 UV-B 辐射下，植物物候期的改变和种间竞争性平衡的变化会直接或间接影响到昆虫的行为、活动和分布。

2．UV-B 辐射增强对水生动物的影响　水体消费者包括棘皮动物、软体动物、甲壳动物和海绵动物等浮游动物、两栖动物和鱼类。在淡水湖泊中 UV-B 辐射是这些类群分布的潜在驱动力。研究表明，当浮游动物从深水移动靠近 UV 辐射的浅水区时，几天内这些浮游动物的种群受到负面影响。水蚤属（*Daphnia*）动物会以逃避的方式减轻 UV-B 辐射的伤害，当它们遇到 UV-B 辐射时水表面的活动减少，游动进入较深水体，当水表面 UV-B 辐射减少时，又开始在表面活动。在 UV-B 辐射下，海洋桡足类的成活率显著下降，尤其是卵和幼虫，因为卵和幼虫身体多数是透明的，UV-B 辐射更容易穿透到达组织内部。UV-B 辐射诱使海胆胚胎发育出现程序性死亡，在过去的 25 年里，环极地海的海胆（*Sterechinus*）数量减少了 50%，这与臭氧层衰减、UV-B 辐射增强关系极为密切。

3．UV-B 辐射增强对陆生动物的影响　研究证明 UV-A 和 UV-B 辐射会损害各种两栖动物（如蝾螈、青蛙、牛蛙、树蛙）的皮肤和眼睛，对它们的觅食能力和适应能力产生负面影响。例如，在南美洲，土地利用和气候变化可能导致青蛙物种栖息地的紫外线辐射增加。UV-B 辐射可以导致美洲蛙（*Rana pipiens*）胚胎发育畸形和死亡；青蛙（*Bufo boreas*）幼体成活率在 UV-B 辐射下降低。

研究发现掌蝾螈（*Lissotriton helveticus*）眼睛中的紫外线受体 SWS1 视蛋白的表达是依赖紫外光的，其表达的可塑性与种群起源地环境有关，这表明蝾螈发育过程中环境紫外线的变化决定了成体蝾螈感受紫外线辐射的敏感性。

低水平的 UV-B 辐射下蜥蜴皮肤维生素 D 的合成增强，促进健康。雄性蜥蜴侧面蓝斑具有反射紫外线的作用，蓝斑大代表雄性攻击力强。

一些鸟类可以看见 UV-A 和 UV-B 辐射，这可能有助于觅食和择偶。例如，啄木鸟利用 UV-A 区域的视觉在腐木上觅食，腐材对紫外线的吸收程度因其真菌定居的程度而异。环境中紫外线辐射量的变化（天气或森林覆盖率）可能会影响这些真菌等分布，从而改变啄木鸟的觅食行为，这种互惠关系的变化对生态系统的功能具有广泛的影响。在其他鸟类中，羽毛中吸收紫外线的黑色素与性选择、紫外线防护和体温调节有关。许多鸟类表现出强烈的性别分化（二色性），这是通过黑色素的积累和羽毛的紫外线反射形成的。鸟类对紫外的吸收和反射，不仅限于羽毛及其在配偶选择中的作用，还有更广泛的视觉识别效果。例如，鸟卵的紫外线反射可吸引空中食肉动物。相反，蛋壳中吸收紫外线的黑色素可能会直接保护鸟卵免受 UV-B 辐射，并降低它们对捕食者的可见性，尽管在某些环境中深色可能会导致过热。

四、UV-B 辐射增强对微生物的影响

在 UV-B 辐射的直接影响下，微生物的变化多是显著的。在对真菌分解者的研究

中，发现在相当于15%臭氧层衰减的 UV-B 辐射下，孢子萌发将会减少40%，菌丝形态也有很显著的变化，但菌丝的扩展在数量上变化很小。增强的 UV-B 辐射会导致一些真菌生长出许多紧密的菌丝，也会使真菌的相对丰度产生显著变化。研究表明，在 UV-B 辐射下辐射 3 h，可明显抑制从南极陆地分离的几种真菌如毡状金孢霉菌（*Geomyces pannorum*）、草茎点霉（*Phoma herbarum*）、小被孢霉（*Mortierella parvispora*）、腐霉菌属（*Pythium* sp.）和轮枝孢属（*Verticillium* sp.）菌丝的生长。

微生物的 UV-B 敏感性存在种内和种间的差异，这种差异可能是色素所造成的。叶面微生物（phyllosphere community）群落的变化研究表明，随着 UV-B 辐射时间的延长，抗 UV-B 辐射的细菌种群增加，而敏感性的群落类型减少，总的细菌群落没有发生显著变化。其中可以产生色素的凝结芽孢杆菌（*Bacillus coagulans*）、密西根棒状杆菌（*Clavibacter michiganensis*）和萎蔫短小杆菌（*Curtobacterium flaccumfaciens*）是具有抗性的类群，而不产色素的种类比较敏感。

微生物对直接的 UV-B 辐射相当敏感。例如，苏云金芽孢杆菌（*Bt*）对 UV-B 辐射非常敏感，UV-B 辐射的增强降低了苏云金芽孢杆菌的生长和活性。铜绿假单胞菌（*Pseudomonas aeruginosa*）的生长随着 UV-B 辐射强度的增加而下降。有人运用一种对 UV-B 敏感的枯草杆菌（*Bacillus subtilis*）突变体在南极大陆监测了臭氧层变化的季节动态对该菌成活率的影响。结果表明，枯草杆菌突变体的活性与臭氧层的季节变化高度相关，臭氧层的衰减不仅增加了有伤害作用的 UV-B 辐射强度，而且会对生物的生长发育产生直接影响。

微生物的群落改变和种群动态直接或间接地影响了生物地球化学循环，从而对生态系统的结构和功能产生了影响。一方面，UV-B 辐射可以改变植物根系分泌物的种类和数量，从而影响土壤微生物的种群动态和群落结构；另一方面，植物化学组成在 UV-B 辐射下的变化是导致微生物多样性和功能改变的原因。

五、UV-B 辐射增强对人类健康的影响

紫外线 UV-B 的增加对人类健康有严重的危害作用。潜在的危险包括引发和加剧眼部疾病、皮肤癌和传染性疾病。

紫外线会损伤角膜和眼晶体，如引起白内障、眼球晶体变形等。据分析，平流层臭氧减少 1%，全球白内障的发病率将增加 0.6%～0.8%，全世界由于白内障而引起失明的人数将增加 1 万～1.5 万人。如果不对紫外线的增加采取措施，预计到 2075 年，UV-B 辐射的增加将导致大约 1800 万白内障病例发生。

紫外线 UV-B 辐射的增加能明显地诱发人类常患的皮肤疾病，其中，巴塞尔皮肤瘤和鳞状皮肤瘤是非恶性的。若臭氧浓度下降 10%，非恶性皮肤瘤的发病率将会增加 26%。UV-B 辐射对浅肤色的人群特别是儿童期恶性黑色素瘤致病非常明显。

动物实验发现紫外线照射会减少人体对皮肤癌、传染病及其他抗原体的免疫反应，进而导致对重复的外界刺激丧失免疫反应。长期暴露于强紫外线的辐射下，会导致细胞内的 DNA 改变，人体免疫系统的机能减退，人体抵抗疾病的能力下降。这将使许多发展中国家本来就不好的健康状况更加恶化，麻疹、水痘、疱疹等病毒性疾病的发病

率和严重程度，以及寄生虫病、肺结核和麻风病等细菌感染与真菌感染疾病等增加。

当然，并非紫外线辐射对人体的健康毫无益处。研究表明，适度的紫外线辐射通过在皮肤中合成维生素 D 和调节免疫功能可对健康有益。良好的免疫系统对牛皮癣等皮肤病和多发性硬化等系统性自身免疫性疾病有益处。通过适当的防晒措施可以降低暴露在阳光下的健康风险，比如使用既具有良好的防紫外线特性又具有足够的皮肤覆盖率的衣服、太阳镜、遮阳板和防晒霜等。新研制的防晒霜可以防止更大范围的太阳辐射，但这是否对健康有益尚不清楚。

六、UV-B 辐射增强对生物地球化学循环的影响

在陆地上，干旱和土地利用的变化会减少植物覆盖率，导致植物凋落物暴露于太阳辐射的程度增加。土壤有机质从陆地生态系统向水生生态系统迁移的改变也会增加天然有机物对太阳辐射的暴露。

陆地生态系统的物质循环通常指植物矿质营养的循环，即营养元素在土壤-植物系统中的循环与平衡，它是系统存在和发展的营养基础，也是系统的主要功能之一。UV-B 辐射通常以两种途径影响生物地球化学循环。第一，通过影响生态系统中碳的获取（光合作用）、贮藏（生物量的积累和土壤碳含量）及碳释放（植物与土壤碳呼吸）等环节影响整个系统的物质循环和能量转换。第二，UV-B 辐射影响矿物质（N、P、K）循环。

UV-B 辐射下植物残体分解影响陆地生态系统的营养循环有两种机制：一种是 UV-B 辐射直接影响对土壤中营养循环过程起主导作用的分解者，但是大多的 UV-B 辐射被叶所吸收，所以这种直接影响很微弱；第二种机制是，UV-B 辐射通过改变叶片在落前的质量而影响生物地球化学循环。植物残体（plant litter）被紫外线和可见光辐射降解为木质素、纤维素和其他细胞壁组分，进而形成挥发性的二氧化碳和一氧化碳及一系列更容易被微生物降解的产物，这个过程称为光矿化（photo mineralisation）。UV-B 辐射增强的情况下，植物体内黄酮、丹宁、木质素等次生代谢物的含量增加，分解微生物种群数量和多样性受到显著的影响，从而影响了微生物对植物残体的分解，改变了植物残体的分解速率，导致养分循环的改变。

蒙特利尔协定

1987 年 9 月，由联合国环境署（UNEP）组织的“保护臭氧层公约关于含氯氟烃议定书全权代表大会”在加拿大蒙特利尔市召开。出席会议的有 36 个国家、10 个国际组织的 140 名代表和观察员，中国政府也派代表参加了会议。1991 年 6 月 14 日，中国政府签署并正式加入修正后的《关于消耗臭氧层物质的蒙特利尔议定书》(以下简称《议定书》) 的决定。

《议定书》的主要内容如下：①规定了受控物质有两类共 8 种。第一类为 5 种氯氟烃（CFC），第二类为 3 种哈龙。②规定了控制限额的基准，发达国家生产量与消费量的起始控制限额都以 1986 年的实际发生数为基准；发展中国家都以 1995～1997 年实际发生的三年平均数或每年人均 0.3 kg 为基准。③规定了控制时间。发达国家的

开始控制时间，对于第一类受控制物质（CFC），其消费量自 1989 年 7 月 1 日起，生产量自 1990 年 7 月 1 日起，每年不得超过上述限额基准。1993 年 7 月 1 日起，每年不得超过限额基准的 80%。自 1998 年 7 月 1 日起，每年不得超过限额基准的 50%。对于第二类受控物质（哈龙），其消费量和生产量自 1992 年 1 月 1 日起，每年不得超过限额基准，发展中国家的控制时间比发达国家相应延迟 10 年。④确定了评估机制。

1994 年，联合国大会宣布从 1995 年起每年 9 月 16 日为国际保护臭氧层日。

思考题

1．什么是温室效应？什么是温室气体？
2．温室效应的直接后果是什么？
3．升温对全球生态环境有什么影响？
4．全球变暖对人类健康的影响有哪些方面？
5．简述酸雨发现的历史。
6．酸雨对土壤生态系统产生什么影响？
7．酸雨对水生生态系统有什么负面影响？
8．酸雨对人类健康有何影响？
9．为什么臭氧层是地球的保护伞？
10．简述 UV-B 辐射增强对植物、动物和微生物的直接影响。
11．论述 UV-B 辐射增强对人类健康的影响。

推荐读物

方精云．2000．全球生态学——气候变化与生态响应．北京：高等教育出版社．
韩兴国，伍业钢．2012．生态学未来之展望——挑战对策与战略．北京：高等教育出版社．
李元，岳明，安黎哲．2021．紫外辐射生态学．北京：科学出版社．
张兰生，方修琦，任国玉．2000．全球变化．北京：高等教育出版社．

主要参考文献

陈志远．1997．中国酸雨研究．北京：中国环境科学出版社．
方精云．2000．全球生态学——气候变化与生态响应．北京：高等教育出版社．
冯宗炜．2000．中国酸雨对陆地生态系统的影响和防治对策．中国工程科学，2（9）：5-11．
付晓萍，田大伦．2006．酸雨对植物的影响研究进展．西北植物学报，21（4）：23-27．
李元，岳明．2000．紫外辐射生态学．北京：中国环境科学出版社．
刘丰彩，杨燕华，江军，等．2022．酸雨对中国陆地生态系统土壤呼吸影响的整合分析．生态学报，42（24）：10191-10200．
刘颖杰，林而达．2007．气候变暖对中国不同地区农业的影响．气候变化研究进展，3（4）：229-233．
马瑞俊，蒋志刚．2005．全球气候变化对野生动物的影响．生态学报，25（11）：3061-3066．
彭金良，严国安，沈国兴．2001．酸雨对水生态系统的影响．水生生物学报，25（3）：282-288，
徐小锋，田汉勤，万师强．2007．气候变暖对陆地生态系统碳循环的影响．植物生态学报，31（2）175-188．
曾小平，赵平，孙谷畴．2006．气候变暖对陆生植物的影响．应用生态学报，17（12）：2445-2450．
张兰生，方修琦，任国玉，等．2000．全球变化．北京：高等教育出版社．
赵艳霞，侯青，徐晓斌，等．2006．2005 年中国酸雨时空分布特征．气候变化研究进展，2（5）：242-245．

中国气象局气候变化中心．2022．中国气候变化蓝皮书（2022）．北京：科学出版社．

Häder D P, Kumar H D, Smith R C，et al. 2007. Effects of solar UV radiation on aquatic ecosystems and interactions with climate change. Photochem Photobiol Sci，6: 267-285.

Kiesecker J M, Blaustein A R, Belden L K. 2001. Complex causes of amphibian population declines. Nature, 410: 681-684.

Larssen T, Lydersen E, Tang D, et al. 2006. Acid rain in China. Environ Sci Technol, 40(2): 418-425.

Luo Y. 2007. Terrestrial carbon-cycle feedback to climate warming. Annu Rev Ecol Evol Syst, 38: 683-712.

McKenzie R, Connor B, Bodeker G. 1999. Increased summertime UV radiation in New Zealand in response to ozone loss. Science, 285: 1709.

McKenzie R L, Aucamp P J, Bais A F, et al. 2007. Changes in biologically active ultraviolet radiation reaching the Earth's surface. Photochem Photobiol Sci, 6: 218-231.

Parmesan C. 2007. Influences of species, latitudes and methodologies on estimates of phenological response to global warming. Global Change Biology, 13: 1860-1872.

Penuelas J, Boada M. 2003. A global change-induced biome shift in the Montseny mountains(NE Spain). Global Change Biology, 9: 131-140.

Rhode S C, Pawlowski M, Tollrian R. 2001. The impact of ultraviolet radiation on the vertical distribution of zooplantkton of the genus Daphnia. Nature, 412: 69-72.

Rozema J, van Geel B, Björn L O, et al. 2002. Toward solving the UV puzzle. Science, 296: 1621-1622.

Sant'Anna-Santos B F, da Silva L C, Azevedo A A. 2006. Effects of simulated acid rain on the foliar micromorphology and anatomy of tree tropical species. Environmental and Experimental Botany, 58: 158-168.

Saxe H, Cannell M G R J. 2007. Tree and forest functioning in response to global warming. New Phytologist, 149(3) : 369-399.

United Nations Environment Programme(UNEP). 2019. Environmental effects and interactions of stratospheric ozone depletion, UV radiation, and climate change: 2018 assessment. Photochem Photobiol Sci, 18(3): 595-828.

Wang N, Quesada B, Xia L, et al. 2019. Effects of climate warming on carbon fluxes in grasslands-A global meta-analysis. Global Change Biology, 25:1839-1851.

Yin R, Ulm R. 2017. How plants cope with UV-B: from perception to response. Curr Opin Plant Biol, 37: 42-48.

Zhou J, Xue K, Xie J, et al. 2012. Microbial mediation of carbon-cycle feedbacks to climate warming. Nature Climate Change, 2: 106-110.

第八章　生物多样性与生物安全

【内容提要】本章主要介绍了生物多样性的概念及测定、生物多样性丧失及其成因、生物多样性保护，重点分析了生物入侵与生物安全，阐述了转基因生物与生物安全。

生物多样性是人类赖以生存和发展的基础，也是保障区域乃至全球生态安全的根本。随着工业化的发展，人类对自然的改造强度和干扰程度日益加剧，世界范围内的生物多样性因受到前所未有的破坏而逐渐降低，由此引发的生物安全问题成为世界各国广泛关注的热点。除此之外，外来生物入侵、转基因生物及生物技术的安全性也越来越成为影响生物安全的重要问题。

第一节　生物多样性

生物多样性可以简单理解为生命形式的多样性，它是自然进化的产物，同时也是对生物进化过程的反映。从 35 亿年前生命在地球上产生以来，在环境对生物的塑造和生物对自然环境的改造过程中，不断有新物种的产生和不适应环境的物种灭绝。因此，生物多样性是一个动态发展过程，物种的灭绝是自然过程。纵观生命进化历程，除 5 次自然大灾变（冰川活动、地震、火山喷发、小行星与地球碰撞等）导致的物种大灭绝外，在生命进化的大部分时间里，物种的灭绝率是很低的。但从 1600 年以来，人类活动超出了自然的承受能力，导致生物多样性的丧失速度明显加快。物种的灭绝量是以往地质年代自然灭绝的 100～1000 倍，从而被古生物学家称为地质史上的第 6 次物种大灭绝。

生物多样性的存在，使得人类有可能多方面、多层次、可持续性地获得资源，并支撑人类的生存和发展。生物多样性的丧失将引发人类生存与发展的根本危机。

一、生物多样性的概念及测定

（一）生物多样性的概念

生物多样性（biodiversity）是描述自然界多样性程度的一个内容广泛的概念，是指地球上所有生物（动物、植物、微生物等）所包含的基因及由这些生物与环境相互作用所构成的生态系统的多样化程度。

生物多样性及其构成的生态系统对人类的生存和发展具有不可替代的作用，这种作用又称为生态系统服务，主要体现在两个方面：一方面是作为资源而体现出来的产品服务；另一方面是作为环境维持所体现出来的生态价值。地球上多种多样的生物提供人类所有的食物和许多材料，诸如木材、纤维、油料、橡胶等重要的工业产品。很多药物直接来自生物，是维持人们健康的重要组成部分。生物多样性是人类赖以生存的各种生命资源的汇集和未来农林业、医药业发展的基础，为人类提供了食物、能源、材料等基本需求。

生物多样性的生态功能价值也是巨大的，它在自然界中维系能量的流动、净化环境、改良土壤、涵养水源及调节小气候等多方面发挥着重要的作用。丰富多彩的生物与它们维持的自然环境共同构成了人类赖以生存的生物支撑系统，为全人类带来了难以估计的利益。

另外，生物多样性也具有重要的美学价值。千姿百态的生物给人以美的享受，是艺术创造和科学发明的源泉。人类文化的多样性很大程度上起源于生物及其环境的多样性。目前，人们重点关注的生物多样性有三个层次，即遗传多样性、物种多样性和生态系统多样性。

1. 遗传多样性　遗传多样性指物种内的遗传变异度，即基因多样性。基因是决定生物性状的基本单位。基因多样性“记录”了生物种族的进化史，既是生物种族形成未来多样性的出发点和源泉，也是生物种族面对未来环境变化的资本，因而遗传多样性就是物种未来生存机会的多样性，也是未来为人类服务的多样性。

人类活动对物种遗传多样性的丰富度有较大影响。例如，在南美的马铃薯、玉米、西红柿等野生亲缘种中存在着非常丰富的遗传多样性，在经过多年的选择而高度特化的农田中则存在着相对较低的遗传多样性。栽培植物遗传多样性在农业生产上表现为丰富多彩的作物、种质资源，它是人类物质生活的基础。中国是世界上遗传资源最丰富的国家之一，全球现栽培的农作物有 6000 种，其中 237 种起源于中国。一个物种由许多具有非常丰富的遗传变异的种群组成，从而使其具有大量的基因型。

2. 物种多样性　物种多样性是指动物、植物及微生物种类的丰富性，丰富而均匀分布的种群具有高的物种多样性。物种多样性是基因多样性的表现和实现的载体，生物种群中的每一个个体都是“一条运载基因的小船”。丰富遗传多样性，必须要求一定数量的种群个体承载，并且个体之间要有最大的变异度。当一个物种的个体数量大幅度减少以后，其遗传多样性就会大量丧失。一个小的残存种群比具有丰富遗传多样性的种群更易于濒危或灭绝。生物多样性还是一个非常脆弱的资源，当一个物种被发现已经濒危的时候，其遗传多样性已大量减少了，该物种存活的机会也严重减少了，拯救它使其免于灭绝可能为时已晚。表 8-1 列出了全球不同类群生物的多样性的基本情况。

表 8-1　全球不同类群生物的多样性概况

类群	已描述的物种数	类群	已描述的物种数
细菌和蓝绿藻	4 760	其他节肢动物和小型无脊椎动物	132 461
藻类	26 900	昆虫	751 000
真菌	46 983	软体动物	50 000
苔藓植物（藓类和地钱）	17 000	海星	6 100
裸子植物（针叶植物）	750	被子植物（有花植物）	250 000

续表

类群	已描述的物种数	类群	已描述的物种数
原生动物	30 800	两栖动物	4 184
海绵动物	5 000	爬行动物	6 300
珊瑚和水母	9 000	鸟类	9 198
线虫和节肢动物	24 000	哺乳动物	4 170
甲壳动物	38 000	总计	1 435 662
鱼类（真骨鱼）	19 056		

资料来源：McNeely et al.，1991

世界上生物多样性最丰富的地区是热带，仅占全球陆地面积7%的热带森林容纳了全世界50%以上的物种。位于或部分位于热带的少数国家拥有全世界最高比例的生物多样性（包括海洋、淡水和陆地中的生物多样性），如巴西、哥伦比亚、厄瓜多尔、秘鲁、墨西哥、刚果、马达加斯加、澳大利亚、中国、印度、印度尼西亚、马来西亚等12个生物多样性特别丰富的国家拥有全世界60%～70%的生物多样性。

中国的生物多样性在世界上占有十分独特的地位。中国辽阔的国土和复杂多样的自然条件孕育了丰富的动植物资源。2008 年以来，中国科学院召集了 200 多位生物分类专家对已经发现并正式命名的中国物种进行整理汇编，按照国际物种 2000 的标准建设中国生物物种名录数据库，每年更新一次。根据《中国生物物种名录》（2022 版），到 2022 年，共收录物种及种下单元 138 293 个，其中物种 125 034 个，种下单元 13 259 个，基本摸清了中国脊椎动物、高等植物等重要生物类群的家底，但这仍然不是中国物种的全部。

此外，中国生物多样性在全球具有非常重要的地位。中国有哺乳动物 693 种，约占全球哺乳动物总数的 11.8%，居世界第一。云南生物多样性极其丰富，云南的土地面积仅占我国的 4.1%，但生态系统类型、生物多样性水平等均居全国前列，这里不仅是“动植物王国”，也是古生物的避难所、新生物种的诞生地、各方生物的汇集处，堪称“生命的诺亚方舟”，颇具世界意义。因此，《生物多样性公约》缔约方大会第十五次会议于 2021 年 10 月在中国云南昆明举行。

3．生态系统多样性 生态系统多样性是指生物圈内生境、生物群落和生态过程的多样性。生境的多样性主要指无机环境，如地形、地貌、气候、水文等的多样性，生境多样性是生物群落多样性的基础。生物群落的多样性主要是群落的组成、结构和功能的多样性。生态过程的多样性是指生态系统组成、结构和功能在时间、空间上的变化（蔡晓明，2002）。

中国生态系统主要包括森林、草原、荒漠、农田、湿地和海洋生态系统，此外还有竹林和灌丛生态系统等。森林生态系统主要有寒温性针叶林、温带针阔混交林、暖温带阔叶林和针叶林、亚热带常绿阔叶林和针叶林、热带雨林及季雨林等生态系统。草原生态系统包括温带草原、高寒草原和荒漠区山地草原。荒漠生态系统主要分布在西北部，约占中国国土面积的 1/5，主要包括小乔木荒漠、灌木荒漠、半灌木与小灌木荒漠和垫状小半灌木荒漠。中国是个农业大国，农业历史悠久，农田生态系统类型复杂，有稻田生态系统、茶园生态系统等。湿地生态系统主要有浅水湖泊生态系统、河流生态系统和沼泽生态系统，此外还有海岸与海洋生态系统。

遗传多样性为物种多样性的形成奠定了基础，并通过丰富的物种多样性形成不同类型的生态系统，它们为人类的生存与发展提供了至关重要的生态功能和服务。

（二）生物多样性的测定

测定和评价生物的多样性，通常限定在某一个层次（如遗传基因、生物物种、生态系统等）。评价不同层次的生物多样性，所采用的技术方法和分析指标是不同的。

1. 遗传多样性的检测方法　遗传多样性的检测可以从形态学水平、染色体水平和分子水平上进行，这也是目前这项研究所普遍采用的方法。

（1）形态学水平　用形态特征来检测遗传变异是传统而简便易行的方法。形态分析可分为质量性状和数量性状两个方面。对于质量性状来说，可以通过统计其在一定总体或样本内某性状出现的频率或次数来判定居群内个体间及居群间的差异，从而来推断其遗传变异的程度。这样的统计结果可以通过次数分布表或次数分布图直观地反映出来。对于数量性状来说，由于基因作用大多表现为一种连续性的变化，从而可以用数量统计等方法对它们加以度量，所得结果也都是些数字材料，只有对它们进行适当的数理统计，估算一些遗传参数，才能反映出其遗传变异的特点并洞察其中的规律。

（2）染色体水平

1）染色体结构变异的鉴别。染色体的结构变异通常采用细胞学的常规方法加以鉴别。对于缺失的染色体来说，在减数分裂粗线前期，由于缺失的染色体不能和它的正常同源染色体完全配对，因此在一对联会的同源染色体间可以看到正常的一条多出一段（顶端缺失），或者形成一个拱形结构（中间缺失）。对于重复来说，联会时那条重复染色体的重复区段会形成一个拱形结构或增长一段。对于倒位来说，在减数分裂联会时，具有倒位的染色体通常在倒位区段弯曲转成一个180°的倒位环。对于易位来说，单向易位的细胞学表现为联会时出现“T”字形；相互易位的表现则较为复杂，依据易位区段长短的不同，联会时出现“＋”字形、“8”字形或“O”字形。

2）核型分析。核型是指一个种或个体的全部染色体的形态结构，包括染色体的数目、大小、形状、主缢痕和次缢痕的相对位置等，并根据至少 5 个细胞测量值的平均值绘出核型图。通过其核型的对称性、随体的特征、B 染色体的数目等特点，对遗传多样性加以评判。

3）染色体分带。目前，在遗传多样性的检测中主要采用的是 C 带技术。最初 C 带是指着丝粒异染色质带，后来发现该方法可以使不同器官染色体上的任何位点的组成型异染色质着色，故 C 带的含义就衍生成组成型异染色质带。

（3）分子水平　在分子水平上对遗传多样性进行检测是目前最为活跃的一个领域，研究对象主要是蛋白质（包括酶）和 DNA 两大类分子。常见的研究方法如下。

1）蛋白质（酶）凝胶电泳。从电泳的技术和方法来讲，目前主要采用水平切片淀粉凝胶电泳（SGE）和聚丙烯酰胺凝胶电泳（PAGE）两种方法，而且技术手段也相当成熟。

2）DNA 分子标记。包括基于 PCR 技术的 DNA 标记和基于 DNA 探针的 DNA 标记，如 RAPD（随机扩增多态性 DNA）、AFLP（随机扩增片段长度多态性）等。

2. 遗传多样性的度量

（1）等位酶遗传多样性的度量　在等位酶水平上遗传多样性的度量目前已形成了一套完整的方法，主要参数如下。

1）等位基因频率。指每一个居群中每一个基因位点上每一个等位基因出现的频率，它是通过基因型的数目或频率来计算的。

2）多态位点的百分数。多态位点是指在某一基因位点上最常见的等位基因出现的频率小于或等于 0.99 的位点；多态位点的百分数就是指在所测定的全部位点中多态位点所占的比例。

3）平均每个位点的等位基因数。各位点的等位基因之和除以所测定位点的总数。

4）平均每个位点的预期杂合度。表示在 Hardy-Weinberg 定律下预期的平均每个个体位点的杂合度，同时也反映居群中等位基因的丰富度和均匀程度。也有学者将其称为基因多样性指数（gene diversity index）。

5）平均每个位点的实际杂合度。实际观察到的杂合度。

6）多态位点的固定指数。指一个个体在某个基因位点上的一对等位基因同时来自同一亲本的同一个等位基因的概率。固定指数是对基因型偏离 Hardy-Weinberg 平衡的测量。

此外，还可利用等位基因频率计算出居群内的基因多样度、总居群的基因多样度、居群间的遗传一致度等参数，进而推算出基因分化系数和居群间的遗传距离，并在此基础上进行遗传多样性和 UPGMA 聚类分析。

（2）DNA 水平上遗传多样性的度量　居群间遗传差异在总遗传差异中所占比例（PDC）按如下公式计算：

$$\mathrm{PDC}_{XY}=\frac{\mathrm{DC}_{XY}-(\frac{m_X}{m}\mathrm{DC}_X+\frac{m_Y}{m}\mathrm{DC}_Y)}{\mathrm{DC}_{XY}}$$

式中，m_X为居群 X 的个体数；m_Y为居群 Y 的个体数；$m=m_X+m_Y$；DC_X为居群 X 内部的多样性指数；DC_Y为居群 Y 内部的多样性指数；DC_{XY}为居群 X 和居群 Y 作为一个整体的多样性指数；PDC_{XY}为居群 X 和居群 Y 间的遗传差异在总遗传差异中所占的百分比。

Shannon 信息指数（H_o）的计算公式为

$$H_o=-\sum P_i\log_2 P_i$$

式中，P_i为 i 带的表型频率；H_o为表型多样性。

在 DNA 多态性的分析中，为了明确居群间的相互关系常常要进行聚类分析。在聚类分析之前，首先要计算相似性系数（S）。相似性系数的计算方法有多种

$$S=2N_{ij}/(N_i+N_j) \quad \text{或} \quad S=m_1/(m_1+m_2)$$

式中，N_i为其中一个样品 DNA 的片段或带数；N_j为另一个样品 DNA 的片段或带数；N_{ij}为两个样品共有的片段或条带数；m_1为匹配的变量个数（即两变量同时为 1 与同时

为 0 的配对数)；m_2 为不匹配的变量个数（即两变量取不同值的配对数）。

3．物种多样性的测度　自从 1943 年 Williams 提出物种多样性的概念和 Fisher 提出物种多样性指数的概念以来，已有许多物种多样性的测度方法相继问世，这为不同群落、不同地域的物种多样性测度提供了方便。Wittaker 将生态多样性和群落多样性大体上划分为 3 类：即 α-多样性、β-多样性、γ-多样性。β-多样性和 γ-多样性在生态调查过程中应用比较少。

α-多样性指同一地点或群落中种的多样性，是由种间生态位的分异造成的。它是针对某一特定群落样本的物种多样性。α-多样性主要包括物种丰富度、物种相对多度模型、物种多样性指数和物种均匀度。

（1）物种丰富度（species richness）　物种丰富度即群落的物种数目，是最简单、最古老的多样性测度方法。目前，这种方法仍被多数的生态学家使用。它一般用物种密度（单位面积的物种数目）和数量丰度（一定数量个体或生物量中的物种数目）来测度。另外，还可以用物种数目与样方大小或个体与总数之间的关系来测度。

（2）物种相对多度模型　物种的相对多度是指物种对群落总多度的贡献大小，物种相对多度模型是物种多样性指数应用的基础。在不了解群落中物种多度的情况下盲目地应用一些多样性指数，只会导致错误的结论。在众多理论分布中，有 4 个模型效果较好，为大多数学者采用，这就是几何级数分布（geometric series distribution）、对数级数分布（logarithmic series distribution）、对数正态分布（log-normal distribution）和分割线段模型（broken stick model）。

（3）物种多样性指数（species diversity index）　物种多样性指数是把物种丰富度和物种均匀度（species evenness）结合起来的一个统计量。物种丰富度和物种均匀度不同的结合方式或同一结合方式给予的权重不同，都可以形成大量的多样性指数。在多样性的测度中最为常用的是辛普森指数（index of Simpson）、香农-威纳指数（index of Shannon-Wiener）、种间相遇概率（PIE），其中，辛普森指数是 Simpson 在 1949 年利用概率论的原理时提出来的，该指数对常见种敏感，对稀有种的贡献较小；香农-威纳指数是 Shannon 和 Wiener 于 1949 年把信息论中不定性的概念引入群落多样性的研究中提出的，此指数对稀有种贡献大，对常见种贡献小；种间相遇概率（probability of interspecific encounter，PIE）是 Hurlbert 在 1971 年提出的，这个指数与辛普森指数一样，对常见种敏感，对稀有种的贡献较小。另外，还有 Gini 指数、Brillouin 指数、MacArthur 指数、统一多样性指数、多样性奇测法、多样性的几何度量等。这些多样性指数在某些环境下对于特定的研究对象可能具有特定的生态学意义，但其应用的广泛性较差。

（4）物种均匀度（species evenness）　均匀度可以定义为群落中不同物种的多度（生物量、盖度或其他指标）分布的均匀程度。自 Loyd 等（1964）和 Pielou（1969）提出均匀度的测定方法以来，已有若干种均匀度数问世。目前常用的是 Pielou 的均匀度指数（以辛普森指数和香农-威纳指数为基础）、Alatalo 均匀度指数，另外还有 Sheldon 均匀度指数、Hiep 均匀度指数、Hurlbert 均匀度指数等。

二、生物多样性丧失及其成因

近 200 多年，人类活动已对整个地球产生深刻影响，如全球气候变化与大气质量恶化，水资源可再生性维持条件丧失，水污染、固体废物与土壤污染加重，生物多样性的威胁性显著增加等。

（一）生物多样性丧失概况

据估计，自 1600 年以来，人类活动已经导致 75%的物种灭绝。根据法国《科学与未来》杂志转载的数据，目前全世界濒危动、植物已经达到 10 954 种，其中动物达 5423 种，植物达 5531 种。在今后的几十年里，世界上将有 1/4 的植物种类面临绝迹的危险。2021 年 9 月 4 日，世界自然保护联盟（IUCN）更新《濒危物种红色名录》，评估了全球 138 374 个物种受到威胁的风险，其中 38 543 个物种面临灭绝威胁，占比达 28%。

中国的物种受威胁或灭绝的现象较为严重。高等植物中有 4000～5000 种受到威胁，占总数的 15%～20%，高于世界 10%～15%的水平；中国被子植物有珍稀濒危种 1000 种，极危种 28 种，已灭绝或可能灭绝的有 7 种；裸子植物濒危和受威胁种有 63 种，极危种 14 种，灭绝种 1 种；中国约 20%的野生动物的生存受到严重威胁，脊椎动物受威胁 433 种，灭绝和可能灭绝 10 种。

中国环境与发展国际合作委员会（CCICED）生物多样性工作组（BWG）针对 34 450 种（含种下等级）高等植物、4357 种脊椎动物和 9302 种大型真菌开展受威胁状况评估，出版了《中国物种红色名录》，其中无脊椎动物受威胁（极危、濒危和易危）的比例为34.74%，接近受威胁（近危）的比例为12.44%；脊椎动物受威胁的比例为35.92%，近危的比例为8.47%；裸子植物分别为69.91%和21.23%；被子植物分别为86.63%和 7.22%。特别是植物的濒危物种比例远远超出了过去的估计。

（二）生物多样性丧失的原因

生物多样性丧失的原因是多方面的，主要是人类活动对生物与环境的影响。

1．生物资源的过度利用　　滥捕乱猎是造成动物物种多样性下降的重要原因之一。20 世纪 50 年代对猕猴的大量捕捉，加上其栖息地的丧失，使中国猕猴的种群大量减少，至今仍未得到恢复。此外，对羚羊、野生鹿、用作裘皮的动物和各种鱼类等资源进行过量的狩猎、捕捞，会造成其种群数量锐减甚至绝灭。中国海域主要经济鱼类资源在 20 世纪 60 年代初已出现衰退现象，70 年代开始过度捕捞，引起各海区沿岸与近海的底层和近底层传统经济鱼类资源出现全面衰退，如大黄鱼、小黄鱼、带鱼、鳓鱼、马鲛鱼、黄姑鱼及其他某些经济鱼类资源出现全面衰退。淡水湖泊这种现象更为严重（国家环境保护局，1998）。

过度采挖野生经济植物对植物生物多样性造成严重威胁。过度采挖人参、天麻、砂仁、甘草，致使其分布面积大量减少。云南有“动植物王国”之誉，近几年很多野生药用植物被采挖一空，如极具观赏价值的野生兰花几乎绝迹。1994 年底至 1995 年初发生在云龙县分水岭国家级自然保护区的红豆杉被盗伐 9.2 万株，盗伐木材 1000 多平方米，剥离树皮 13 万 kg，被剥皮后成为枯木的约 2 万 m^3，还好进行了及时的保护，才使野生红豆杉免于绝迹。内蒙古黄芪是驰名中外的特产，过度采集导致目前在草原上已很难见到。另外，掠夺式利用生物资源还引起相应的生态系统退化甚至崩溃，如大量砍伐树木是森林生态系统减少的首要原因。

2．生境破坏　栖息地的减少和破碎化是物种多样性降低的主要原因之一。为了满足日益增长的粮食需求，大量的森林、湿地被开发成为农业生产基地。据估计，在世界范围内，热带雨林已有40%被砍掉，致使约67%的濒危、渐危和稀有种形成。据统计，全世界共有湿地 8.558×10^9 km^2，占陆地总面积的6.4%（不包括滨海湿地），由于人类的开发利用，近十年来，湿地面积已经消失了一半。我国湿地也日益减少，这使许多物种尤其是稀有物种生存受到了严重威胁，区域的植被结构改变，植物多样性下降，相应地，栖息于此的鱼类、鸟类和哺乳类动物的多样性也受到严重破坏。在我国暖温带落叶阔叶林区有分布记录的兽类 77 种（不包括分布北界秦岭的种类），已绝迹或近年无记录的（可能绝迹）种类有 11 种，占总数的 1/7。其中，绝大多数是对环境压力敏感的一些大型种类，如虎（*Panthera tigris*）、棕熊（*Ursus arctos*）和梅花鹿（*Cervus nippon*），全球 11 500 种鸟类中已有 20%因栖息地的减少和破碎化而灭绝。

草原开垦、过度放牧、不合理地围湖造田、过度利用水资源等，导致生物生境破坏，影响物种的正常生存。

兴修大型水利工程造成江湖阻隔，破坏了水生生物栖息的生境，阻塞了某些鱼类的洄游通道，致使大量物种濒危，如长江葛洲坝至南津关段是“四大家鱼”的产卵场，由于大坝截流后水流流速、水温等水文条件的变化，长江中段“四大家鱼”鱼苗数量有减少趋势，1980 年为 1960 年的 15.7%，1991 年是 1980 年的 59.0%。大坝截流阻挡了中华鲟溯江而上至金沙江产卵的通道，许多中华鲟滞留于坝下江段，有的甚至撞死于坝下，这对中华鲟的生存造成了严重威胁。

人类活动造成的生境破坏，使很多微生物在尚不为人所知的情况下就已经灭绝了。同时森林景观破碎对土壤微生物的群落组成和物种多样性也有很大的影响。森林砍伐的直接后果是土壤放线菌种类减少，且随着森林砍伐的加剧，土壤放线菌的种类按次生林、荒地、旱地依次减少。原始环境破坏后的直接后果必然是大量的未知菌死亡，微生物群落单一化，即使原始森林砍伐后种上人工林，也很难阻止放线菌的单一化。

栖息地的丧失是动物灭绝的最大原因。在濒临灭绝的脊椎动物中，有67%的物种遭受生境丧失、退化与破碎的威胁。在夏威夷，2/3 的原始森林已经被毁，当地特有的 140 种鸟类有一半已经绝迹，另外还有 30 多种鸟类正濒临灭绝。灵长目动物赖以生存的热带雨林和生态系统每况愈下，陷入十分危险的境地，估计在未来的 20 年里，灵长目中的 20%（大约 120 种各类猿、猴）将有可能遭到灭顶之灾。

3．环境污染和全球气候变化　环境污染会导致物种灭绝是一个不争的事实。例如，我国滇池受污染后生物种类明显减少，50 年代滇池有水生维管植物 28 科 44 种，70 年代减少到 22 科 30 种，80 年代仅有 12 科 20 种。在浙江海宁，长期不合理使用农药，农田内蛇、青蛙、蚯蚓等数量已显著减少，泥鳅、黄鳝等几乎绝迹，有益生物种群数量急剧下降，生物多样性遭到严重破坏，使生物链单一，不少地区农田生态平衡失调。土壤重金属污染和有机污染问题在一些地区日益显露，致使一些敏感物种的生存受到严重威胁。很多科学家发现环境污染使对环境质量敏感的两栖爬行动物正在大范围地消逝。随着工业化的发展，环境污染已经成为生物多样性丧失的主要原因之一。

气候变化对生物多样性施加了额外的压力，并已经开始影响全球生物多样性。前工业时代，由于人类活动主要是化石燃料的燃烧及土地利用和土地覆盖的变化，大气中温室气体的浓度已经开始上升。在整个 20 世纪，人类活动和自然作用引起了地球气候的变化，表现在如下方面：使陆地和海洋表面温度上升；改变全球降水的时空格局；海平面上升和厄尔尼诺现象的频率和强度增加。这些变化尤其是区域变暖已经影响动植物的繁殖、动物的迁移、动植物生长季节的长度、物种分布、种群大小和病虫害暴发的频率。同样，区域气候因子变化已经影响到了一些高纬度海岸和高山生态系统，气候变化预计影响生物多样性的方方面面。预计到 21 世纪末，地球平均表面温度将上升 1.4～2.8℃，由于陆地表面增温比海洋快，高纬度地区比热带增温快，海平面相应升高 0.09～0.88 m。总的来说，降水预计在高纬度和赤道地区有所增加，而在亚热带有所下降。通过直接的温度升高、降水变化、海平面变化和暴风雨肆虐导致的海洋和海岸生态系统的变化，以及间接地通过气候变化导致干扰频率和强度的改变（如野火），将影响个体生物、种群的分布、物种的分布、生态系统的组成和功能。预计人类导致的气候变化将使许多物种的生境从当前位置向南北极和高海拔地区移动。这表明气候变化将对生物多样性产生空前的影响。

4. 外来物种入侵 在全球范围内，外来物种入侵是继生境破坏之后严重影响生物多样性的第二大威胁因素，有意或无意地为物种传播提供了前所未有的机会。数千年来，海洋、山脉、河流和沙漠作为天然屏障，为特有物种和生态系统提供了进化所必需的隔离环境。然而，在短短数百年间，全球各种力量结合在一起，使这些阻隔失去效用，外来物种横越千里，到达新的生境，成为外来入侵种。外来入侵种不仅威胁本地的生物多样性，还引起物种的消失与灭绝，瓦解生态系统的功能，受入侵物种影响的国家和地区将付出巨大的生态和经济代价。入侵种形成广泛的生物污染，危及土著群落的生物多样性并影响农业生产，造成巨大的经济损失。尤其是近年来，为防止水土流失，治理沙丘及重建生态系统，开展了大规模的退耕还林工程，有的地区过度、盲目地引进了大量生长期短、易于管理、更能适应环境的外来物种。然而，人们并没有意识到这种盲目地引进是要付出代价的，它们正在逐渐排挤、取代当地物种，并且不断扩大到自然和半自然地区，并影响生态系统的种类和功能，进而引起当地居民、自然资源保护者、水源管理者和其他相关人员的矛盾。人类及其经济和非经济活动是外来种入侵的主要动因（Mack and Lonsdale，2001），特别是最近 500 年加速了生境丧失和物种灭绝的速率，对生态系统产生了长期、持久的严重破坏。

5. 农业品种单一化 研究证实，农业品种单一化也对生物多样性构成了严重的威胁。例如，稻区生物多样性丧失的主要原因是品种的单一化。为了获取更高的产量，往往大面积推广、种植少数的几个高产品种，导致品种单一化和遗传的脆弱性。随着品种数的下降，与原品种相适应的共生细菌、捕食动物、植物及传统耕作系统中经过上千年共进化的物种消失了，其遗传（资源）基因相应也失去了。在 20 世纪 50 年代至 80 年代，我国近 4 万份的水稻地方品种和农家品种在田野消失了。导致这种现象的主要原因是作物遗传资源基因的单一化、趋同化，特别是当前绝大多数培育成的高产品种或其基本的亲本基因或骨干基因相同，随之而来植物遗传压力增大，基因多样性下降甚至丧失。

三、生物多样性保护

人类的生存与发展，归根结底依赖于自然界各种各样的生物。保护生物多样性对人类的文明进程和可持续发展具有极其重要的意义。生物多样性的保护是一个涉及科学、技术、经济、文化等多个层面的系统工程。下面主要就生物多样性保护的科学和技术问题进行分析。

（一）生物多样性保护的原则

生物多样性保护涉及许多生态学原理，其中在应用中最重要的是要遵循两个基本原则：遗传多样性最大保护原则和最小有效种群原则。一般地，没有足够大的生境面积，就不可能容纳足够多的物种种类和足够大的种群；种群数量达不到一定的数目，种群在面对各种各样的环境变化时就难以维持。

1. 遗传多样性最大保护原则　遗传多样性最大保护是指物种及其种群的遗传多样性保护越多越好，可以理解为在自然保护区中能够保护的物种类型越多、保护目标物种的种群规模越大越好。它的理论基础是岛屿生物地理学理论，实践中采取的对策为“SLOSS”(single large or several small)。

（1）岛屿生物地理学理论　岛屿生物地理学理论被广泛应用到岛屿状生境的研究中，小到树叶、个体植株的“微岛”，大到自然保护区和景观地理单元的“大岛”，其最重要的原理就是物种数与面积的关系。

岛屿中的物种数目与岛屿的面积有密切关系（图 8-1）。岛屿面积越大，物种数越多。Preston（1962）提出下面著名的种—面积方程：

$$S=cA^z \tag{8-1}$$

两边取对数，则有

$$\lg S=\lg c+z\lg A \tag{8-2}$$

式中，S 为种数；A 为面积；z、c 为常数。z 的理论值为 0.263，通常为 0.18～0.35。c 值的变化反映地理位置对物种丰富度的影响。在实际研究中，c 和 z 值常采用统计回归的方法获得。应用上式有两个前提：其一，所研究生境中物种迁入与绝灭过程之间达到生态平衡态；其二，除面积外，所研究生境的其他环境因素都相似。

如果我们把保护区当作一个岛屿时，保护区的面积大小与所包含和保护的物种数呈正相关。当然，在理论上，当保护区面积增加到一定程度后，即使面积再增加，其所含物种数目不会随之再大幅度增加。

岛屿物种丰富度取决于两个过程：物种迁入（immigration，I）和物种灭绝（extinction，E）。这一理论的数学模型（简称 M-W 模型），可以用一阶常微分方程表示为

$$\frac{\mathrm{d}S(t)}{\mathrm{d}t}=I(s)-E(s) \tag{8-3}$$

式中，$S(t)$ 为 t 时刻的物种丰富度；I 为迁入率；E 为灭绝率。任何岛屿的生态位和生境是有限的，已定居的种数越多，新迁入的种能够成功定居的可能性就越小，而已定居种的绝灭概率则越大。对于某一岛屿而言，迁入率和灭绝率将随岛屿中物种丰富度的增加而分别呈下降和上升趋势。当迁入率和灭绝率相等时，岛屿物种丰富度达到动态平衡状态（图 8-2），此时，虽然物种的组成不断更新，但其丰富度数值保持相对不变。某个岛屿达到平衡状态的物种丰富度（S_e）取决于单位种迁入率（I_0）和灭绝率（E_0）及大陆物种库（S_p）的大小。可以用方程表示为

$$S_e=\left(\frac{I_0}{I_0+E_0}\right)S_p \tag{8-4}$$

由上式可以得出，单位种迁入率越大，灭绝率越小，平衡态时的物种丰富度就越高。

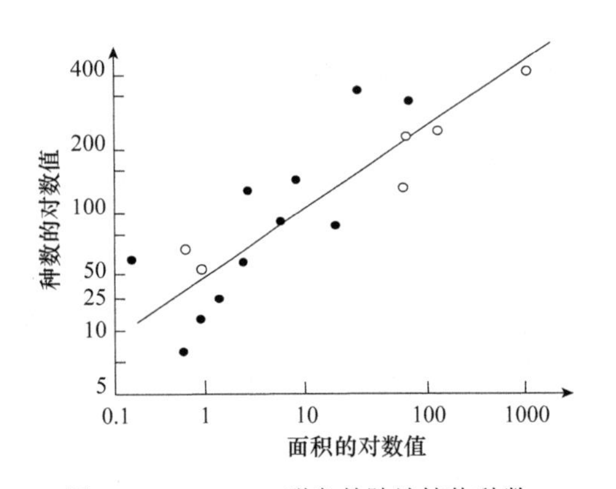

图 8-1　Galapagos 群岛的陆地植物种数与岛面积的关系（Krebs，1987）

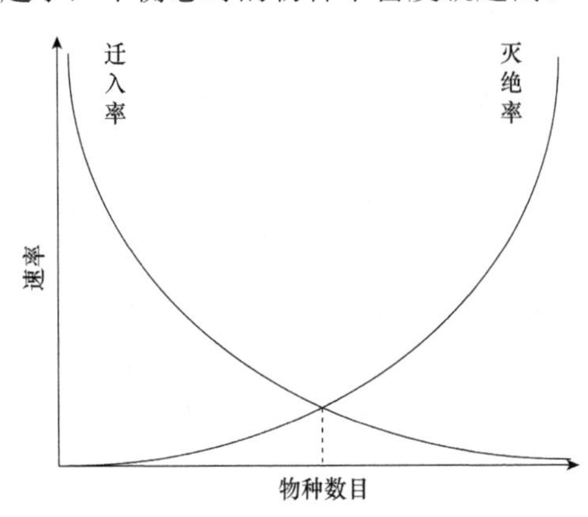

图 8-2　岛屿的物种数目与物种迁入率及灭绝率之间的关系（段昌群，2004）

迁入率和灭绝率又与岛屿面积和隔离程度相关。岛屿面积减小，导致灭绝率增大。这是因为岛屿面积越小，种群越小，由随机因素引起的物种灭绝率将增加，这种现象称为面积效应（area effect）。随着岛屿与大陆种库（种迁入源）距离的增加，迁入率下降。这种由于不同种在传播能力方面的差异和岛屿隔离程度相互作用所引起的现象称为“距离效应”（distance effect）。迁入率和灭绝率不是相互独立的。由于岛屿面积越大，其截获传播种的概率越大，因此，岛屿面积不仅影响灭绝率，还会影响迁入率，这一现象称为“目标效应”（target effect）。同时，同种个体的不断迁入可能减小该种群的灭绝率，该现象称为“援救效应”（rescuer effect）。因此，隔离程度对种群迁入率和灭绝率都有影响。

综合平衡点物种丰富度与迁入率、灭绝率的关系，以及迁入率、灭绝率与岛屿面积大小和隔离程度的关系，可以得出结论：第一，大岛比小岛能支持更多的物种生存；第二，随着岛屿距大陆的距离由近到远，平衡点物种的丰富度逐渐降低（图 8-3）。

（2）“SLOSS”原则　一个大型保护区物种丰富度高，还是总面积与其相等的多个小型保护区总的物种丰富度高，这是长期争论的一个问题，即“SLOSS”争论。

在诸多动植物调查中证实：大型保护区的优点在于能容纳足够多的物种数，特别是分布区范围大、密度低的大型物种的种群数量能够长期维持，同时，降低了边缘效应，可以容纳更多的物种及生境类型。这一观点对于设计自然保护区具有多方面的指导意义。第一，新建一个保护区，如果可能，其面积越大越好。当面积大到一定程度，物种数不再随面积增加而大幅度增加，这时应考虑在现有保护区一定范围之外，另建一个大保护区。第二，如果有建立较大的保护区和建立小保护区两种选择，二者包括的生境类型相同，应选择建立较大的保护区。第三，如果每一个小保护区内都是相同的一些种，那么建立大保护区能支持更多的种。第四，对密度低、增长率慢的大型动物，需建立较大的保护区以保护其遗传多样性。

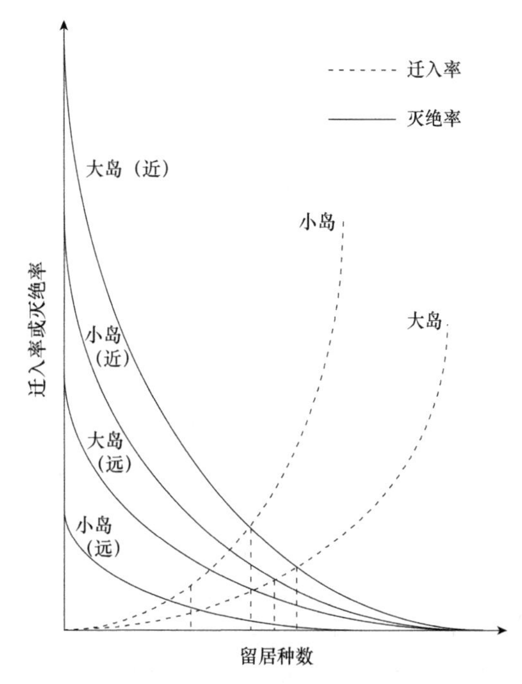

图 8-3　不同岛上物种迁入率和灭绝率（交点示平衡时的物种）（Beogn，1986）

然而，在某些情况下更适宜于建立几个小保护区，其优势在于：第一，隔离的小保护区能更好地防止一些灾难性的影响，如外来物种影响、流行病的传播及火灾等。第二，如果在一个生境类型相当多样的区域建立保护区，多个小保护区能提高空间的异质性，有利于保护物种多样性。第三，对于某些物种在小保护区比在大保护区保护得更好，如在保护植物、无脊椎动物方面。第四，建在人口密集地区附近的小型保护区有利于公众保护意识教育。此外，对于某些国家、地区的实际情况而言，有时别无选择，只能选择建立小保护区，这时小保护区是具有其特殊价值的。

2．最小有效种群原则　在生物多样性保护中，虽然能保护的个体越多越好，但有时能提供的场所及可配置的资源是有限的。这就需要运用最小有效种群原则。

（1）有效种群的概念　在任意时刻，繁殖个体只是种群的一小部分成员，而且即便参与了繁殖，每个个体产生的后代数也是有差异的。有效种群大小（effective population size）是用以说明繁育种群大小的一个概念。假定在一个大小为 N 的理想种群中所有个体都有相同的机会成为后代的亲本，换句话说，雌雄数目相等，配子在繁育个体中随机抽取，每个成体形成一个特定配子的概率都为 $1/N$。有效种群是指上述理想种群的繁育种群的大小，它的大小反映了种群保持一定遗传多样性的能力。

（2）影响有效种群大小的因素　实际种群的不等性别比例、种群大小的波动、个体间的繁殖不等量等因素，都可以使种群的有效大小与实际大小很不相同，一般都偏小。

1）不等性别比例。若种群中参与繁殖的雌雄数目不等，则存在下述关系式（Wright 公式）：

$$N_e=\frac{4N_f N_m}{N_f+N_m} \tag{8-5}$$

式中，N_m为参与繁殖的雄性个体数目；N_f为参与繁殖雌性个体数目。

例如，在一个有 20 个个体的种群中，假设一个雄海豹与 10 个雌海豹交配，则这个种群的实际有效种群大小为 3.6，而不等于 11。

$$N_e=\frac{4\times 10\times 1}{10+1}=3.6 \tag{8-6}$$

总的说来，如果参与繁殖的雌雄个体数不等，有效种群大小与参加繁殖的个体数量的比值（N_e/N）会下降。如果参与繁殖的雌雄个体数相等，则 $N_f=N_m=N_e/2$。

2）种群大小的波动。自然状况下，种群大小可能一代不同于一代。假如种群在若干代呈有规律的周期性波动，可以用下式得到一个有效种群大小的值：

$$1/N_e=1/T\ [1/N_1+1/N_2+1/N_3+\cdots+1/N_T] \tag{8-7}$$

有效种群的大小约等于每代种群大小的调和平均值，在周期波动中更接近于最小种群的大小，而不是最大种群的大小。种群也可能发生少数和偶然性的波动，它对种群中基因频率的分布可能造成深刻影响。种群缩小到很小的时候，基因频率可能发生极大改变，结果出现新的进化机会和适应峰。

3）个体间的繁殖不等量。在许多物种中，繁殖个体产生的后代数量差异很大。尤其在植物中，某些个体可能只产生少数种子，而另一些个体产生数千粒种子。产生后代数量的不均等实际导致 N_e 降低，某些基因在下一世代的基因库中仅有极小的表达。

（3）有效种群大小与突变、选择和迁移的关系　研究有效种群的大小与进化动力（如突变、选择、基因流动或迁移、随机遗传漂变）之间的关系，可以判断进化动力对其影响是非偶然性因素还是偶然因素占主导，进一步判断种群的规模大小。大种群可以长期保持一定的种群遗传多样性，小种群则将会由于遗传多样性的丧失而灭绝，中等种群的个体数量可以看作是能保持一定遗传多样性的最低临界值。若用 μ、s、m 分别表示突变率、选择系数、迁移系数，研究结果表明：

1）$4N_e\mu$、$4N_es$、$4N_em$ 的乘积都小于 1 时，称为小种群。突变、选择和迁移处于次要地位，随机遗传漂变会产生主导作用，基因频率会因漂变而发生随机波动，各种等位基因都会因机会而固定或丢失。

2）$4N_e\mu$、$4N_es$、$4N_em$ 的乘积都大于 2 时，称为大种群。随机因素对种群基因频率的分布影响很小，非偶然性压力因素控制着种群中的基因频率分布。

3）$4N_e\mu$、$4N_es$、$4N_em$ 的乘积介于 1～2 时，称为中等种群。基因频率还将有相当大的变化。

各系数的正常变动范围不同，将 μ、s、m 代入上式，可以看出各种非偶然性因素的种群“大”和“小”的概念是不同的，见表 8-2。

表 8-2　有效种群大小与 $4N_e\mu$、$4N_es$、$4N_em$ 假定值之间的关系

有效种群大小	“小种群” $4N_ex=0.5$	“中等种群” $4N_ex=2$	“大种群” $4N_ex=8$
$\mu=10^{-6}N_e$	125 000	500 000	2 000 000
$s=10^{-3}N_e$	125.0	500	2 000
$s=10^{-2}N_e$	12.5	50	200
$s=10^{-1}N_e$	1.25	5	20
$m=10^{-2}N_e$	12.5	50	200

野生种群的选择系数 s 为 0.001～0.01，当 $s=0.01$ 时，一个 12 个个体的种群是“小种群”；当 $s=0.001$ 时，一个 125 个个体的种群仍属“小种群”，它们的等位基因频率受随机因素决定的可能性很大。在自然状况下，0.01 的适合度差异是很难察觉的，而环境变化也可以使很小的选择劣势转变为中性或优势。对突变来说，100 000 个个体的种群仍是“小种群”。对迁移而言，迁移系数 m 的值为 0～1，即从无迁移的完全隔离到现存种群完全被迁移者置换。对于一个 12 个个体的种群来说，$m=0.01$ 仍然会发生漂变，但当种群数大于 50 以后，很低的迁移率也足以抵消漂变引起的种群分化。

（4）最小有效种群　理论上，存在一个有效种群的最小值，低于这个值将使种群遗传变异性丧失，进而导致进化可塑性丧失，物种对环境的变化适应能力丧失，最终物种走向灭绝。实际研究也表明，种群小的物种的确有濒于灭绝的危险。

不同物种的最小有效种群数值不同。确定某物种的最小有效种群的大小，是一个涉及多学科（生物分类学、生态学、自然地理学、气象学、地质学、遗传学等）的复杂问题。许多学者结合一定的动物繁育实验，对最小有效种群的大小提出了一些建议。例如，在家养动物的工作基础上，Wright 公式表明一个具有 50 个个体的种群，每代种群仅会丧失1%的变异性。根据果蝇突变率的数据，Franklin（1980）建议的种群大小为 500 个个体。基因突变导致的新的遗传变异可能会平衡遗传漂变所丧失的遗传变异。这一数值范围被称为 50/500 法则：隔离种群至少需要有 50 个个体，为保持遗传变异性最好拥有 500 个个体。但是，只有通过实践中仔细观察，对实际资料的深入研究，才有可能确定不同保护物种的合理的最小有效种群数值。

（二）生物多样性保护的方法

一般来说，生物多样性保护包括就地保护、迁地保护、离体保护三种方法。

1．就地保护　大多数的就地保护方式是建立保护区。截至 1993 年，全世界共有保护区 8619 个，总面积为 7 992 660 km^2（WRI/UNEP/UNDP，1994），所占面积是地球陆地面积的 5.9%。根据人为影响的可容许程度，保护区被分成 8 种。根据这一分类，只有3.5%的陆地面积属于科学的、严格的保护区和国家公园。中国自 1956 年建立第一个自然保护区以来，截至目前，中国已建立各级各类自然保护地近万处，约占陆域国土面积的18%。近年来，中国积极推动建立以国家公园为主体、自然保护区为基础、各类自然公园为补充的自然保护地体系，为保护栖息地、改善生态环境质量和维护国家生态安全奠定基础。2021 年 10 月 12 日，中国在联合国《生物多样性公约》缔约方大会第十五次会议（简称 CBD COP15）上公布武夷山国家公园、海南热带雨林国家公园、东北虎豹国家公园、大熊猫国家公园、三江源国家公园为首批 5 个国家公园。虽然保护区仅占地球总面积的一小部分，但是它们作为生物多样性保护的重要基地，其作用是毋庸置疑的。

（1）保护区的规划　在保护区规划中，经常面临的主要问题是：保护物种所需要的保护区面积至少是多少？建立一个大型保护区还是多个小型自然保护区好？保护区的形状最好是什么样？这里根据已有的经验和研究结果对上述问题作一些简单的介绍。

1）保护区的面积。保护区的面积因保护的目的种不同而不同。在保护区设立时，要根据具体的保护物种来估计其最小有效种群（MVP），再由 MVP 来确定保护区面积。一个保护区内有成千上万种物种，要逐个找出各物种的 MVP 更是困难。由于大型食肉动物在自然界中处于最高营养层次，此类生物的存在，表示该地域的营养循环还属正常，各营养层次的食物链没有中断，在一定程度上保持了物种的多样性。因此，在设立一个保护区时首先要顾及珍稀濒危物种、大型食肉动物、大型食草动物。保护区的面积至少要容纳地域内存在的这些物种长期生存的最小有效种群。每个生物个体都要占有一定的领域以维持其生存。根据最小有效种群和个体生存领域，可大致估计出自然保护区的设计面积。例如，希望建立一个至少能维持 50 头貂熊生存的自然保护区，则该保护区的面积至少要用这一数字来衡量我国有貂熊生存的黑龙江呼中自然保护区的面积（19.4 万 hm^2），否则该保护区面积过小。另外，在设计保护区面积时也要考虑自然保护区的缓和过程，可以运用岛屿生物地理学理论进行分析。

有关建立一个大的保护区还是建立多个小保护区的问题，已在前面的“SLOSS”原则中详细论述，这里不再重复。

2）保护区的形状。保护区应尽量保持较规整的形状，避免有过于突出的部分，其边界应具有生物学意义，如整个流域、生态过渡区或缓冲区。在条件许可时，保护区的形状最好是圆形。它的边缘与面积比最小，减少了边缘效应的不良影响。其中心到边界的距离均比其他形状长，提高了保护区中心向周围部分的扩散率，防止局部消失，增加了保护区的有效面积。

3）破碎化影响。保护区内要尽量减小由于道路、围栏、砍伐、种植及其他形式的人为活动造成的破碎化影响。因为这些片断常常将一个大的种群分割成两个或更多的小种群。相比于大种群，小种群遭受灭绝的危险更大，同时，也为可能危害当地种的外来种入侵提供入口并增加边界影响。另外，片断造成的传播障碍可能会减少物种定居于新生境的机会，并会减小基因流动。实际中，保护区片段化的问题较为严峻，如果从地区级的管理体系来管理保护区，可以抑制破碎化的不良影响。

4）生境走廊。当有一系列自然保护区时，应该运用生境走廊把互相隔离的保护区连成一个大的体系。生境走廊是指保护区之间的带状保护区，也称为保护通道或运动通道。它为植物和动物在保护区之间的散布、繁殖体的传播、寻找合适的定居点提供了方便，增强了基因流动的概率。同时，生境走廊也有利于随季节变化而迁徙的动物在多个生境中迁移以寻找充足的食物。例如，在季节性干旱的稀疏草原中，动物常常沿河流分布的树林迁移，而温带地区的许多鸟类和动物在一年中最热月份有规律地迁移到高海拔地区。利用这一原理，拉丁美洲的哥斯达黎加政府建立了一条面积 7700 hm²，宽数千米的通道，为两个大型自然保护区至少 35 种鸟类提供了一条有海拔高度差异的迁徙通道（Wilcove et al.，1993）。

生境走廊也有其不利的一面。它可能成为瘟疫和病虫害传播的通道，其结果可能造成某些珍稀濒危物种的灭绝。另外，沿通道迁移的动物更易遭到捕杀和猎食。但从总的生物保护角度来看，尤其是面对很多保护区太小的现实，建立生境走廊是值得提倡的。

5）景观生态学的应用。由于保护区的物种并非局限于单一的生境中，而是经常在不同生境之间迁移，或生活在两个生境的交界处。对这些物种来说，区域尺度上生境类型的组成和相互影响方式是十分重要的。不同的景观型可能对小气候（如风、温度、湿度、光线等）、瘟疫的发生及动物活动的形式等有完全不同的影响。从景观生态学的角度来看，传统的以物种为中心的自然保护途径（“自然保护的物种范式”）缺乏考虑多重尺度上生物多样性的格局、过程及其相互关系，显然是片面的、不可行的。物种的保护必然要同时考虑它们所生存的生态系统和景观的多样性和完整性（“自然保护的景观范式”）。近年来，景观生态学原理和方法在自然保护的研究和实践中被广泛应用，对自然保护中从“物种范式”向“景观范式”的转变起到了积极的推动作用。诸如岛屿生物地理学理论、复合种群理论已成为保护区建设和管理中重要的基础理论，而缀块、边缘、廊道和镶嵌体 4 个方面的原理更是广泛应用于保护区的规划。因此，景观生态学为保护区的实践提供了新的理论基础，保护区也为检验景观生态学的理论和方法提供了场所，为其发展不断提出新的目标。

（2）保护区的管理　保护区一旦建立，就必须开展有效的管理，这是一种技术性要求很高的任务。

1）保护区的监测。保护区的监测是保护区成功管理的关键。监测所提供的信息与资料是进行分析与提出管理决策的依据。保护区的监测分为生物监测与非生物监测。生物监测研究自然界动植物种群的组成、数量及物种内部相互作用的复合效益。非生物监测包括气象和水文的观测与测量，以及对人类污染在所有介质中的背景水平的观察和测量。保护区的监测有清查、调查、统计等研究方式，方法有建立观察样地、系统抽样等，遥感等一些新的监测手段也迅速发展起来。各国和世界都致力于监测数据库的建设，以保证能够最大限度地收集、利用信息。例如，IUCN 于 1983 年建立的“自然保护监测中心”是一个由世界自然保护工作组成的具有数百种信息的信息库，其目的在于为全球的自然保护提供信息，并确保信息本身的正确性及方法和时间的准确性。

2）保护区管理的特点。虽然保护区管理的方法、措施众多，但可以总体归纳出以下几个特点：第一，保护区所采取的大多是根据科学、系统的监测数据或已有经验，分析某种现象产生的原因、发展趋势及可能的后果，进而提出合理、有效、可行的管理措施。第二，分析和解决问题的知识都基于生态学、生物学及由它们所衍生出来的各种交叉学科与应用学科。第三，涉及从基因、个体、种群、群落、生态系统到景观格局各个层次的管理，层次不同，处理问题的方法也不同。第四，生境管理工作至关重要，尤其是对于对生境有特殊要求的物种，需要提前预测生境变迁，提前采取措施。第五，保护区会面临自然环境灾害、外来物种入侵、人为干扰等多方威胁，因此，应对这些威胁是保护区管理工作的重点之一。第六，维持一个保护区管理的庞大经费开支，需要在不威胁保护区的条件下，广开融资渠道，如建立生态旅游区、发展自然保护基金等。第七，保护区管理往往涉及行政、执法、旅游管理、公众教育等方面的工作。第八，通常与科研单位及相关组织、大学建立长期研究合作关系。第九，越来越注重信息共享与数据库的建立。

（3）保护区资源的合理利用　从保护区的功能分区来讲，分为核心区、缓冲区和经营区。核心区是保护对象的主要栖息、生存、繁殖、种群最集中及保存最好的区域。因此，这里的自然资源不可随意利用，而缓冲区和经营区是为了维持保护对象生存、繁衍、发展的需要及开展科研、从事经营活动的区域。因此，它们的自然资源可以在一定程度上合理开发利用。总的来说，可利用的资源主要为缓冲区，经营区内的土地、水、生物、气候等有限但可更新的资源及太阳、空气、海水等无限的资源；不可（禁止）利用的资源为矿产资源及核心区内几乎所有的自然资源。

目前，保护区资源的合理利用模式主要有旅游模式，即以优势资源开展森林、野生动植物、风景、滨海及潜水等多种旅游形式和第三产业获得经济收入的模式。生产模式，即以优势资源开展种植养殖业和副产品加工获得经济收入的模式。综合模式，即利用各种资源所获得的经济效益不相上下或不明显，甚至没有经济效益的模式，此类模式的特点是没有优势资源，虽然经济效益不明显但往往能产生良好的环境效益、社会效益。各种模式的利用要因地制宜，灵活多样。

2．迁地保护　对许多珍稀濒危物种来说，它们赖以生存的自然生境遭到极大的干扰和破坏，残余种群已经小到不能维持长期生存的状况，随时有濒临灭绝的危险。在这种条件下，无法进行就地保护，只有一种阻止物种灭绝的方法，就是在人类管理下的人工环境中维持个体的生存，这种策略就是迁地保护。迁地保护策略可以对珍稀濒危物种及其繁殖体进行长期保存、分析、试验和增殖。迁地保护同时也适用于对保护区之外有价值物种的保护。另外，它也是依赖人类养殖或种植而生存的物种（如畜禽、农作物等）的保护方式。

迁地保护的作用主要有：①保存、增殖珍稀濒危物种，使其免遭灭绝；②为重新引种提供种质来源，同时也为驯化种的未来繁殖提供一个主要的遗传材料库；③为基础生物学研究、生物资源开发与应用研究、就地保护提供了试验素材与信息库；④为教育公众保护物种提供了场所。迁地保护措施主要包括植物园、动物园等方式。

（1）植物园　迄今为止，在世界范围内已建立了约 1500 个植物园与树木园，生长着至少 35 000 种植物，约占全世界植物总种数的 15%（IUCN/WWF，1989）。世界最大的植物园是位于英格兰 Kew 的英国皇家植物园，估计栽培了 25 000 种植物，大约占全世界总种数的 10%，其中 2700 种是濒危物种或受威胁物种。中国也建立了较为完备的植物迁地保护体系，截至 2021 年 10 月，建立植物园（树木园）近 200 个，现有迁地栽培高等植物 396 科、3633 属、23 340 种（含以下分类单元），其中本土植物 288 科、2911 属、约 20 000 种，分别占中国本土高等植物的 91%、86%和 60%。

许多植物园越来越注重珍稀濒危物种的培育和研究。首先，对野外引种栽培的一些珍稀濒危植物进行种子贮藏、发芽、立苗、营养繁殖，种子生理学、繁育系统、病理学等试验研究。其次，开展珍稀濒危植物的生态环境调查，观测记录生物学特性，研究食草动物、共生关系及最小有效种群的物种生态学特性，为植物基础生物学、植物区系与植物分类学、保护生物学等方面的研究提供信息与材料来源。一些植物园还建立了一些重要分类群（如木兰科、山茶科、杜鹃花科、龙脑香科等）的专类区。这些工作帮助我们了解植物的分布与生境需求，可以为植物再引种与就地保护的规划及管理策略方面提供极有价值的建议。此外，植物园也重视野生经济植物的引种驯化和发展生产的研究，如杜鹃花、山茶花、兰花、萝芙木、人参、天麻、猕猴桃等，它们中有一些已在地方的经济发展中起了重要的作用，为植物多样性的持续利用奠定了基础。总之，植物园已经成为自然资源保护、科学研究和开发的自然资源中心。

（2）动物园　据不完全统计，目前世界上有 10 000 个以上的动物园（IUCN，1992）。这些动物园与其他相关的大学、政府野生动物部门及保护组织，维持着代表哺乳类、鸟类、爬行类和两栖类的 3000 个物种的超过 7 000 000 个个体（Groombrige，1992），其中有 274 种珍稀及濒危物种，仅有10%具有足够数量的自我维持圈养种群以保持它们的遗传变异。截至 2021 年 10 月，中国建立了 250 处野生动物救护繁育基地，60 多种珍稀濒危野生动物人工繁殖成功。

相比过去被认为是单纯消耗野生动物，当今的动物园动物生产繁育已能大部分自给自足。许多重要的动物园当前的目标是建立珍稀及濒危动物的圈养繁殖种群，以及探索在野外重建物种的新方法和新计划，如国际鹤类基金会建立的鹤类圈养繁殖种群、国内的扬子鳄繁育中心、成都大熊猫繁育研究基地等。一些动物园与圈养繁殖机构在部分珍稀濒危动物（如阿拉伯大羚羊、旋角羚、欧洲野牛、金狮绒猴、夏威夷鹅、关岛秧鸡、美洲鹤、麋鹿、大熊猫、东北虎、华南虎、扬子鳄、白唇鹿、丹顶鹤）的饲养与繁殖方面取得了突出的成果。其中阿拉伯大羚羊、金狮绒猴、麋鹿等物种甚至获得了再引种计划的成功，以后将逐步实现建立野外种群。事实上，经过努力，大多数物种都能在人工状态下生活，其可繁衍种群也能维持较长的时间。世界自然保护联盟（IUCN）的物种生存委员会保护繁殖专家组收集了许多圈养物种的相关信息，提供给动物园，其中最重要的是国际物种编目系统（ISIS），为 59 个国家的 395 个动物协会的 4200 种动物提供了信息。在新种群建立方面，对圈养动物在社会和行为方面的训练也有一些成功的经验。动物园的这些管理和经验也为物种就地保护和保护区的管理提供了支持与帮助。

然而，由于受限于人类科技与经济的发展水平，某些物种的人工圈养繁殖计划并不成功。例如，大猩猩、大熊猫、黑猩猩等受威胁和珍稀濒危物种的新种群建立的成功率很低，最终实现这些物种野外种群的生存与繁衍还待探索。但是，凭借良好的资金基础及各动物园、国家、国际组织间的联合，动物园在生物多样性保护乃至世界自然保护运动中正发挥着越来越重要的作用。

3．离体保护　离体保护即建立基因资源库。基因组资源库（genome resource bank）指将生物组织和细胞、孢粉、动物的精液、卵子和胚胎以冷冻储存（−196℃的液氮环境中）或以培养液长期保存的场所。

中国建立了国际一流的野生生物种质资源保藏体系——中国西南野生生物种质资源库，截至 2020 年底，种质资源库已保存野生植物种子 10 601 种、85 046 份，植物离体培养材料 2093 种、24 100 份，DNA 材料 7324 种、65 456 份，微生物菌株 2280 种、22 800 份和动物种质资源 2203 种、60 262 份，与英国“千年种子库”、挪威“斯瓦尔巴全球种子库”等一起成为全球生物多样性保护的重要设施。

中国高度重视生物资源保护，近年来在生物资源调查、收集、保存等方面取得较大进展。截至 2020 年底，形成了以国家作物种质长期库及其复份库为核心、10 座中期库与 43 个种质圃为支撑的国家作物种质资源保护体系，建立了 199 个国家级畜禽遗传资源保种场（区、库），为 90%以上的国家级畜禽遗传资源保护名录品种建立了国家级保种单位，长期保存作物种质资源 52 万余份、畜禽遗传资源 96 万份，建设 99 个国家级林木种质资源保存库及新疆、山东 2 个国家级林草种质资源设施保存库国家分库，保存林木种质资源 4.7 万份。建设 31 个药用植物种质资源保存圃和 2 个种质资源库，保存种子种苗 1.2 万多份。

以种子的形式储存自然保护材料，是迁地保护中采用最广泛和最有价值的方法之一。过去 20 年以来，许多与植物遗传资源有关的部门和机构已经在该领域开发出广泛的专业技能。种子贮藏较其他迁地保护方法具有相当多的优点，如贮藏简便、节约空间、相对低的劳力需求等，因而具有以经济可行的代价保存大量样本的能力。

此外，中国在生物多样性保护的政策法规体系构建和全球生物多样性保护合作中做出了突出贡献。中国积极履行《生物多样性公约》及其议定书，2019 年提交了《中国履行〈生物多样性公约〉第六次国家报告》《中国履行〈卡塔赫纳生物安全议定书〉第四次国家报告》，持续推进《濒危野生动植物种国际贸易公约》《联合国气候变化框架公约》《联合国防治荒漠化公约》《关于特别是作为水禽栖息地的国际重要湿地公约》《联合国森林文书》等进程，与相关国际机构合作建立国际荒漠化防治知识管理中心，与新西兰共同牵头组织“基于自然的解决方案”领域工作，并将其作为应对气候变化、生物多样性丧失的协同解决方案。

中国不断建立健全生物多样性保护政策法规体系，2020 年，通过了《关于全面禁止非法野生动物交易、革除滥食野生动物陋习、切实保障人民群众生命健康安全的通知》，云南省制定了全国第一部生物多样性保护的地方性法规《云南省生物多样性保护条例》，陆续发布了《中国植物红皮书》《中国濒危动物红皮书》《中国物种红色名录》《中国生物多样性红色名录》。

第二节 生物安全

生物安全有广义和狭义之分。广义的生物安全是指在特定的时空范围内，由于自然或人类活动引起的某种生物数量的急剧变化，并由此对当地其他物种和生态系统造成改变和危害，进而对人类的正常生存和发展构成影响。一般来说，生物安全主要包括以下三个方面：外来生物入侵、生态安全和转基因生物安全：第一，人类引起的生态环境变化导致了外来生物的大量侵入，即外来生物入侵；第二，人为破坏和影响造成环境的剧烈变化对生物产生了影响和威胁，即生态安全；第三，在科学研究、开发和应用中对人类健康、生存环境和社会生活产生了有害的影响，主要指的是转基因生物安全。狭义的生物安全是指通过基因工程技术所产生的遗传工程体及其产生的安全性问题，即广义生物安全中的第三个方面。生态安全在本章上一节已有论述，这里主要讨论外来生物入侵和转基因生物安全。

一、外来生物入侵

由于人类的干扰和破坏，外来生物的影响和破坏作用日益加剧，这已经成了一个全球性的环境问题。

（一）外来生物入侵的概念

千万年来，海洋、山脉、河流和沙漠为物种和生态系统的演变提供了隔离性的天然屏障。在近几百年间，这些屏障受到全球变化的影响很大，外来入侵物种远涉重洋到达新的生境和栖息地，并成为外来入侵物种。外来入侵种（alien invasive species，AIS）就是对生态系统、生境、物种、人类健康带来威胁的外来种，可能威胁当地动植物的生存，导致庄稼减产、海水和淡水生态系统退化。入侵物种常常表现出极强的适应进化能力，这是其成功入侵的主要特点，其适应性变化主要涉及遗传结构、表型可塑性、他感作用和生殖策略等问题。外来物种入侵后通常会发生较大的遗传变化而增强入侵力，如乌桕（*Sapium sebiferum*），入侵种产生的化感物质可能使其在新环境中获得竞争优势。从外来昆虫的信息素和宿主挥发性物质的角度研究外来物种和宿主的协同进化也是热点之一。表型可塑性在外来物种入侵力形成方面也发挥着重要作用，大多数入侵物种对新环境都有很强的适应能力，表现出很高的表型可塑性和多样性。

20 世纪 80 年代以来，我国经济的高速发展促进了外来物种的引入。从森林到水域，从湿地到草地，从郊外到城市居民区，都可以见到这些生物“入侵者”。2001 年 5 月国际自然及自然资源保护联盟列出了世界 100 种恶性外来入侵种（表 8-3），包括微生物、水生和陆生植物、无脊椎动物、两栖动物、鱼类、鸟类、爬行动物和哺乳动物，这些入侵者包括家猫、北美灰松鼠、尼罗河鲈、水风信子和家褐蚁，世界危害很大的引入外来物种还包括灰鼠、印度鹩哥、亚洲虎蚊、黄色喜马拉雅悬钩子和直立仙人果。

表 8-3 世界 100 种恶性外来入侵种

外来入侵种	数量	外来入侵种	数量
微生物	8 种	两栖动物	3 种
水生植物	4 种	鱼类	8 种
陆生植物	32 种	鸟类	3 种
水生无脊椎动物	8 种	爬行动物	2 种
陆生无脊椎动物	18 种	哺乳动物	14 种

资料来源：陆庆光和干海珠，2001

根据《2020 中国生态环境状况公报》，全国已发现 660 多种外来入侵物种，其中，71 种对自然生态系统已造成或具有潜在威胁，已将其列入《中国外来入侵物种名单》。

应该注意的是，并非任何外来迁入者最后都能成为入侵者。事实上，从迁移者到入侵者的转化与多个方面的因素有关。在生物入侵过程中，外来种原产地种群中的少数个体越过地理屏障传播到新的生长区域，然后通过自身生物潜力的发挥建立新的种群，因此从迁移者到入侵者的过渡通常有一个延迟或滞后时期。滞后时间长短与外来种本身的生物学特性、外来种与土著种的种间关系、外来种与土著生物群落总体的关系、新生长区群落多样性对入侵种的抵抗性、新生长区环境变化对入侵的影响等几个因素相关。一般地，生态环境破坏越严重，外来入侵问题就可能越突出。

（二）生物入侵的危害性

外来入侵种由于被改变了食物链的结构，在缺乏天敌制约的情况下泛滥成灾，导致了严重的生态危害，比如物种多样性降低、遗传多样性丧失、生态系统多样性减少、经济损失严重、人群健康受损等。

1．生物入侵影响物种多样性 生物入侵是造成全球生物多样性丧失的一个重要原因。能够成功入侵的外来物种，往往具有先天的竞争优势，在入侵地摆脱了原来的制约，就会出现疯长现象，甚至分泌化感物质抑制排挤本地物种，形成单一的优势种群，最终导致入侵地物种多样性丧失。例如，飞机草与紫茎泽兰原产中美洲，从中缅、中越边境传入我国云南南部，现已广泛分布于云南、广西、贵州、四川的很多地区，在其发生区大肆排挤本地植物，形成单一的植物群落，导致其他物种消失。豚草原产北美，传入我国后，已经扩散到东北、华北、华中、华东、华南的15个省（自治区、直辖市），对禾本科、菊科等一年生草本植物有明显的排挤作用，在豚草发生区，昆虫的种类显著降低。大米草入侵福建等地的沿海滩涂，导致红树林湿地生态系统遭到破坏，甚至使红树林消失，滩涂鱼虾贝类及其他生物也不能生存，原有的200多种生物减少到20多种。人们将北疆额尔齐斯河的河鲈引入南疆的博斯腾湖，从而导致原分布于博斯腾湖的新疆大头鱼灭绝。在关岛，外来入侵物种棕色树蛇引起了关岛本地10种森林鸟类、6种蜥蜴和2种蝙蝠的灭绝。愈演愈烈的外来物种入侵对生物多样性的危害往往是不可逆转的，其加快了物种灭绝的速度。

2．生物入侵影响遗传多样性 外来物种入侵导致入侵地局部野生、原始种群消失的同时，也伴随着遗传材料减少，从而导致遗传多样性的丧失。外来物种的入侵还使种群破碎化，导致遗传漂变和近亲交配，使个体适应性和生活力下降，如加拿大一枝黄花可与假蓍紫菀杂交；从美国引进的红鲍和绿鲍，在一定条件下能和我国土著种皱纹盘鲍进行杂交。本地种与外来种杂交还易造成遗传污染，如我国北方自然海区虾夷扇贝的繁殖期是2～4月，土著栉孔扇贝是4～6月，在时间上，自然生态条件下的外来虾夷扇贝就有可能与土著栉孔扇贝杂交（实验室条件下已获得了杂交后代）。这样的后代若在自然生态环境中再成熟繁殖，与土著栉孔扇贝更易于杂交，势必对我国这2种土著贝类造成严重的遗传污染。

3．生物入侵影响生态系统多样性 在自然界长期进化过程中，生物与生物之间相互制约、相互协调，形成稳定的生态平衡系统。外来物种入侵对当地自然生态环境的改变，使生态系统内部能量流动和物质循环难以进行，导致生态失衡、生态系统紊乱。例如，薇甘菊在珠江三角洲一带大肆扩散蔓延，遇树攀缘，遇草覆盖，仅深圳市受薇甘菊危害的林地面积已达2667 hm^2；20世纪80年代初从美国侵入我国的红脂大小蠹，

1999 年在山西省大面积暴发，使大片油松林在数月之间毁灭，严重危及其他野生动植物赖以生存的生态环境；水葫芦原产南美，现广泛分布于我国华北、华东、华中和华南的大部分河流、湖泊和水塘中，往往形成单一的优势群落，特别在滇池疯长成灾。外来物种入侵的后果是导致不同生物地理区域生态系统的组成、结构和功能均匀化并最终退化，最终失去其服务功能。

4. 生物入侵造成经济损失 生物入侵最直接的危害是造成经济上的巨大损失，据统计，美国每年因外来物种入侵造成的经济损失高达 1500 亿美元，印度每年的损失为 1300 亿美元，南非为 800 亿美元，我国因外来物种入侵造成的经济损失也相当惊人（表 8-4），每年几种主要外来入侵物种造成的经济损失达 574 亿元人民币，于 1994 年进入我国的美洲斑潜蝇（*Liriomyza sativae*）已蔓延了 100 多万 hm^2，每年对其的防治费用就需 4.5 亿元。据林业专家测算，仅森林公害一项我国每年损失就有 50 亿元。有统计资料表明，水葫芦所造成的损失达 80～100 亿元，广东为了防治松材线虫（*Bursaphelenchus xylophilus*），一年投了 6000 万元，仅减少受灾面积 0.4 万 hm^2。闽东一些地区的农民原来养一亩地收入 2 万元，现在到处肆虐的互花米草让农民的致富梦都泡了汤，闽东 6 个县农民每年总减收达数亿元。生物入侵导致生态灾害频繁暴发，对农林业造成了严重损害。

表 8-4 我国因外来物种入侵造成的经济损失和防治费用

物种	经济损失或防治措施	时间	经济损失额或防治费用额	地点
紫茎泽兰	畜牧业经济损失	每年	数千万元	四川凉山州
紫茎泽兰	控制	20 世纪 90 年代	数百万元	四川
紫茎泽兰	控制	20 世纪 90 年代	数百万元	云南
凤眼莲	人工打捞	1999 年	500 万元	福建莆田市
凤眼莲	人工打捞	1999 年	1 000 万元	浙江温州市
凤眼莲	人工打捞	1999 年	＞1 亿元	全国
豚草	感染花粉病	每年	＞100 万人	全国
空心莲子草	经济损失	每年	6 亿元	全国
美洲斑潜蝇	经济损失	1995 年	2 400 万元	四川
美洲斑潜蝇	经济损失	1995 年	11 000 万元	山东
美洲斑潜蝇	防治	每年	4.5 亿元	全国
松材线虫	经济损失		5 亿元	安徽、浙江两省
松材线虫	仅减少受灾面积 0.4 万 hm^2	1 年	6 000 万元	广东省
互花米草	水产业 1 年的损失	1990 年	＞1 000 万元	福建宁德市东吾洋一带
互花米草	水产业 1 年的损失	每年	农民减收数亿元	福建 6 个县
禽流感病毒	销毁活鸡，赔偿鸡农鸡贩损失	1997 年	1.4 亿港币	香港
8 种主要外来入侵种	造成的经济损失	每年	574 亿元	全国
外来入侵种	造成的经济损失	每年	数千亿元	全国

资料来源：李振宇和解焱，2002

由于生物入侵影响着生态系统的结构和功能，进而影响到自然资源资产的状况，因此可将生物入侵导致的生态损失变化及其修复成本纳入自然资源资产的核算中。

5. 生物入侵影响人群健康 外来生物入侵不仅给生态环境和国民经济带来巨大损失，还直接威胁人类的健康。外来入侵种带来许多新的医学问题，而且全球化会使那些对人类有害的病毒（如传染性疾病）的影响进一步扩大。

豚草、三裂叶豚草现已分布在东北、华北、华东和华中的 15 个省（自治区、直辖市），它的花粉就是引起人类花粉过敏的主要病原物。据调查，1983 年沈阳市人群发病率达 1.52%，每到豚草开花散粉季节，过敏体质者便发生哮喘、打喷嚏、流清水样鼻涕等症状，体质弱者甚至有合并症发生。公元五世纪下半叶，鼠疫从非洲侵入中东，进而到达欧洲，造成约 1 亿人死亡；1933 年猪瘟在我国传播流行，造成 920 万头猪死亡；1997 年，香港发生禽流感事件，不得不销毁 140 万只鸡，仅赔偿鸡农、鸡贩的损失达 1.4 亿港币。

（三）生物入侵的防治

生物入侵的诸多负面影响引起了科技界、政府和公众对其防治的极大关注。全球联防联控是有效阻止外来物种入侵，保障经济、生态安全和社会稳定的根本途径，尤其是我国急需加强对外来物种入侵的预防与控制工作。

1. 生物入侵的控制方法 控制外来入侵种不是简单的事情，需要制定控制计划，其中包括确定主要的目标物种、控制区域、控制方法和时间等。生物入侵的常见控制和清除方法主要有化学控制、机械或物理控制和生物控制三种。

（1）化学控制 化学控制（chemical control）可能仍然是农业上控制生物入侵的主要方法。虽然化学农药具有效果迅速、使用方便、易于大面积推广应用等优点，但不幸的是，使用化学农药存在一些弊端。首先，化学农药往往会杀灭许多本地物种，对人类和非靶物的健康造成危险，如 DDT 产生的问题众所周知。其次，它的费用较高，在大面积山林及一些自身经济价值相对较低的生态环境如草原使用，往往不经济、不现实。再次，害虫抗性的频繁进化、高的费用及重复应用的必要性通常使化学控制不可行。若是在大型自然区以控制入侵种为目标，那么使用化学方法是被禁止的。另外，对于多年生外来杂草，大多数除草剂通常只能杀灭其地上部分，难以清除地下部分。

（2）机械或物理控制 利用一些机械设备或其他物理方法来防除有害生物，短时间内也可迅速杀灭一定范围内的外来生物，缓解其对环境安全的威胁或影响，这称为机械控制（mechanical control），其控制方法主要有如下几种：①依靠人力捕捉外来害虫或拔除外来植物、利用机械设备来防治外来植物、利用黑光灯诱捕有害昆虫等。例如，利用机械打捞船在非洲的维多利亚湖等地，控制水葫芦等水生杂草取得了一定的效果。②通过物理学的各种途径防治也可控制外来有害生物，如用火烧和放牧的方法控制有害植物。③种树和覆盖地表也是控制外来杂草的好方法。

（3）生物控制 随着化学药剂和机械控制出现的问题产生了生物控制（biological control），即引进入侵物种的天敌。生物控制的一般工作程序包括：在原产地考察、采集天敌；天敌的安全性评价；引入与检疫；天敌的生物生态学特性研究；天敌的释放与效果评价。

当然，生物控制也有它的优缺点：因为天敌一旦在新的生境下建立种群，就可能依靠自我繁殖、自我扩散，长期控制有害生物，所以生物控制具有控效持久、防治成本相对低廉的优点。但是，通常从释放天敌到获得明显的控制效果一般需要几年甚至更长的时间，因此对于那些要求在短时期内彻底清除的入侵，生物控制难以发挥良好的效果。由于从不同的利益角度对杂草的认识不同，生物控制杂草容易引起利益冲突。另外，引进天敌防治外来有害生物也具有一定的生态风险性，释放天敌前如不经过谨慎的、科学的风险分析，引进的天敌很可能成为新的外来入侵生物，从而带来不利甚至有害生态系统的恶果。国际上杂草生物控制已有 100 多年的历史，引进天敌控制杂草在取得成就的同时，也面临着天敌安全性等新的挑战。天敌昆虫（*Cactoblastis cactorum*）曾成功地控制了澳大利亚、南非、夏威夷等地的仙人掌（*Opuntia* spp.），但在 1989 年，在美国的佛罗里达发现该虫威胁当地的一种仙人掌，成为一种严重的害虫。

除以上介绍的化学控制、机械或物理控制和生物控制之外，综合治理是一种有发展前景的方法，就是将化学、机械或物理、生物控制等单项技术有机融合起来，发挥各自优势、弥补各自不足，达到综合控制生物入侵的目的，因此具有速效性、持续性、安全性和经济性等特点。

2．生物入侵控制的长期对策 生物入侵正以前所未有的速度改变着世界的自然群落和生态性状，在全社会建立系统的防范对策是必要的。控制生物入侵的长期对策主要包括以下几个方面。

1）管理能力：加强对无意引进和有意引进外来入侵物种的安全管理。

2）监管能力：建立相应的监测系统，查明我国外来物种的种类、数量、分布和作用。

3）教育宣传能力：加强对生物入侵危害性的宣传教育，提高社会的防范意识。

4）阻击能力：积极寻找针对外来入侵物种的识别、防治技术，以对当前生物入侵的蔓延趋势加以有效遏制。

5）预警和信息处理能力：应对潜在入侵种进行风险评价（risk assessment），还应在掌握外来种包括潜在的外来种信息的基础上，建立外来种信息库与预警系统，完善世界、国家、区域生物安全体系。将外来物种对环境影响评估（environment impact assessment，EIA）纳入成本—收益分析体系（cost-benefit analysis system），会更加科学地指导引种实践。

目前进入我国的外来杂草共有 107 种、75 属，其中有 62 种是作为牧草、饲料、蔬菜、观赏植物、绿化植物等有意引进的，占杂草总数的 58%；主要外来害虫 32 种，如美国白蛾、松圆突蚧；外来病原菌 23 种，如棉花枯萎病病原菌。从已入侵我国的几大害虫和杂草来看，其很大程度是由人为因素引起的。目前，我国已进入一个国际贸易和旅游发展的新时期，也是外来物种进入我国通道最多和最畅通的时期，为了我国的生态安全，科研部门应积极开展对外来物种的生物学特性、入侵生态学、防治、控制等方面的研究。同时应及时制定外来入侵物种管理的专项法规，对管理的对象、内容、权利、责任等做出明确规定，协调各有关部门贯彻落实与我国相关的国际和地区协议、机构及我国涉及外来入侵种的法规、条例，有效地防范生物入侵。

二、转基因生物安全

转基因技术将是当前和今后生物技术领域的核心技术。由于它可以突破物种间的界限，转移有用的基因，使远缘类群的物种之间发生基因交换，并且可以将有特定性状的基因转移到受体生物，使生物发生定向变异，成为具有人们所需要性状的新品种。例如，转基因技术将在提高农作物的产量与品质、改善作物对各种生物和非生物胁迫的抵抗力等方面做出巨大贡献。但是，转基因生物进入环境中可能产生的副作用也是不可低估的，这就是转基因生物的环境安全问题。

（一）转基因生物的概念

转基因生物也叫遗传改性生物（genetically modified organisms，GMO）或遗传工程生物（genetically engineered organisms，GEO），指人类按照自己的意愿有目的、有计划、有根据、有预见地运用重组 DNA 技术将外源基因整合于受体生物基因组，改变其遗传组成后产生的生物及其后代。转入基因的生物个体成为受体生物，而提供目标基因的生物成为供体生物。

按照所转移目的基因的受体类型可以把转基因生物分为转基因植物、转基因动物、转基因微生物和转基因水生生物 4 类。

按照转移目的基因的用途可以分为抗除草剂转基因植物、抗虫转基因植物、抗病性转基因植物（包括抗病毒、细菌、真菌、线虫等）、抗盐害转基因植物、抗病毒转基因家畜或禽类、生长激素转基因家畜等。

转基因技术在农业、医药、环境保护与污染治理方面都具有广阔的应用前景。1983 年世界上诞生了第一株转基因植物，1986 年世界上只有 5 项转基因植物获准进入田间试验，1992 年增加到 675 项。1994 年首例转基因植物产品开始商品化生产，1996 年转基因植物开始大面积种植，仅在 1998 年一年内，美国就批准了 1077 项转基因农作物进入大田试验。自 1994～1997 年短短的三年间，国外就有了包括抗虫棉花和玉米，抗除草剂大豆、棉花、玉米和油菜，耐贮番茄，抗病毒黄瓜等十多种植物的 46 项转基因植物获准上市销售，种植国家已达 45 个。截至 2000 年底，全球转基因植物田间试验数量超过 1 万例，转基因作物品种达 100 多个，用转基因作物生产加工的转基因食品和食品成分达 4000 多种。

转基因作物自 1994 年首次商业化种植以来，全球种植面积由最初的 2550 万亩增加到 28.6 亿亩，作物种类已由玉米、大豆、棉花、油菜等 4 种扩展到马铃薯、苜蓿、茄子、甘蔗、苹果等 32 种。2019 年，全球主要农作物种植面积中，74%的大豆、31%的玉米、79%的棉花、27%的油菜都是转基因作物。目前，全球商业化应用转基因作物的国家和地区达 71 个。

根据《美国农业部海外农业局发布多个国家及地区生物技术年度报告》（2021 年），欧盟进口大量转基因饲料，仅生产少量转基因作物。欧盟复杂的生物技术监管框架阻碍了新兴技术的发展，比利时支持农业生物技术的民众主要分布在瓦隆和弗拉芒地区，这两个地区是先进的生物技术研究机构所在地，支持该国大部分的转基因田间试验。此外，比利时的家禽和畜牧业仍依赖于进口转基因作物作为动物饲料。从 2021 年 1 月 1 日起，英国仍保留欧盟已获授权的转基因产品，目前还有 9 种转基因产品正在征询意见。此外，英国宣布将减少转基因植物田间试验的行政审批负担，并且拟对部分基因编辑植物或动物（可通过传统育种方法获得）的监管方法进行修订。加拿大转基因作物的种植面积为 1160 万 hm^2，主要包括转基因油菜、大豆和玉米，比 2020 年增长了 7%。阿根廷共批准了 3 项新转化体（2 项玉米和 1 项苜蓿）用于食品、饲料和种植。2021 年 11 月，阿根廷含有转基因小麦成分的面粉获得了巴西的进口批准。墨西哥是全球主要的转基因玉米和大豆进口国之一，2020 年进口量分别达到了 31 亿美元和 22 亿美元，转基因棉花是墨西哥唯一种植的转基因作物。2020 年 12 月，尼日利亚成为第一个发布基因编辑指南的非洲国家，并规定不含外源基因的基因编辑产品不受转基因法规的监管。此外，尼日利亚在全国范围内种植转基因抗虫豇豆和转基因棉花，且转基因玉米的田间试验也已被批准。

截至目前，我国共批准发放 7 种转基因植物的农业转基因生物安全证书，推广种植的只有抗虫棉、木瓜和白杨。1998 年中国种植各类转基因作物 15 万亩，1999 年超过 200 万亩，2000 年仅转基因抗虫棉一项便达 500 万亩（表 8-5）。

表 8-5　我国推广种植的转基因品种、申请单位及允许种植的地区（1997～1999 年）

转基因植物	申请单位	允许种植的地区
耐贮藏番茄	华中农业大学	—
抗黄瓜花叶病甜椒 PK-SP01	北京大学	北京、厦门、云南、辽宁
抗黄瓜花叶病甜椒双丰 R	北京大学	辽宁
抗黄瓜花叶病番茄 PK-TMB805R	北京大学	北京、厦门、云南
抗黄瓜花叶病番茄 8805R	北京大学	辽宁

资料来源：刘谦和朱鑫泉，2001

2011 年我国抗虫棉占棉花种植总面积的 71.5%，2012 年占 80%，2013 年占 90%，2014 年占 93%，2015 年占 96%，其应用率逐年上升，累计推广 3.7 亿亩。除了抗虫棉，2014 年广东、海南和广西三省种植了 8500 hm^2 抗病毒木瓜，另外还种植了 543 hm^2 的 Bt 白杨。2015 年中国的这三个省又种植了 7000 hm^2 抗病毒木瓜，Bt 白杨种植面积依然是 543 hm^2。2017 年我国种植了 280 万 hm^2 转基因棉花和木瓜，是世界第八大转基因作物种植国。

根据我国 2016 年《关于开展第一批农业转基因生物试验基地认定工作的通知》，旨在加强农业转基因生物试验的可追溯管理，提高试验基地的标准化、集约化和规模化水平，提升农业转基因试验的源头监管能力。第一批农业转基因生物试验基地定为海南省南部的三亚市、陵水县、乐东县，在这里开展农业转基因作物试验的现有育（制）种。至 2016 年 9 月，农业部（现农业农村部）共批准转基因生物技术试验 8249 项，发放生产应用安全证书 2627 项（含续申请）。

2019 年、2020 年，农业农村部相继批准了 7 个转基因耐除草剂大豆和转基因抗虫耐除草剂玉米的安全证书。我国自主研发的耐除草剂大豆获准在阿根廷商业化种植，抗虫大豆、抗旱玉米、抗虫水稻、抗旱小麦、抗蓝耳病猪等已形成梯次储备。

（二）转基因生物的环境行为

任何生物一经投放到环境中，必然会与其他生物或物质环境发生相互作用，包括繁殖、捕食、共生等生物间的相互作用，也包括物质循环、能量流动和信息传递过程中的生物与环境之间的相互影响，转基因生物是人为研制出来的特殊生命形式，势必存在一些与普通植物不同的环境行为。

鉴于转基因生物主体的生活环境和自身生物属性不同，这里对转基因植物、转基因动物及转基因微生物分别进行论述。

1. 转基因植物的环境行为　转基因植物进入大田后，自身将发生变化，同时，在大田中的整个生长期内也必然会对其周围植物、其他生物及土壤生态系统产生影响。

（1）转基因植物自身的变化　转入基因的表达会对植物自身产生一定的影响，包括新陈代谢、组成成分、遗传、进化等方面。

转移目的基因的表达，使得植物自身蛋白质的组成和含量发生了一定的变化，而且如果基因插入后发生了基因共抑制，还会导致原有基因发生表达上的变化——表达量减少或不表达，这都影响了植物原有物质的组成，进而影响其新陈代谢和生长发育。例如，研究抗虫转基因水稻发现，其农艺性状与对照相比发生了很大的变化，在大田生长的情况下，抗虫转基因水稻的株高、穗长、育性、单株产量和千粒重明显降低，而单株分蘖数增多，落粒性增强，花期推迟3～5天。

（2）转基因植物的适应性和对物种进化的影响　转基因植物对生态环境存在的影响还取决于导入外源基因对植物在环境中适应性的改变。以抗除草剂植物为例，通常抗除草剂转基因作物除能抗除草剂外，其他特性与普通植物相近。因此，在有除草剂选择的条件下，具有相应抗性基因的植物的适应性要比没有转移此目的基因的植物强，从而其能够较好地生长，淘汰非转基因植物，降低了物种的遗传多样性水平，进而影响了植物进化的方向和速度。但是，在没有施用除草剂的大田中，抗除草剂转基因作物不会比普通作物显示出任何适应性上的优势，甚至有可能因为数量相对较少而被淘汰。若管理不当，大量施用除草剂，依赖除草剂的选择来体现抗除草剂转基因植物的优势并保留转基因作物则会加剧环境污染。

（3）转基因植物对生态系统的影响

1）转基因植物对邻近植物物种的影响。转基因植物投放到大田试验时，会改变自身的生存竞争力。如果通过种子的散布或花粉的传播而扩散到非控制区，一些转移抗虫基因的作物会产生毒蛋白，不仅抑制了害虫的生长，也可能对天敌昆虫产生毒杀作用，从而影响野生动植物的正常繁育，改变物种多样性并扰乱自然的生态平衡。若转基因植物与野生生物杂交，发生了基因扩散，则会进一步影响种质基因库，降低遗传多样性，在一定程度上改变物种的进化方向。转基因植物还可能由于其抗性增加而自身杂草化，这样就改变了植物原有的竞争优势，破坏了生态平衡。

2）转基因植物对土壤微生物和动物区系组成及数量的影响。转基因植物蛋白质组成的变化影响了植株体内的碳、氮元素的含量比例，其长期种植就会影响土壤的营养平衡，进而影响微生物的新陈代谢作用（如矿化作用、氨化作用、硝化作用及反硝化作用等），也就影响了微生物对枯枝落叶的分解速率，而枯枝落叶分解及植物根系分泌物都会导致根系周围微生物种类和数量组成的变化。例如，研究发现抗真菌和细菌转基因烟草的抗性蛋白会残留于根际土壤较长一段时间，从而影响腐生型土壤细菌的数量。钱迎倩等记者也报道带有几丁质酶的抗真菌转基因作物通过枯枝落叶的降解和根系分泌物也会减少土壤中菌根种群。

3）转基因植物根系分泌物对土壤原生动物种类与数量的影响。转凝集素基因马铃薯的盆栽试验及大田试验中期都表明了根际土壤鞭毛虫与对照相比有所降低，变形虫的数量也明显减少；线虫以细菌或真菌为食，通过调节分解作用和营养的释放而影响生态系统的功能，但是转移不同目的基因的植物在大田栽种试验时，对线虫数量的影响不同。例如，转 *Bt* 基因烟草的土壤中线虫数量明显增加；转凝集素基因马铃薯土壤线虫在生长期没有差异，残茬分解对线虫也没有影响。

2. 转基因动物的环境行为　由于转入目的基因在宿主基因是随机整合的，其整合位点数和拷贝数也是随机出现的，因此有可能出现转入基因整合到具有重要功能的基因之中，从而干扰该基因的正常表达，影响其代谢和发育，有时甚至可能引起原有基因突变或不正常表达，也影响转基因动物的生理活动。

有的外源基因表达具有时间性，这使得转基因动物只在一段时间内表达外源基因；有些个体可能因插入位点不合适而无法表达外源基因；还有些个体可能基因拷贝数过多导致表达过量，干扰自身的生理活动。

不同的转基因方法，外源 DNA 导入宿主细胞整合的机制不同，对宿主的作用和影响也不一致。外源 DNA 的不正常重组能够导致宿主染色体与 DNA 的一系列变化，包括缺失、重复、无关序列的插入；中断宿主细胞一些必须基因的转录过程；激活有害基因等以至于导致宿主畸变或死亡。

3. 转基因微生物的环境行为　转基因微生物的实质就是重组微生物。目前常用于进行转基因操作的微生物集中于发酵工业和环境污染治理的生物修复方面，如将固氮基因引入豆科作物以提高作物的养分利用，同时减少化肥使用，保护环境。美国、日本等国家还分离出能够降解碳氢化合物和多氯联苯的菌株。

由于微生物广泛分布于土壤、大气和水体中，其个体微小、形态多样、繁殖迅速、易于发生突变，因而转基因操作对于微生物而言就显得更为重要。由于转入基因的稳定表达及扩散都远比植物、动物更快、更明显。因此，转基因微生物与其他生物接触时，很容易发生基因转移，从而使得其他生物也引入了外源目的基因。例如，上面已经提到植物与微生物之间也能够发生基因转移，根瘤杆菌与豆科植物结合可以形成肿瘤，这种肿瘤基因可以转化到植物基因组中并稳定遗传。

目前还有部分目的基因的导入是利用质粒进行的，这些质粒 DNA 更容易发生扩散，改变其他物种的遗传组成。有些转基因所利用的标记基因为抗生素基因，它们常常会提高微生物对抗生素的抗性，进而转移到其他生物体中，这样就改变了自然界微生物的生态位及其竞争优势，干扰了生态平衡。

（三）转基因生物的安全管理

转基因生物安全管理的相关制度建设取得了一定进展。1993 年 12 月中华人民共和国国家科学技术委员会发布《基因工程安全管理办法》，1996 年 7 月农业部发布《农业生物基因工程安全管理实施办法》，以促进我国农业生物基因工程领域的研究和开发，加强安全管理，防止基因工程产品对人体健康及人类赖以生存的环境和农业生态平衡造成危害。2000 年 8 月我国作为第 70 个签署国签订了《卡塔赫纳生物安全议定书》。2000 年 9 月，国家环境保护总局、中国科学院、农业部、科技部等联合编制了《中国国家生物安全框架》，这是我国生物安全的政策体系、法规体系和能力建设的国家框架方案，总体目标是：通过制定法规、政策及相关的技术准则，建立管理机构和完善监督机制等，保证将现代生物技术及其产品可能产生的风险降到最低，最大限度地保护生物多样性、生态环境和人类健康，同时确保现代生物技术的研究、开发与产业化发展能够健康有序地进行。2001 年 6 月，我国正式颁布了《农业转基因生物安全管理条例》，规定今后转基因产品的生产和销售都必须拥有政府有关部门颁发的批准证书，而且须加贴标签予以注明，此条例于 2017 年修订，旨在加强促进农业转基因生物技术研究，保障人体健康和动植物、微生物安全。国家环境保护总局会同有关部门研究建立了与《卡塔赫纳生物安全议定书》相适应的国家监管系统和技术支持系统。2002 年 1 月，农业部正式公布了《农业转基因生物安全评价管理办法》《农业转基因生物进口安全管理办法》和《农业转基因生物标识管理办法》三个实施细则，规定对转基因大豆种子、大豆、大豆粉、大豆油、豆粕、玉米种子、玉米、玉米油、玉米粉、油菜种子、油菜籽、油菜籽油、油菜籽粕、番茄种子、鲜番茄、番茄酱进行标识，并于 2002 年 3 月 20 日正式实施（2017 年修订更新），旨在加强农业转基因生物进口的安全管理，并进一步规范农业转基因生物的销售行为。2006 年通过了《农业转基因生物加工审批办法》，明确了进行转基因生物加工应该具备的条件。2007 年卫生部颁布了《新资源食品管理办法》。

中国不断完善转基因生物安全管理，先后发布转基因生物安全评价、检测及监管技术标准 200 余项，转基因生物安全管理体系逐渐完善。为保障人民生命健康，保护生物资源和生态环境，实现人与自然和谐共生，于 2020 年 10 月 17 日通过了《中华人民共和国生物安全法》，可见，中国高度重视生物安全，把生物安全纳入国家安全体系，颁布实施生物安全法，系统规划国家生物安全风险防控和治理体系建设。

1986 年美国颁布的《生物技术管理协调框架》是美国第一个生物技术安全管理的法规，它的诞生标志着美国转基因方面的监管体系有了基础框架。在转基因技术发展过程中，1996 年该技术被大面积用于商业化种植，欧盟、日本等国家和地区又相继制定了关于转基因技术规制的专项法规，规制的内容更加全面，涉及从研发、试验、生产、加工、流通及进出口等各个环节。根据各个国家转基因技术安全政策的运作模式特点，可以分为鼓励式、禁止式、允许式和预警式 4 种不同类型（表 8-6）。

表 8-6　转基因技术安全政策类型

转基因技术安全政策	政策含义	政策的合理性前提	潜在风险与收益评估
鼓励式	鼓励农业转基因技术的研发和应用	转基因作物的商业化种植不产生风险	较大潜在风险
禁止式	完全阻塞和禁止转基因农作物技术的应用	技术具有高风险水平、高发生率和严重危害程度	很难定量评估
允许式	既不打算加速也不放慢转基因作物技术的应用速度	无特殊的风险	事后补救不可行
预警式	放慢转基因作物发展的速度	不确定潜在风险	兼顾风险与收益

思　考　题

1. 什么是生物多样性，导致生物多样性丧失的原因有哪些？
2. 保护生物多样性应遵循哪些原则？
3. 生物多样性保护有哪些途径和措施？
4. 什么是生物安全，如何从广义和狭义两方面理解？
5. 生物入侵的危害性有哪些，怎样对其进行控制？
6. 什么是转基因生物，它有哪些类型？
7. 转基因生物有哪些环境行为，怎样对转基因生物进行安全管理？
8. 如何理解技术安全问题？

推 荐 读 物

陈领．1999．中国的濒危物种及其保护．动物学报，45（3）：350-354．
程志强，陈旭君．2002．转基因植物中抗生素抗性基因的安全性评价．生命科学，14（1）：14-16．
段昌群．2010．环境生物学．2 版．北京：科学出版社．
《联合国千年生态系统评估》委员会．2005．千年生态系统评估：生物多样性研究报告．北京：科学出版社．
任海，彭少麟．2002．恢复生态学导论．北京：科学出版社．

主要参考文献

蔡晓明．2002．生态系统生态学．北京：科学出版社．
陈仲新，张新时．2000．中国生态系统效益的价值．科学通报，45：17-22．
程志强，陈旭君．2002．转基因植物中抗生素抗性基因的安全性评价．生命科学，14（1）：14-16．
段昌群，杨雪清．2006．生态约束与生态支撑．北京：科学出版社．
段昌群．1995．植物对环境污染的适应与植物的微进化．生态学杂志，14（5）：43-50．
方浩，郭建英，王德辉．2002．中国外来入侵生物的危害与管理对策．生物多样性，10（1）：119-125．
郭利磊，朱家林，孙世贤．2019．转基因作物的生物安全：基因漂移及其潜在生态风险的研究和管控．作物杂志，（2）：8-14．
国家环境保护局．1998．中国生物多样性国情研究报告．北京：中国环境科学出版社．
国家环境保护局自然保护司．1999．中国生态问题报告．北京：中国环境科学出版社．
何维明．2020．生物入侵的影响是否准确可知？生物多样性，28（2）：151-153．
蒋志刚，马克平，韩兴国．1997．保护生物学．杭州：浙江科技出版社．
李岣，官春云．2002．转基因植物的应用研究及基因产品的安全性评价．生命科学研究，6（1）：31-35．
李振宇，解焱．2002．中国外来入侵种．北京：中国林业出版社．
刘谦，朱鑫泉．2001．生物安全．北京：科学出版社．

陆庆光，干海珠．2001．世界 100 种恶性外来入侵生物．世界环境，（4）：42-44.
沈平，武玉花，梁晋刚，等．2017．转基因作物发展及应用概述．中国生物工程杂志，37（1）：119-128.
孙儒泳．2000．生物多样性的启迪．上海：上海科技教育出版社.
万方浩，郭建英，王德辉．2002．中国外来入侵生物的危害与管理对策．生物多样性，10（1）：119-125.
叶有华，杨智中，李思怡．2020．生物入侵对自然资源资产的影响及其在自然资源资产负债表编制中的应用．生态环境学报，29（12）：2465-2472.
余细红，李韶山．2022．我国生物入侵现状与防制分析．生物学教学，47（2）：95-96.
张慧远，郝海广，张强．2021．生物多样性保护与绿色发展之中国实践．北京：科学出版社.
张全国，张大勇．2022．生物多样性与生态系统功能：进展与争论．生物多样性，10（1）：49-60.
Curnutt J L. 2000. Host-area specific climatic-matching: similarity breeds exotics. Biological Conservation, 94: 341-351.
Haines A, McMichael A J, Epstein P R. 2000. Environment and health: 2. Global climate change and health.Canadian Medical Association Journal, 163(6): 729-734.
Schonewald-Cox C M, Bayless J W. 1986. The boundary model: a geographical analysis of design and conservation of nature reserves. Biological Conservation, 38: 305-322.
Simberloff D, Schmitz D C, Brown T C. 1997. Strangers in Paradise: Impact and Management of Nonindigenous Species. Washington: Island Press.
Species Survival Commission(SSC). 2000. IUCN Guidelines for the Prevention of Biodiversity Loss Caused by Alien Invasive. Gland Switzerland.
Wilcove D S, Mcmillan M, Winston K C. 1993. What exactly is an endangered species? An analysis of the U.S. Endangered Species List:1985-1991. Conservation Biology, 7(1): 87-93.

第九章　环境生态与生态环境管理

【内容提要】本章介绍了生态监测、生态规划和生态管理的概念，系统地介绍了生态监测、生态评价、生态规划的指标体系，阐明了生态评价、生态规划、生态管理的目标原则，剖析了生态评价、生态规划、生态管理的程序。

通过生态监测，全面掌握生态系统结构、功能特征及变化过程，评价分析生态系统状态、健康稳定状况、演变趋势及生态环境质量，诊断生态退化原因，探讨人类活动对生态系统的结构功能的影响，合理规划人类活动及相关生态系统的建设保护计划，加强生态管理，以建立和维护良性生态系统，实现人与自然生态系统的和谐相处。

第一节　生 态 监 测

生态系统为人类的生产生活提供了重要物质，同时也受到了人类活动的深刻影响。生态系统中的生物及其环境之间存在相互影响、相互制约、相互依存的密切关系。随着外界环境的变化，生态系统内部的生物和非生物因子也会随之发生相应的变化，并通过反馈调节机制维持生态平衡。当外部环境变化超过一定的阈值时，生态系统将会发生剧烈变化，生态平衡失调。生态监测利用各种技术测定和分析生态系统各层次对自然或人为作用的响应，从而判断和评价这些干扰对生态系统产生的影响、危害及其变化规律，为生态环境质量的评估、调控和环境管理提供科学依据。

一、生态监测的概念及特点

（一）生态监测的概念

全球环境监测系统（GEMS）认为生态监测是一种综合技术，它可连续、自动收集大范围内生态系统的数据。美国环保局 Hirsch 认为生态监测是对自然生态系统的变化及其原因的监测，主要监测内容是人类活动对自然生态系统结构和功能的影响及改变。生态监测是以生态学原理为理论基础，运用物理、化学、生物、生态学技术手段，对一定区域、特定生态系统的生态因子、生物与环境之间的相互关系、生态系统结构和功能等进行系统监测，以综合评价生态环境质量，分析评价人类活动、自然因素引起的生态变化幅度，诊断生态退化原因，探讨生态变化对生态健康、生态环境质量及人类的影响，为保护生态环境、合理利用自然资源等提供决策依据。

（二）生态监测的特点

与传统环境监测不同，生态监测是对生态系统开展的全面系统监测，具有综合性、连续性、复杂性、敏感性和多尺度等特点。

1. 综合性 长期暴露于各种污染和人类活动干扰下的生物及其生态系统，不仅受到水、大气及土壤等自然生态因子和环境污染的影响，还受到人类活动的干扰，通过监测生物个体生态、种群动态、群落组成及生态系统结构功能等，可综合反映各种污染和干扰的影响。因此，生态监测可全面了解、掌握环境污染及干扰对生态系统的综合影响。

2. 连续性 生态系统中动物、植物、微生物不仅连续记录了污染物的生物吸收、分解、积累、中毒等过程，也连续记录了污染物在食物链中的迁移转化及富集放大过程，还连续记录了污染物在不同环境介质中的生物地球化学过程，因此，生态监测结果可连续反映某地区受污染或生态破坏的历史演变过程。例如，通过测定树木年轮中某种污染物的分布，可以反演大气污染的长期变化过程，植物体内污染物的累积量能真实记录污染变化的全过程。

3. 复杂性 生态系统是一个复杂的动态系统，监测对象往往受多种因素影响，自然生态因素（洪水、干旱、火灾等）及人为干扰（污染物排放、资源开发利用等）等引起的因子变化都可能会对生态系统产生不同的影响，这就使得生态监测具有复杂性。生态监测的复杂性主要表现在：①特定生态系统的结构与功能是各种生态因子综合作用的结果；②生态因子对生物的作用存在阶段性特点，同样的环境污染对不同生长阶段的生物影响存在差异；③生态系统存在一定的时空异质性，影响因素复杂。

4. 敏感性 生态系统从微生物到动植物，从原核生物、单细胞生物到真核多细胞生物，从生物分子、细胞、个体到种群、群落，不同生物、生物的不同生长阶段、生物生态的不同组织层次，对污染物响应的敏感性差异比较大，如一种唐菖蒲（*Gladiolus hybridus*）在氟化物浓度为十亿分之一的环境中几小时至几天内，其叶片就会出现受害症状，而且一般幼苗比成株更加敏感。

5. 多尺度 生态监测可以分为微观生态监测和宏观生态监测。微观生态监测可以测定生物分子、基因变化，也可以监测研究细胞器、细胞及生物器官的微观尺度变化，还可以监测植物光合生理过程、动物呼吸生理过程等的瞬时变化，以探讨环境污染对生物的影响。宏观生态监测可以监测生物个体、种群及群落变化，也可以监测生态系统结构功能的变化，还可以利用遥感技术监测区域及全球生态变化。

（三）生态监测的基本要求

与传统的理化监测相比较，生态监测具有许多优点，但是生态监测专业性强、网络设置要求高、监测频率多变、指标体系复杂等，因此，开展生态监测必须具备一些基本条件。

1. 综合的专业知识 生态系统的复杂性、多样性及区域差异性，导致生态监测涉及面广，往往包含生物学、生态学、环境科学、地理科学、测绘学、统计学等知识，专业性较强，因此生态监测人员除了必须有娴熟的生物种类鉴定技术和生态学相关知识，还应该熟悉环境科学、遥感与地理信息系统及统计学方面的知识。

2．稳定的监测点位　在生态监测过程中，应根据生态系统的特点、监测目标、监测要求等设置监测点位，在具体监测过程中，可按定位长期监测、专项研究型监测、污染事故生态监测等不同类型确定监测点位。对于区域或流域等重要生态系统演变过程的评价，应建立稳定的监测点位或监测网络，积累长期的监测资料，以完整评价生态系统的动态变化过程及趋势。

3．合理的监测频率　由于生态系统是一个复杂的动态系统，其中各种生物和非生物因子有其固有的变化周期（固有频率），如一些富营养化水体溶解氧和 pH 往往日变化非常显著，其固有频率往往是以“小时”为单位，而藻类等浮游生物的生活史往往只有数日，其固有频率以“日”或“周”为单位；水生高等植物的生活史稍长一些，其固有频率以“月”或者“季”为单位；微型浮游生物、鱼类、底栖动物等固有变化频率差异也十分显著。因此，监测频率的设计应考虑生态系统的关键生物、关键类群、关键指标的固有频率。

4．完整的指标体系　生态系统中各生物受气候、地质、水文等多种因子影响，群落分布具有明显的区域特征，一个地区的污染指示种在另一个地区的同样污染区可能并不会出现。如果对不同的生态系统采用同一标准，或者完全照搬别人的监测指标往往会提供错误的信息，所以有必要建立区域性生态监测指标体系及评价标准，不同生态系统应选择不同的监测指标体系和评价标准。

5．科学的监测方法　生态监测专业性强、技术要求高，在进行生态监测时，要求专业监测人员既要严格遵照国际、国家规定的监测方法和标准，又要在监测过程中建立一套因地制宜、行之有效的监测方法。对监测过程要进行全面的质量控制，保证数据的可靠性，同时监测结果要编制成专业文件，并建立生态监测信息库，利用计算机和 3S 技术为生态环境监测信息管理动态化、宏观化提供了一种新的技术手段。在监测过程中建立管理有序、技术规范和信息共享的网络，使不同时间和空间格局下的生态监测形成一个信息互联网络，使决策者有可能迅速、准确地了解较大范围的生态环境现状和发展变化趋势。

（四）生态监测的分类

国内对生态监测类型的划分有许多种，一般按照生态系统的类型划分，可分为城市生态监测、农村生态监测、森林生态监测、草原生态监测、湿地生态监测、水体生态监测及荒漠生态监测等。这类划分突出了生态监测对象的价值尺度，旨在通过生态监测获得关于各生态系统生态价值的现状资料、受干扰（特别指人类活动的干扰）程度、承受影响的能力、发展趋势等。在空间尺度上，生态监测又可分为宏观生态监测和微观生态监测两大类。

宏观生态监测是指利用遥感技术、生态图技术、区域生态调查技术及生态统计技术等，对区域范围内各类生态系统的生物组成、空间分布格局、动态变化等进行监测，以分析评价人类活动对区域生物多样性、种群动态、群落演变及生态系统的影响。

微观生态监测一般是借助分子生物学技术、现代分析技术等，对生态系统中典型的生物分子、基因、生理生化作用、生物地球化学过程等进行监测，以了解污染物在生态系统中的残留蓄积、迁移转化、浓缩富集规律及响应机制，分析评价环境污染、生态破坏等人类活动对典型生物及生态系统结构和功能的影响，预测人类活动对生物生态的潜在影响。

宏观生态监测与微观生态监测二者相互独立又相辅相成，一个完整的生态监测应包括宏观生态监测和微观生态监测两种尺度所形成的生态监测网。

二、生态监测的理论依据与指标体系

（一）生态监测的理论依据

生物的生长繁殖依赖于相对稳定的环境，生物群落形成但又不断改变环境，生物与环境相互依存、相互补偿、协同进化，这是生态监测理论依据的核心。

1. 生态监测的基础——生命与环境的统一性和协同进化 生态系统中的各种生物，无论是原始地球上诞生的生命，还是裸露岩石上开始生长的先锋植物，都是在不断适应环境、改造环境中逐步发展的。生命及生态系统在发展进化过程中不断地改变环境，形成了生物与环境间的相互补偿和协同发展的关系。群落原生演替是生物与环境相互作用的典型例子，先锋生物在裸露的岩石上出现、定居、适应和拓展，最初的环境并没有可供植物着根的土壤，更没有充分的水和营养物质，但是先锋植物，如地衣生长过程中产生的分泌物及残体有机质，不断改善原生环境，促进岩石风化成土，为更高级的植物（如苔藓类）创造了生存条件。生物从无到有，生物群落从低级阶段向高级阶段的发展，既是环境演变的结果，也是生物改变环境的过程，是生物与环境协同发展的过程。

生物与环境间的这种关系，是在自然界长期发展过程中形成的。因此，生物的变化既是某一区域内环境变化的一个组成部分，同时又可作为环境改变的一种指示和象征。生物与环境间的这种统一性，正是开展生态监测的基础和前提条件。

2. 生态监测的可能性——生物适应的相对性 适应（adaptation）是生物特有的普遍存在的现象，包含两方面含义：①生物的结构（从生物大分子、细胞，到组织器官、系统、个体乃至由个体组成的群体等）大都适合于一定的功能。例如，高等动植物个体的各种组织和器官分别适合于个体的各种营养和繁殖功能；由许多个体组成的生物群体或社会组织（如蜜蜂、蚂蚁的社会组织）的结构适合于整个群体的取食、繁育、防卫等功能，在生物的各个层次上都显示出结构与功能的对应关系。②生物的结构与其功能适合于该生物在一定环境条件下的生存和繁殖。例如，鱼鳃的结构及其呼吸功能适合于鱼在水环境中的生存，陆地脊椎动物肺的结构及其功能适合于该动物在陆地环境的生存等等。

生物适应相对稳定的环境，维系了生态系统的稳定平衡，当环境发生较大变化时，生物会产生一些响应，利用这些响应，可以监测环境的变化。例如，当水中溶解氧比较低的时候（一般小于 3 mg/L），一些鱼类会出现“浮头”现象，将头露出水面呼吸，如果长时间处于缺氧状态，鱼类将会死亡；在唐菖蒲生长的环境中，如果大气中出现氟化氢污染，唐菖蒲的叶片先端和边缘会很快出现淡棕黄色伤斑。

3．生态监测的依据——生物的富集能力　生态系统的各种生物以各自的方式从周围环境中富集吸收各种物质，包括养分及污染物。生物富集的各种物质，在生物体内积累、分解、转移、转化，并通过食物链逐级转移、放大。例如，重金属或某种难分解物质在食物链的不同营养级的生物体内不断积累，由低营养级到高营养级的生物体内污染物浓度逐步升高，并大大超过该物质在环境介质中的浓度；同一营养级的生物，随着个体发育，生物体内的污染物浓度也不断上升，一般老年或成年个体体内污染物浓度远远高于幼龄个体。

4．生态监测的可比性——生命具有共同特征　生态系统中各种生物不仅具有独特的基因结构，而且具有独特的形态结构，生物种群、群落及生态系统一般也具有一定结构、功能特征。当某一区域的生物个体、种群、群落及生态系统遭受环境污染等人类活动干扰后，生物及其生态系统可能在不同组织层次上出现变化，从分子水平到生态系统水平乃至景观水平，都可能会出现响应特征，这些响应环境污染等人类活动干扰的生物及生态特征变化，偏移了生物及生态系统的基本结构，生态监测结果既可以与历史时期该区域生物、生态系统的特征比较，也可以与相邻的、未受污染及干扰的生物生态系统比较，从而准确评价环境污染等人类活动的生态环境影响。

（二）生态监测指标体系

生态监测指标体系主要指一系列能敏感清晰地反映生态系统基本特征及生态环境变化趋势并相互印证的项目。生态监测指标体系是生态监测的主要内容和基本工作。

1．生态监测指标体系遵循的原则　一般来讲，选择与确定生态监测指标体系应遵循以下几个方面的原则。

1）代表性。指标应能反映生态系统的主要特征，表征主要的生态环境问题。

2）敏感性。对特定环境污染或感染敏感，并以结构和功能指标为主，反映生态过程变化。

3）综合性。完整反映生态系统的时空变化特征。

4）可行性。易于准确测定，便于分析比较。

5）可比性。同类生态系统在不同区域或不同发育阶段具有可比性。

6）层次性。根据生态系统内由生物个体到宏观系统，由基层一般性监测部门到专业性监测研究部门，有要求不同、层次分明的指标体系。

2．生态监测指标体系的内容　生态系统的类型纷繁复杂，各类生态系统有各自独特的生物组成、群落及生态系统结构、功能，不同类型的生态系统，其生态监测指标体系差异较大。森林、草地、荒漠等陆地生态系统，一般监测内容包括气象、水文、土壤、植物生长发育、植被组成及动物分布等；湿地、河流、湖泊、海洋等水域生态系统，一般监测内容包括有气象、水文、水动力、水质、水生生物组成及生长发育等。

我国生态环境部 2021 年发布了一系列《全国生态状况调查评估技术规范》，包括《森林生态系统野外观测》（HJ 1167—2021）、《草地生态系统野外观测》（HJ 1168—2021）、《湿地生态系统野外观测》（HJ 1169—2021）、《荒漠生态系统野外观测》（HJ

1170—2021)、《生态系统遥感解译与野外核查》(HJ 1166—2021)、《生态系统格局评估》(HJ 1171—2021)、《生态系统服务功能评估》(HJ 1173—2021)、《生态问题评估》(HJ 1174—2021)、《项目尺度生态影响评估》(HJ 1175—2021)、《数据质量控制与集成》(HJ 1176—2021)。上述技术规范中,明确了各类生态系统的观测指标,可以作为生态监测指标体系的重要依据。

三、生态监测的基本方法

(一)环境污染的生态监测

环境污染往往导致生物在个体、种群、群落乃至整个生态系统水平上遭受破坏,因此对环境污染引起的生态监测,可以在分子、细胞、生物个体、种群、群落、生态系统及景观水平等不同层次上获取监测信息,以及时掌握环境污染物对生态系统产生危害的敏感点或生态破坏的长期影响。

1. 生物个体生态监测 生态系统中的生物个体其生长和分布受外界环境影响,环境对生物的时空分布有决定性作用。一旦生物生存的环境发生变化,则生物个体在形态、生理机能等方面均会表现出不同程度的变化,因此,对生物个体形态、生理特征等的监测,可反映环境的变化。一般而言,可从4个方面对生物个体进行监测:①形态学方面,包括植物株高及其增长率、叶片形状及色泽等;植物的茎、叶、花、果实、种子发芽率、总收获量;动物的生长速率、个体肥满度、捕食、迁移能力等;②行为学指标,在污染水域的监测中,水生生物的回避反应(avoidance reaction)也是监测水质的一种比较灵敏、简便的方法;③生理生化指标,这类指标已被广泛应用于生态监测中,它比症状指标和生长指标更敏感,常在生物未出现可见症状之前就已有了生理生化方面的明显改变;④生物急性毒性及遗传毒性监测,生物急性毒性及遗传毒性监测指标包括生物 DNA、RNA、蛋白质合成及酶活性、基因突变(DNA 损伤)、染色体变异(微核)等。

2. 种群生态监测 当环境条件发生变化时,种群的数量、密度、年龄结构、性别比例、出生率、死亡率、迁入率、迁出率、种群动态、空间格局等均会发生相应的变化,因此对以上指标进行监测,可了解环境污染对生态系统的影响及生物对污染的响应。例如,水体中有机物和重金属等无机有毒物质的污染超过生物耐受限时,往往会导致敏感的种群消失,而耐污染的种类则成为优势种,有时导致种群的年龄结构出现明显变化,由于幼体比较敏感或耐受力比较差,因此在生物种群受到污染时幼体最先死亡,种群年龄结构向衰亡型转变。

3. 群落生态监测 群落物种组成、群落结构、生活型、群落外貌、季相、层片、群落空间格局、食物链、食物网统计等均可反映环境条件的变化。森林、草地、湿地、河流、湖泊、海洋等生态系统中存在各类生物群落,根据生态监测要求,可以样方法、样线法或遥感技术等分别监测调查生态系统中自然分布的各类植物、动物、微生物群落组成结构及其动态变化过程。对于一些微型生物如水生生态系统中的原生动物群落监测,可以采用人工基质,如聚氨酯泡沫塑料块(polyurethane foam unit,PFU)、载玻片等，监测人工基质上原生动物群集动态。研究发现，在水中人工基质上的原生动物种类随着放置时间的增加而增加，而群集速度随着时间的增加而减缓。

4. 生态系统层次的生态监测　环境条件一旦发生变化，可能会导致生态系统的分布范围、面积大小等发生显著变化，因此对其分布格局等进行统计，可分析生态系统的镶嵌特征、空间格局及动态变化过程，而许多传统的监测技术不适宜这种大区域的生态监测。而 3S 技术集成全球定位系统（global positioning system，GPS）、遥感（remote sensing，RS）和地理信息系统（geographic information system，GIS）一体化的高新技术则适宜于大区域的生态监测。

（二）生态破坏的生态监测

对生态破坏的生态监测，可根据生态破坏的对象，从植被破坏的生态监测、土壤退化的生态监测、水域破坏的生态监测等方面着手进行。

1. 植被破坏的生态监测

（1）森林植被破坏的生态监测　森林生态系统监测应采用地面样地调查、森林资源监测、航空调查及其他的生物和非生物的数据源调查等。监测可从 3 个层次进行：①探测性监测：它利用包括航空监测等不同来源的数据进行监测，倾向于探测区域尺度上不同灾害引起的森林健康参数变化，如森林植被冠层叶片颜色的变化等；②评价性监测：如果森林植被遭受的破坏问题较为严重，则需要通过评价性监测来确定问题的严重程度、范围，即在个别的样地进行强化监测调查，采集的数据包括树木、灌木、地衣、土壤等；③定点持续监测：在一定地点开展不同空间尺度的长期研究。

（2）草地退化的生态监测　我国对草地破坏的生态监测开始于 20 世纪 30 年代，主要集中在对草地资源及承载力的调查等方面，通过调查建立全国性的草地动态监测网，根据草地变化及时调整管理对策，取得了明显的经济效益和生态效益。近年来，RS、GIS、GPS 等技术的发展，使得草地破坏的生态监测方面取得了更为显著的效果，如利用 3S 技术实现了对草地退化演替模式诊断、草地群落生态学分析、草地退化恢复途径的研究，而且做了大量的实际性工作。利用 3S 技术可对草地实现动态监测，查清生态破坏对草地资源的时空分布和动态变化的影响，这样可掌握草地资源分布规律和退化发生机理，对资源价值、生态价值和它的多功能性进行评估，为草地植被保护、恢复和重建提供有效的科技支持，并按照生态学原理设计的恢复途径和方案，实现草地畜牧业的可持续发展。

（3）水生植被破坏的生态监测　水生植被作为水体生态系统的重要调节者，在净化和稳定水质、防治沉积物再悬浮、控制藻类暴发等方面起着非常重要的作用，但由于近年来水质下降，水生植被不断萎缩、个别种类减少甚至消失，植物种群向单一化发展，藻类水华频繁暴发，加剧了水环境的进一步恶化。因此，对水生植被破坏进行监测，对合理利用水资源，改善水质具有重要的意义。对水生植被破坏的生态监测可从水生植被种类、群落结构、时空变化和生物多样性等 4 个方面进行。

2. 土壤退化的生态监测　土壤退化包括土壤侵蚀、土壤沙化、土壤盐化、土壤污染、耕地的非农业占用等方面，针对不同的退化类型，应采取相应的生态监测方法。

（1）土壤污染的植物监测　土壤污染的植物监测是监测调查受污染土壤的植物群落组成、结构特点，分析群落多样性，评价群落结构完整性；遴选敏感植物，研究受污染土壤对植物生理生态的影响，如通过盆栽试验，测定污染土壤对受试植物生长发育、光合作用、各种酶活性、基因等的影响，评价土壤污染退化程度。

（2）土壤污染的动物监测　土壤动物是反映环境变化的敏感指示生物，当某些环境因素的变化发展到一定限度时即会影响到土壤动物的繁衍和生存，甚至死亡，如受重金属污染的土壤，其动物种类、数量均随污染程度的加重而逐渐减少，与重金属的浓度呈显著负相关。

（3）土壤污染的微生物监测　废弃物对土壤的污染，导致土壤微生物数量组成和种群组成发生改变，研究表明，若土壤中重金属、农药等污染物含量有稍许提高，许多土壤微生物就会表现出明显的不良反应，当污染物进入土壤后首先受害的是土壤微生物，因此通过测定污染物进入土壤系统前后的微生物种类、数量、生长状况及生理生化变化等特征就可监测土壤污染的程度。

3. 水域破坏的生态监测　应针对不同的破坏类型对水域破坏展开特定监测。

（1）饮用水源区破坏的生态监测　对饮用水源区破坏的生态监测，应包括常规的理化指标监测及生物指标，如粪大肠菌群和微囊藻毒素-LR 等，同时还应包括浮游植物细胞数、藻类密度、生物急性毒性（生理生态指标）等，有条件的情况下，还应增加遗传毒性监测。

（2）渔业养殖水体破坏的生态监测　渔业养殖水体污染及生态退化经常给渔业养殖带来毁灭性灾难。加强渔业养殖水体的生态监测，直接关系到水产品安全及人体健康。

渔业水体生态监测，一方面应掌握渔业水体的天然饵料生物资源状况及相应的生态关系，为渔业生产提供技术支撑；另一方面，应监测环境污染及生态退化对鱼类的影响及渔产品的安全，以保障渔业生产和人类健康安全。

为了及时准确掌握污染物对鱼类的潜在危害、慢性长期影响，应适当增加有关“三致”影响的监测。例如，通过 DNA 损伤监测，了解渔业水体鱼类基因的突变状况；通过鱼类细胞微核发生率，了解染色体变异状况。除突发性的大量鱼类死亡事件外，应注意监测渔业水体中因生态退化、鱼病等引起的鱼类慢性死亡的死亡率、死亡症状，分析死亡原因。对于存在重金属、有机污染等潜在风险的水体，还应监测有毒有害物的残留量。

（3）灌溉用水的生态监测　农田灌溉用水不仅直接影响农作物的生长及农产品的质量，也会影响土壤生态系统的结构功能，过量灌溉甚至还会影响水域生态系统。

我国《农田灌溉水质标准》（GB 5084—2021）的监测指标多为水体的理化指标，除“粪大肠菌群数”和“蛔虫卵数”两个生物因子外，还缺乏其他的生物因子。因此，灌溉用水的生态监测应充分考虑污染的生态影响，可以增加灌溉对土壤生物组成及物质循环影响的监测，也可增加农作物中重要污染物及新型污染物残留的监测，以保障土壤生态健康及农产品安全。

（三）生物多样性监测

生物多样性是生物及其与环境形成的生态复合体，还有与此相关的各种生态过程的总和，由遗传多样性、物种多样性和生态系统多样性等部分组成。遗传多样性指生物体内决定性状的遗传因子及其组合的多样性；物种多样性是生物多样性在物种上的表现形式，可分为区域物种多样性和群落物种（生态）多样性；生态系统多样性是指生物圈内生境、生物群落和生态过程的多样性，其中遗传（基因）多样性和物种多样性是生物多样性研究的基础，生态系统多样性是生物多样性研究的重点。生物多样性反映物种在群落中的数目和相对多度，它是人类赖以生存的各种生物自然资源的总汇，是永续利用与未来农业、医学和工业发展联系紧密的生命资源的基础。

生物多样性包含了从微观分子水平的遗传多样性到宏观区域尺度水平的生态系统多样性，生物与环境相互作用，从生物不同组织层次上看，可以表现在生物分子、基因、器官、个体、种群、群落、生态系统等不同组织层次。因此，通过分子生物学技术、基因组学技术、细胞学技术、生物生理生态技术、图像识别技术、无人机监测技术、卫星遥感技术、生态等监测技术等，在不同组织层次上监测生物遗传多样性、物种多样性及生态系统多样性的变化，掌握环境污染等人类活动对生物生态系统的影响。

（四）中国生态监测网络体系介绍

目前，我国的生态监测主要由中国生态系统研究网络（Chinese ecosystem research network，CERN）负责，CERN 成立于 1988 年，在全国范围内已建成了 18 个农田生态系统观测研究站、18 个森林生态系统观测研究站、9 个草地和荒漠生态系统观测研究站、7 个水体（湿地）生态系统观测研究站等，可重点对代表性地区的农田、森林、草地和荒漠、水体和湿地等四大类生态系统开展生态监测。

1．农田生态系统监测　农田生态系统是人工建立的、受人类干预的生态系统，各种农作物是农田生态系统的主要组成部分。农田生态系统与陆地自然生态系统的主要区别在于该系统中的生物群落结构较简单，优势群落往往只有一种或多种作物，养分循环主要靠系统外投入而保持平衡。在相似的自然条件下，农田生态系统的生产力远高于自然生态系统。农田生态系统是在一定程度上受人工控制的生态系统，一旦人工调控消失，农田生态系统就会很快退化，占优势地位的作物就会被杂草和其他植物所取代。

农田生态系统主要从以下几方面进行监测：①生物因子，包括作物物候、作物生长状况、叶面积指数、作物生物量、产量结构、病虫害、光合作用、呼吸作用、蒸腾作用，土壤微生物结构及功能等；②土壤因子，包括土壤水分、氮、磷、钾、pH、有机质、土壤结构、土壤容重、农药、重金属及其他有毒物质的累积量等；③气候因子，包括农田小气候、农业气象灾害等；④其他因子，包括种植制度、作物分布、化肥施用量、有机肥施用量、化学除草剂施用量。此外，由于农业生产活动中大量使用农药化肥，因此，还要对农田地表径流中氮、磷等营养要素开展监测，以掌握农业生产活动对环境的影响。

CERN 目前在全国各典型地区共布设了 18 个农田生态系统观测研究站，主要有河北栾城、辽宁沈阳、江苏常熟、内蒙古奈曼、黑龙江海伦、山东禹城、陕西安塞、湖南桃源、江西鹰潭、河南封丘、甘肃临泽、西藏拉萨、四川盐亭、陕西长武等农田生态系统观测研究站。

2．森林生态系统监测 森林生态系统是由森林中的土壤、水、空气、阳光、微生物、植物、动物等组成的综合体，是陆地上生物总量最高的生态系统，对陆地生态环境有决定性的影响，有“地球之肺”之称。

森林生态系统主要从以下几方面进行监测：①生物因子，包括物候、林分、生长状况、蓄积量、凋落物量、树木胸径、高度、种类组成、郁闭度、密度、群落结构、年轮等；②土壤因子，包括土壤水分、碳、氮、磷、钾、pH、有机质、土壤结构、土壤容重等；③气候因子，包括森林小气候、森林气象灾害等；④其他因子，包括森林面积、森林采伐、林火、病虫害、生物多样性等。其中，森林物种多样性的测定、森林分布面积、群落结构、功能变化及濒危种、特殊种的变化应作为重点监测项目，在此基础上还应对全球气候变暖引起的森林带迁移规律做长期动态的监测。

目前 CERN 在全国布设了 18 个森林生态系统观测研究站，对典型的森林生态系统开展监测，主要包括湖北神农架、吉林长白山、广东鹤山、四川贡嘎山、云南哀牢山、湖南会同、广东鼎湖山、云南西双版纳、四川茂县等典型气候区的主要森林生态系统野外科学观测研究站。

3．草地和荒漠生态系统监测 草地生态系统作为地球上最重要的陆地生态系统之一，其在防风、固沙、保土、调节气候、净化空气、涵养水源等方面具有非常重要的作用。

对草地生态系统的监测内容包括以下几个方面：①生物因子，包括物候、植物种类、盖度、生长状况、生物量、枯草覆被与高度、虫鼠密度等；②土壤因子，包括土壤水分、碳、氮、磷、钾、pH、有机质、土壤结构、土壤容重等；③气候因子，包括草地小气候要素、草地气象灾害要素等；④其他因子，包括草场分布、土地利用、生物多样性、病、虫、鼠、火害、放牧强度等。

CERN 目前在全国共布设了 9 个草地和荒漠生态系统观测研究站，主要有内蒙古锡林郭勒、新疆阜康荒漠、内蒙古奈曼沙漠、内蒙古鄂尔多斯沙漠、新疆策勒荒漠草地、宁夏沙坡头沙漠、青海海北高寒草地、内蒙古鄂尔多斯草地等生态系统野外科学观测研究站。

4．水体和湿地生态系统监测 水体生态系统的监测内容包括以下几方面：①水文因子，主要有水温、水深、水色、透明度、海况、溶解氧、化学耗氧量、磷酸盐、硅酸盐、硝酸盐、重金属、油类、悬浮物、潮汐、海平面变化等；②气候因子，主要有温度、湿度、气压、风、云、雾、光照、降水等；③沿岸带生态状况，主要有水土流失、侵蚀、岸带变动、植被变化、土地盐渍化等；④其他因子，主要有地区生产状况调查（渔业、围垦、防护林建设、生产管理活动）、生物多样性等。

对湿地生态系统的监测主要有以下方面内容：①水文因子，包括地表水位、地下水位、水深盐度、水温、水质等；②生物因子，包括物候、植物种类、生长状况、生物量、盖度、高度、枯草覆被等；③气候因子，包括湿地小气候、湿地气象灾害等；④其他因子，包括湿地及水体分布、面积、土地利用、生物多样性、病虫害等。

CERN 目前在全国共布设了 7 个水体（湿地）生态系统观测研究站，包括海南三亚、山东胶州湾、广东大亚湾 3 个海洋生态系统科学观测研究站；太湖、武汉东湖等淡水湖泊生态系统观测研究站；黑龙江三江沼泽湿地生态系统等国家野外科学观测研究站。

环境监测

环境监测（environmental monitoring）是环境科学的一个重要分支，是环境科学的工具、手段。"监测"从广义上讲，是为了追踪污染物种类、浓度变化，在一定时期内对污染进行重复测定；从狭义上讲，是为了判断是否达到相关标准或评价环境管理和控制环境系统的效果，对污染物进行定期测定。环境监测就其对象、手段、时间和空间的多变性、污染组分的复杂性等，具有综合性、连续性、追踪性的特点。

环境监测的过程一般为：现场调查→监测计划设计→优化布点→样品采集→运送保存→分析测试→数据处理→综合评价等。

环境监测的对象包括：反映环境质量变化的各种自然因素、对人类活动与环境有影响的各种人为因素及对环境造成污染危害的各种成分。

环境监测按监测目的可分为监视性监测（又称为例行监测或常规监测）、特定目的监测（又称为特例监测）和研究性监测；按监测介质对象可分为水质监测、空气监测、固体废物监测、生物监测、生态监测、噪声和振动监测、电磁辐射监测、放射性监测、热监测、卫生（病原体、病毒、寄生虫等）监测等。

生物监测

生物监测指通过生物（动物、植物、微生物）在环境中的分布、生长、发育状况及生理生化指标和生态系统的变化来研究环境污染情况，进而测定污染物毒性的一类监测方法，其监测的对象往往为特定的、具体的生物。生物监测具有理化监测所不能替代的作用和所不具备的一些特点，能直接反映出环境质量对生态系统的影响，能综合反映环境质量状况，具有连续监测的功能。有些生物监测灵敏度很高，价格低廉，不需购置昂贵的精密仪器，不需要烦琐的仪器保养及维修等工作，可以在大面积或较长距离内密集布点，甚至在边远地区也能布点进行监测。

生物监测的分类，根据生物所处的主要环境介质类型，可分为大气污染、水体污染、土壤污染的生物监测。从生物学层次来分，主要包括指示生物、生物指数、生物测试（急性毒性测定、亚急性毒性测定和慢性毒性测定）及污染物生物残留监测。

第二节　生 态 评 价

生态评价包括生态环境状况评价和生态影响评价。生态环境状况评价主要是评价区域内生态环境状况及变化趋势；生态影响评价是在工程分析和生态现状调查的基础上，识别、预测和评价建设项目在施工期、运行期及服务期满后等不同阶段的生态影响，提出预防或者减缓不利影响的对策和措施，制定相应的环境管理和生态监测计划，从生态影响角度明确建设项目是否可行。

我国生态环境部2022年修订发布了《环境影响评价技术导则 生态影响》（HJ 19—2022），该标准规定了生态影响评价的一般性原则、工作程序、内容、方法及技术要求。此前，还发布了《生态环境状况评价技术规范》（HJ 192—2015），该标准规定了生态环境状况评价指标体系和各指标计算方法。这两个标准是我国开展生态评价的重要技术依据。

一、生态评价的目标、原则及任务

（一）生态评价的概念

生态评价是应用生态学、环境科学、系统科学等学科的理论、技术和方法，对评价对象的生态系统组成、结构、生态功能与主要生态过程、生态环境的敏感性与稳定性、系统发展演化趋势等进行综合评价分析，以认识生态系统发展的潜力和制约因素，评价不同的活动和措施可能产生的结果。进行生态评价是协调社会经济发展与环境保护关系的需要，也是制定区域发展规划和实施生态系统科学管理的基础。

（二）生态评价的目标

生态评价的目标主要包括：从生态完整性的角度评价生态环境质量现状，注重生态系统结构与功能的完整性；从生态稳定性的角度评价生态系统承受干扰及受干扰后的恢复能力；从生态演变的角度评价和预测生态系统的演变过程及趋势；从能量流动和物质循环的角度评价生态系统服务功能状况及变化趋势。

（三）生态评价的原则

生态评价是综合分析生态环境及人类活动的相互作用，并提出行之有效的保护途径和措施，依据生态学和生态环境保护基本原理进行生态系统的恢复和重建设计。生态评价应该遵从：自然资源优先保护原则、生态系统结构与功能协调原则、生态环境保护与社会经济发展协调原则。

（四）生态评价的任务

生态评价的主要任务是认识生态系统的特点与功能，明确人类活动对生态环境影响的性质、程度，确定维持生态环境功能和自然资源可持续利用应采取的对策和措施，主要包括保护生态系统的整体性、保护生物多样性、保护区域性生态环境、合理利用自然资源、保持生态系统的恢复能力、保护生存性资源等。

二、生态评价的指标体系

生态评价是根据合理的指标体系和标准，运用环境生态学方法，评价某区域生态环境状况、人类活动的生态影响。

（一）生态评价指标选择原则

鉴于生态系统的复杂性，生态评价的多属性、多标准和多层次等特点，生态评价指标体系应具备以下几个特点：①代表性和综合性，指标体系以结构和功能指标为主，应可代表生态系统各个层次，综合反映主要的生态过程；②可比性和可操作性，指标选择可以定性与定量结合，定量指标应包括可定量的或有相关标准的或有参照值的指标；③针对性，应针对评价区域面临的主要生态环境问题，选择典型指标，有针对性地评价生态环境影响。

（二）生态评价指标的建立

生态评价指标体系的建立既要按照相应的标准，又要根据具体生态系统的特点及存在问题。根据我国《生态环境状况评价技术规范》《环境影响评价技术导则　生态影响》（HJ 19—2022）和具体评价区域的生态系统特点及存在问题，确定和建立生态评价指标。

生态环境状况评价指标体系包括生物丰度指数、植被覆盖指数、水网密度指数、土地胁迫指数、污染负荷指数 5 个分指数和一个环境限制指数，5 个分指数分别反映被评价区域内生物的丰贫、植被覆盖的高低、水的丰富程度、遭受的胁迫强度和承载的污染物压力。环境限制指数是约束性指标，指根据区域内出现的严重影响人民生产生活安全的生态破坏和环境污染事项，对生态环境状况进行限制和调节。

三、生态评价的程序与内容

生态评价工作必须依据国家相关标准，同时，也可以借鉴生态学及相关学科的先进理论与技术，完善生态状况调查分析、生态功能状况评价、生态功能区环境质量及保护状况评价，全面预测生态影响。生态评价工程程序包括生态环境状况评价工作流程（图 9-1）和生态影响评价工作程序（图 9-2），生态评价的范围、内容、标准、等级和评价方法等需根据人类活动的影响性质、影响程度和生态环境条件做具体的分析和确定。

（一）生态评价的范围

生态评价范围主要根据生态系统的特点、人类活动及工程影响范围等而确定。按照生态评价工作程序，评价范围包括特定的行政区域生态环境状况调查范围（县域/省域/国家范围）、专题生态区范围（生态功能区、城市及自然保护区）、生态影响及预测范围等。生态影响评价应能够充分体现生态完整性和生物多样性保护要求，涵盖评价项目全部活动的直接影响区域和间接影响区域。

评价范围应依据评价项目对生态因子的影响方式、影响程度及生态因子之间的相互影响和相互依存关系确定。可综合考虑评价项目与项目区的气候过程、水文过程、生物过程等生物地球化学循环过程的相互作用关系，以评价项目影响区域所涉及的完整气候单元、水文单元、生态单元、地理单元界限为参照边界。

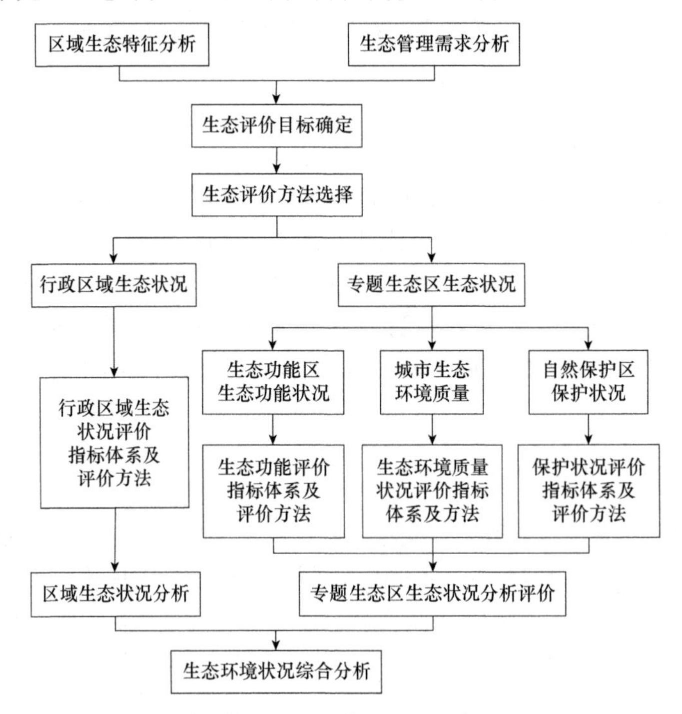

图 9-1 生态环境状况评价工作流程（引自 HJ 192—2015）

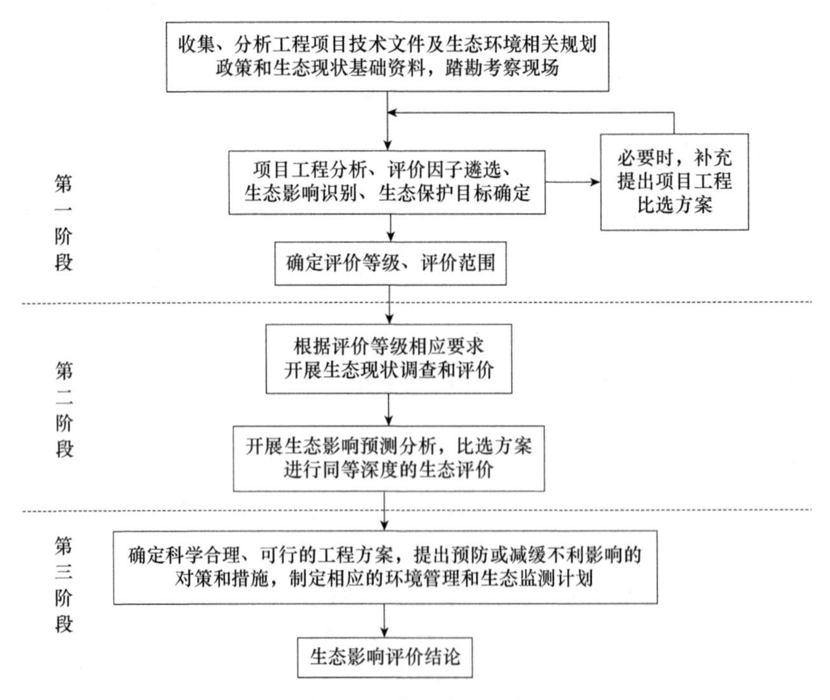

图 9-2 生态影响评价工作程序（引自 HJ 19—2022）

涉及占用或穿（跨）越生态敏感区时，应考虑占用或穿越的方式、生态敏感区的结构功能及主要保护对象来合理确定评价范围。工程及污染项目应考虑直接和间接影响的范围。

（二）生态评价的标准

生态评价需要一定的判别基准，但生态系统不是大气和水那样的均匀介质和单一体系，而是一种类型多、结构多样性很高、地域性特别强的复杂系统，其影响变化包括内在本质（生态结构）的变化和外在表征（环境功能）的变化，既有数量变化问题，也有质量变化问题，并且存在着由量变到质变的发展变化规律，因而评价的标准体系不仅复杂，而且因地而异。此外，生态评价是分层次进行的，评价标准也是根据需要分层次决定的，即系统整体评价有整体评价的标准，单因子评价有单因子评价的标准。生态评价的标准可从以下几方面选取：①国家、行业和地方规定的标准；②背景值或本底值；③类比标准；④科学研究已判定的生态效应。

（三）生态影响识别

生态影响识别是编制生态环境评价大纲、开展生态评价的重要步骤，这是将工程建设项目的生态环境影响和生态系统响应结合起来，综合分析生态影响的第一步。生态环境影响识别是一种定性的和宏观的生态影响分析，其目的是明确主要影响因素、主要受影响的生态系统和生态因子，从而筛选出评价工作的重点内容。生态影响识别包括影响因素识别、影响对象识别等。

1．影响因素识别　生态评价的影响因素识别主要通过工程分析，分析工程设计文件的数据和资料及类比工程的资料，明确建设项目的地理位置、建设规模、总平面及施工布置、施工方式、施工时序、建设周期和运行方式，各种工程行为及其发生的地点、时间、方式和持续时间，以及设计方案中的生态保护措施等。结合建设项目特点和区域生态环境状况，分析项目在施工期、运行期及服务期满后（可根据项目情况选择）可能产生生态影响的工程行为及其影响方式，以此来判断生态影响性质和影响程度。重点关注影响强度大、范围广、历时长或涉及重要物种、生态敏感区的工程行为。

2．影响对象识别　环境污染、建设工程等人类活动对生态系统的影响往往表现在多方面，既包括生态系统的生物组成要素及各组成要素从分子水平到生态系统不同组织层次上的参数；同时也包括评价区域（生态系统）内的物理、化学及地形地貌等参数。

识别影响对象既要通过对生态系统各组成要素的调查、观测与分析，又要根据环境污染类型、建设工程及其他人类活动干扰方式、途径等，有针对性地选择一些指标做重点调查分析。

（四）生态评价的等级划分

根据建设项目、环境污染及其他人类活动等影响的空间范围、影响对象及影响程度，评价等级划分为一级、二级和三级。涉及国家公园、自然保护区、世界自然遗产、重要生境时，评价等级最高，为一级；涉及自然公园时，评价等级为二级；涉及生态保护红线、地下水水位或土壤影响范围内分布有天然林、公益林、湿地等生态保护目标的建设项目、工程占地规模大于20 km^{2}时（包括永久和临时占用陆域和水域），其他环境影响评价等级不低于二级的项目，生态评价等级不低于二级。建设项目同时涉及陆生、水生生态影响时，可针对陆生生态、水生生态分别判定评价等级。

（五）生态环境调查

生态环境调查是生态评价的基础性工作，应按照相关标准及技术规范，采用资料收集、现场调查、专家和公众咨询、生态监测、遥感调查等方法，定性定量掌握生态系统的结构与功能、物种组成、生物量、生物多样性、群落结构、空间格局、生境特征等主要指标，为生态评价奠定基础。

1. 生态环境调查基本要求 通过资料收集获取的生态现状资料，其调查时间原则上应在5年内，用于回顾性评价或变化趋势分析的资料可不受调查时间限制。当已有调查资料不能满足评价要求时，应通过现场调查获取现状资料，现场调查遵循全面性、代表性和典型性原则。项目涉及生态敏感区时，应开展专题调查。工程永久占用或施工临时占用区域应在收集资料的基础上开展详细调查，查明占用区域是否分布有重要物种及重要生境。根据评价等级，合理确定样线，样方的数量、长度或面积。

2. 生态环境调查内容 生态环境调查内容包括生态系统的生物组成、气候、水文、地形地貌、土壤等自然要素，水、气、声、土壤环境质量因子等。生物组成调查包括动植物物种组成及分布特点，动物群落类型、分布、种群量、食性与习性、生长繁殖、栖息地等，重要物种的种群现状及生境的质量、连通性、破碎化程度等，国家重点保护野生动植物分布、保护级别、生境、迁徙及洄游路线、保护现状与面临问题；植物群落及植被类型、盖度、生物量、优势种、建群种、分布面积及分布特点等。生态系统类型、面积、分布、生物量、生产力、生态系统结构及服务功能等。

3. 与生态评价相关的社会经济状况调查 社会经济状况是人类活动方式和结果的直接反映，人类通过各种活动开发利用自然资源，创造社会物质财富，推动社会经济发展，从社会经济状况可以分析人类活动与环境的相互作用、相互影响，这对于分析生态破坏、环境退化的原因，协调人与自然的关系具有十分重要的意义。调查内容主要包括：区域经济发展水平，产业结构，项目区的产业发展情况，毗邻的工矿企业等调查；区域总人口、城乡比例，人口密度、人均耕地与水资源，收入水平与主要来源，居住特点与村镇分布，占地拆迁问题及安置办法等；区域社会文化特点，有无特别民俗，教育普及程度，人口文化素质，人文景观与历史文化保护目标等。

（六）生态分析

生态分析与生态影响分析是在生态调查的基础上，对生态环境进行深入认识的过程。生态分析主要是认识生态系统的类型、结构、运行特点及其环境功能，认识区域可持续发展对生态环境功能的主要需求，生物资源优势及系统主要受到的外力作用、生态影响分析则是在工程分析和生态环境调查的基础上，分析人类活动影响生态环境的途径、方式、强度和性质，以及受影响生态系统的响应特点。

1. 生态系统分析　在生态调查的基础上进行的生态系统分析，主要是认识系统本身的特点与规律。

首先，必须对区域内主要生态系统的类型进行识别，如森林生态系统、农田生态系统、草原生态系统、河流或湖泊生态系统、海洋或滩涂生态系统、城市或乡村生态系统等，对不同类型的生态系统采取不同的指标体系及分析评价方法。

其次，分析生态系统结构的整体性。整体性分析主要内容包括：生态系统地域分布的连续性、组成层次的结构完整性、组成因子的匹配与协调性、食物链（网）的完整性等。

2. 相关性分析　相关性分析是将纷繁浩杂的生态关系进行梳理，分析项目工程、环境污染等人类活动对生态系统内各种因子的影响，比较其相关性程度，确定关键因子及限制因子等，为抓住主要因子，有的放矢地保护生态系统奠定基础。

3. 生态约束条件分析　生态约束条件分析的目的是认识主导生态系统“安全”的主要因子，或判明影响生态环境改善的主要障碍因素。在生态调查及相关性分析的基础上，根据区域生态环境变迁过程，分析生态约束条件。一般陆地生态约束条件分析包括水分、气候条件、地形地貌、生物因子及社会经济等方面。

4. 生态特殊性分析　生态特殊性既是区域分异的体现，又是各种特殊干扰影响的结局，同时也是区域间社会经济发展特点的基础。因此，生态特殊性分析包括对生态系统内部生物和非生物因子及外部特殊影响因子的分析。

（七）生态影响分析

生态影响分析主要是分析影响因素、影响效应的时空变化过程，其基本要求是：对影响因素（影响主体，即人类活动）的分析要求全面性；对影响受体（生态环境）的分析要求针对性；对影响效应（即一般所谓的影响）的分析要求科学性，此外，影响分析中还需将影响的区域性特征与工程性特征结合起来考虑。

1. 影响因素分析　人类活动对生态环境的影响可分为物理性作用、化学性作用和生物性作用三类。

物理性作用是指因土地用途改变、清除植被、收获生物资源、引入外来物种、分割生境、改变河流水系、以人工生态系统代替自然生态系统，使组成生态系统的成分、结构或支持生态系统的外部条件发生变化，从而导致生态系统结构和功能发生变化。

化学性作用是指污染的生态效应，如大气中的铅、氟、硫氧化物、氮氧化物对植物的影响；水中的重金属、有机耗氧物质对水生生物的影响等，这些影响在作用方式、程度等方面都有区别，有急性致死、慢性损伤，也有直接、间接影响等。

生物性作用是指人为引入外来物种或严重破坏生态平衡导致的生态影响，人类经济活动对优势种、建群种的影响等，也可间接地诱发生态系统内生物相互作用发生变化。

除人类活动对生态系统的影响外，许多自然力也对生态系统发生巨大影响，如气候变化、干湿交替、早霜、干旱、风沙或其他作用都会使生态系统受到很大影响，尤其在重建生态系统时，这些作用常起决定性作用。

2. 影响对象分析　影响对象分析的内容包括主要受影响的生态系统和生态因子；主要受影响的途径与方式，即直接影响或间接影响，或者通过相关性分析明确的潜在影响。影响对象的敏感性是影响对象分析中的重要内容，这类敏感性高的保护对象经常遇到的是：①需要特别保护的对象，如水源地、风景名胜区、文物古迹、珍稀濒危动植物及其生境等；②法定的保护目标如自然保护区、森林公园等；③具有较高保护价值的目标，如特产地、生物多样性高的生态系统；④脆弱生态系统，一旦破坏就可能导致不可逆性质的变化，如沙漠化地区、石漠化地带、水土流失特别严重的地带、高山峡谷生态系统等；⑤稀有或稀缺自然资源。

3．影响效应分析

（1）分析影响效应的性质　判断影响导致的变化是否可逆，在生态影响中，凡不可逆变化应尽量避免，分析时应给予更多的关注，在确定影响可否接受时应给予更大的权重。

（2）影响效应的程度　即根据影响作用的方式、范围、强度、持续时间来判别生态系统受影响的范围、强度、持续时间，以及受到影响的生态因子与生态环境功能的损失程度。

（3）影响效应的特点　生态系统或生态因子受到影响后，其变化是渐进的、累积性的和从量变到质变的，只有达到某种临界状态或直到系统崩溃时，才能发现影响的结果。

（4）影响效应的相关性分析　生态影响的相关性分析主要是分析判断生态系统的变化原因、生态演变的驱动因子。

（八）类比分析法

生态环境现状评价是将生态分析得到的重要信息进行量化，定量描述生态环境的质量状况和存在的问题。生态环境结构的层次性特点决定着生态环境的评价也具有层次性，一般可按两个层次进行评价：一是生态系统层次上的整体质量评价；二是生态因子层次上的因子状况评价。

1．生态因子现状评价　生态因子的现状评价内容包括植被、动物、土壤、水资源等时空分布的特征。

2．生态系统结构与功能现状评价　生态系统结构是否完整、功能是否健全，既可定量评价，也可以定性描述。定量与定性相结合，分析评价生态系统结构与功能特征。

3．区域生态环境问题评价　区域生态环境问题是指水土流失、沙漠化、自然灾害和污染危害等几大类。例如，用侵蚀模数、水土流失面积和土壤流失量指标可定量地评价区域的水土流失状况。

4．生态资源评价　生态系统的生物组成及非生物因子的可利用性是生态资源特性的重要体现，可以通过一些经济指标间接评价生态资源价值。

（九）生态影响预测

1．影响预测的基本步骤　生态环境影响预测是在生态环境现状调查、生态分析和影响分析的基础上，对主要生态因子的变化和生态环境功能变化作定量或半定量预测计算，以便把握因开发建设活动而导致的生态系统结构变化和环境功能变化的程度及相关的环境后果，由此进一步明确开发建设者应负的环境责任及指出为保护生态环境和维持区域生态环境功能不被削弱而应采取的措施及要求。

生态环境影响预测的基本程序如下。

1）选定影响预测的主要对象和主要预测因子。

2）根据预测的影响对象和因子选择预测方法、模式、参数，并进行计算。

3）确定评价标准，预测评价主要生态系统和主要环境功能的变化趋势。

4）综合分析评价社会经济与生态环境的相关影响。

2．影响预测的内容与指标 生态影响预测与评价内容应与现状评价内容相对应，根据建设项目特点、区域生物多样性保护、要求及生态系统功能等选择评价预测指标。

3．预测评价 分析生态环境所受的主要影响，阐明建设项目对生态系统结构及功能的影响性质、途径和程度，可从以下几方面进行预测：①生态环境变化对区域或流域生态环境功能和生态环境稳定性的影响；②对主要敏感目标的影响程度及保护的可行途径；③主要生态问题和生态风险。

阐明区域生态环境的主要问题、发展趋势；以及主要生态风险的源、出现概率、可能损失、影响风险的因素与防范措施。

生态环境宏观影响评述。评述区域生态环境状况及可持续发展对生态环境的需求，阐明建设项目生态环境影响与区域社会经济的基本关系。

四、生态评价的方法

根据评价对象、内容、特点、主要评价目的和评价要求等，参考数据资料的掌握情况，选择合理的评价方法。

（一）类比评价法

类比法是一种比较常用的定性和半定量评价方法，一般有生态环境整体类比、生态因子类比、生态环境问题类比等。

类比评价是根据已有的开发建设活动对生态环境产生的影响来分析或预测拟进行的开发建设活动可能产生的生态环境影响。选择好类比对象是进行类比分析或预测评价的基础，类比对象确定后则需选择和确定类比因子及指标，并对类比对象开展调查与评价，再分析拟建项目与类比对象的差异。根据类比对象与拟建项目的比较，做出类比分析结论。

类比对象的选择条件是：工程性质、工艺和规模与拟建项目基本相当，生态因子（地理、地质、气候、生物因素等）相似。类比方法主要适用于：①进行生态影响识别（包括评价因子筛选）；②以原始生态系统作为参照，可评价目标生态系统的质量；③进行生态影响的定性分析与评价；④进行某一个或几个生态因子的影响评价；⑤预测生态问题的发生与发展趋势及其危害；⑥确定环保目标和寻求最有效、可行的生态保护措施。

（二）列表清单法

列表清单法是 Little 等于 1971 年提出的一种定性分析方法，该法的特点是简单明了，针对性强。其基本做法是，将拟实施的开发建设活动的影响因素与可能受影响的环境因子分别列在同一张表格的行与列内，逐点分析，并以正负符号、数字、其他符号表示影响的性质、强度等，以此分析开发建设活动的生态环境影响。

列表清单法主要用于：①进行开发建设活动对生态因子的影响分析；②进行生态保护措施的筛选；③进行物种或栖息地重要性或优先度的比选。

（三）图形叠置法

图形叠置法是把两个以上的生态信息叠合到一张图上，构成复合图，用以表示生态环境变化的方向和程度。本法的特点是直观、形象、明了，但不能作精确的定量评价。

图形叠置法有两种基本制作手段：指标法和 3S 叠图法。

1）指标法主要包括以下步骤：①确定评价范围；②开展生态调查，收集评价范围及周边地区自然环境、动植物等信息；③识别影响并筛选评价因子，包括识别和分析主要生态问题；④建立表征评价因子特性的指标体系，通过定性分析或定量方法对指标赋值或分级，依据指标值进行区域划分；⑤将上述区划信息绘制在生态图上。

2）叠图法主要包括以下步骤：①选用符合要求的工作底图，底图范围应大于评价范围；②在底图上描绘主要生态因子信息，如植被覆盖、动植物分布、河流水系、土地利用、生态敏感区等；③进行影响识别与筛选评价因子；④运用 3S 技术，分析影响性质、方式和程度；⑤将影响因子图和底图叠加，得到生态影响评价图。

图形叠置法主要应用于区域环境影响评价，如大型水利枢纽工程、新能源基地建设等具有区域性影响的特大型建设项目评价，土地利用规划和农业开发规划的生态评价，该法的优点是直观明了。

（四）指数法

指数法是建设项目环境影响评价中规定的评价方法，同样可将其拓展而用于生态评价中，指数法简明扼要，且符合人们所熟悉的环境污染影响评价思路，但该评价方法的缺点在于需明确建立表征生态环境质量的标准体系，而且难以准确定量对各种指数赋以权重。一般来说，指数法分为单因子指数法和综合指数法。

1. 单因子指数法 选定合适的评价标准，采集拟评价项目区的现状资料，可进行生态环境因子现状评价。例如，以同类型土地条件的森林植被覆盖率为标准，可评价项目建设区的植被覆盖现状，也可进行生态环境因子的预测评价，如以评价区现状植被盖度为评价标准，评价项目建成后植被盖度的变化率。

2. 综合指数法 综合指数法主要包括以下程序：分析研究评价的生态因子性质及变化规律；建立表征各生态因子特性的指标体系；确定评价标准；建立评价函数曲线，计算出开发建设活动前后环境因子质量的变化值；根据各评价因子的相对重要性赋予权重；综合各因子的变化值，提出综合影响评价值。

（五）其他方法

针对生态环境的不同特点、不同属性、不同的评价问题，已探索出了多种生态评价方法。

1．多因子数量分析法　生态环境在一定时间、一定范围所发生的变化是由各生态因子的变化和状态所决定的，通过测定各生态因子的变化趋势，分析生态因子的相关性和主分量，进而分析生态环境变化的趋势。

2．回归分析法　回归分析法是研究两个及两个以上变量之间相互关系的一种统计分析方法，通过监测或观察数据，建立变量之间的回归方程并检验，以研究分析自变量和因变量之间的统计关系。

在生态环境影响评价中，往往需采用多元线性回归分析法，而且除部分问题属于线性关系外，大部分问题实质上是非线性的，因此需将非线性问题简化为线性问题，或者建立多元线性模型。一般来说，多元线性回归模型要进行显著性检验。

3．系统分析法　系统分析法是指把要解决的问题作为一个系统，对系统要素进行综合分析，找出解决问题的可行方案的咨询方法。具体步骤包括：限定问题、确定目标、调查研究、收集数据、提出备选方案和评价标准、评估备选方案和提出最可行方案。系统分析法因其能妥善解决一些多目标动态性问题，已广泛应用于各行各业，尤其在进行区域开发或解决优化方案选择问题时，系统分析法显示出其他方法所不能达到的效果。在生态系统质量评价中使用系统分析的具体方法有专家咨询法、层次分析法、模糊综合评判法、综合排序法、系统动力学、灰色关联等方法。

4．生态机理分析法　生态机理分析法是根据建设项目的特点和受影响物种的生物学特征，依照生态学原理，分析、预测建设项目生态影响的方法。生态机理分析法的工作步骤如下：①调查环境背景现状，收集工程组成、建设、运行等有关资料；②调查植物和动物分布范围，动物栖息地和迁徙、洄游路线；③根据调查结果分别对植物或动物种群、群落和生态系统进行分析，描述其分布特点、结构特征和演化特征；④识别有无珍稀濒危物种、特有种等需要特别保护的物种；⑤预测项目建成后该地区动物、植物生长环境的变化；⑥根据项目建成后的环境变化，对照无开发项目条件下动物、植物或生态系统演替或变化趋势，预测建设项目对个体、种群和群落的影响，并预测生态系统的演替方向。评价过程中可根据实际情况进行相应的生物模拟试验，如环境条件、生物习性模拟试验、生物毒理学试验、实地种植或放养试验等，或进行数学模拟，如种群增长模型的应用。

环境质量评价

环境质量评价指按照一定的评价标准和方法确定一个区域内的环境质量状况，预测环境质量变化趋势和评价人类行为对环境的影响。环境质量评价是环境科学体系中一项最基础的工作，其对开展区域环境综合治理、区域环境规划、环境管理等环境保护措施具有重要的指导意义。

环境质量评价按时间可分为环境质量回顾评价、环境质量现状评价和环境影响评价；按环境要素可分为单要素环境质量评价、环境质量联合评价和环境质量综合评价。此外，还可按评价参数和评价区域进行分类。

第三节 生 态 规 划

人类对自然资源的大量开发和不合理的利用，致使各种资源不断减少，生物多样性锐减，生态破坏和环境污染问题日趋严重，自然生态系统对人类生存和发展的支持和服务功能正面临严重的威胁。人们越来越意识到环境与经济协调发展的重要性，以及生态学的基本原理是适合人类与环境协调发展的重要原理。因此，通过生态规划来协调人与自然环境和自然资源之间的关系受到了人们的重视。通过生态规划，合理地利用自然资源，并保持和增强自然资源与自然环境的再生能力，为有计划、有步骤地实现经济、社会和生态环境的协调可持续发展奠定基础。

一、生态规划的概念

生态规划指根据生态经济学原理，结合国民经济发展目标，制订的实现和保护生态平衡的长期计划，其目的是：通过生态规划，合理而有效地利用各种自然资源，以满足社会生产和消费不断增长的需要，同时保证人类社会生存活动不妨碍并有利于充分发挥自然界的功能，以保持并增强自然资源和自然环境的再生能力。

《环境科学辞典》对生态规划的定义为："生态规划是在自然综合体的天然平衡情况下不做重大变化，自然环境不遭受破坏和一个部门的经济活动不给另一个部门造成损害的情况下，应用生态学原理，计算并合理安排天然资源的利用和地域的利用。"王祥荣认为生态规划是以生态学原理和规划学原理为指导，应用系统科学、环境科学等自学科学手段辨识、模拟和设计人工复合生态系统的各种关系，确定资源开发利用与保护的生态适宜度，探讨改善系统结构与功能的生态建设对策，促进人与环境关系持续、协调发展的一种规划方法。

生态规划是在人类生产、非生产活动和自然生态之间进行平衡的综合性计划。一般包括：①保证可再生资源不断恢复、稳定增长、提高质量和永续利用的计划和措施；②保护自然系统生物完整性的计划和措施，如严禁滥捕野生动物，合理采集野生植物，建立自然保护区，保护稀有野生生物和拯救濒临灭绝的物种等；③合理有效地利用土地、矿产、能源和水等不可再生资源的计划和措施，以增加自然系统的经济价值；④治理污染和防止污染的计划和措施；⑤改善人类环境质量的计划和措施，以增进人类身心健康，保护人类居住环境的美学价值。

二、生态规划的目标与原则

（一）生态规划的目标

生态规划的目标包括整体目标、经济系统目标、社会系统目标和生态环境系统目标等。

1．整体目标 生态规划的总目标是依据生态控制论原理调控复合系统内部各种不合理的生态关系，提高系统的自我调节能力，在一定的外部环境条件下，通过技术的、行政的、行为的诱导实现因地制宜的可持续发展，即实现高效、公平和可持续性。

2．经济系统目标 经济系统目标是充分利用当地资源优势和技术优势，因地制宜地发展产业和进行技术改造，使产业结构和资源结构相匹配、与技术结构相协调，提高产业的产投比效益，增加经济系统的调节能力。从单一的资源优势结构过渡为资源一技术优势组合结构，形成合理的城乡关系、工农关系与内外经济联系协调发达的经济网络。

3．社会系统目标 社会系统目标是实现城乡结构与布局合理，生活环境干净舒适，人口增长与经济支持能力相适应，人口结构合理，社会服务便利，公众生态意识提高，行政管理机构精干等；具有灵敏高效的信息反馈和先进的决策支持系统。

4．生态环境系统目标 生态环境系统目标是根据自然条件特点，实现自然资源特别是土地资源和水资源的持续利用，提高系统各环节的生态效率，增强生态系统的服务功能，使系统达到高效、稳定、合理，为公众提供环境优美、舒适的生活和居住条件。

以上是复合生态系统规划的总体目标，在规划中必须根据具体对象的要求提出详细的指标和要求，并进行合理性和可行性的论证。

（二）生态规划的原则

进行生态规划，应遵循以下原则。

1．整体性原则 生态规划从生态系统的原理和方法出发，强调规划目标与区域总体发展目标的一致性，追求社会、经济和生态环境的整体最佳效益。

2．趋适开拓原则 生态规划以环境容量、资源承载能力和生态适宜度为依据，寻求最佳的区域或城乡生态位，不断开拓和占领空余生态位，充分发挥生态系统的潜力，强化人为调控能力，促进可持续发展的生态建设。

3．协调共生原则 复合生态系统具有结构的多元化和组成的多样性特点，子系统之间及各生态要素之间相互影响、相互制约，直接影响着系统整体功能的发挥。在生态规划中坚持共生就是要使各子系统合作共存，互惠互利，提高资源利用效率；协调指保持系统内部各组分、各层次及系统与周围环境之间关系的协调、有序和相对平衡。

4．区域分异原则 不同地区的生态系统有不同的结构、生态过程和功能，规划的目的也不尽相同，生态规划必须在充分研究区域生态要素功能现状、问题及发展趋势的基础上进行。

5．高效和谐原则 生态规划是要建设一个高效和谐的社会-经济-自然复合生态系统，因此生态规划要遵守自然、经济、社会三要素原则，以自然为规划基础，以经济发展为目标，以人类社会对生态的需求为出发点。

6. 可持续发展原则 生态规划遵循可持续发展原则，在规划中突出“既满足当代人的需要，又不危及后代满足其发展需要的能力”的原则，强调资源的开发利用与保护增值同时并重，合理利用自然，为后代维护和保留充分的资源条件，使人类社会得到公平持续发展。

三、生态规划的指标体系

指标体系是描述和评价某种事物的可度量参数的集合，生态规划指标体系是推进生态规划实施的基础，应充分体现其科学性、综合性、简洁性、完备性等原则，生态规划的指标体系及目标尚处于探索和不断完善阶段。由于生态规划发展的理论和实践发展的实际情况，以前生态规划的指标体系多是借用可持续发展评估指标体系，没有提出独立的生态规划指标体系。

2003 年，张坤民、温宗国等在其著作《生态城市评估与指标体系》一书中提出中国城市生态可持续发展指标体系（UESDI），包括五大系统（资源支持系统、经济发展能力系统、社会支持系统、环境支持系统、体制和管理系统），37 项指标，82 个变量。主要揭示城市可持续发展的水平、趋势及城市在国内城市生态可持续发展中的相对水平。但越来越多的学者认为，该指标体系存在以下几个问题：①指标过于庞杂且不均衡；②指标体系研究与评价模型研究彼此脱节；③难以投入实际应用等。刘传国（2004）在总结前人研究成果的基础上，根据层次分析法、模糊综合评判法，依据弹性原则，提出了独立的生态规划指标体系（国家环境保护总局，2003）为主，结合中国城市生态可持续发展指标体系（UESDI）（张坤民等，2003）进行指标体系的构建。该指标体系分为三个层次，第一级为生态规划指标体系（ecological planning index system，EPIS），分为经济发展、环境支持、社会发展三个系统；第二级为 17 项指标，包括经济水平、经济结构、社会公平、生活质量等，第三级包括人均 GDP、GDP 增长率、基尼系数等共 40 项单项指标，具体见表 9-1。

表 9-1 生态规划指标体系（EPIS）

系统名称	二级系统	指标名称
经济发展系统	经济水平	人均 GDP
		GDP 增长率
		城镇居民人均可支配收入
		农民人均纯收入
	经济结构	第三产业占 GDP 的比例
	资源利用率	单位 GDP 能耗（吨标准煤/万元）
		单位 GDP 水耗（m^3/万元）
	经济推动力	全社会固定资产投资总额占 GDP 的比例（%）
	企业发展	规模化企业通过 ISO—14000 认证比例（%）

续表

系统名称	二级系统	指标名称
社会发展系统	社会公平	基尼系数
		城镇失业率
		高等教育入学率
	生活质量	恩格尔系数
	城市化	城市化水平
		城市气化率
		城市集中供热率
		城市人均道路面积
		城市建成区绿化覆盖率
		城市生命线系统完好率
社会发展系统	社会保障	科技、教育经费占 GDP 比例
		城市社会保障覆盖率
	公众参与	环境保护宣传教育普及率
		公众对环保的满意率
	财政支持	环保经费占 GDP 比例
		科技、教育经费占 GDP 比例
环境支持系统	自然与人文景观资源	森林覆盖率
		受保护地区占国土面积的比例
		退化土地恢复治理率
	大气环境	城市空气质量好于或等于 2 级标准的天数/年
	水环境质量	城市水功能区水质达标率
		主要污染物排放强度（二氧化硫、COD 等）
		集中式饮用水源地水质达标率
		城镇生活污水集中处理率
	噪声	噪声达标区覆盖率
	固体废物	城镇生活垃圾无害化处理率
		工业固体废物处置利用率
		秸秆综合利用率
	土壤	化肥使用强度（折纯）
		农药使用强度（折纯）

资料来源：刘传国，2004

四、生态规划的程序

生态规划的过程可以概括为以下 8 个步骤，具体的生态规划流程见图 9-3。

1）生态规划的大纲编制。对整个规划工作进行组织和安排，编制各项工作计划。

2）生态调查与资料收集。这一步骤是生态规划的基础，资料收集包括对历史、现状资料，卫星图片、航片资料、访问当地人获得的资料、实地调查资料等进行收集，然后进行初步的统计分析、因子相关分析及现场核实与图件的清绘工作，继而建立资料数据库。

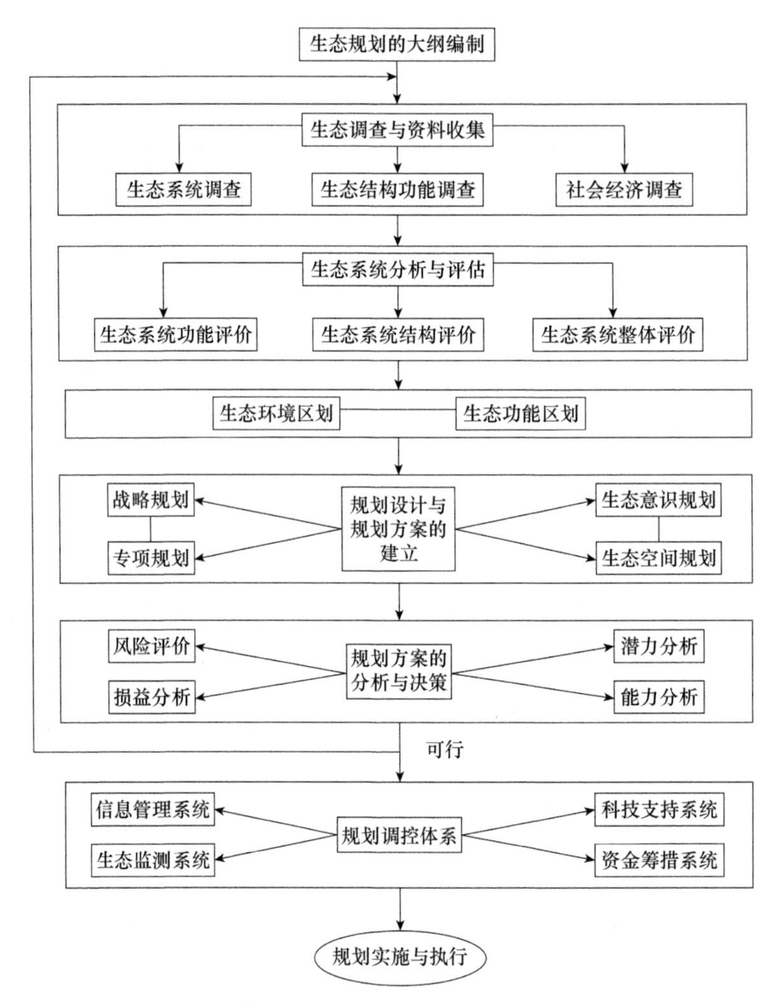

图 9-3 生态规划流程图（海热提和王文兴，2004）

3）生态系统分析与评估。这是生态规划的一个主要内容，为生态规划提供决策依据。主要是分析生态系统结构、功能的状况，辨识生态位势，评估生态系统的健康度、可持续度等。提出自然—社会—经济发展的优势、劣势和制约因子。

4）生态环境区划和生态功能区划。这是对区域空间在结构功能上的类聚和划分，是生态空间规划、产业布局规划、土地利用规划等规划的基础。

5）规划设计与规划方案的建立。它是根据区域发展要求和生态规划的目标，以及研究区的生态环境、资源及社会条件在内的适宜度和承载力范围，选择最适于区域发展方案的措施。一般分为战略规划和专项规划。

6）规划方案的分析与决策。根据设计的规划方案，通过风险评价和损益分析等进行方案可行性分析，同时分析规划区域的执行能力和潜力。

7）规划调控体系。建立生态监控体系，从时间、空间、数量、结构、机理等几方面检测事、人、物的变化，并及时反馈与决策；建立规划支持保障系统，包括科技支持、资金支持和管理支持系统，从而建立规划的调控体系。

8）规划实施与执行。规划完成后，由下面部门分别论证实施，并应由政府和市民进行管理、执行。

环境规划

环境规划是为使环境与社会经济协调发展而对环境所做的时间和空间的合理安排。它是国民经济和社会发展的有机组成部分，是实行环境目标管理的基本依据，是管理者对一定时期内的环境保护目标和措施所做出的具体规定，是一种带有指令性的环境保护方案，其目的是在发展经济的同时保护环境，使经济、社会与环境协调发展。

环境规划的发展有以下特点：①环境与经济协调规划将继续受到重视并成为热点；②环境规划的技术路线将从污染末端控制向生产全过程控制转变；③环境规划的污染控制方式将更突出区域集中控制；④污染物总量控制规划将继续得到重视；⑤城市生态规划越来越被人们重视；⑥环境规划决策支持系统的建立将会成为研究的重点之一。

第四节　生态环境管理

生态环境管理是保护和改善生态环境质量，平衡经济发展和生态环境之间相互关系的重要途径。通过生态环境管理，实现经济、社会和生态环境的协调可持续发展。

一、生态环境管理的概念

生态环境管理指运用生态学、经济学和社会学等跨学科的原理和现代科学技术来管理人类行动对生态环境的影响，力图平衡发展和生态环境保护之间的冲突，最终实现经济、社会和生态环境的协调可持续发展。

生态环境管理的核心是要遵循生态规律与经济规律，正确处理发展与生态环境的关系。生态环境是发展的物质基础，又是发展与可持续发展的制约条件；发展可能会带来生态破坏与环境污染，但只有在经济技术发展的基础上才能不断改善生态环境质量。在“人类-生态-环境”系统中，人是主导的一方，发展与生态环境的关系中，人类的发展活动是主要方面，所以生态环境管理的实质是影响人的行为，以求维护生态环境质量，保证经济社会可持续发展的顺利进行。

二、生态环境管理的目标与任务

（一）生态环境管理的目标

生态环境管理的目标就是要协调人类的需要与自然资源的平衡关系，让人类活动和自然系统之间保持一种相对的动态平衡，维持健康的生态系统，保证各项生态系统服务功能的正常发挥。

生态环境问题产生的根源在于人们自然观上的错误及在此基础上形成的基本思想观念上的扭曲，这进而导致人类社会行为的失当，最终使自然生态环境受到干扰和破坏。也就是说，生态环境问题的产生有两个层次上的原因：一是思想观念层次上的；二是社会行为层次上的。基于这种思考，人们终于认识到必须改变自身一系列的基本思想观念，必须从宏观到微观对人类自身的行为进行管理，以尽可能快的速度逐步恢复被损害了的生态环境，并减少甚至消除新的发展活动对生态环境的结构、状态、功能造成新的损害，保证人类与生态环境能够持久地、和谐地协同发展下去，这就是生态环境管理的最终目标。具体来说，生态环境管理的目标就是通过对可持续发展思想的传播，使人类社会的组织形式、运行机制以至管理部门和生产部门的决策、计划和个人的日常生活等各种活动，符合人与自然和谐协进的要求，并以规章制度、法律法规、社会体制和思想观念的形式体现出来。这就是创建一种新的生产方式、消费方式、社会行为规则和发展方式。

（二）生态环境管理的任务

生态环境管理的任务是转变人类社会的一系列基本观念和调整人类社会的行为。

1. 观念的转变　观念的转变包括消费观、伦理道德观、价值观、科技观和发展观直到整个世界观的转变。这种观念的转变将是根本的、深刻的，它将带动整个人类文明的转变。当然，要从根本上扭转人类既成的基本思想观念，显然不是单纯通过生态环境管理就能达到的，但是生态环境管理却可以通过建设生态环境文明来为整个人类文明的转变服务。生态环境文化是以人与自然和谐为核心和信念的文化，生态环境管理的任务之一就是要指导和培育这样一种文化，以取代工业文明时代形成的“以人类为中心，以人的需求为中心，以自然环境为征服对象”的文化，并将这种环境文化渗透到人们的思想意识中去，使人们在日常的生活和工作中能够自觉地调整自身的行为，以达到与自然环境和谐的境界。

文化在人类的发展进程中一直在起着巨大的作用。例如，在中国的传统文化中，以儒、道、佛为代表的“天人合一”思想对于中华民族的延续和发展起到了至关重要的作用。考察世界历史，我们可以看到，战争和灾荒固然会给人类带来深重的灾难，但绝不可能造成一个民族或文明的覆灭，能够具有覆灭一个民族或文明威力的只有大自然。1500 多年前的玛雅文明，也曾经发展到了相当高的程度，但是对生态环境的破坏，导致了生态平衡的失调而遭到覆灭。中华民族之所以绵延 5000 多年，归根结底，是“天人合一”思想起到了重要的作用。

2．行为的调整　文化决定着人类的行为，只有转变了过去那种视生态环境为征服对象的文化，才能从根本上去解决生态环境问题。所以，从这个意义上来讲，生态环境文明的建设是生态环境管理的一项长期的根本任务。相对于对思想观念的调整而言，行为的调整虽然是较低层次上的调整，然而却是更具体、更直接的调整。人类的社会行为可以分为行为主体、行为对象和行为本身三大组成部分。从行为主体来说，还可以分为政府行为、市场行为和公众行为三种。政府行为是总的国家的管理行为，诸如制定政策、法律、法令，发展计划并组织实施等；市场行为是指各种市场主体包括企业和生产者个人在市场规律的支配下，进行商品生产和交换的行为；公众行为则是指公众在日常生活中诸如消费、居家休闲、旅游等方面的行为。这三种行为都可能会对生态环境产生不同程度的影响。

这三种行为相辅相成，它们在对生态环境的影响中分别具有不同的特点，其中政府行为起着主导的作用，因为政府可以通过法令、规章等在一定程度上约束市场行为和公众行为，所以生态环境管理的主体和对象都是由政府行为、市场行为、公众行为所构成的整体或系统。对这三种行为的调整可以通过行政手段、法律手段、经济手段、教育手段和科技手段来进行，这本身又构成一个整体或系统。

另外，在这三种行为中，政府的决策和规划行为，特别是涉及资源开发利用或经济发展规划，往往会对生态环境产生深刻而长远的影响，其负面影响一般很难或无法纠正。市场行为的主体一般是企业，而企业的生产活动一直是环境污染和生态破坏的直接制造者。不仅在过去，在将来很长的一段时期内，它们都将是环境问题中的重点内容。公众行为对环境的影响在过去并不是很明显，但随着人口的增长尤其是消费水平的增长，公众行为对环境的影响在环境问题中所占的比例越来越大。从全球来看，生活垃圾的数量占整个固体废弃物数量的70%，大大超过了工业固体废物的数量。由于消费方式的原因，大量的产品在未得到充分利用或仍可以作为资源回收利用的情况下，就被公众当成了废物而丢弃，这不仅加剧了固体废弃物对环境的污染，还对资源的持续利用是一个损害。

由以上的分析可见，生态环境管理的两项任务是相互补充、构成一体的。其中生态环境文化的建设是根本性的，但是文化的建设是一项长期的任务，对短期内生态环境问题解决的效果不是很明显，而行为的调整则可以比较快地见效。同时，行为的调整也可以促进文化的建设。所以对于生态环境管理而言，这两项任务必须同时加强。

综上所述，生态环境管理是通过对人们自身思想观念和行为进行调整，以求达到人类社会发展与自然环境的承载能力相协调，即生态环境管理是人类有意识的自我约束，这种约束通过行政的、经济的、法律的、教育的、科技的等手段来进行，它是人类社会发展的根本保障和基本内容。

三、生态环境管理的程序

生态环境管理的一般程序可以分为五个阶段：首先是明确问题，通过调查研究确定所要解决的问题及问题的关键所在，在仔细分析研究问题之后，鉴别与分析可能采取的对策，提出可能采取的各种方案，比较各种方案的费用和收益，从中选出可行的对

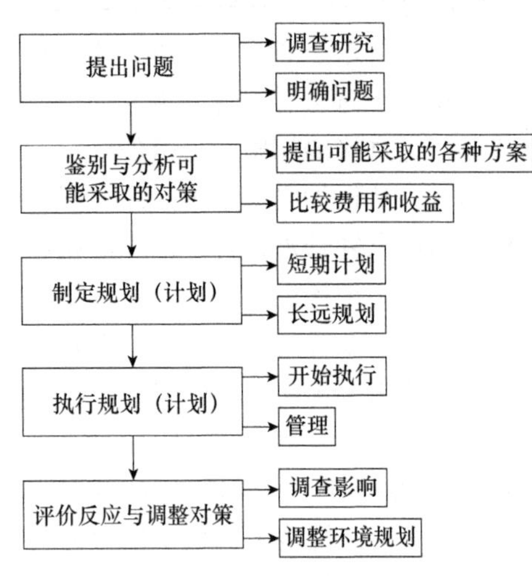

图 9-4　生态环境管理的一般程序

策，再制定规划（计划），包括短期规划和长期规划，然后就是执行规划（计划），对生态环境进行管理，最后进行评价反应与调整对策，对方案的效果进行观察与评价，必要时对规划进行调整（图 9-4）。

四、生态环境管理的手段

生态环境管理的手段有行政手段、法律手段、经济手段、环境教育和技术手段等。

1）行政手段是环境保护部门经常大量采用的手段。主要是研究制定环境政策、组织制订和检查环境计划；运用行政权力，将某些地域划为自然保护区、重点治理区、环境保护特区；对某些环境危害严重的工业、交通企业要求限期治理，以至勒令停产、转产或搬迁；采取行政制约手段，如审批环境影响报告书，发放与环境保护有关的各种许可证；对重点城市、地区、水域的防治工作给予必要的资金或技术帮助。

2）法律手段是生态环境管理强制性的措施。按照环境法规、环境标准来处理环境污染和破坏问题，对违反环境法规、污染和破坏环境、危害人民健康、财产的单位或个人给予批评、警告、罚款，或责令赔偿损失。协助和配合司法机关与违反环境保护法律的犯罪行为进行斗争，协助仲裁等。

3）经济手段是生态环境管理中的一种重要措施。对积极防治环境污染而在经济上有困难的企业、事业单位给予资金援助；对排放污染物超过国家规定标准的单位，按照污染物的种类、数量和浓度征收排污费；对违反规定造成严重污染的单位或个人处以罚款；对排放污染物损害人群健康或造成财产损失的排污单位责令对受害者赔偿损失；对利用废弃物质生产的产品给予减、免税收或其他物质上的优待；对利用废弃物作生产原料的企业不收原料费。此外还有推行开发、利用自然资源的征税制度等。

4）环境教育是生态环境管理不可缺少的手段。主要是利用书报、期刊、电影、广播、电视、展览会、报告会、专题讲座等多种形式，向公众传播环境科学知识，宣传环境保护的意义及国家有关环境保护和防治污染的方针、政策、法令等。在高等院校、科学研究单位培养环境管理人才和环境科学专门人才；在中、小学进行环境科学知识教育；对各级环境管理部门的在职干部进行轮训。

5）技术手段种类很多，如推广和采用无污染工艺和少污染工艺；因地制宜地采取综合治理和区域治理技术；登记、评价、控制有毒化学品的生产、进口和使用；交流国内外有关环境保护的科学技术情报；组织推广卓有成效的管理经验和环境科学技术成果；开展国际的环境科学技术合作等。

环境管理

环境管理是国家环境保护部门的基本职能。它运用行政、法律、经济、教育和科学技术手段，协调社会经济发展同环境保护之间的关系，处理国民经济各部门、各社会集团和个人有关环境问题的相互关系，使社会经济发展在满足人们的物质和文化生活需要的同时，防治环境污染和维护生态平衡。

环境管理的主要内容可分为三方面：①环境计划的管理，环境计划包括工业交通污染防治计划、城市污染控制计划、流域污染控制规划、自然环境保护计划及环境科学技术发展计划、宣传教育计划等，还包括在调查、评价特定区域的环境状况的基础上综合制定的区域环境规划；②环境质量的管理，主要是组织制定各种环境质量标准、各类污染物排放标准，监督检查工作，组织调查、监测和评价环境质量状况及预测环境质量变化的趋势；③环境技术的管理，主要包括确定环境污染和破坏的防治技术路线和技术政策，确定环境科学技术发展方向，组织环境保护的技术咨询和情报服务，组织国内和国际的环境科学技术合作交流等。

思考题

1．比较生态监测、生物监测、环境监测的异同。
2．简述生态监测的理论依据。
3．生态监测的方法有哪些？
4．什么是生态评价，其任务是什么？
5．简述生态评价的指标体系。
6．生态评价的基本方法有哪些？
7．什么是生态规划，生态规划有什么意义？
8．生态规划有哪些主要原则？
9．简述生态规划的程序。
10．什么是生态环境管理，生态环境管理有什么意义？
11．简述生态环境管理的任务。
12．简述生态环境管理的手段。

推荐读物

胡荣桂．2010．环境生态学．武汉：华中科技大学出版社．
海热提，王文兴．2004．生态环境评价、规划与管理．北京：中国环境科学出版社．
罗文泊，盛连喜．2011．生态监测与评价．北京：化学工业出版社．
刘康，李团胜．2004．生态规划——理论、方法与应用．北京：化学工业出版社．
毛文永．2003．生态环境影响评价概论（修订版）．北京：中国环境科学出版社．
欧阳志云，王如松．2005．区域生态规划理论与方法．北京：化学工业出版社．
盛连喜．2002．环境生态学导论．北京：高等教育出版社．
王业耀．2017．流域水生态环境质量监测与评价技术指南．北京：中国环境科学出版社．
徐新阳．2004．环境评价教程．北京：化学工业出版社．
叶文虎．2013．环境管理学．3版．北京：高等教育出版社．

主要参考文献

安丽，曹同，俞鹰浩．2006．苔藓植物与环境重金属污染监测．生态学杂志，25（2）：201-206．
曹江营．2004．论生态环境地面监测技术指标与方法．内蒙古环境保护，16（4）：48-51．
常晋娜，瞿建国．2005．水体重金属污染的生态效应及生物监测．四川环境，24（4）：29-33．
陈波，包志毅．2003．生态规划：发展、模式、指导思想与目标．中国园林，19（1）：48-51．
丁桑岚．2001．环境评价概论．北京：化学工业出版社．
杜自强，王建，沈宇丹．2005．基于3S技术的草地退化动态监测系统设计．四川草原，11：51-59．
付运芝，井元山，范淑梅．2002．生态监测指标体系的探讨．辽宁城乡环境科技，22（2）：27-29．
高吉喜．2002．新世纪生态环境管理的理论与方法．环境保护，（7）：9-14．
郭怀成．2006．环境规划方法与应用．北京：化学工业出版社．
环境保护部．2015．生态环境状况评价技术规范（HJ 192—2015）．北京：中国环境科学出版社．
胡荣桂．2010．环境生态学．武汉：华中科技大学出版社．
姜必亮．2003．生态监测．福建环境，20（1）：4-6．
李尉卿．2003．环境评价．北京：化学工业出版社．
李雪梅．2004．生物在城市大气污染监测中的应用．辽宁城乡环境科技，24（2）：16-17．
李元．2008．农业环境学．北京：中国农业出版社．
梁耀开．2002．环境评价与管理．北京：中国轻工业出版社．
刘传国．2004．生态规划指标体系及循环经济体系构建研究——以临沂生态市规划为例．青岛：中国海洋大学硕士学位论文．
刘德生．2001．环境监测．北京：化学工业出版社．
刘康，李团胜．2004．生态规划——理论、方法与应用．北京：化学工业出版社．
罗泽娇，程胜高．2003．我国生态监测的研究进展．环境保护，3：41-44．
马天，王玉杰，郝电．2003．生态环境监测及其在我国的发展．四川环境，22（2）：19-24．
毛文永．2003．生态环境影响评价概论（修订版）．北京：中国环境科学出版社．
欧阳志云，王如松．2005．区域生态规划理论与方法．北京：化学工业出版社．
《生态环境保护管理创新与建设美丽中国实践探索》编委会．2014．生态环境保护管理创新与建设美丽中国实践探索．北京：经济日报出版社．
生态环境部．2022．环境影响评价技术导则 生态影响（HJ 19—2022）．北京：中国环境科学出版社．
盛连喜．2002．环境生态学导论．北京：高等教育出版社．
舒延飞，包存宽，陆雍森．2006．规划环境影响评价与生态规划的现状及其关系．同济大学学报（自然科学版），34（3）：382-387．
宋红波，朱旭．2004．对我国生态监测的思考．环境科学动态，3：10-11．
孙巧明．2004．试论生态环境监测指标体系．生物学杂志，21（4）：13-16．
汤万金，刘平．2003．矿区可持续生态环境管理规划方法研究．世界标准化与质量管理，（1）：29-32，38．
王洁文．2006．浅谈城市生物多样性保护．黑龙江环境通报，30（2）：31-32．
王旭，王斌．2009．生态规划的生态学原理研究．现代农业科学，16：92-93．
王燕茹．2007．树立科学发展观，加强可持续发展的生态环境管理．生态经济，B05：365-368．
徐新阳．2004．环境评价教程．北京：化学工业出版社．
严良，向继业，张春梅．2007．矿区可持续发展能力建设中生态环境管理研究．环境科学与管理，32（7）：156-160．
燕乃玲．2007．生态功能区划与生态系统管理：理论与实证．上海：上海社会科学院出版社．
杨士弘．2002．城市生态环境学．2版．北京：科学出版社．
叶文虎．2013．环境管理学．3版．北京：高等教育出版社．
张坤民，温宗国，杜斌．2003．生态城市评估与指标体系．北京：化学工业出版社．
赵晓光，石辉．2007．环境生态学．北京：机械工业出版社．

第十章　环境生态与生态文明

【内容提要】本章在生态文明概念、历史渊源、建设理念的基础上，分析了环境生态与生态文明的关系，论述了环境生态与生态文明建设的关系。

在漫长的人类历史长河中，人类文明经历了三个阶段，分别是原始文明、农业文明和工业文明。然而，三百年的工业文明以人类征服自然为主要特征，导致了一系列全球性的生态环境问题，危及人类生存，因此需要开创一个新的文明形态来延续人类的生存，这就是“生态文明”。

第一节　生态文明理论

如果说农业文明是“黄色文明”，工业文明是“黑色文明”，那生态文明就是“绿色文明”。生态文明是人类文明发展的一个新的阶段，即工业文明之后的一种文明形态，是人类遵循人、自然和社会和谐发展这一客观规律而取得的物质与精神成果的总和。

一、生态文明的概念

“生态文明”这一复合概念是由“生态”与“文明”两个概念融合而成的，可以从自然观、价值观、生产方式及生活方式4个方面进行解释（廖曰文和章燕妮，2011）。

1）从自然观上讲，生态文明改变了以往对自然无节制掠夺的观念，要求尊重自然，在尊重客观规律的基础之上调节人与自然的关系。生态文明树立的是生态自然观。

2）从价值观上讲，生态文明肯定了自然的内在价值，强调生态要素对人类生活的价值意义，坚持人类对自然的伦理义务与责任，倡导物质追求与精神提升的统一性。

3）从生产方式上讲，生态文明改变了以往高投入、高消耗、高排放的传统经济发展模式，转而谋求社会经济发展与生态环境的协调共生，建设遵循生态规律的生态化产业。

4）从生活方式上讲，生态文明要求树立绿色消费观念，改变以往以满足人类无限的物质欲望为第一目的的传统消费观念，提倡适度有节制的消费，尽可能避免或者减少消费行为对生态环境的破坏。

二、生态文明理念的历史渊源

（一）中国生态文明理念的历史渊源

以儒家、道家、佛家思想为核心形成的中国文化精神，对中华文明的发展进程有着举足轻重的影响，中国思想文化追求“和而不同”，其中蕴含着大量生态文明理念的种子。当今时代倡导的生态文明思想中蕴含的人与自然和谐共生共荣、社会经济与生态环境协调发展的理念，正是对中国古代儒家、道家和佛家生态伦理思想的传承和升华。同时，这些思想和理论也为我国生态文明建设提供了思想源泉和理论基础，对深刻理解生态文明理念的内涵起到了重要的铺垫作用。

（二）西方生态文明理念的发展历程

西方工业文明极大地提高了社会生产力，给人类带来了丰富的物质财富，但在最近几十年间，工业文明已经陷入难以克服的全球性危机中：自然资源日趋衰竭、生态环境污染日益恶化、人口“爆炸”导致社会贫困日益加剧、城市过度扩张导致生活环境质量低劣。

英国的政治经济学家和人口学家托马斯·罗伯特·马尔萨斯（Thomas Robert Malthus）就曾警示过人口爆炸式增长的潜在危险，他指出，若不加控制，人口对事物的需求总量将会超过一个国家或者世界的粮食生产能力。亚当·斯密（Adam Smith）和大卫·李嘉图（David Ricardo）认为经济持续增长将受到日益衰减的自然资源的制约。《寂静的春天》深刻描述了滥用化学药品和肥料带来的环境污染与生态破坏及给人类带来的系列灾难。此外，本书中记录了工业文明带来的诸多负面影响，推动了现代环保主义的发展。罗马俱乐部发表了研究报告《增长的极限》，报告提出了由人口增长、粮食生产、资源消耗、工业化和环境污染这五大基本要素构成的世界系统仿真模型，对原有经济增长模式提出了质疑，阐述了传统高增长模式将人类与自然置于尖锐的矛盾中，若不改变，将会给地球和人类自身带来毁灭性的劫难。联合国人类环境会议通过了《联合国人类环境会议宣言》，意味着环保运动已从民间活动上升到政府行为。《我们共同的未来》首次提出了“可持续发展”的理念。《二十一世纪议程》高度凝聚了可持续发展的理论，并提出了世界范围内可持续发展的行动计划。罗伊·莫里森（Roy Morrison）出版了著作《生态民主》，提出了“生态文明”这一概念，呼吁创造生态文明来取代工业文明。

西方的生态环境危机触发了绿色生态运动思潮，进而孕育了生态文明理念。工业文明在其两百多年的历史进程中已经完成了它的历史使命，层出不穷的生态危机正是工业文明走向衰亡的具体表现。一种新的文明，即生态文明，将逐渐取代工业文明成为未来社会的主要文明形态。

三、生态文明建设的理念

生态文明建设以资源和环境为载体，践行“人与自然和谐共生”“绿水青山就是金山银山”“绿色发展”“统筹山水林田湖草沙系统治理”等理念。

（一）坚持人与自然的和谐共生是生态文明建设的核心理念

在很早之前，马克思和恩格斯分别做出过“人是自然界的一部分”“人本身是自然界的产物”的论述，他们主张，人是自然界的一部分，人是在自然界发展到某一阶段才产生的产物，人依靠自然界生存，二者始终是相互作用的有机统一整体，人类作用于自然界，自然界也会对人类行为做出反馈。因此，生态文明建设理念要坚持人与自然的和谐共生，正确处理好人类行为和自然界之间的关系，在改造和利用自然的同时，积极保护自然、回馈自然，从而追求人与自然的永续发展。

（二）坚持绿水青山就是金山银山理念，坚持绿色发展理念

生态文明建设意味着要兼顾社会经济发展与生态环境保护之间的关系，在发展中保护，在保护中发展。要兼顾好生态环境保护与社会经济发展之间的平衡关系，坚持绿水青山就是金山银山，坚持社会效益、经济效益和生态效益的协调统一，最终实现发展与保护的双赢局面。此外，作为五大发展理念之一的绿色发展理念，追求的是绿色发展方式和绿色生活方式的统一，强调不仅要实现生产领域的绿色发展，还要倡导生活领域的绿色生活方式。绿色发展理念倡导绿色生活理念，追求低碳生活方式并培养绿色文化的氛围，将绿色发展理念内化于心、外化于行，形成合力，推动全社会的绿色发展。

（三）统筹山水林田湖草沙系统治理

山水林田湖草是“绿水青山”的基底，同时也是决定区域资源环境承载能力和未来发展定位的重要因素。人的命脉在于田，田的命脉在于水，水的命脉在于山，山的命脉在于土，土的命脉在于树。坚持山水林田湖草系统治理就是将山水林田湖草作为一个生命共同体，将生态系统作为一个完整的系统进行综合考虑，开展全方位、全地域、全过程的治理工作，实现系统修复和综合治理的目的。生态文明理念下的统筹山水林田湖草系统治理是依据生态系统的整体性、系统性和内在规律，围绕我国生态环境保护与治理中存在的重点和难点问题，通过生态系统保护和修复工程，实现区域生态功能和生态产品供给能力的提升。

四、生态文明与可持续发展

（一）可持续发展理念的由来

1972 年 6 月 5 日，面对日益加剧的环境污染和国际社会加强保护环境的呼声，联合国在瑞典首都斯德哥尔摩召开了第一次世界性的人类环境会议，通过了著名的《联合国人类环境会议宣言》，将“为了这一代和将来世世代代的利益”作为人类共同的信念和原则，此信念成了日后可持续发展理念的重要源泉。1980 年，世界自然保护联盟、联合国环境规划署和世界野生动物基金会共同发表的《世界自然资源保护大纲》中提出了可持续发展的思想。1987 年，世界环境与发展委员会在 42 届联合国大会上通过了划时代的报告《我们共同的未来》(*Our Common Future*)，正式提出了可持续发展的概念，系统阐明了可持续发展的战略思想和目标，指出可持续发展的本质是“既满足当代人的生存和发展的需要，又不对子孙后代满足其需要能力的发展构成损害的发展道路”。

此后，1992 年巴西里约热内卢召开的联合国环境与发展大会通过了《里约环境与发展宣言》《二十一世纪议程》等公约，第一次把经济发展与环境保护结合起来进行认识；2002 年在南非约翰内斯堡召开的可持续发展世界首脑会议上，提出了著名的可

持续发展三大支柱，即经济发展、社会进步和环境保护；2012 年在巴西里约热内卢再次召开联合国可持续发展大会，通过了《我们憧憬的未来》的大会文件。以这一系列的行动为标志，可持续发展思想逐渐在全球范围内达成共识，成为全人类共同发展的战略。

（二）可持续发展的内涵

可持续发展是一种新的社会发展模式，也是一种新的环境伦理观和文明观。将今天的发展和明天的发展联系起来，将人和社会的发展同自然生态的维护和发展联系起来，最终的目的在于促进人与自然的和谐，实现经济和人口、资源和环境的协调发展。可持续发展包括以下 4 个方面的原则。

1．公平性原则 公平性包括代际公平、代内公平和资源利用的发展机会公平 3 个方面。代际公平指的是时间上的公平，即当代人不能为满足自己的发展和需求而去损害后代人发展与需求的资源和环境；代内公平是指空间上的公平，即为了减少和避免当前世界各国发展不均衡、贫富悬殊和两极分化突出的现象，应该赋予世界各国以公平的资源使用权和公平的发展权，实现共同发展；资源利用的发展机会公平强调均衡、合理利用资源和获得公平、平等发展的机会，从资源利用的角度使社会公平价值超越了时空界限，体现了代际公平与代内公平的协调统一。

2．协调性原则 协调性原则体现在两个方面：一是生态经济与社会的发展协调，二是经济发展规模与生态环境承载力的协调。协调性原则主张保护生态系统的生产力和功能，将人类对自然资源和环境的利用限制在其承载力范围之内，实现人与自然的和谐统一。

3．高效性原则 高效性原则强调了经济资源的合理利用，在经济资源开发中应针对经济资源的特性协调资源开发、保护与经济交往之间的关系，科学合理地规划、开发和保护好不同属性的经济资源，以最大限度发挥其独有的内涵，并尽可能地延长其使用寿命，实现经济资源的持续利用。

4．发展性原则 可持续发展以满足当代人和未来各代人的需求为目标，而随着时间的推移和不断地发展，人类的需求内容和层次将不断增加和提高，可持续发展本身也不断从较低层次向较高层次发展，呈现出渐进和上升过程。

（三）生态文明与可持续发展的关系

生态文明和可持续发展之间存在着密切的联系，这种关系主要表现在以下几个方面。

1）生态文明和可持续发展之间相辅相成，相互促进，具有一定的一致性。首先，两个理念都是在环境破坏、生态危机严重、人类开始反思人与自然关系的情况下产生的。其次，可持续发展思想从萌芽到成熟、从理论到实践，自始至终都和环境保护及自然资源的合理利用有着密切的关系，这与生态文明建设的目的同出一辙。然后，生态文明和可持续发展都体现出了公平性、和谐性和可持续性的原则和要求。最后，从价值观的角度来看，生态文明和可持续发展都强调“发展”，虽然生态文明的着眼点在于保护自然，但最终所关怀的还是人的生存与发展，关注的是从生态发展的原点出发，去思考人类社会的发展模式。所以，可持续发展和生态文明建设共同的目标都是使人类社会经济活动以生态环境协调的方式来保持整个人类生态系统运行发展的可持续性。

2）生态文明是可持续发展在生态领域的支柱、原则和方向。生态文明是社会文明体系的重要组成部分。生态文明的出现是人类不断认识自然、适应自然的过程，也是人类不断修正自己的错误、改善与自然的关系、寻求与自然和谐发展的过程。生态文明以尊重和维护生态环境价值和秩序为主旨，强调从维护社会、经济和自然系统的整体利益出发，树立人与自然的平等观念。要求在发展经济的同时，重视资源和生态环境支撑能力的有限性，实现人类与自然的和谐相处。生态文明深化了人们对自然和自然资源有限性及公平使用性的认识，从而为可持续发展提供了精神动力和智力支持，指明了可持续发展的原则和方向。

3）可持续发展是生态文明建设的必由之路。可持续发展是人类在长期生存和发展过程中总结出来的宝贵财富，可持续发展道路是以绿色经济、低碳经济、循环经济、资源持续利用和能源节约化为特色的发展道路。生态文明建设需要依靠这样的发展方式使人们的生活环境和社会生产力的发展相互适应，使经济的发展和资源的合理利用相互协调，最终实现利用和发展的良性循环。所以，生态文明建设是以可持续发展为根据的，同时，可持续发展是建设生态文明不可缺少的发展道路。

生态文明与可持续发展不仅仅是两个概念，更是一种新的发展理念和发展思路。生态文明与可持续发展的核心内容是相通的，生态文明建设推动可持续发展，可持续发展又支撑生态文明建设，它们之间既是相辅相成的关系，又是相互促进的关系。我们应该在合理地创造经济财富的过程中保证生态的可持续发展，并建立最佳的生态文明，为实现人类的可持续发展提供保障。

第二节　环境生态与生态文明的关系

生态环境是人类生存和发展的主要物质来源，它承受着人类活动产生的废弃物和各种作用结果。良好的生态环境是人类发展最重要的前提，同时也是生态文明建设的基本条件。

作为生命支撑系统学科的重要分支，生态学主要研究宏观生命系统的结构、功能及其动态。随着地球环境和人类社会所面临形势的严峻性，生态学逐步成为气候变化与人类发展、碳达峰与碳中和及生物多样性保护等生态文明建设的引领性学科。

环境生态学是随着环境问题的出现而产生的，阐明了人为干扰的环境条件下，生物与环境的相互关系，并寻求解决环境问题的生态学途径。环境生态学在生物多样性、生态系统和生态平衡等方面与生态文明有着密切的联系，是生态文明建设的理论基础，促进和推动着生态文明建设。

一、生物多样性是生态文明建设的重要基础

生物多样性即生命形式的多样性，包括生态系统、生物物种和遗传基因的多样性，涉及动物、植物和微生物等。生物多样性关乎人类福祉，是人类生存与社会可持续

发展的基础。自人类进入工业时代以来，在创造巨大物质财富的同时也加速了对自然资源的攫取，打破了地球生态系统原有的循环和平衡，导致大量自然生境的丧失，现今生物多样性灭绝的速率甚至超出了地质历史时期前 5 次生物大灭绝的速率。

生物多样性不仅是生态文明的根本，还是衡量生态文明建设质量的重要指标。在生态文明建设的过程中，要注重生态系统载体的巩固与完善，如江河、湖海、高原、草原、森林和湿地生态环境的保护与修复，还要注意自然保护区、国家公园和动物栖息地的建设，为多种生物的生存活动提供场所和空间。更深层次的生物多样性保护，还涉及国家基因库、种质资源库和人工繁育基地的建设及环保志愿组织与动物救助站的设立等。

人类与自然共同组成生命共同体。地球上的生物不可能单独生存，每个物种的生存往往是以其他物种的存在为前提的，它们相互制约形成生态平衡。每个物种都有非凡独特的魅力，每种生物都有生存繁衍的权利。随着科学技术的进步，人类认识的生物种类越来越多，各种生物的价值会越来越明显。从广义的角度来说，人类也是地球上的生物物种之一，并非凌驾于自然之上的超级物种。历史经验和自然法则警示人类，无节制地征服和索取，终将影响到人类的生存和发展。

生物多样性使地球充满生机，具有典型的资源功能、突出的生态功能和重要的环境功能，是人类赖以生存和发展的基础，是地球生命共同体的血脉和根基。各种生物之间相互关联、相互依存，具有重要的生态功能，也是人类发展的重要条件。保护生物多样性有助于维系物种、平衡自然和保护地球家园，是实现人类社会可持续发展的根本保障，也是生态文明建设的重要基础。

二、生态系统是生态文明建设的重要内容

生态系统服务功能主要包括支持功能、供给功能、调节功能与文化功能。支持功能主要包括土壤形成、养分循环、初级生产与孕育生命；供给功能主要包括供给食物、供给水分、供给空气与供给阳光；调节功能主要包括调节气候、均化洪水、调控疾病与生物多样性；文化功能主要包括美学价值、精神价值、教育功能和休憩功能。

支持功能主要影响生命、资源、健康生产与发展安全等保护安全的人类福祉，供给功能主要影响生计之路、足够营养、居家住所与商品获取等保证生存的人类福祉，调节功能主要影响新鲜空气、干净饮水、身心健康与精力充沛等保障健康的人类福祉，文化功能主要影响美学鉴赏、精神升华、提升教育与互相尊重等社会关系的人类福祉。同时，人类福祉也会对生态服务功能产生响应，两者之间具有反馈与负反馈效应（图 10-1）。

生态系统服务功能还在于它的整体性，体现在各子系统之间的物质循环、能量流动和信息传递能够持续进行。物质循环再生以物质能量梯次和闭路循环使用为特征，它要求遵循生态学规律，合理利用自然资源和环境容量，在物质不断循环利用的基础上发展经济，使经济系统和谐纳入自然生态系统的物质循环过程中，实现经济活动的生态化。物质循环再生倡导的是循环经济，它是一种与环境相和谐的经济发展模式，采用全过程处理，是一个“资源-产品-再生资源”的闭路反馈式循环过程。与传统经济“三高一低”的模式（即高投入、高消耗、高排放和低效益）相比，循环经济按照 3R（reducing、reusing、

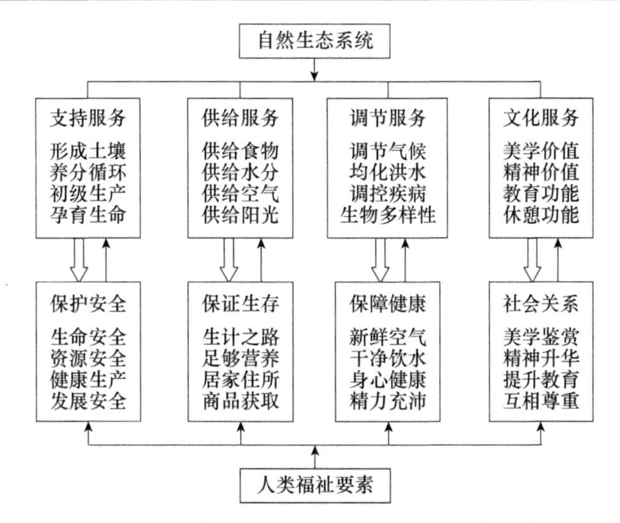

图 10-1　自然生态系统与人类福祉的关系（张修玉等，2020）

recycl）原则，形成了典型的“三低一高”模式，即低投入、低消耗、低排放和高效益，最大限度地减少了初次资源的开采，也最大限度地利用了不可再生资源。因此，发展物质循环再生是缓解资源约束矛盾的根本出路，有利于协调社会、经济与资源环境之间的关系，也有利于提高经济发展质量，是转变经济发展方式的现实需要，是推进生态文明建设的重要实践路径。

在生态文明建设中应树立起正确的整体观：一是生态文明建设需要统筹规划和综合治理，把山水林田湖单沙看作是有机联系的生命共同体。二是注重多角度、全方位分析问题和解决问题。避免就事论事、片面看待问题的做法，找准症结，对症下药。三是发挥系统功能，协调母系统与子系统的关系，形成解决生态问题的有效合力。还应关注生态治理多种方法和途径的综合运用，正确区分生态治理的主体和主导，并充分发挥他们的有效合力。另外，必须做到统筹兼顾，既要进行社会经济生态建设，又要考虑自然生态建设，不能片面地、急功近利地发展某一部分而削弱另一部分，更不能片面强调人自身的利益而损害全局利益，而是要实现人与自然的协调发展。

随着自然驱动力与社会驱动力的干扰，人类福祉是不断发展与完善的，可通过构建生态经济体系来消除贫困，通过构建生态人居体系来实现优质生活，通过构建生态环境体系来保障安全健康，通过构建生态文化体系来维持良好的社会关系，通过构建生态制度体系来达到行动自由的目的。因此，生态系统服务是生态文明建设的重要内容。

三、生态平衡是生态文明的本质核心

生态平衡反映生态文明建设的本质与核心，即“人与自然和谐共生”和“经济与生态协调”，可从以下几方面进行建设：一要尊重自然，顺应自然，保护自然，保护自然生态系统，维护人与自然之间形成的生命共同体。二要树立和践行绿水青山就是金山银山的理念。三要坚定不移地推动形成绿色发展方式和生活方式，坚持节约资源和保护环境的基本国策，实行最严格的生态环境保护制度，以新发展理念为指导创新生产方式，改变生活方式，坚定走生产发展、生活富裕和生态良好的文明发展道路。四要把生态文明建设融入经济建设、政治建设、文化建设和社会建设各个方面，着力树立生态文明理念，完善生态文明制度体系，维护生态安全，优化生态环境，形成节约资源和保护环境的空间格局、产业结构、生产方式和生活方式，建设美丽中国，以满足人民日益增长的美好生活需要。

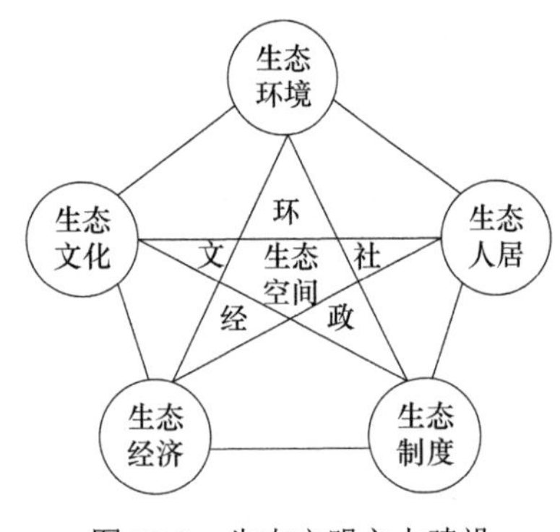

图 10-2　生态文明六大建设领域关系图（张修玉等，2020）

生态平衡也是生态文明的内在要求。生态文明建设主要包括生态空间和生态经济、生态环境、生态人居、生态文化与生态制度五大体系（图 10-2）。围绕生态空间，通过产业升级，发展绿色低碳循环的生态经济体系；通过标本兼治，构建清洁安全稳定的生态环境体系；通过规划先行，建设优美舒适宜居的生态人居体系；通过以文化人，培育和谐文明多元的生态文化体系；通过城乡统筹，健全高效民主完善的生态制度体系。“生态经济体系、生态环境体系、生态人居体系、生态文化体系与生态制度体系”与生态空间相互支撑，其中，生态空间是“局”——优化布局；生态经济是“基”——实现基础；生态环境是“目”——实质目标；生态文化是“常”——道德载体；生态人居是“用”——人天共享；生态制度是“纲”——行为规范，体现了生态文明建设的系统性内在要求（张修玉等，2020）。

总之，人与自然的关系经历了采猎文明时代使用工具的“操戈抗争”，农耕文明时代定居守业的“守阵抗争”，工业文明前期全面开发生态环境资源的“掠夺抗争”，以及工业文明后期尤其快速城市化以来人类不得不在自己建设的家园内与自己造成的生态破坏和环境污染对抗的“同城抗争”。显然，“同城抗争”不是我们追求的生态环境新秩序。人类只有坚持并大力弘扬生态文明理念，构建生态文明新秩序，尊重自然、顺应自然和保护自然，主动和谐回归于自然，才能在生态文明新时代建成美丽世界，实现人类社会的终极福祉。

第三节　环境生态与生态文明建设

生态文明建设，实质路径就是建设生态文明，其根本目的和最终目标是实现人的发展与自然的和谐，即追求公平、和谐和高效的人文发展，以尊重和把握自然规律为前提，以人与自然、人与人、人与社会、环境与经济、环境与社会的和谐发展为目标，以建立可持续的生态理念、生产方式和消费方式为着眼点，最终实现人的全面发展。生态文明建设的具体内容包括生态文化建设、生态经济建设、生态环境建设和生态制度建设4 个方面，目标是实现社会文化、经济（产业）和生态环境的协调发展。

一、生态文明建设思想提出的历史背景

在特定的历史背景条件下，系统参照中国和全球生态治理历史的经验教训，我国

提出了社会主义生态文明建设的新理念、新思想、新战略，科学揭示了生态文明建设的历史方位和价值，从而提出新时代生态文明建设思想，其历史背景主要包括以下几点。

（一）全球生态环境危机蔓延及人类生态意识觉醒

1. 全球生态环境危机不断蔓延　人类社会进入工业时代已有 300 多年的历史，人类通过三次工业技术革命，极大地提升了人类控制、改造和征服自然的能力，创造了丰富的物质精神财富。但随着人们控制、改造和征服自然能力的增强，人们开始肆无忌惮地破坏生态环境。一方面，人们对自然世界进行“掠夺式”开发，将自然界看作“取之不尽、用之不竭”的资源宝库，毫不顾忌生态环境平衡的极限性；另一方面，为了方便自己的生活和生产，人们将自然界视为垃圾场，任意排放工业废气、废水和生活垃圾，无视生态环境自我修复规律和自然环境的承载能力。

人的力量从改造自然逐渐演化为破坏和控制自然，人类与自然生态环境的和谐关系发生了改变。在人类工业化的推动过程中，多数国家都长期奉行过以“经济增长”为本的发展模式，自然生态环境仅被视为实现经济增长的附属物。在这个过程中，大家只关心经济增长的速度，期望能够无限地发挥工业生产的力量，而不关心怎么样发展才能使人类社会变得更加美好，结果不仅给人类赖以生存的生态环境造成破坏，而且还贬低了人类自身价值的重要性。人类社会在“经济增长”为本的发展理念主导下，对自己文明的根基——自然生态环境的破坏，正在逐渐演变为一场全球性的生态环境危机。

2. 人类生态环境保护意识逐渐觉醒　随着生态环境恶化带来的负面影响加剧，人类逐渐意识到保护生态环境的紧迫性和重要性，人类整体生态环境的保护意识开始觉醒，许多地区和国家开始主动地调整和改善人与自然之间的关系，其主要表现在以下几个方面。

1）人类生态环保意识的觉醒较早地体现在学术界。例如，1923 年，法国现代环境伦理学的奠基人施韦兹在其出版的《文明的哲学：文化与伦理学》一书中将人与动物同时纳入伦理学范畴，提出了“敬畏生命”的伦理学；1933 年美国环境学家提出了“大地伦理学”；1962 年，美国蕾切尔·卡逊出版了《寂静的春天》一书，由此学术界开始进入“生态学时代”。学术界对生态环保的研究，对推动人类生态环保意识觉醒及生态环境治理具有积极意义。

2）人类生态环保意识觉醒，表现在多国出现群众自发的“生态保护运动”。世界多数国家都出现了形式多样的“生态保护运动”，如反核运动、反海洋污染运动和反水污染运动等。多数社会成员开始意识到生态环境恶化的严重后果，并主动调整和改变自己的生活消费习惯。

3）人类生态环保意识觉醒，人类开始主动反思自己的生产活动并逐渐意识到，生产力增长不是人类社会发展的根本目标，而是实现人类幸福的手段。人们也开始反思自己的生产经营活动，主动调整生产经营与生态环境保护之间的关系。“经济增长是实现目的的主要手段，但不是目的本身”。

4）全球生态环境问题治理合作逐渐加强。随着人类对生态环保问题认识的加强，很多国家都意识到生态环境保护是全人类共同的事情，并通过了《联合国人类环境会议宣言》

《里约热内卢环境与发展宣言》等一系列国际性文件，加强国家之间生态环境治理合作。

（二）人民对良好环境生态的诉求

随着发展，整个社会对生态环境恶化问题表现出了空前的关注，对应国家当前的发展阶段，已不能满足人民不断增长的良好生态环境需求。人民对良好生态环境的诉求逐渐加强主要体现在以下几个方面。

1）生态环境保护理念深入民心。近些年，人民群众在总结改革开放以来国家取得的发展成就的同时，也在反思发展过程中出现的一些失误，这些失误成为中国现在和未来的不利影响。其中生态环境保护不力就是一个重大的失误，人民群众已普遍意识到生态环境恶化问题如果不能得到妥善解决，不仅会影响社会经济的持续发展，还会给人民的生存健康安全带来严重危害。因而促进社会经济与生态环境保护之间的协调发展，已经被人民群众广泛认同，生态环境保护理念深入人心。

2）人民的生态意识普遍增强。生态意识是公民从人与生态环境整体优化的角度来理解社会存在与发展的基本观念，是公民尊重自然的伦理意识，是人与自然共存共生的价值意识。公民生态意识是衡量一个国家或民族文明程度的重要标志。随着我国大力推进生态文明建设，特别是加强生态文明宣传教育，公民生态意识教育达到了全民化和社会化，同时也弘扬了生态文化，夯实了生态意识基础。人民对生态环境质量、生态公共产品需求和生态权利实现等方面的要求日益提高，全民生态意识逐步增强。

3）人民对生态环境质量的要求逐渐提升。随着群体物质生活水平和文化程度的不断提升，人民越来越普遍地意识到，在当今时代，国家有能力、有义务通过科学的规划和设计，为大家建立起一个适合生存、居住和发展的生态自然环境，并渴望这种理想能够尽快得以实现。在这样的情形下，人民群众对生态环境质量的要求越来越高。

（三）全球生态文明建设的相关经验教训

在人类工业化和现代化推进过程中，大多数国家都选择了先污染后治理的发展模式，导致生态环境危机的全球性蔓延，人类也为此付出了沉重的代价。随着生态环境恶化给人类带来的负面影响日益凸显，各国政府开始重视生态环境恶化的治理工作，并通过主动加强国际合作来遏制全球生态环境恶化的趋势。

经过各国政府几十年的努力，世界生态环境恶化蔓延速度得到了有效控制，世界生态环境质量有所改善。纵观世界各国生态文明建设的实践为我们积累了丰富的经验，我国提出要秉承科学的生态环境保护与治理理念。其中，立法先行是生态环境保护与治理实施的重要保证，努力追求生态环境保护与治理实施的社会化及生态环境保护与治理要尊重本国国情，但同时也留下了不少值得总结的教训。虽然世界生态环境恶化蔓延速度得到了有效控制，但生态环境恶化蔓延的危害并没有彻底根除，全球生态环境恶化重新蔓延的可能性还比较大。

1）先污染后治理的发展理念依然存在。虽然生态环境恶化让人类尝到了苦果，但世界上仍有不少国家或地区热衷于不顾后果地追求经济高速度发展，对环境保护没有给予足够的重视。

2）全球生态环境恶化治理的合作体系还不牢固。随着经济全球化的快速推进，生态环境问题已经超越国家之间的界限，逐渐演化为世界各国必须携手共同面对的难题，但从全球生态环境恶化治理的合作情况来看，世界生态环境治理协作中存在的“乱象”仍然非常明显。面对当今世界生态环境问题治理体系重新调整的关键节点，部分发达资本主义国家针对世界生态环境治理责任竞相讨价还价，甚至个别国家想放弃本应承担的生态环境保护责任。因此世界生态环境问题治理协作体系面临着严峻挑战。

3）全球生态环境恶化治理的制度体系残缺不全。在许多发展中国家，由于理念、意识和资金等方面的缺乏，完整的生态环境恶化治理制度体系还没有建立起来，这些国家生态环境恶化趋势日益加重。显然，如果各国和地区不能联合起来，生态环境恶化问题必然无法得到彻底根除，一旦生态环境恶化大范围蔓延，威胁的不是某个国家或地区，将是整个人类的生存安全。

二、生态文明思想的核心内容

自我国明确提出“五位一体”的中国特色社会主义总体布局以来，生态文明建设战略就成为国家工作的大局。在这一特定历史背景下，我国提出“绿水青山就是金山银山”“山水林田湖草沙是生命共同体”“良好生态环境是最普惠的民生福祉”“人与自然和谐共生”等一系列生态文明建设实践的新论断和新思想，逐步构建起生态文明思想。

（一）生态文明思想的科学内涵

生态文明思想是我国领导在充分继承和灵活运用马克思主义基本理论的基础上，针对当前我国生态文明建设面临的新矛盾、新任务、新课题，结合国际生态文明建设发展的新趋势，提出的新时代中国生态文明建设实践的综合性战略指导思想，是对新时代中国生态文明建设理论的全新阐释。其内涵可从以下 8 个方面进行解读。

1）坚持生态兴则文明兴。建设生态文明是关系中华民族永续发展的根本大计，功在当代、利在千秋，关系人民福祉，关乎民族未来。

2）坚持人与自然和谐共生。保护自然就是保护人类，建设生态文明就是造福人类。必须尊重自然、顺应自然、保护自然，像保护眼睛一样保护生态环境，像对待生命一样对待生态环境，推动形成人与自然和谐发展现代化建设新格局，还自然以宁静、和谐、美丽。

3）坚持绿水青山就是金山银山。绿水青山既是自然财富、生态财富，又是社会财富、经济财富。保护生态环境就是保护生产力，改善生态环境就是发展生产力。必须坚持和贯彻绿色发展理念，平衡和处理好发展与保护的关系，推动形成绿色发展方式和生活方式，坚定不移走生产发展、生活富裕、生态良好的文明发展道路。

4）坚持良好生态环境是最普惠的民生福祉。生态文明建设同每个人息息相关。环境就是民生，青山就是美丽，蓝天也是幸福。必须坚持以人民为中心，重点解决损害群众健康的突出环境问题，提供更多优质生态产品。

5）坚持山水林田湖草沙是生命共同体。生态环境是统一的有机整体。必须按照系统工程的思路，构建生态环境治理体系，着力扩大环境容量和生态空间，全方位、全地域、全过程开展生态环境保护。

6）坚持用最严格制度和最严密法治保护生态环境。保护生态环境必须依靠制度和法治，必须构建产权清晰、多元参与、激励约束并重、系统完整的生态文明制度体系，让制度成为刚性约束和不可触碰的高压线。

7）坚持建设美丽中国全民行动。美丽中国是人民群众共同参与、共同建设、共同享有的事业，必须加强生态文明宣传教育，牢固树立生态文明价值观念和行为准则，把建设美丽中国化为全民自觉行动。

8）坚持共谋全球生态文明建设之路。生态文明建设是构建人类命运共同体的重要内容。必须同舟共济、共同努力，构筑尊崇自然、绿色发展的生态体系，推动全球生态环境治理，建设清洁美丽世界。

（二）确立生态在经济发展中的基础性作用

我国深刻地意识到协调好经济发展与生态环境之间关系的重要性，多次阐释“坚持绿水青山就是金山银山”（简称两山）发展理念的重要意义，明确了生态在经济发展中的基础性地位，并在社会经济事业发展中积极践行“两山”思想。

1．社会主义建设实践理念的重大转变　改革开放之初，我国在现代化进程中确立了以经济发展为中心的指导理念，在发展经济过程中，对自然资源过度开发，却轻视了生态环境的保护，物质财富迅速聚集的同时，生态环境危机日趋严重。随着生态环境危机加重带来的负面影响不断扩大，人们开始反思社会发展的根本目标和宗旨，意识到“绿水青山”和“金山银山”对人类社会同样重要，社会发展既需要金山银山，也需要绿水青山。我国将生态文明建设纳入“五位一体”的总体布局之中，并将“坚持绿水青山就是金山银山”的理念写进中央文件，实现了中国特色社会主义建设实践理念的重大转变。

2．发展方式发生重大转变　2012 年以来，中国特色社会主义建设实践理念发生了重大转变，从注重生态环境的工具价值向注重生态环境的内在价值转变，社会经济发展模式开始由粗放型向集约型、由数量型向质量性、由“黑色”向“绿色”转变，努力促进绿色发展，鼓励资源循环利用，推动低碳发展，国家生态环境恶化趋势得到了有效控制，美丽中国建设开始扬帆启程。

三、我国生态文明建设的成就

中国特色社会主义生态文明建设取得了一系列创新性的成果和历史性成就。这些成就集中体现在经济、政治、文化、社会和外交等多个层面，集中回答了什么是生态文明、为什么建设生态文明、建设什么样的生态文明、怎样建设生态文明及如何引领全球生态文明等重要问题。

（一）确立生态文明建设的指导思想

从新中国成立以来，我国创造性地继承和发展了马克思主义，尤其是其生态思想，用科学的思想和理论指导生态文明建设实践，集中回答了“什么是生态文明”的理论问题。从新中国成立之初探索人口资源环境制度到随后确立了节约资源和保护环境的基本国策，始终立足于中国基本国情，不仅将生态文明建设纳入中国特色社会主义事业总体布局，而且把生态文明建设纳入制度化、法治化轨道。2018 年，全国生态环境保护大会确立了生态文明思想，这思想是我国新时代生态文明建设的根本遵循，为推动生态文明建设提供了思想指引和实践指南。

（二）保障人民群众的生态福祉

我国社会主义生态文明的建设问题，其初心和使命不同于西方社会一般的绿色思潮和环境运动，而是从治国理政的高度提出的，要解决的既是“关系人民福祉，关乎民族未来”的问题，也是“最公平的公共产品”“最普惠的民生福祉”问题。因此，我国生态文明建设实践科学地回答了“为什么建设生态文明”的问题，即社会主义生态文明建设的核心和要义必须是也只能是满足人民群众日益增长的优美生态环境需要，实现生态民生福祉。

（三）不断优化生态文明建设的经济结构

近些年，我国经济发展方式逐步从传统高能耗、高污染转向低能耗、低污染，经济结构从传统粗放型转向现代集约型。当前，我国正在建立、健全以产业生态化和生态产业化为主导的生态经济体系，二者互惠共生，不仅有利于实现经济、社会和生态的综合价值，也为生态文明建设提供了坚实的物质保障。

（四）全面构建生态环境治理体系

我国在长期的生态环境治理中，已经探索了一系列具有深刻指导意义的生态环境治理制度。1979 年试行的《中华人民共和国环境保护法》在法律意义上规定了我国生态环境治理的基本制度，即环境影响评价制度、排污收费制度，建设项目中防止污染和其他公害的设施必须与主体工程同时设计、同时施工、同时投产，使用的“三同时”制度，拉开了我国生态环境治理体系制度建设的序幕。

在生态文明制度建设方面，我国先后出台了《中共中央 国务院关于加快推进生态文明建设的意见》《生态文明体制改革总体方案》等重要文件，至今已制定 40 余项涉及生态文明建设的改革方案。在生态环境法治方面，制定并修改了《中华人民共和国环境保护法》《中华人民共和国环境保护税法》等十余部法律及数项部门规章和 1970 项国家环境保护标准。2018 年，中华人民共和国第十三届全国人民代表大会第一次会议通过了宪法修正案，将新发展理念、生态文明及美丽中国写入宪法，这为我国推进生态环境治理体系和治理能力现代化提供了宪法上的根本保障。从宪法和法律体系、生态文明制度体系和生态环境治理责任落实等诸多方面，构建了我国生态治理体系的基本蓝图，为生态文明建设提供了有效的制度和体系支撑。

（五）推动生态文明建设试点示范

自 20 世纪 90 年代起，国家通过生态示范区、生态建设示范区和生态文明建设示范区 3 个阶段的示范建设，大力推动生态文明建设试点示范工作，在全国范围内初步形成了点面结合、多层次推进和东中西部有序布局的建设体系，全国生态文明建设格局基本建立。

第一阶段：国家生态示范区

1994 年，国家环境保护局组织制定了“全国生态示范区建设规划”，1995 年发布了《全国生态示范区建设规划纲要（1996—2050 年）》。经地方申报，1995～2011 年，在全国分九批共建立了 528 个生态示范区建设试点。

这一阶段，主要以乡、县、市域为基本单位组织实施生态示范区建设，其根本目标是按照可持续发展的要求，以生态学和生态经济学原理为指导，合理组织、积极推进区域社会经济和环境保护的协调发展，实现自然资源的合理开发和生态环境质量的改善，促进经济效益、社会效益和环境效益相统一，从源头防治环境污染和生态破坏。但生态示范区建设存在侧重于农村和农业生态环境保护中标准目标偏低和缺少系统性顶层设计等短板及问题。

第二阶段：国家生态建设示范区

1999 年，国家环境保护总局在生态示范区建设的基础上适时提出了生态省建设，将建设范围从乡、县、市域扩大到省域。2000 年起，国家环境保护总局构建了以生态省、生态市、生态县、生态乡镇、生态村、生态工业园区 6 个层级建设为主要内容的生态建设示范区工作体系，积极推进生态县、生态市、生态省建设工作。全国共有 1000 多个市、县（区）开展了生态市、县（区）建设试点，183 个市、县（区）获得了国家生态建设示范区称号，建成了 4596 个国家生态乡镇。

国家生态建设示范区是在生态示范区基础上的一次提档升级，以生态学和生态经济学原理为指导，统筹城乡环境保护，把辖区内经济发展、社会进步、环境保护三者有机结合起来，总体规划，合理布局，统一推动，将可持续发展的阶段性目标工程化、时限化、责任化。把省、市、县小康社会和生态文明建设目标转化为实实在在的社会行动，并通过政府主导、环保部门牵头，实现环保部门全面参与综合决策。推动了建设资源节约型、环境友好型社会，提升了公众环境保护意识，生态文明理念日益深入人心。

第三阶段：国家生态文明建设示范区

国家生态文明建设示范区是对国家生态建设示范区的全面深化和再次提档升级，这一阶段把规范化、制度化作为确保示范建设先进性的重要着力点，同时，根据生态文明建设形势的发展，持续推进示范建设的改革提升。2008 年，环境保护部批准了首批 6 个全国生态文明建设试点地区。2009 年，环境保护部发布《关于开展第二批全国生态文明建设试点工作的通知》，全国各地经由环境保护部命名的生态市、生态县建设逐渐转入生态文明建设的试点阶段。2013 年，我国将“生态建设示范区”正式更名为“生态文明建设示范区”。

2017 年，环境保护部以示范建设为工作平台和抓手，启动第一批国家生态文明建设示范市县及“两山”基地建设工作。2019 年，生态环境部进一步科学指导、规范推进生态文明建设示范市县、“绿水青山就是金山银山”实践创新基地（以下简称“两山基地”）建设工作。截至 2020 年 10 月，全国命名了四批共 262 个国家生态文明建设示范市县、87 个“两山”实践创新基地。初步形成了点面结合，多层次推进，东、中、西部有序布局的建设体系。

该阶段实现了“三个走在前列”，即在改善生态环境质量、推动绿色发展转型及落实生态文明体制改革任务 3 个方面走在区域和全国的前列；推动了“三个显著提升”，即显著提升了生态文明意识和参与度、提升了人民群众获得感、幸福感及提升了建设美丽中国的信心，并在全国范围内提供了一批统筹推进“五位一体”总体布局和推进“两山”转化的典范样本，推动地方走生态优先、绿色发展之路，实现生态惠民富民（崔书红，2021）。

（六）全球共享生态治理方案

中国参与全球生态治理是一个渐进的过程，其中有几个标志性的时间点。1972 年，中国派代表团参加联合国人类环境会议；1988 年，联合国政府间气候变化专门委员会（IPCC）成立，中国是最早参与 IPCC 工作的国家之一；1992 年，中国参加联合国环境与发展大会；1994 年，中国在全球率先发布了国家级 21 世纪议程，即《中国 21 世纪议程——中国 21 世纪人口、环境与发展白皮书》；2012 年，联合国可持续发展大会召开，中国代表团发表了题为《共同谱写人类可持续发展新篇章》的主旨演讲，强调中国的发展为世界带来了更多的机遇，这是中国参与全球生态治理事业的重要转折点之一；2015 年，我国在气候变化巴黎大会的开幕式上，强调中国始终积极参与全球应对气候变化事业，并且有诚意、有决心为应对气候变化、促进巴黎大会成功做出中国的贡献。同年，中国设立“南南合作援助基金”，首期提供 20 亿美元，支持发展中国家落实 2015 年后发展议程。

中国积极帮助发展中国家提升其经济社会发展能力和生态文明建设能力，以实际行动促进全球生态文明事业的进步，以应对气候变化为主，包括应对重大自然灾害、推动生物多样性保护等在内，以负责任的态度和坚定的行动，为全球生态治理不断做出积极贡献，以大国作为有力地回答了“如何引领全球生态文明”的问题。

思 考 题

1. 什么是生态文明？
2. 生态文明与可持续发展之间有何关系？
3. 生态文明与环境生态学之间存在什么关系？
4. 生态文明思想的核心内容是什么？
5. 我国生态文明建设取得了哪些成就？

推 荐 读 物

常杰，葛滢．2017．生态文明中的生态原理．杭州：浙江大学出版社．
廖福霖．2019．生态文明学．北京：中国林业出版社．
潘家华．2019．生态文明建设的理论构建与实践探索．北京：中国社会科学出版社．
钱易．2019．生态文明理论与实践．北京：清华大学出版社．
钱易．2020．生态文明建设理论研究．北京：科学出版社．

徐春．2022．生态文明的哲学基础．北京：北京大学出版社．
周琼．2019．生态文明建设的云南模式研究．北京：科学出版社．
中共中央文献研究室．2017．习近平关于社会主义生态文明建设论述摘编．北京：中央文献出版社．

主要参考文献

崔书红．2021．生态文明示范创建实践与启示．环境保护，49（12）：34-38．
廖曰文，章燕妮．2011．生态文明的内涵及其现实意义．中国人口·资源与环境，21（S1）：377-380．
张修玉，李远，彭晓春，等．2015．试论生态文明五大体系的构建．科学，67（1）：57-59．
张修玉，施晨逸，郑子琪．2020．浅论新时代生态文明“十大关系”．环境与可持续发展，45（6）：64-68．